高等学校电子信息类系列教材

软件技术基础

周大为　钟　桦
朱虎明　潘晓珠　姚若玉　编著
李伯成　主审

西安电子科技大学出版社

内容简介

本书是高等学校非计算机专业继计算机文化与计算机语言类课程之后的第二层次的教材，旨在学生掌握了上述课程的知识后，继续以更具体、更深层次的课程教授使学生掌握最新、最实用的计算机软件基础知识。全书介绍了软件工程、数据结构、操作系统和数据库系统及其应用等四部分内容，在介绍各部分内容的同时，给出了相关知识的应用实例，具有较高的实用价值。

本书可供高等学校本、专科非计算机专业开设计算机软件技术基础课程之用，也可供自学相关知识的读者参考。

★本书配有电子教案，需要的老师可与出版社联系，免费提供。

图书在版编目(CIP)数据

软件技术基础 / 周大为等编著. —西安：西安电子科技大学出版社，2008.8(2024.7 重印)
ISBN 978-7-5606-2115-9

Ⅰ. 软…　Ⅱ. 周…　Ⅲ. 软件—高等学校—教材　Ⅳ. TP31

中国版本图书馆 CIP 数据核字(2008)第 122130 号

策　　划　毛红兵
责任编辑　邵汉平　毛红兵
出版发行　西安电子科技大学出版社(西安市太白南路 2 号)
电　　话　(029)88202421　88201467　　邮　　编　710071
网　　址　www.xduph.com　　电子邮箱　xdupfxb001@163.com
经　　销　新华书店
印刷单位　西安日报社印务中心
版　　次　2008 年 8 月第 1 版　2024 年 7 月第 7 次印刷
开　　本　787 毫米×1092 毫米　1/16　印 张 21.5
字　　数　506 千字
定　　价　57.00 元
ISBN 978 - 7 - 5606 - 2115 - 9
XDUP 2407011-7

前　言

为了实现教育部关于“加强非计算机专业计算机基础教学工作的几点意见”所提出的目标，切实将非计算机专业的计算机课程体系的改革落到实处，我们组织部分长期在教学一线、具有丰富教学经验的教师编写了本书。

计算机软件技术基础是计算机文化基础和程序设计语言的后续课程。对于计算机软件技术基础课程而言，各学校、各专业的课程内容设置和教学目标都不尽相同，因而教材的组成部分也有所不同。我们结合计算机应用领域的发展情况，本着“加强基础，注重应用”的原则，选择软件工程、数据结构、操作系统和数据库系统及应用等四个部分作为本书的内容。我们期待学生在学完本书之后，能够掌握更具体、更深层次的计算机软件基础技术，进而开发出一些小型实用的软件系统。

软件工程部分从软件开发的方法学角度出发，介绍了软件工程的过程和软件生存周期的各种模型，对软件系统的开发起到指导性的作用。本部分以软件生命周期的各个阶段和结构化的软件开发方法为主线，介绍了软件系统的分析与定义、软件设计、软件编码、软件测试和软件维护的有关概念和软件工程方法，还介绍了面向对象的软件开发方法的基本思想、基本概念和基本原理，以及面向对象的分析、设计方法。

数据结构部分主要讲述线性表、栈、队列、串、数组、树和图等数据的逻辑结构、存储结构及有关的算法，还讲述了数据的查找和排序方法。采用类 C 语言作为数据的存储结构和算法的描述语言，并且尽可能做到与 C 语言接近，以便于将算法转换为能够上机执行的 C 程序。数据结构的学习过程也是较复杂的程序设计的训练过程，学生在通过编写程序来解决实际问题时，应当采用规范的算法，并且按照软件开发方法所要求的模块独立性高的原则，设计出高质量的程序。

操作系统部分以阐述操作系统原理为主，分别介绍了批处理操作系统、分时操作系统和实时操作系统的概念和特点，围绕资源管理的观点分别讲述了处理机管理、存储管理、文件管理、设备管理和作业管理。同时还简要讲述了目前广泛使用的 Windows、UNIX 和 Linux 几种典型的操作系统，尽可能反映出当代操作系统的新技术和新特点。操作系统是计算机系统中最主要的系统软件，学习操作系统不仅有助于使用计算机，更有助于开发一些软件系统。

数据库系统及应用部分包括六个方面的内容：(1) 数据库系统的基础知识；(2) 与关系数据库有关的实体关系模型、关系表、关系代数，以及关系数据库规范化理论的知识；(3) 关系数据库应用系统设计、开发方法，以及数据库系统开发的各个阶段所要完成的工作；(4) 结合 Access 讲述了数据库建立的方法；(5) 数据库的各种查询方式以及结构化查询语言(SQL 语言)的查询功能；(6) 以网络教学管理信息系统为例，讲述了网络管理信息系统的基本知识和开发方法。

本书第 1 章由姚若玉编写，第 2、3、4、5 章由周大为编写，第 6、7、8、9 章由钟桦编写，第 10 章由潘晓珠编写，第 11 章由朱虎明编写。周大为对全书进行了校对和统稿。

本书在编写过程中得到了西安电子科技大学出版社的支持与合作；西安电子科技大学石光明教授对本书的出版给予了大力支持，并提出了许多建设性的意见；李伯成教授审阅了全稿，并提出了许多宝贵意见。在此，一并表示衷心的感谢。

本书涉及的内容较广，书中难免存在不足之处，敬请广大读者提出宝贵意见和建议。

编　者

2008 年 5 月

目　　录

第1章 软件工程

随着计算机技术的发展和日趋成熟，软件技术已在计算机领域占有了相当重要的地位。目前，软件工程已发展到第四代，在整个产业界，“软件工程师”已替代“程序员”而成为更受欢迎的工作头衔。在应用软件中，已广泛而成功地采用了软件过程模型、软件工程方法以及软件工具。管理者和实践者均认为，学习和掌握软件技术是非常必要的。

20世纪末最受瞩目的无疑是席卷全球的信息技术(IT)革命，人们将这场革命视为21世纪——知识经济时代的前奏曲。在这场IT革命中，软件无疑扮演了极其重要的角色。软件产业作为一个独立形态的产业，正在全球经济中占据着越来越重要的地位，而软件工程正是软件产业健康发展的关键技术之一。从1968年软件工程概念的正式提出到现在，软件工程已有30多年的发展历程，产生了大量的研究成果，也进行了大量的技术实践。正是学术界和产业界的共同努力，使软件工程逐步发展成为一门成熟的专业学科。该学科以解决软件生产的质量和效率问题为宗旨，在软件产业的发展中起到了重要的技术保障和促进作用。

1.1 软件的基本概念

关于软件是这样定义的：软件是能够完成预定功能和性能的可执行的指令(计算机程序)，使得程序能够适当地操作信息的数据结构，描述程序操作和使用的文档的集合。

1.1.1 软件的特征

要理解软件的含义，首先要了解软件的特征。软件是逻辑的而不是物理的产品，因此，软件具有与硬件完全不同的特征。

(1) 软件的开发不是传统意义上的生产制造。

软件开发与硬件制造之间有一些相似之处，但却有着本质的区别。软件产品的生产主要是脑力劳动、手工开发方式，大部分产品是“定做”的。

(2) 软件不会“磨损”。

硬件在其生命初期有较高的故障率(这些故障主要是设计或制造的缺陷)，这些缺陷修正之后，故障率在一段时间内会降到一个很低的水平；随着时间的推移，故障率又将提升。硬件故障率的变化曲线如图1.1所示。

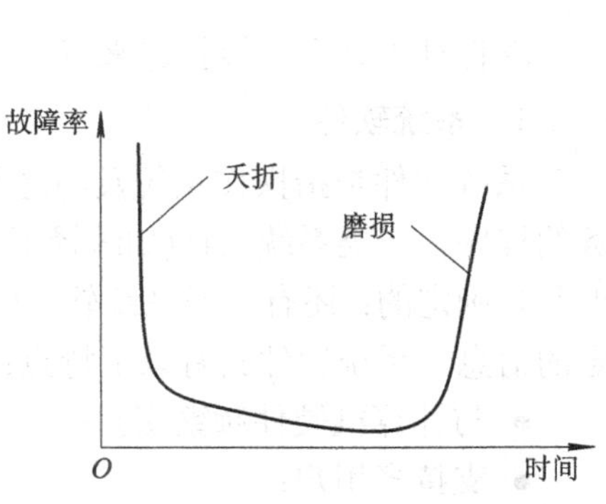

图1.1 硬件故障率的变化曲线

软件并不受引起硬件磨损的环境因素的影响。因此，理论上讲，软件的故障率曲线呈现出如图 1.2 所示的形式。软件在其生命初期具有较高的故障率，但在这些错误改正之后(我们假设理想情况下改正过程中并不引入其他错误)，曲线就会趋于平稳。软件不会被磨损，不过它会退化，这一点可以通过图 1.2 来解释清楚。在其生命期中，软件会经历修改(维护)，随着这些修改有可能会引入新的错误，使得故障率曲线呈现为图 1.2 所示的锯齿形。

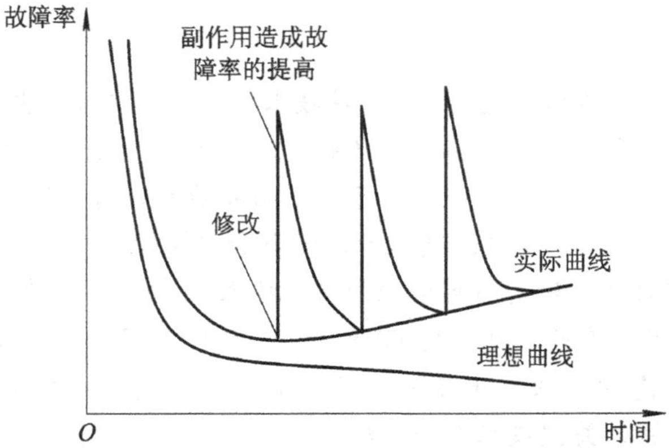

图 1.2　软件故障率的理想曲线与实际曲线

硬件和软件之间的不同还表现在当一个硬件构件磨损时，可以用另外一个备用零件替换它，但对于软件就没有备用零件可以替换了。每一个软件故障都表明了设计或是将设计转换成机器可执行代码的过程中存在错误。因此，软件维护要比硬件维护复杂得多。

(3) 软件的可复用性差，不能通过已有的构件组装而成。

我们先来看一下一个基于微处理器的控制硬件是如何设计和建造出来的。设计工程师画一个简单的数字电路图，做一些基本的分析以保证可以实现预定的功能，然后查阅所需的元器件的目录，每一个集成电路(通常称为“IC”或“芯片”)都有一个零件编号、固定的功能、定义好的接口和一组标准的集成指南，每一个选定的零件都可以买到，由此可以很方便地组装起一个基于微处理器的控制硬件。

在软件开发中，采用一些已有的构件组建一个软件的方法，仅仅在小范围内得到应用。多数软件的设计开发还必须完全从零开始。

1.1.2　软件的分类

软件种类繁多，概括起来可分为两类：系统软件和应用软件。

1．系统软件

系统软件是指操作系统及与之相关的各种软件的总称。系统软件是一组为其他程序服务的程序。一类系统软件(如编译器、编辑器和文件管理程序)所处理的信息结构是复杂的，但又是确定的；还有一类系统软件(如操作系统、驱动程序和通信进程等)则处理大量的非确定的信息。系统软件具有以下特点：

- 与计算机硬件频繁交互；
- 支持多用户；
- 需要精细调度、资源共享及灵活的进程管理的并发操作；

- 复杂的数据结构；
- 多外部接口；
- 具有可移植性，例如嵌入式系统中的实时操作系统。

常见的操作系统有DOS、UNIX、Linux以及Windows。

2. 应用软件

应用软件是指为用户的特殊应用目的而开发的软件。例如财务管理软件、人力资源管理软件。

1.1.3 软件的发展

今天，软件担任着双重角色，它是一种产品，同时又是开发和运行产品的载体。作为一种产品，它扩充了计算机硬件的功能；作为开发和运行产品的载体，它是计算机控制(操作系统)的基础、信息通信(网络)的基础，也是创建和控制其他程序(软件工具和环境)的基础。

计算机硬件的发展经历了四个时代，同样，计算机软件的发展也大致经历了四个阶段。

(1) 20世纪60年代中期以前，是计算机系统发展的早期阶段。

在计算机发展的早期阶段，大多数人把软件开发看成是不需预先计划的事情。计算机编程很简单，没有什么系统化的方法。软件的开发没有任何管理，一旦进度拖后了或者成本提高了，程序员才开始手忙脚乱地弥补。由于那个时期的软件很简单，因而他们的努力在一般情况下往往也会见效。

当通用的硬件已经非常普遍的时候，软件却相反，对每一类应用均需自行设计，应用范围很有限。此时，软件产品还处在婴儿阶段，大多数软件均是由使用它们的人员或组织自行开发的，软件在使用过程中出现了问题，编写软件的人员必须负责修改。在这种个人化的软件开发环境中，设计往往仅是人们头脑中的一种模糊想法，而软件文档根本就不存在。在早期，我们了解了很多关于计算机系统的实现，但对于计算机系统工程却几乎一无所知。

(2) 从20世纪60年代中期到70年代中期，是计算机系统发展的第二阶段。

计算机系统发展的第二阶段跨越了从20世纪60年代中期到70年代中期的十余年。其主要特征是：多道程序设计、多用户系统引入了人机交互的新概念；交互技术打开了计算机应用的新世界及硬件和软件配合的新层次；实时系统能够从多个源收集、分析和转换数据，使得进程的控制和输出的产生以毫秒而不是分钟来进行；在线存储的发展导致了第一代数据库管理系统的出现。

第二阶段的一个特点就是软件产品的使用和“软件作坊”的出现。随着计算机应用领域的扩大，来自工业界、政府和学术界的人们纷纷开始开发各类软件包，并取得了巨大的经济利益。

随着计算机系统的增多，新的问题出现了，当发现软件存在错误或缺陷时，需要纠正部分代码甚至全部代码；当用户需求发生变化时，需要对软件进行修改；当硬件环境更新时，需要修改软件以适应硬件的变化。这些活动统称为软件维护。在软件维护上所花费的精力开始以惊人的速度消耗资源。更糟糕的是，许多程序的个人化特性使得它们根本不能维护。这就是所谓的“软件危机”。

(3) 计算机系统发展的第三个阶段从20世纪70年代中期开始，并且跨越了整整10年。

在分布式系统中，多台计算机之间的分布式处理和通信极大地提高了计算机系统的复杂性。广域网和局域网、高带宽数字通信以及对“即时”数据访问需求的增加都对软件开发者提出了更高的要求。然而，软件仍然继续应用于工业界和学术界，个人应用很少。第三阶段的另外一个特点是微处理器的出现和广泛应用，微处理器的出现使得一系列智能产品纷纷面世，大到汽车，小到微型医疗设备等，使计算机的应用真正成为大众化的应用。

(4) 计算机系统发展的第四个阶段已经不再着重于单台计算机和计算机程序，而是面向计算机和软件的综合影响。

20世纪70年代后由复杂的操作系统控制的功能强大的计算机、广域网和局域网，配以先进的应用软件已成为标准。计算机体系结构迅速从集中的主机环境转变为分布的客户机/服务器环境。世界范围的信息网提供了一个基本结构，使得“信息高速公路”和“网际空间连通”成为可能。事实上，Internet可以看做是能够被单个用户访问的“软件”。

软件产业在世界经济中不再是无足轻重的，由产业巨子(如微软)所做的一个决定可能会带来成百上千亿美元的风险。随着第四阶段的进展，一些新技术开始涌现。面向对象技术在许多领域中迅速取代了传统软件开发方法。虽然关于“第五代”计算机的预言仍是一个未知数，但是软件开发的“第四代技术”确实改变了软件界开发计算机程序的方式。专家系统和人工智能软件终于从实验室里走了出来，进入了实际应用，解决了现实世界中的大量问题。结合模糊逻辑应用的人工神经网络软件揭示了模式识别和类似人的信息处理能力的可能性。虚拟现实和多媒体系统使得与最终用户的通信可以采用完全不同的方法。“遗传算法”则提供了可以驻留于大型并行生物计算机上的软件的潜在可能性。

现将计算机软件的发展历程归纳于表1.1。

表1.1 计算机软件的发展历程

早　期	第二阶段	第三阶段	第四阶段
面向批处理	多用户	分布式系统	强大的桌面系统
有限的分布	实时	嵌入“智能”	面向对象技术
自定义软件	数据库	低成本硬件	专家系统
	软件产品	消费者的影响	人工神经网络
			并行计算
			网络计算机

1.1.4 软件危机

1. 软件危机的概念

软件危机是指在计算机软件的开发和维护过程中所遇到的一系列严重问题。这些问题不仅仅是不能正常运行的软件才具有的，实际上，几乎所有软件都不同程度地存在这些问题，如开发周期延长，成本增加，可靠性降低等。

具体来说，软件危机主要有以下一些典型表现：

(1) 对软件开发成本和进度的估计常常很不准确。

(2) 用户对“已完成的”软件系统不满意。

(3) 软件产品的质量不可靠。

(4) 软件常常是不可维护的。

(5) 软件通常没有适当的文档资料。

(6) 软件成本在计算机系统总成本中所占的比例逐年上升。

(7) 软件开发生产率提高的速度，既跟不上硬件的发展速度，也远远跟不上计算机应用迅速普及、深入的趋势。

以上列举的仅仅是软件危机的一些明显表现，与软件开发和维护有关的问题远远不止这些。

在软件产业中，“危机”已经伴随我们走过了 30 多年的历程。面向对象方法(OO)就是在这种背景下诞生的，它使业界看到了成功的希望，同时也促使 OO 方法和技术的研究得以迅速发展。

2. 产生软件危机的原因

在软件开发和维护的过程中之所以存在这么多问题，一方面与软件本身的特点有关，另一方面也和软件开发与维护的方法不正确有关。

与软件开发和维护有关的许多错误认识和做法的形成，可以归因于在计算机系统发展的早期阶段软件开发的个体化特点。错误的认识和做法主要表现为忽视软件需求分析的重要性，认为软件开发就是写程序并设法使之运行，轻视软件维护等。

了解产生软件危机的原因，澄清错误认识，建立起关于软件开发和维护的正确概念，仅仅是解决软件危机的开始，全面解决软件危机需要一系列综合措施。

3. 消除软件危机的途径

为了消除软件危机，首先应该对计算机软件有一个正确的认识，应该推广使用在实践中总结出来的开发软件的成功的技术和方法，并且研究探索更好、更有效的技术和方法，尽快消除在计算机系统早期发展阶段形成的一些错误概念和做法，应该开发和使用更好的软件工具。

总之，为了消除软件危机，既要有技术措施(方法和工具)，又要有必要的组织管理措施。软件工程正是从管理和技术两方面研究如何更好地开发和维护计算机软件的一门新兴学科。

1.2 软件工程

1.2.1 软件工程的基本概念

概括地说，软件工程是指导计算机软件开发和维护的工程学科。采用工程的概念、原理、技术和方法来开发与维护软件，把经过时间考验而证明正确的管理技术和方法与当前能够得到的最好的技术和方法相结合，经济地开发出高质量的软件并有效地维护它，这就是软件工程。

下面我们给出软件工程的基本原理，以期对软件工程的概念有更深刻的理解。

(1) 用分阶段的生命周期计划严格管理。

(2) 坚持进行阶段评审。

(3) 实行严格的产品控制。

(4) 采用现代程序设计技术。

(5) 结果应能清楚地审查。

(6) 开发小组的人员应该少而精。

(7) 承认不断改进软件工程实践的必要性。

1.2.2 软件工程方法学

通常把在软件生命周期全过程中使用的一整套技术的集合称为软件工程方法学。

软件工程方法学包括三个要素：方法、工具和过程。其中，方法是完成软件开发的各项任务的技术方法，回答“如何做”的问题；工具是为方法的运用提供自动的或半自动的软件支撑环境；过程是为了获得高质量的软件所需要完成的一系列任务的框架，它规定了完成各项任务的工作步骤。

软件工程方法学分为结构化方法、Jackson 方法、维也纳方法（VDM）、面向对象方法。目前使用最广泛的软件工程方法学是传统方法学和面向对象方法学。

1.2.3 软件工程的目标

软件工程的目标是提高软件的质量与生产率，最终实现软件的工业化生产。质量是软件需求方最关心的问题。生产率是软件供应方最关心的问题，老板和员工都想用更少的时间挣更多的钱。质量与生产率之间有着内在的联系，高生产率必须以质量合格为前提。从短期效益看，追求高质量会延长软件开发时间并且增大费用，似乎降低了生产率。从长期效益看，高质量将保证软件开发的全过程更加规范流畅，大大降低了软件的维护代价，提高了生产率，同时可获得很好的信誉。质量与生产率之间不存在根本的对立，好的软件工程方法可以同时提高质量与生产率。

质量与生产率的提高就是开发人员与项目经理共同努力的结果。对开发人员而言，如果非得在质量与生产率之间分个主次不可，那么应该是质量第一，生产率第二。这是因为：

(1) 质量直接体现在软件的每段程序中，高质量自然是开发人员的技术追求，也是职业道德的要求。

(2) 高质量对所有的用户都有价值，而高生产率只对开发方有意义。

(3) 如果一开始就追求高生产率，则容易留下隐患。宁可进度慢些，也要保证每个环节的质量，以图长远利益。

软件的质量因素很多，如正确性、性能、可靠性、容错性、易用性、灵活性、可扩充性、可理解性、可维护性等。有些因素相互重叠，有些因素则相互抵触，要提高质量是非常不容易的。

软件工程的主要环节有人员管理、项目管理，其中包括可行性与需求分析、系统设计、程序设计、测试、维护等，如图 1.3 所示。

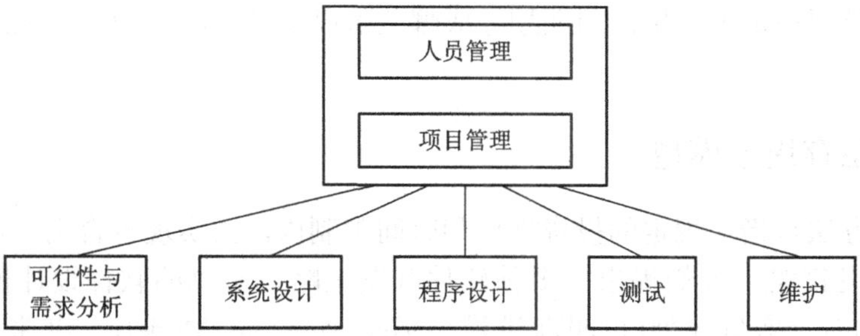

图 1.3 软件工程的主要环节

1.3 软件生存周期

1.3.1 生存周期的划分及各阶段的主要任务

概括地说，软件生存周期由软件定义、软件开发和运行维护三个时期组成，每个时期又可进一步划分成若干个阶段。下面简要介绍上述各个阶段应该完成的基本任务。

(1) 问题定义：问题定义阶段必须回答的关键问题是“要解决的问题是什么”。

(2) 可行性研究：这个阶段要回答的关键问题是“上一个阶段所确定的问题是否有行得通的解决办法”。

(3) 需求分析：这个阶段的任务仍然不是具体地解决客户的问题，而是准确地回答“目标系统必须做什么”这个问题。这个阶段的另外一项重要任务是用正式文档准确地记录对目标系统的需求，这份文档通常称为需求说明(specification)。

(4) 概要设计：这个阶段的基本任务是概括地回答“怎样实现目标系统”这个问题。概要设计又称为初步设计、逻辑设计、高层设计或总体设计。首先，应该设计出实现目标系统的几种可能的方案。概要设计的另一项主要任务就是设计程序的体系结构，也就是确定程序由哪些模块组成以及模块间的关系。

(5) 详细设计：概要设计阶段以抽象概括的方式提出了解决问题的办法。详细设计阶段的任务就是把解法具体化，也就是回答“应该怎样具体地实现这个系统”这个关键问题。这个阶段的任务还不是编写程序，而是设计出程序的详细规格说明。

(6) 编码：这个阶段的关键任务是写出正确的容易理解、容易维护的程序模块。

(7) 测试：这个阶段的关键任务是通过各种类型的测试(及相应的调试)使软件达到预定的要求。

(8) 软件维护：维护阶段的关键任务是，通过各种必要的维护活动使系统持久地满足用户的需要。通常有四类维护活动：改正性维护，也就是诊断和改正在使用过程中发现的软件错误；适应性维护，即修改软件以适应环境的变化；完善性维护，即根据用户的要求改进或扩充软件，使它更完善；预防性维护，即修改软件，为将来的维护活动做准备。

在实际从事软件开发工作时，软件规模、种类、开发环境及开发时使用的技术方法等因素会影响阶段的划分。

生命周期模型规定了把生命周期划分成哪些阶段及各个阶段的执行顺序，因此，也称为过程模型。

1.3.2　软件生存周期模型

软件开发方法是指在规定的投资规模和时间限制内，为实现符合用户需求的高质量软件所制定的开发策略。人们提出了多种软件开发策略，常见的软件设计模型有瀑布模型(Waterfall Model)、增量模型(也叫渐进模型)(Increamental Model)、快速原型模型(Rapid Prototype Model)、演化模型(Evolutionary Model)、螺旋模型(Spiral Model)、喷泉模型(Fountain Model)、智能模型(Intelligent Model)等。这里介绍其中主要的几种模型。

1．瀑布模型

瀑布模型于 1970 年由 W.Royce 提出，其开发过程依照固定顺序进行，各阶段的任务与工作结果如图 1.4 所示。该模型严格规定各阶段的任务，上一阶段任务的输出作为下一阶段工作的输入。此模型适合于用户需求明确、开发技术比较成熟、工程管理严格的场合使用。其缺点是，由于任务顺序固定，软件研制周期长，前一阶段工作中造成的差错越到后期越大，而且纠正前期错误的代价高。

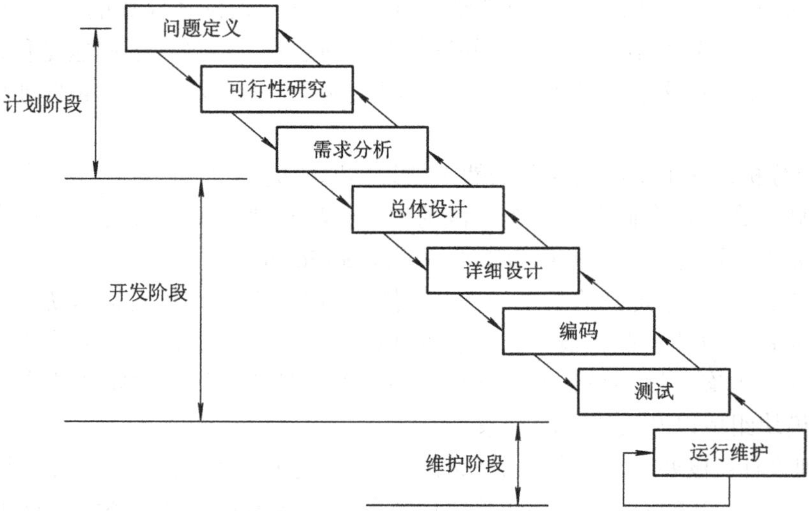

图 1.4　传统的瀑布模型

在 20 世纪 80 年代之前，瀑布模型一直是唯一被广泛采用的生命周期模型，现在它仍是软件工程中应用最广泛的过程模型。

按照传统的瀑布模型来开发软件，有如下几个特点：

(1) 阶段间具有顺序性和依赖性。

(2) 推迟实现的观点：清楚地区分逻辑设计与物理设计，尽可能推迟程序的物理实现，是按照瀑布模型开发软件的一条重要的指导思想。

(3) 质量保证的观点：每个阶段都必须完成规定的文档，没有交出合格的文档就是没有完成该阶段的任务；每个阶段结束前都要对本阶段所完成的文档进行评审，以便尽早发现问题，改正错误。

瀑布模型的开发过程如表 1.2 所示。

表 1.2　瀑布模型的开发过程

阶　段	基本任务	工作结果
问题定义	理解问题	系统目标与范围说明书
可行性研究	理解工作范围	项目计划任务书
需求分析	定义用户需求	需求规格说明书
总体设计	建立软件结构	总体设计说明书
详细设计	模块功能实现	程序规格说明书
编码	编写程序	程序清单
测试	发现错误、调试	软件产品
运行维护	运行和管理	改进的软件产品

实际的瀑布模型是带“反馈环”的，如图 1.5 所示(图中实线箭头表示开发过程，虚线箭头表示维护过程)。当在后面阶段发现前面阶段的错误时，需要沿图中左侧的反馈线返回前面的阶段，在修正前面阶段的错误之后，再回来继续完成后面阶段的任务。

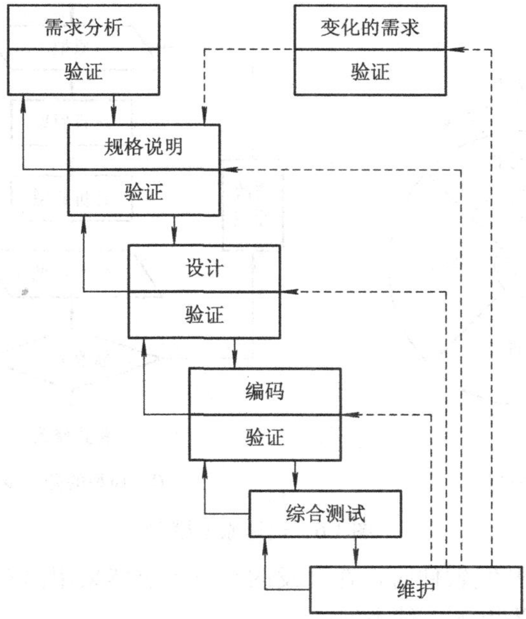

图 1.5　实际的瀑布模型

下面我们对瀑布模型的优缺点作一总结。

瀑布模型具有顺序性和依赖性，即后一阶段的工作必须在前一阶段的工作完成后才能开始。 把逻辑设计与物理设计清楚地划分开，是瀑布模型的重要指导思想。 瀑布模型强调的是优质，即每一步都循序渐进，及早消除隐患，从而保证软件质量。它的致命缺点在于只有做出精确的需求分析，才能取得预期的结果。由于各种客观、主观的原因，需求分析往往不很精确，常常给日后的开发带来隐患。

2. 快速原型模型

原型是指模拟某种产品的原始模型，在其它产业中经常使用模型。例如，在建造一座楼房之前，先按一定的比例建造一个缩小的楼房模型，通过模型的外观、形状和颜色等可以对所要建造的楼房有一个直观的理解和认识。

软件开发中的原型不同于最终的系统，两者在功能范围上的区别在于最终系统要实现软件需求的全部功能，而原型只实现所选择的部分功能。最终系统对所有的软件需求都必须详细实现，而原型仅仅是为了试验和演示用的，部分功能需求可以忽略或者模拟实现。

快速原型模型的表示如图 1.6 所示。图 1.6(a)是原型本身的表示，图 1.6(b)说明了原型的开发步骤。可以看出，采用快速原型模型开发软件经历了快速分析、构造原型、运行原型、评价原型、根据评价的结果进行修改这样一个过程。

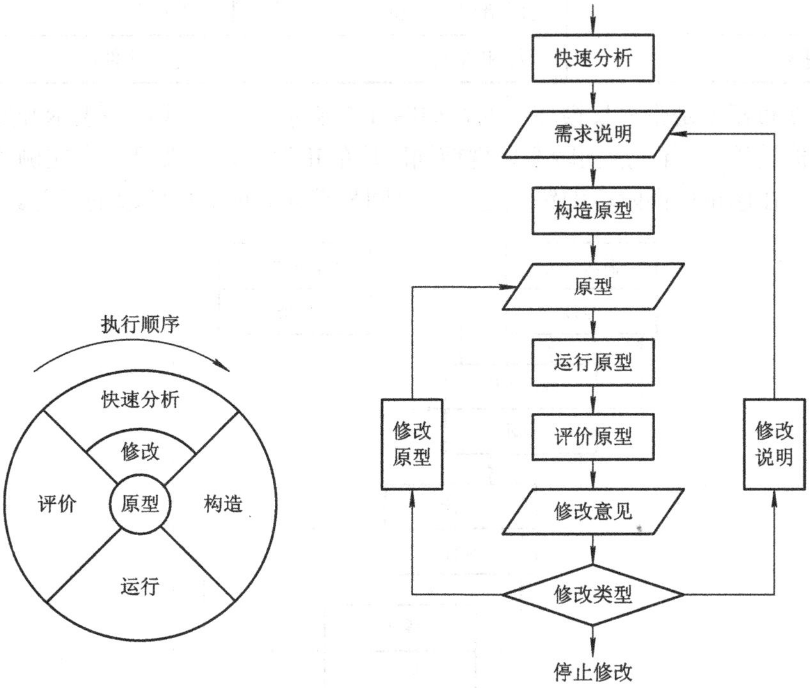

(a) 原型　　(b) 原型的开发步骤

图 1.6　快速原型模型

采用快速原型模型开发软件时，在开发的整体上仍然采用瀑布模型。按照引入原型的阶段不同，快速原型分为以下三种类型：

(1) 探索型：在需求分析阶段引入原型，即用原型过程代替需求分析。把原型作为需求说明的补充形式，运用原型尽可能使需求说明完整、准确、一致、无二义性。

(2) 实验型：用原型过程代替设计阶段，即在总体设计阶段使用原型。快速分析实现软件系统的方案，并构造出原型，然后通过运行考察设计方案的可行性与合理性。

(3) 演化型：用原型过程代替软件开发的全部阶段，通过原型过程的反复循环演化，直至得到软件系统。在开发过程中并不强调严格的阶段性和高质量的阶段性文档，不追求理想的开发模型。

3．增量模型

增量模型也称为渐增模型，如图 1.7 所示。使用增量模型开发软件时，把软件产品作为一系列的增量构件来设计、编码、集成和测试。每个构件由多个相互作用的模块构成，并且能够完成特定的功能。使用增量模型时，第一个增量构件往往实现软件的基本需求，提供最核心的功能。

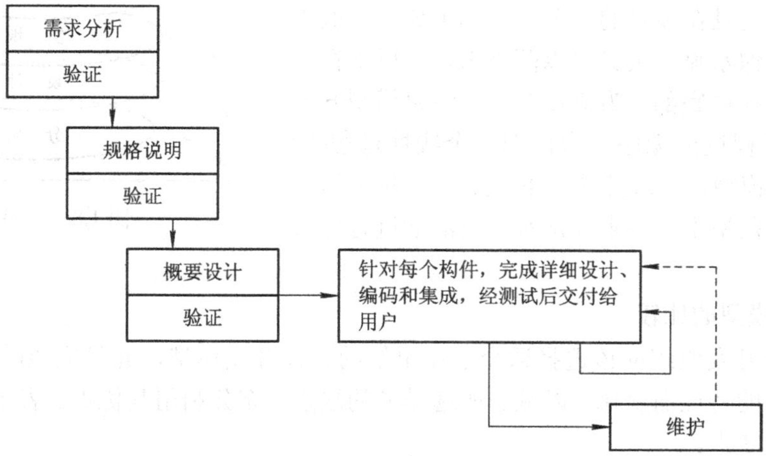

图 1.7 增量模型

增量模型在各个阶段并不交付一个可运行的完整产品，而是交付满足客户需求的可运行产品的一个子集。整个产品被分解成若干个构件，开发人员逐个构件地交付产品。这样做的好处是软件开发可以较好地适应变化，客户可以不断地看到所开发的软件，从而降低开发风险。但是，增量模型也存在以下缺陷：

(1) 由于各个构件是逐渐并入已有的软件体系结构中的，所以加入的构件不应当破坏已构造好的系统部分，这需要软件具备开放式的体系结构。

(2) 在开发过程中，需求的变化是不可避免的。增量模型的灵活性可以使其适应这种变化，这一点大大优于瀑布模型和快速原型模型，但也很容易退化为“边做边改”的模型，从而使软件过程的控制失去整体性。

4．螺旋模型

软件开发几乎总要冒一定的风险，因此，在软件开发过程中必须及时识别和分析风险，并且采取适当措施以消除或减少风险的危害。1988 年，Barry Boehm 正式发表了软件系统开发的螺旋模型。

螺旋模型的基本思想是将瀑布模型和增量模型结合起来，强调了其他模型所忽视的风险分析，以尽量降低风险，其特别适合于大型复杂的系统。

5．喷泉模型(面向对象的生存期模型, OO模型)

迭代是软件开发过程中普遍存在的一种内在属性。经验表明，软件过程是各个阶段之间的迭代或一个阶段内各个工作步骤之间的迭代。喷泉模型是一种以用户需求为动力，以对象作为驱动的模型，这种模型在面向对象范型中比在结构化范型中更常见。图 1.8 所示的喷泉模型是典型的面向对象生命周期模型。“喷泉”这个词体现了面向对象软件开发过程中迭代和无缝的特性。

喷泉模型的固有特征是：① 迭代，指多次重复、演进的过程；② 无间隙，指各阶段间无明显的界限，支持分析和设计结果的自然复用。

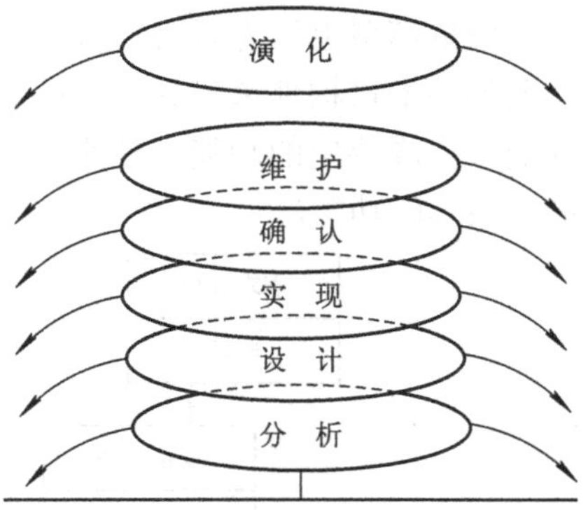

图 1.8　喷泉模型

喷泉模型与传统的结构化生存期比较，具有更多的增量和迭代性质，生存期的各个阶段可以相互重叠和多次反复，而且在项目的整个生存期中还可以嵌入子生存期，就像水喷上去又可以落下来，可以落在中间，也可以落在最底部。为避免在使用喷泉模型开发软件时开发过程过分无序，应该把一个线性过程(例如，快速原型模型)作为总目标。但是，同时也应该记住，面向对象范型本身要求经常对开发活动进行迭代或求精。

6. 各种模型的比较

每个软件开发组织应该选择适合于该组织的软件开发模型，并且应该随着当前正在开发的特定产品的特性而变化，以减小所选模型的缺点，充分利用其优点。表 1.3 列出了几种常见模型的优缺点。

表 1.3　常见模型比较

模　型	优　点	缺　点
瀑布模型	文档驱动	系统可能不满足客户的需求
快速原型模型	关注满足客户需求	可能导致系统设计差、效率低，难于维护
增量模型	开发早期反馈及时，易于维护	需要开放式体系结构，可能导致系统设计差、效率低
螺旋模型	风险驱动	风险分析人员需要有经验且经过充分训练

软件过程是为了获得高质量软件产品所需要完成的一系列任务的框架，它规定了完成各项任务的工作步骤。软件过程必须科学、合理，才能开发出高质量的软件产品。

按照在软件生命周期全过程中应完成的任务的性质，在概念上可以把软件生命周期划分成问题定义、可行性研究、需求分析、概要设计、详细设计、编码和单元测试、综合测试以及维护等八个阶段。实际上，从事软件开发工作时，软件规模、种类、开发环境及使用的技术方法等因素，都影响阶段的划分。因此，一个科学、有效的软件过程应该定义一组适合于所承担的项目特点的任务集合。

生命周期模型(即软件过程模型)规定了把生命周期划分成的阶段及各个阶段的执行顺序。本章介绍了五类典型的软件生命周期模型。

瀑布模型历史悠久、广为人知，它的优势在于它是规范的、文档驱动的方法；这种模型的问题是，最终交付的产品可能不是用户真正需要的。

快速原型模型正是为了克服瀑布模型的缺点而提出来的。它通过快速构建起一个可运行的原型系统，让用户试用原型并收集用户反馈意见的办法，来获取用户的真实需求。但是，需要软件法开发技术和工具支持，需要用户参与开发过程，参与原型的运行和评价。

增量模型具有能在软件开发的早期使投资获得明显回报和易于维护的优点。但是，要求软件具有开放结构是使用这种模型时固有的困难。

风险驱动的螺旋模型适用于大规模的内部开发项目。但是，只有在开发人员具有风险分析和排除风险的经验及专门知识时，使用这种模型才会获得成功。

当使用面向对象范型开发软件时，软件生命周期必须是循环的，也就是说，软件过程必须支持反馈和迭代。喷泉模型是一种典型的适合于面向对象范型的过程模型。

每个软件开发组织都应该选择适合于本组织及所要开发的软件特点的软件生命周期模型。这样的模型应该把各种生命周期模型的合适特性有机地结合起来，以便尽量减少它们的缺点，充分利用它们的优点。

1.4　结构化的软件开发方法

1.4.1　系统分析与定义

为了开发出真正满足用户需求的软件产品，首先必须知道用户的需求。对软件需求的深入理解是软件开发工作获得成功的前提和关键。不论我们把设计和编码工作做得如何出色，不能真正满足用户需求的软件只会给用户带来失望，给开发者带来烦恼。

传统的软件工程方法学采用结构化分析(Structured Analysis，SA)技术来完成需求分析工作。

1. 需求分析的任务

需求分析是发现、求精、建模、规格说明和复审的过程。为了发现用户的真正需求，首先应该从宏观角度调查、分析用户所面临的问题，也就是说，需求分析的第一步是尽可能准确地了解用户当前的情况和需要解决的问题。

分析员对用户提出的初步要求应该反复求精、多次细化，才能充分理解用户的需求，得出对目标系统的完整、准确和具体的要求。

为了更好地理解问题，人们常常采用建立模型的方法。所谓模型，就是为了理解事物而对事物做出的一种抽象，是对事物的一种无歧义的书面描述。通常，模型由一组图形符号和组织这些符号的规则构成。结构化分析就是一种建立模型的活动，通常建立数据模型、功能模型和行为模型等三种模型。

除了用分析模型表示软件需求之外，还要写出准确的软件需求规格说明。模型既是软件设计的基础，也是编写软件规格说明的基础。

在分析软件需求和编写软件规格说明的过程中，软件开发者和软件用户都起着关键的、必不可少的作用。

用户与开发者之间需要通信、沟通的内容非常多，在双方交流信息的过程中很容易出现误解或遗漏，也可能存在二义性。因此，不仅在整个需求分析过程中应该采用行之有效的通信技术，集中精力缜密工作，而且对需求分析的结果(分析模型和规格说明)必须严格审查。

尽管目前存在许多不同的结构化分析方法，但是，所有这些分析方法都遵守下述准则：

- 必须理解和表示问题的信息域，根据这条准则应该建立数据模型。
- 必须定义软件应完成的功能，这条准则要求建立功能模型。
- 必须表示作为外部事件结果的软件行为，这条准则要求建立行为模型。

● 必须对描述信息、功能和行为的模型进行分解，用层次的方式展示细节。

● 分析过程应该从要素信息移向实现细节。

2. 需求分析的方法

软件需求分析是与用户通信的过程，总是从两方或多方之间的通信开始的。用户面临的问题需要用基于计算机的方案来解决；开发者应该对用户的需求作出反应，给用户提供帮助，这样就产生了相互通信的需求。

1) *访谈*

访谈(或称为会谈)是最早开始运用的获取用户需求的技术，也是迄今为止仍然广泛使用的主要的需求分析技术。

访谈有两种基本形式，分别是正式的和非正式的访谈。在正式的访谈中，系统分析员将提出一些事先准备好的具体问题，例如，询问客户公司销售的商品种类、雇用的销售人员数目以及信息反馈时间的长短等。在非正式的访谈中，将提出一些可以自由回答的开放性问题，以鼓励被访问的人员表达自己的想法，例如，询问用户为什么对目前正在使用的系统感到不满意。当需要调查大量人员的意见时，向被调查的人员分发调查表是一个十分有效的做法。

在对用户进行访谈的过程中，使用情景分析技术往往非常有效。所谓情景分析，就是对用户运用目标系统解决某个具体问题的方法和结果进行分析。

2) *简易的应用规格说明技术*

这种方法提倡用户与开发者密切合作，共同标识问题，提出解决方案的要素，商讨不同的方法并指定基本的需求。现在，简易的应用规格说明技术已经成为信息系统界使用的主流技术。尽管存在许多不同的简易应用规格说明方法，但是它们遵循的基本准则是相同的。

● 在中立地点举行由开发者和用户双方出席的会议。

● 制定准备会议和参加会议的规则。

● 提出一个议事日程，这个日程应该足够正式，以便能够涵盖所有要点；同时，这个日程又应该足够非正式，以便鼓励自由思维。

● 由一个“协调人”来主持会议，他既可以是用户，也可以是开发者，还可以是从外面请来的人。

● 使用一种“定义机制”(例如，工作表、图表等)。

● 目标是标识问题、提出解决方案的要素，商讨不同的方案并制定初步的需求。

3) *构建软件原型*

构建原型的要点是，应该实现用户看得见的功能(例如屏幕显示或打印报表)，省略目标系统的“隐含”功能(例如修改文件)。

快速原型应该具备的第一个特性是“快速”。快速原型的目的是尽快向用户提供一个可在计算机上运行的目标系统的模型，以便使用户和开发者在目标系统应该“做什么”这个问题上尽可能快地达成共识。

快速原型应该具备的第二个特性是“容易修改”。如果原型的第一版不是用户所需要的，就必须根据用户的意见迅速地修改它，构建出原型的第二版，以更好地满足用户的需求。在实际开发软件产品时，“修改—试用—反馈”的过程可能要重复多遍，如果修改耗时过多，则势必延误软件开发时间。

3. 分析建模和软件需求规格说明

结构化分析实质上是一种创建模型的活动。通过需求分析而建立的模型必须达到下述三个基本目标：描述用户的需求；为软件设计工作奠定基础；定义一组需求，一旦开发出软件产品之后，就可以用这组需求作为标准来验收该产品。为了达到上述目标，在结构化分析过程中导出的分析模型的形式如图 1.9 所示。

通过需求分析除了创建分析模型之外，还应该写出软件需求规格说明，它是分析阶段的最终成果。

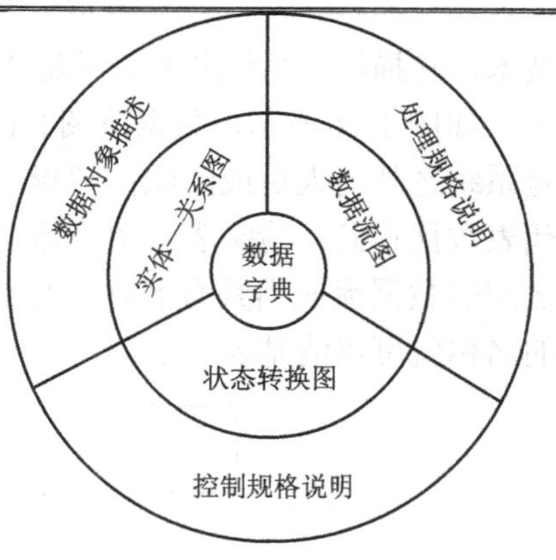

图 1.9　分析模型的结构

4. 实体—关系图

数据模型包含三种相互关联的信息：数据对象、描述数据对象的属性及数据对象彼此间相互连接的关系。

数据对象：是对软件必须理解的复合信息的表示。所谓复合信息，是指具有一系列不同性质或属性的事物，因此，仅有单个值的事物(例如宽度)不是数据对象。

属性：定义了数据对象的性质，应根据对所要解决的问题的理解，来确定特定数据对象的一组合适的属性。

关系：数据对象彼此之间相互连接的方式称为关系，也称为联系。关系分为一对一联系(1∶1)，一对多联系(1∶N)，多对多联系(M∶N)。其中多对多联系也具有属性。

用实体—关系图(Entity Relationship Diagram)建立的数据模型简称为 E-R 图。相应地，用 E-R 图描绘的数据模型也可以称为 E-R 模型。

E-R 图中包含了实体(即数据对象)、关系和属性等三种基本成分。通常用矩形框代表实体，用连接相关实体的菱形框表示关系，用椭圆形或圆角矩形表示实体(或关系)的属性，并用无向边把实体(或关系)与其属性连接起来。例如，图 1.10 是某学校教学管理的 E-R 图。

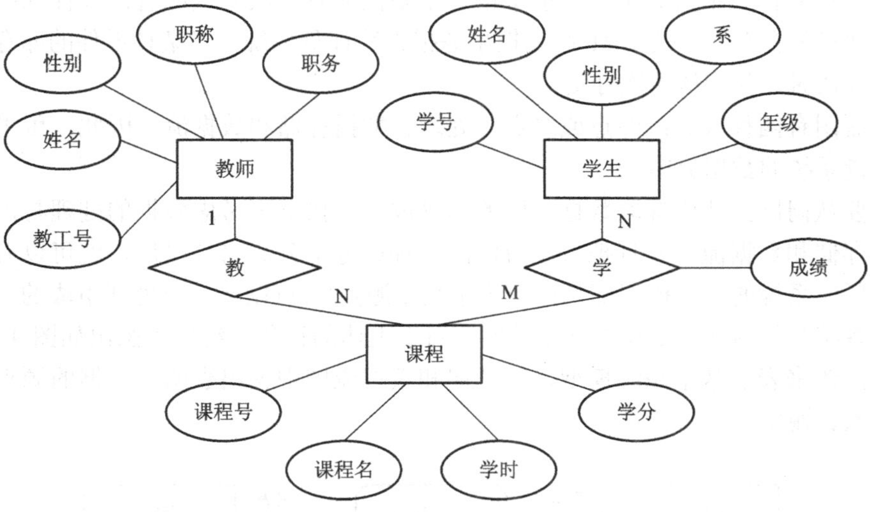

图 1.10　某学校教学管理的 E-R 图

5. 数据流图

当数据在软件中移动时，它将被一系列“变换”所修改。数据流图(DFD)是一种图形化技术，它描绘信息流和数据从输入移动到输出的过程中所经受的变换。

如图 1.11 所示，数据流图有四种基本符号：正方形(或立方体)表示数据的源点或终点，是系统之外的人员或组织；圆形(或圆角矩形)代表变换数据的处理；两条平行横线(或矩形)代表数据存储；箭头表示数据流，即特定数据的流动方向。源点/终点与处理、处理与处理之间的数据流应当具有名称，与数据存储有关的数据流的名称可以省略，因为用数据存储的名称就可以清楚表示了。

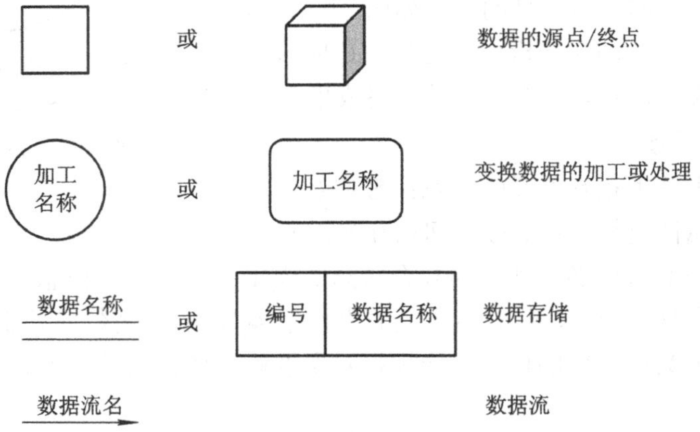

图 1.11　数据流图的基本符号

注意，数据流与程序流程图中用箭头表示的控制流有着本质的不同，千万不要混淆，在数据流图中只出现数据流，不应当出现控制流。

下面通过一个简单例子来具体说明怎样画数据流图。

【例 1.1】　假设一家工厂的采购部每天需要一张订货报表，报表按零件编号排序，表中列出所有需要再次订货的零件。对于每个需要再次订货的零件，应该列出下述数据：零件编号、零件名称、定货数量、目前价格、主要供应者和次要供应者。零件入库或出库称为事务，通过放在仓库中的 CRT 终端把事务报告给订货系统。当某种零件的库存数量少于库存量临界值时，就应该再次订货。

数据流图有四种成分：源点或终点、处理、数据存储和数据流。因此，可采用以下步骤画出订货系统的数据流图。

首先要从问题描述中提取数据流图的四种成分，接下来考虑数据的处理与加工，最后考虑数据存储和数据流。一旦把数据流图的四种成分都分离出来以后，就可以着手画数据流图了。任何系统的基本模型都是由若干个数据源点/终点以及一个处理组成的，这个处理就代表了系统对数据加工变换的基本功能。对于上述的订货系统可以画出如图 1.12 所示的顶层数据流图来表示基本系统模型，在顶层和数据流图中突出表明了数据的源点、终点和系统的输入、输出。

图 1.12　订货系统的基本系统模型——顶层数据流图

下一步应该把基本系统模型细化，得到描绘系统的主要功能的 0 层数据流图。图 1.13 是系统的 0 层数据流图，系统中含有处理事务和产生报表两个子系统，所给出的处理和数据存储都加了编号，这样做的目的是便于引用和追踪。

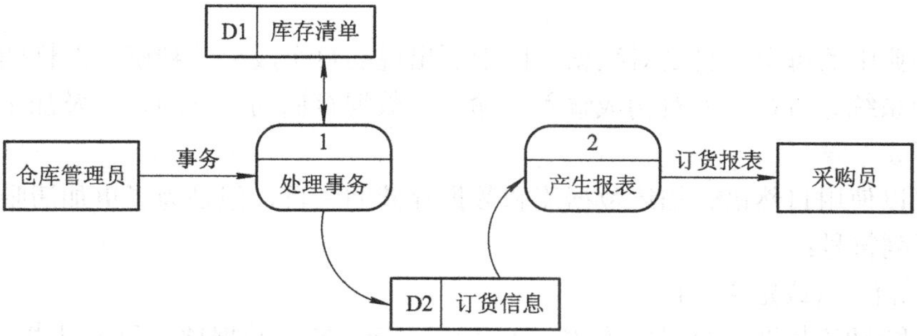

图 1.13 订货系统的功能级数据流图——0 层数据流图

接下来应该对功能级数据流图中描绘的系统主要功能进一步细化，对 0 层数据流图中的每个子系统进一步分解，得到 1 层数据流图。图 1.14 是将事务处理子系统进一步分解的订货系统的 1 层数据流图。

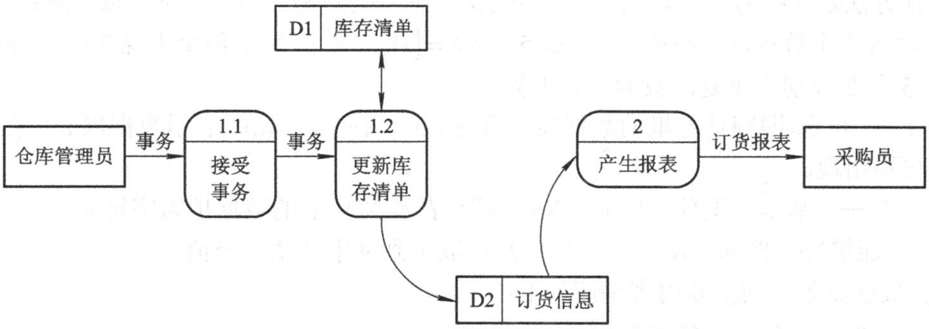

图 1.14 将事务处理子系统进一步细化的数据流图——1 层数据流图

在对数据流图分层细化时，必须保持信息的连续性，也就是说，当把一个处理分解为一系列处理时，分解前和分解后的输入/输出数据流必须相同。

数据流图中每个成分的命名是否恰当，直接影响数据流图的可理解性，因此，给这些成分起名字时应该仔细推敲。命名时应注意以下问题：为数据流(或数据存储)命名时，名字应代表整个数据流(或数据存储)的内容，而不是仅仅反映它的某些成分；不要使用空洞的、缺乏具体含义的名字(如“数据”、“信息”、“输入”之类)；如果在为某个数据流(或数据存储)起名字时遇到了困难，则很可能是对数据流图分解不恰当而造成的，应该试试重新分解，看是否能克服这个困难。

通常先为数据流命名，然后为与之相关联的处理命名，这样命名比较容易，而且体现了人们习惯的“由表及里”的思考过程。名字应该反映整个处理的功能，而不是它的一部分功能；名字最好由一个具体的及物动词，加上一个具体的宾语组成；应该尽量避免使用“加工”、“处理”等空洞笼统的动词作名字；通常名字中仅包括一个动词，如果必须用两个动词才能描述整个处理的功能，则把这个处理再分解成两个处理可能更恰当些；如果在为某个处理命名时遇到了困难，则很可能是发现了分解不当的迹象，应考虑重新分解。

6. 数据字典

数据字典是为了描述在结构化分析过程中定义的对象的内容，而使用的一种半形式化的工具。

数据字典中的每个条目是对数据流图中所出现的每个成分的精确、严格的定义，从而使得用户和系统分析员双方对构成输入、输出、数据存储的数据项，以及加工处理逻辑有共同的理解。

虽然可以使用自然语言描述数据流和数据存储的条目，但是为了更加清晰简洁起见，建议采用下列符号：

= ——等价于(或定义为)。

+ ——和(即连接两个分量)。例如：X=a+b，表示 X 由数据项 a 和 b 组成。

[…|…]——或(即从方括号内列出的若干个分量中选择一个)，通常用“|”号分开供选择的分量。例如：X=[a|b]，表示 X 由数据项 a 或 b 组成。

{…}——重复(即重复花括号内的分量)，常常使用上限和下限进一步注释表示重复的花括号。一种注释方法是在花括号的右边用上角标和下角标分别表明重复的上限和下限；另一种注释方法是在括号左侧标明重复的下限，在括号的右侧标明重复的上限。例如：X={a}，表示 X 由若干个数据项 a 组成。X= 2{a}5 或 $X=\{a\}_2^5$，表示 X 中最少出现 2 次 a，最多出现 5 次 a。5 和 2 分别为重复次数的上、下界。

(…)——可选(即圆括号里的数据项可有可无)。例如：X=(a)，表示数据项 a 可在 X 中出现，也可不出现。

“…”——基本数据项。例如：X= “a”，表示 X 可取的数据项为字符 a。

..——连接符。例如：X=1..9，表示 X 可取 1 到 9 中任意一个值。

(1) 数据流条目的主要内容举例如下：

数据流名称：订货报表
别名：无
简述：提供给采购员的订货项目
来源：加工 2 “产生报表”
去向：外部实体“采购员”
数据流量：100 份/周
组成：编号+订货日期+银行账号+货物名称+规格+数量

其中，数据流量指单位时间内(每小时、每天、每周、每月)的传输次数。

(2) 数据存储条目的主要内容举例如下：

数据存储名称：库存清单
别名：无
简述：存放库存所有可供货物的信息
组成：编号+货物名称+规格+数量+单价
组织方式：索引文件，以货物编号为关键字
查询要求：按关键字查询或模糊查询

(3) 数据项是不可再分解的数据单位，条目主要内容举例如下：

数据项名称：货物编号

别名：G-No, G-Num, Goods-No

简述：本公司所有货物的编号

类型：字符串

长度：10

取值范围及含义：第1位：进口/国产

第2～4位：类别

第5～7位：规格

第8～10位：品名编号

(4) 加工条目主要描述基本加工的处理逻辑，其内容举例如下：

加工名称：产生报表

编号：2

激发条件：定时检测订货信息

优先级：普通

输入：订货信息

输出：订货报表

加工逻辑：根据库存清单

加工逻辑主要描述该加工“做什么”，即实现加工的策略，而不是实现加工的细节，只是描述如何将输入数据流变换为输出数据流的规则。为了使加工逻辑直观，易于理解，可以采用上面所采用的结构化形式语言，也可以采用判定表或判定树。

7. 结构化语言

结构化语言是介于自然语言和形式语言之间的一种半形式化语言。它是在自然语言的基础上加了一些限定，使用有限的词汇和有限的语句来描述加工逻辑，它的结构可分为外层和内层两层。

(1) 外层用来描述控制结构，采用顺序、选择、重复三种基本结构。

① 顺序结构：是一组祈使语句、选择语句、重复语句的顺序排列。

② 选择结构：一般用 IF-THEN-ELSE-ENDIF，CASE-OF-ENDCASE 等关键字。

③ 重复结构：一般用 DO-WHILE-ENDDO，REPEAT-UNTIL 等关键字。

(2) 内层一般采用祈使语句，使用数据字典中的名词和有限的自定义词，启动词含义要具体，尽量不用形容词和复词来修饰。还可以使用一些简单的算术运算和逻辑运算符号。

例如某工厂对部分职工重新分配工作的政策是：年龄在20岁以下者，初中文化程度脱产学习，高中文化程度当电工；年龄在20岁至40岁之间者，中学文化程度男性当钳工，女性当车工，大学文化程度当技术员；年龄在40岁以上者，中学文化程度当材料员，大学文化程度当技术员。

```
IF  年龄<20  THEN
        IF  文化程度=初中  THEN  脱产学习
        ELSE  工作为电工
```

```
            ENDIF
        ELSE  IF  年龄≤40  THEN
                        IF  文化程度=大学  THEN  工作为技术员
                        ELSE  IF  性别=男  THEN  工作为钳工
                              ELSE  工作为车工
                              ENDIF
                        ENDIF
            ELSE  IF  文化程度=大学  THEN  工作为技术员
                                    ELSE  工作为材料员
                  ENDIF
            ENDIF
        ENDIF
```

8. 判定表

在有些情况下，数据流图中的每个加工的一组动作依赖于多个逻辑条件的取值。用判定表能够清晰、严谨地表示复杂的条件组合与应做的动作之间的对应关系。

一张判定表由四部分组成，左上部列出所有条件，左下部是所有可能做的动作，右上部是表示各种条件组合的一个矩阵，右下部是与每种条件组合相对应的动作。判定表右半部的每一列实质上是一条规则，规定了与特定的条件组合相对应的动作。

条件定义	条件取值的组合
动作定义	在各种取值的组合下应执行的动作

我们用判定表来描述上述例子。为了使判定表清晰，可以先给出条件取值表，如表 1.4 所示。

表 1.4　条件取值表

条件名	取值	符号	取值个数
年龄	年龄≤20 20＜年龄≤40 年龄＞40	C Y L	m1=3
文化程度	初中 高中 大学	J S U	m2=3
性别	男 女	M F	m3=2

在条件取值表的基础上再给出判定表，如表 1.5 所示。

表1.5 判 定 表

	1	2	3	4	5	6	7	8	9	10	11	12	13	14	15	16	17	18
年龄	C	C	C	C	C	C	Y	Y	Y	Y	Y	Y	L	L	L	L	L	L
文化程度	J	J	S	S	U	U	J	J	S	S	U	U	J	J	S	S	U	U
性别	M	F	M	F	M	F	M	F	M	F	M	F	M	F	M	F	M	F
脱产学习	√	√																
电工			√	√														
钳工							√		√									
车工								√		√								
技术员											√	√					√	√
材料员													√	√	√	√		

9．判定树

判定树是判定表的变形，一般情况下它比判定表更直观，且易于理解和使用。

上述例子用判定树描述如下：

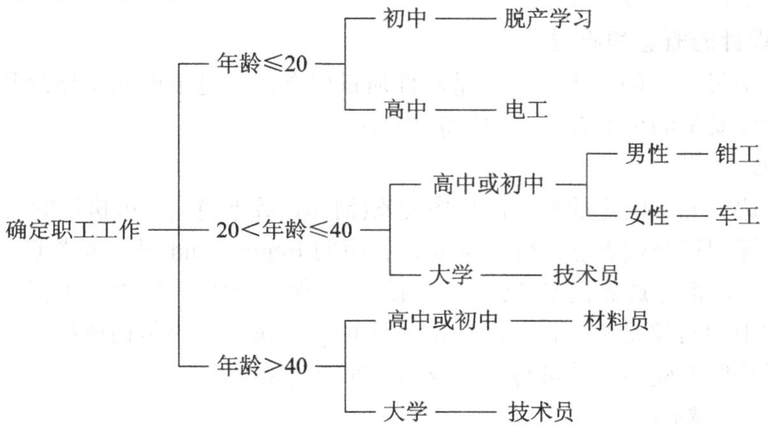

1.4.2 系统设计

传统的软件工程方法学采用结构化设计(Structured Design，SD)技术，完成软件设计工作，通常把软件设计工作划分为概要设计和详细设计两个阶段。概要设计的主要任务是，通过仔细分析软件规格说明，适当地对软件进行功能分解，从而把软件划分为模块，并且设计出完成预定功能的模块结构。详细设计的主要任务是对每个模块的内部进行设计，确定完成每个模块功能所需要的算法和数据结构。

1．结构化设计与结构化分析的关系

软件设计必须依据对软件的需求来进行，结构化分析的结果为结构化设计提供了最基本的输入信息。

分析模型的每个元素都提供了创建设计模型时所需要的信息。图 1.15 描绘了软件设计过程中的信息流，由数据模型、功能模型和行为模型清楚地表示的软件需求并传送给软件设计者，由他们使用适当的设计方法来完成数据设计、体系结构设计、接口设计和过程设计。

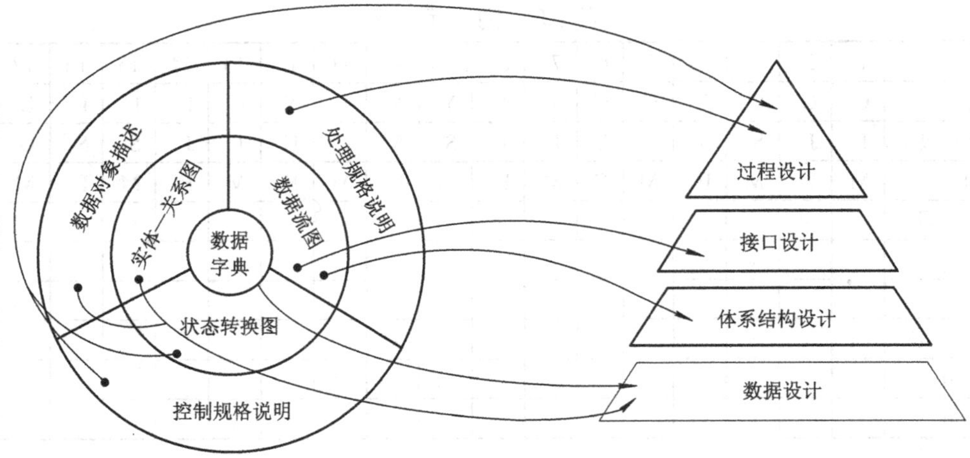

图 1.15　软件设计过程中的信息流

在软件设计期间做出的决策将最终决定软件开发能否成功，更重要的是，这些设计决策将决定软件维护的难易程度。

2．软件设计的概念和原理

软件设计中最重要的一个问题就是软件质量问题。通过下面几个概念和原理，有助于我们对衡量软件质量的标准有一个比较清楚的理解。

1) 模块化

模块是由边界元素限定的相邻的程序元素(例如，数据说明，可执行的语句)的序列，而且有一个总体标识符来代表它。像 Pascal 语言中的 Begin…end 对，或者 C、C++和 Java 语言中的｛…｝对，都是边界元素的例子。因此，过程、函数、子程序和宏等都可作为模块。面向对象范型中的对象是模块，对象内的方法也是模块。模块是构成程序的基本构件。图 1.16 展示出了软件中模块的数量与软件成本之间的关系。

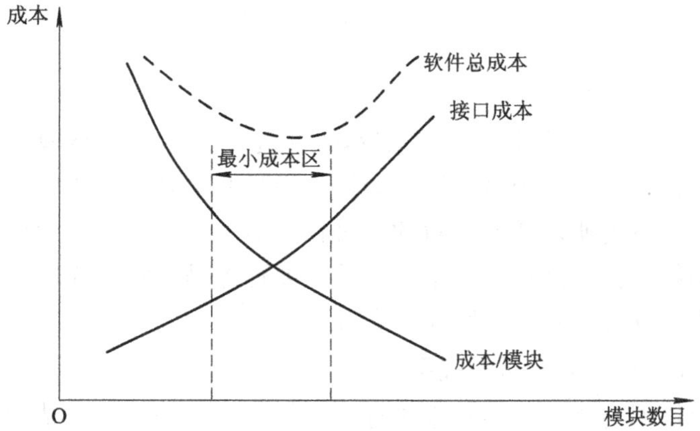

图 1.16　模块的数量和软件成本之间的关系

模块化就是把程序划分成独立命名且可独立访问的模块，每个模块完成一个子功能，把这些模块集成起来构成一个整体，可以完成整个系统的功能，从而满足用户的需求。

通常按照以下五条标准来评价软件的结构设计：

(1) 模块可分解性：如果一种设计方法提供了把问题分解为子问题的系统化机制，那么，它就能降低整个问题的复杂性，从而可以实现一种有效的模块化解决方案。

(2) 模块可组装性：如果一种设计方法能把现有的(可重用的)设计构件组装成新系统，那么，它就能提供一种并非一切都从头开始做的模块化解决方案。

(3) 模块可理解性：如果可以把一个模块作为一种独立单元(无需参考其他模块)来理解，那么，这样的模块是易于构造和易于修改的。

(4) 模块可维护性：如果对系统需求的微小修改只导致对个别模块而不是对整个系统的修改，那么，修改所引起的副作用将最小。

(5) 模块保护性：如果在一个模块内出现异常情况时，其影响局限在该模块内部，那么，由错误引起的副作用将最小。

采用模块化原理可以使软件结构清晰，不仅容易设计，也容易阅读和理解。因为程序错误通常局限在有关的模块及它们之间的接口中，所以模块化使软件容易测试和调试，从而有助于提高软件的可靠性。因为变动往往只涉及少数几个模块，所以模块化能够提高软件的可修改性。模块化也有助于软件开发工程的组织管理，一个复杂的大型程序可以由许多程序员分工编写不同的模块，并且可以进一步分配技术熟练的程序员编写困难的模块。

2) 抽象

人类在认识复杂现象的过程中使用的最强有力的思维工具是抽象。人们在实践中认识到，在现实世界中一些事物、状态或过程之间总存在着某些相似的方面(共性)，把这些相似的方面集中和概括起来，暂时忽略它们之间的差异，这就是抽象。或者说，抽象就是抽出事物的本质特性而暂时不考虑它们的细节。

3) 逐步求精

逐步求精是人类解决复杂问题时采用的基本技术，也是许多软件工程技术(例如，规格说明技术，设计和实现技术，测试和集成技术)的基础。逐步求精就是“为了能集中精力解决主要问题而尽量推迟对问题细节的考虑”。

求精实际上是细化过程。我们从高抽象级别定义的功能陈述(或信息描述)开始，也就是说，该陈述仅仅概念性地描述了功能或信息，但是并没有提供功能的内部工作情况或信息的内部结构。求精要求设计者细化原始陈述，随着每个后续求精(细化)步骤的完成而提供越来越多的细节。

抽象与求精是一对互补的概念。抽象使得设计者能够说明过程和数据，同时却忽略低层细节；求精则是在设计过程中揭示出低层细节。这两个概念都有助于设计者在设计演化过程中创造出完整的设计模型。

4) 信息隐藏

应用模块化原理时，自然会产生的一个问题是：“为了得到最好的一组模块，应该怎样分解软件”。信息隐藏原理指出：应该这样设计和确定模块，使得一个模块内部所包含的信息(内部逻辑和内部数据)对于不需要这些信息的模块来说，是不能访问的。

5) 模块独立

“模块独立”概念是模块化、抽象、逐步求精和信息隐藏等概念的直接结果，也是完成有效的模块设计的基本标准。模块的独立程度可以由两个定性标准来度量，这两个标准分别称为耦合和内聚。耦合衡量不同模块彼此间互相依赖(连接)的紧密程度；内聚衡量一个模块内部各个元素彼此结合的紧密程度。

(1) 耦合。耦合是对一个软件结构内不同模块之间互连程度的度量。耦合的强弱取决于模块间接口的复杂程度，进入或访问一个模块的点，以及通过接口的数据。

在软件设计中应该追求尽可能松散耦合的系统。在这样的系统中，可以研究、测试或维护任何一个模块，而不需要对系统的其他模块有很多了解。此外，由于模块间联系简单，发生在一处的错误传播到整个系统的可能性就很小。因此，模块间的耦合程度强烈影响系统的可理解性、可测试性、可靠性和可维护性。

耦合性有六种类型，耦合度由大到小分别是：

① 内容型：一个模块直接引用另一个模块内部的信息，或通过非正常入口而转入另一个模块内部。

② 公共型：两个模块引用共同的全程数据区(如全局变量或数据结构、共享的通信区、外存储器上的文件和物理设备等)。

③ 控制型：一个模块传送给另一个模块的信息是用于控制该模块内部逻辑的控制信号(如传递的是开关、标志等控制变量)。

④ 复合型：一个模块传送给另一个模块的参数是一个复合的数据结构(如参数是结构体、数组名)。

⑤ 数据型：一个模块传送给另一个模块的参数是单个的数据项(如参数为简单的数据，且采用值传递方式)。

⑥ 无直接型：模块之间没有直接的关系，相互之间不传递任何信息。

总之，耦合是影响软件复杂程度的一个重要因素。应该采取下述设计原则：尽量使用数据耦合，少用控制耦合，限制公共环境耦合的范围，完全不用内容耦合。

(2) 内聚。内聚标志一个模块内各个元素彼此结合的紧密程度，它是信息隐蔽和局部化概念的自然扩展。简单地说，理想内聚的模块只做一件事情。设计时，应该力求做到高内聚，通常中等程度的内聚也是可以采用的，而且效果和高内聚相差不多。但低内聚很糟糕，不要使用。

内聚和耦合是密切相关的，模块内的高内聚往往意味着模块间的松耦合。内聚和耦合都是进行模块化设计的有力工具，但实践表明，内聚更重要，应该把更多的注意力集中到提高模块的内聚程度上。模块间的耦合程度强烈影响系统的可理解性、可测试性、可靠性和可维护性。

内聚性有六种类型，由小到大分别是：

① 偶然型：模块中各元素之间没有任何联系。

② 逻辑型：将几个逻辑上相似的功能放在一个模块中，通过参数确定该模块完成哪一个功能。

③ 瞬时型：将需要同时执行的元素放在同一个模块中，如初始化模块(对各变量置初值，打开多个文件等)。

④ 通信型：模块中的元素引用共同的数据。

⑤ 顺序型：模块中某个元素的输出是另一个元素的输入。

⑥ 功能型：模块中仅包括完成某个具体任务所必需的所有元素。

事实上，没有必要精确确定内聚的级别。重要的是，设计时力争做到高内聚，并且能够辨认出低内聚的模块，有能力通过修改设计来提高模块的内聚程度，降低模块间的耦合程度，从而获得较高的模块独立性。

3. 面向数据流的设计方法

面向数据流的设计方法的目标是给出设计软件结构的一个系统化的途径。

在软件工程的需求分析阶段，通常用数据流图描绘信息在系统中加工和流动的情况。面向数据流的设计方法定义了一些不同的“映射”，利用这些映射可以把数据流图变换成软件结构。因为任何软件系统都可以用数据流图表示，所以面向数据流的设计方法理论上可以设计任何软件的结构。通常所说的结构化设计方法，也就是基于数据流的设计方法。

面向数据流的设计方法把信息流映射成软件结构，信息流的类型决定了映射的方法。信息流有变换流和事务流两种类型。

1) 变换分析

变换分析是一系列设计步骤的总称，经过以下步骤能够把具有变换流特点的数据流图按预先确定的模式映射成软件结构：

(1) 复查基本系统模型。

(2) 复查并精化数据流图。

(3) 确定数据流图具有变换特性还是事务特性。

(4) 确定输入流和输出流的边界，从而孤立出变换中心。

(5) 完成“第一级分解”。

(6) 完成“第二级分解”。

使用设计度量和启发规则对第一次分割得到的软件结构进一步精化。

上述七个设计步骤的目的是，开发出软件的整体表示。也就是说，一旦确定了软件结构，就可以把它作为一个整体来复查，从而能够评价和精化软件结构。在这个时期进行修改只需要很少的附加工作，但是却能够对软件的质量特别是软件的可维护性产生深远的影响。

2) 事务分析

虽然在任何情况下都可以使用变换分析方法设计软件结构，但是在数据流具有明显的事务特点时，也就是有一个明显的“发射中心”(事务中心)时，还是以采用事务分析方法为宜。事务分析的设计步骤和变换分析的设计步骤大部分相同或类似，主要差别仅在于由数据流图到软件结构的映射方法不同。对于一个大系统，常常把变换分析和事务分析应用到同一个数据流图的不同部分，由此得到的子结构形成“构件”，可以利用它们构造出完整的软件结构。

3) 软件结构设计的优化问题

考虑设计优化问题时应该记住，“一个不能工作的‘最佳设计’的价值是值得怀疑的”。软件设计人员应该致力于开发能够满足所有功能和性能要求，而且按照设计原理和启发式设计规则衡量是值得接收的软件。

应该在设计的早期阶段尽量对软件结构进行精化，可以导出不同的软件结构，然后对它们进行评价和比较，力求得到“最好”的结果。

4. 面向数据结构的设计方法

在许多应用领域中，信息都有清楚的层次结构，而输入数据、内部存储的信息(数据库或文件)以及输出数据都可能有独特的结构。数据结构既影响程序的结构，又影响程序的处理过程，重复出现的数据通常由具有循环控制结构的程序来处理，选择数据(即可能出现也可能不出现的信息)要用带有分支控制结构的程序来处理。层次的数据组织通常和使用这些数据的程序的层次结构十分相似。

面向数据结构的设计方法的最终目标是得出对程序处理过程的描述。这种设计方法并不明显地使用软件结构的概念，模块是设计过程的副产品，对于模块独立原理也没有给予应有的重视。因此，这种方法最适合于在详细设计阶段使用，也就是说，在完成了软件结构设计之后，可以使用面向数据结构的方法来设计每个模块的处理过程。

面向数据结构的设计方法又称为 Jackson 方法，其基本思想是从数据结构出发建立对应的程序结构。所以，这样的数据结构特别适合于企事业事务管理类的数据处理系统。

在事务处理的程序中，虽然实际使用的数据结构种类繁多，但是它们的数据元素彼此间的逻辑关系却只有顺序、选择和重复三类，因此，逻辑数据结构也只有这三类。

1) 顺序结构

顺序结构的数据由一个或多个数据元素组成，每个元素按确定次序出现一次。图 1.17 是表示顺序结构的 Jackson 图的一个例子。图中，A 由 B、C、D 三个元素顺序组成，每个元素只出现一次，出现的次序依次是 B、C 和 D。

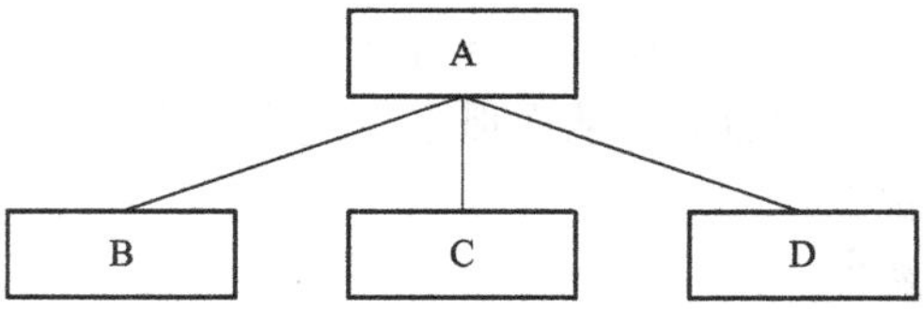

图 1.17　顺序结构的 Jackson 示例图

2) 选择结构

选择结构的数据包含两个或多个数据元素，每次使用这个数据时，按一定条件从这些数据元素中选择一个。图 1.18 是“三选一”结构的 Jackson 图。图中，A 是 B 或 C 或 D 中的某一个(注意：在 B、C 和 D 的右上角有小圆圈标记)。

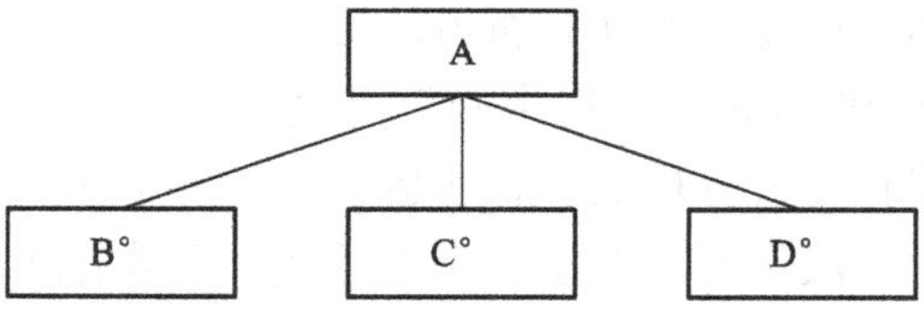

图 1.18　选择结构的 Jackson 示例图

3) 重复结构

重复结构的数据根据使用时的条件由一个数据元素出现零次或多次构成。图 1.19 表示重复结构的 Jackson 图。图中，A 由 B 出现 N 次(N≥0)组成(注意：在 B 的右上角有星号标记)。

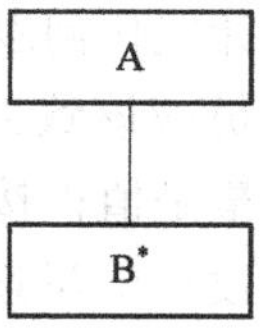

图 1.19　重复结构的 Jackson 示例图

4) 改进的 Jackson 图

Jackson 结构程序设计方法基本上由下述五个步骤组成：

第一步：分析并确定输入数据和输出数据的逻辑结构，并用 Jackson 图描绘这些数据结构。

第二步：找出输入数据结构和输出数据结构中有对应关系的数据单元。所谓有对应关系是指有直接的因果关系，在程序中可以同时处理的数据单元(对于重复出现的数据单元，必须重复的次序和次数都相同才可能有对应关系)。

图 1.20(a)表示顺序结构，数据元素 B、C、D 中的任一个都不能是选择结构或重复结构(即不能是右上角有小圆圈或星号标记的元素)。

图 1.20(b)是选择结构，A 是元素 B，或是元素 C，或是元素 D。S 右面括号中的 i 是分支条件的编号。

图 1.20(c)是可选结构，A 是元素 B，或者不出现(可选结构是选择结构的一种常见特殊形式)。

图 1.20(d)是重复结构，循环结束条件的编号为 i。

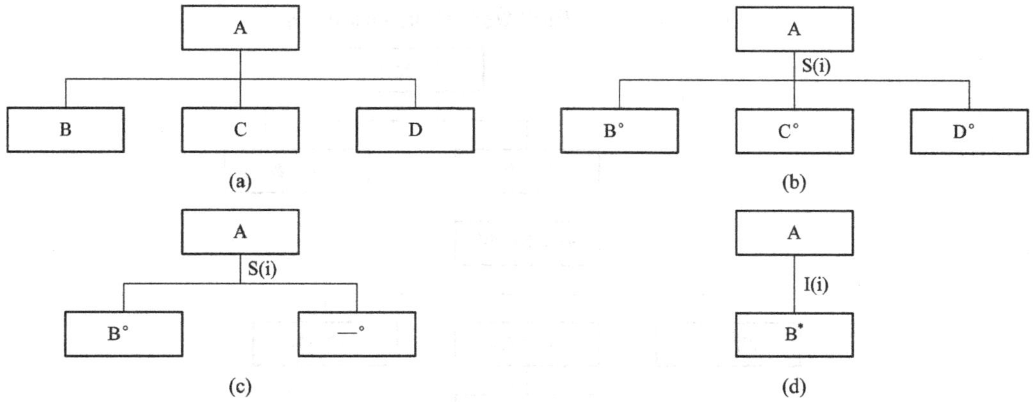

图 1.20 改进的 Jackson 图

第三步：用下述三条规则从描绘数据结构的 Jackson 图导出描绘程序结构的 Jackson 图。

(1) 为每对有对应关系的数据单元，按照它们在数据结构图中的层次在程序结构图的相应层次画一个处理框(注意，如果这对数据单元在输入数据结构和输出数据结构中所处的层次不同，则和它们对应的处理框在程序结构图中所处的层次与它们之中在数据结构图中层次低的那个对应)。

(2) 根据输入数据结构中剩余的每个数据单元所处的层次，在程序结构图的相应层次分别为它们画上对应的处理框。

(3) 根据输出数据结构中剩余的每个数据单元所处的层次，在程序结构图的相应层次分别为它们画上对应的处理框。

第四步：列出所有操作和条件，并且把它们分配到程序结构图的适当位置。

第五步：用伪码表示程序。(Jackson 方法中使用的伪码和 Jackson 图是完全对应的。)

总之，描绘程序结构的 Jackson 图应该综合输入数据结构和输出数据结构的层次关系而导出。在导出程序结构图的过程中，由于改进的 Jackson 图规定在构成顺序结构的元素中不能有重复出现或选择出现的元素，因此可能需要增加中间层次的处理框。

【例 1.2】 一个正文文件由若干个记录组成，每个记录是一个字符串。要求统计每个记录中空格字符的个数，以及文件中空格字符的总个数。要求的输出数据格式是，每复制一行输入字符串之后，另起一行印出这个字符串中的空格数，最后印出文件中空格的总个数。

按照顺序、选择和重复三种类型的 Jackson 图，我们通过图 1.21、1.22、1.23 来描述各数据元素彼此间的逻辑关系。

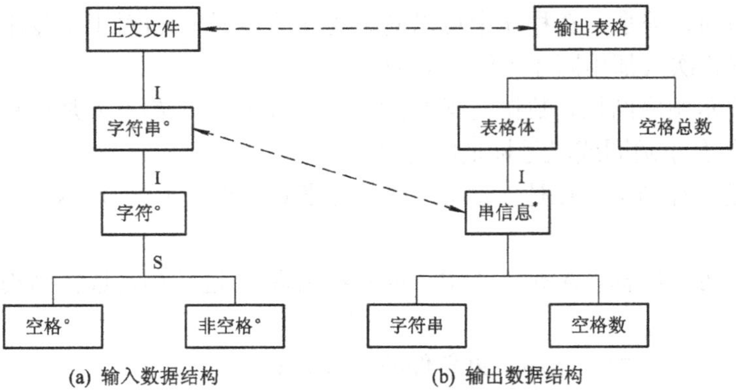

图 1.21　表示输入/输出数据结构的 Jackson 图

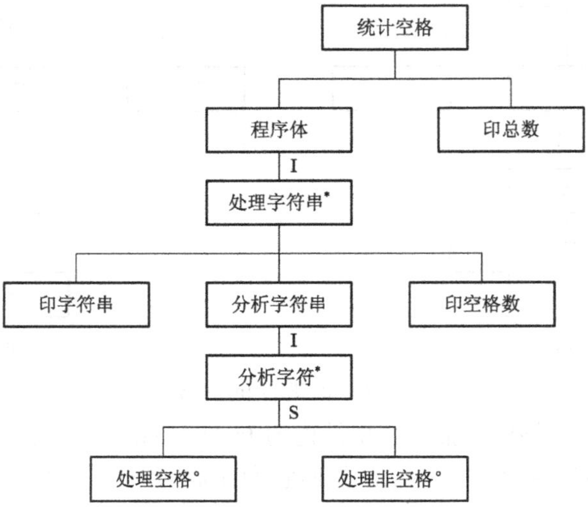

图 1.22　描绘统计空格程序结构的 Jackson 图

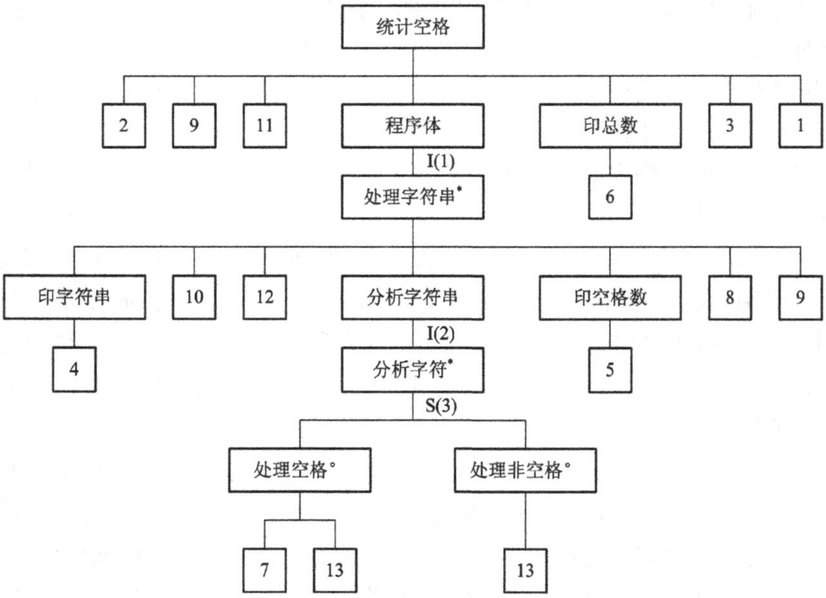

图 1.23　把操作和条件分配到程序结构图的适当位置

软件设计的目标是设计出所要开发的软件模型，传统的软件工程方法学采用结构化设计技术完成软件设计工作。软件设计在软件工程过程中处于技术核心地位，是软件开发过程中决定软件产品质量的关键阶段。软件设计必须依据对软件产品的需求来进行，因此，结构化设计把结构化分析的结果作为基本输入信息。由数据模型、功能模型和行为模型描述的软件需求被传送给软件设计者，以便他们采用适当的设计方法完成数据设计、体系结构设计、接口设计和过程设计。

为了获得高质量的软件设计结果，应该遵循模块化、抽象、逐步求精、信息隐藏和模块独立等基本设计原理，特别是其中的模块独立原理，对软件体系结构设计和接口设计具有非常重要、十分具体的指导作用。总结众多软件工程师在开发软件的长期实践中所积累的丰富经验，形成了一些启发规则，这些启发规则虽然不像上述基本原理那样普遍适用，但在许多场合仍然能给软件设计者以有益的启示，有助于设计出有效模块化的软件。

通常，使用层次图或结构图表示软件结构，这些图形工具具有形象直观、容易理解的优点，读者应该学会用这类图形描绘软件结构。

面向数据流的设计方法是设计软件体系结构的一种系统化的方法，它定义了一些映射规则，可以把数据流图变换成软件的初步结构。得出软件的初步结构之后，还必须根据软件结构设计的优化标准，以基本设计原理和启发规则为指南，对所得到的软件结构进行仔细优化，才能设计出令人满意的软件体系结构。

1.4.3　编码和软件测试

通常把编码和测试统称为实现。

所谓编码，就是把软件设计翻译成计算机可以理解的形式——用某种程序设计语言书写的程序。作为软件工程的一个阶段，编码是设计的自然结果。虽然软件的质量主要取决于软件设计的质量，但是所选用的程序设计语言的特点和编码风格也会对软件的可靠性、可读性、可测试性和可维护性产生深远的影响。

无论怎样强调软件测试的重要性和它对软件可靠性的影响都不过分。在开发大型软件系统的漫长过程中，面对着极其错综复杂的问题，人的主观认识不可能完全符合客观现实，与工程密切相关的各类人员之间的通信和配合也不可能完美无缺，因此，在软件生命周期的每个阶段都不可避免地会产生差错。我们力求在每个阶段结束之前通过严格的技术审查，尽可能早地发现并纠正差错。经验表明，审查并不能发现所有差错，此外，在编码过程中还不可避免地会引入新的错误。如果在软件投入使用之前没有发现并纠正软件中的大部分差错，则这些差错迟早会在软件使用过程中暴露出来，那时不仅改正这些错误的代价更高，而且往往会造成很恶劣的后果。测试的目的就是在软件投入使用之前，尽可能多地发现软件中的错误。目前软件测试仍然是保证软件质量的关键步骤，它是对软件规格说明、设计和编码的最后复审。

软件测试在软件生命周期中横跨两个阶段。通常在编写出每个模块之后就对它做必要的测试(称为单元测试)，模块的编写者和测试者是同一个人，编码和单元测试属于软件生命周期的同一个阶段。在这个阶段结束之后，对软件系统还应该进行各种综合测试，这是软件生命周期中的另一个独立的阶段，通常由专门的测试人员承担这项工作。

大量统计资料表明，软件测试的工作量往往占软件开发总工作量的 40%以上，在极端情况，测试那种关系人的生命安全的软件所花费的成本，可能相当于软件工程其他步骤总成本的 3～5 倍。因此，必须高度重视软件测试工作，决不要以为写出程序之后软件开发工作就接近完成了。实际上，大约还有同样多的开发工作量需要完成。

仅就测试而言，它的目标是发现软件中的错误。软件工程的根本目标是开发出高质量的完全符合用户需要的软件，因此，通过测试发现错误之后，还必须诊断并改正错误，这就是调试的目的。在对测试结果进行收集和评价的时候，软件所达到的可靠性也就开始明朗了。

1. 编码

1) 选择程序设计语言

总的说来，高级语言明显优于汇编语言，因此，除了在很特殊的应用领域(例如，对程序执行时间和使用的空间都有很严格限制的情况；需要产生任意的甚至非法的指令序列；体系结构特殊的微处理机，以至于在这类机器上通常不能实现高级语言编译程序)，或者大型系统中执行时间非常关键的(或直接依赖于硬件的)一小部分代码需要用汇编语言编写之外，其他程序应该一律用高级语言编写。

为了使程序容易测试和维护，以减少生命周期的总成本，选用的高级语言应该有理想的模块化机制，以及可读性好的控制结构和数据结构；为了便于调试和提高软件可靠性，语言的特点应该使编译程序能够尽可能多地发现程序中的错误；为了降低软件开发和维护的成本，选用的语言应该有良好的独立编译机制。上述这些要求是选择语言的理想标准，但是在实际选用语言时不能仅仅考虑理论上的标准，还必须同时考虑实用方面的各种限制。

2) 编码风格

源程序代码的逻辑简明、清晰、易理解是衡量程序质量的一个重要标准。为了做到这几点，应该遵循下述规则。

规则 1：源程序文档化。

所谓源程序文档化，包括恰当的标识符命名、适当的注释和程序的视觉组织等。

标识符包括模块名、变量名、常量名、标号名、子程序名、数据区名以及缓冲区名等，这些名字应当“按意取名”。例如，表示次数的用 Times，表示总量的用 Total，表示平均值的用 Average，表示和的用 Sum 等。名字不是越长越好，应当选择精炼的、意义明确的名字，必要时可使用缩写名字，但缩写规则要一致。同时应当注意，在一个程序中一个标识符只应用于一种用途。

程序的注释就是对程序的说明，是程序员与日后的程序读者之间通信的重要手段。注释决不是可有可无的，一些正规的程序文本中，注释行的数量占到整个源程序的 1/3 到 1/2，甚至更多。注释分为序言性注释和功能性注释。

(1) 序言性注释：通常置于每个模块的开头部分，它应当给出模块的整体说明，对于理解模块具有引导作用。序言性注释包括：

- 说明模块的用途、功能；
- 说明模块的接口：调用形式、参数描述及从属模块清单；
- 有关数据描述：重要的变量及其用途，约束或限制条件，以及其它有关信息；
- 模块位置：在哪一个源文件中，或隶属于哪一个软件包；
- 开发简历：模块设计者，复审者，复审日期，修改日期及有关说明等。

(2) 功能性注释：通常置于源程序内部，用以描述程序段或语句的功能及数据的状态。

例如，

```
/* ADD AMOUNT TO TOTAL */
    TOTAL = AMOUNT＋TOTAL
```

上面的注释不清楚，如果注明把月销售额计入年度总额，则使读者容易理解下面语句的意图：

```
/* ADD MONTHLY-SALES TO ANNUAL-TOTAL */
TOTAL = AMOUNT+TOTAL
```

程序的视觉组织体现在程序的书写格式方面，如空格、空行、移行和加括号等。恰当地利用空格和括号，可以突出运算的优先性，避免发生运算的错误，并且易于理解。例如，可将表达式

```
A<−17 AND NOT B<=49 OR C
```

写成

```
((A<−17) AND   NOT (B<=49)) OR C
```

自然的程序段之间可用空行隔开，如在两个函数或子程序之间加空行，有利于从视觉上划分模块。

移行也叫做向右缩格，是指程序中的各行不必都在左端对齐或都从第一格起排列(这样做使得程序的层次关系不易分清)。对于选择语句和循环语句，把其中的程序段语句向右做阶梯式移行，可使程序的逻辑结构更加清晰。

例如，两重选择结构嵌套，写成下面的移行形式，层次就清楚得多了。

```
IF(…) THEN
    IF(…) THEN
      ……
    ELSE
      ……
    ENDIF
      ……
ELSE
  ……
ENDIF
```

规则 2：数据说明。

虽然在设计期间已经确定了数据结构的组织和复杂程度，然而数据说明的风格却是在写程序时确定的。为了使数据更容易理解和维护，应当遵循以下原则：

- 数据说明的次序应该标准化，这样可以使源程序中的数据易查阅，能够加速测试、调试和维护的过程。例如，按常量说明、类型说明、全程量说明及全程量说明的顺序进行说明。
- 当多个变量名在一个语句中说明时，应该按字母顺序排列这些变量。例如，把

```
integer  size,  length,  width,  cost,  price;
```

写成

```
integer  cost,  length,  price ,  size,  width;
```

- 对于复杂的数据结构，应该注释说明用程序设计语言实现这个数据结构的方法和特点。

规则 3：语句构造。

构造语句时应该遵循的原则是，每个语句都应该简单而直接，不能为了提高效率而使程序变得过于复杂。下述规则有助于使语句简单明了：

- 不要为了节省空间而把多个语句写在同一行。
- 尽量避免复杂的条件测试。
- 尽量减少对“非”条件的测试，避免让读者绕弯子去想。例如，可将

```
if ( !( x<0 || x>9))
```

改成

```
if (x >= 0 && x <= 9)
```

- 避免大量使用循环嵌套和条件嵌套。
- 利用括号可使逻辑表达式或算术表达式的运算次序清晰、直观。

规则 4：输入/输出。

在设计和编写程序时应该考虑下述有关输入/输出风格的规则：

- 对所有的输入数据都要进行检验，识别错误的输入，以保证每个数据的有效性。
- 检查输入项的各种重要组合的合法性，必要时报告输入状态信息。
- 使得输入的步骤和操作尽可能简单，并保持简单的输入格式。
- 输入数据时，应允许使用自由格式输入。
- 应允许缺省值。
- 输入一批数据时，最好使用输入结束标志，而不要由用户指定输入数据数目。
- 在交互式输入时，要在屏幕上使用提示符明确提示交互输入的请求，指明可使用选择项的种类和取值范围。同时，在数据输入的过程中和输入结束时，也要在屏幕上给出状态信息。
- 当程序设计语言对输入/输出格式有严格要求时，应保持输入格式与输入语句的要求的一致性。
- 给所有的输出加注解，并设计输出报表格式。

规则 5：效率。

程序的效率是指程序的执行速度及程序所需占用的内存存储空间。程序编码是最后提高运行速度和节省存储空间的机会，因此在此阶段不能不考虑程序的效率。追求效率的几条准则如下：

- 效率是一个性能要求，应在需求分析阶段给出。
- 首先要考虑程序的可读性和可靠性，再考虑程序效率。
- 提高程序效率的根本途径在于选择良好的设计方法、良好的数据结构和算法，而不是靠编程时对语句做调整。

效率问题主要集中在程序的运行时间、存储器效率和输入/输出效率三个方面。

① 程序运行时间。

- 源程序的效率直接由详细设计阶段确定的算法的效率决定，但是，写程序的风格也能对程序的执行速度和存储器要求产生影响。
- 在把详细设计结果翻译成程序时，可以应用下述规则：

✧ 写程序之前先简化算术表达式和逻辑表达式；

✧ 仔细研究嵌套的循环，以确定是否有语句可以从内层向外层跳转；

✧ 尽量避免使用多维数组；

✧ 尽量避免使用指针和复杂的表；

✧ 使用执行时间短的算术运算；

✧ 不要混合使用不同的数据类型；

✧ 尽量使用整数运算和布尔表达式。

在效率是决定性因素的应用领域，尽量使用有良好优化特性的编译程序，以自动生成高效的目标代码。

② 存储器效率。

● 在大中型计算机系统中，存储限制不再是主要问题。在这种环境下，对内存采取基于操作系统的分页功能的虚拟存储管理。存储效率与操作系统的分页功能直接有关。

● 采用结构化程序设计，将程序功能合理分块，使每个模块或一组密切相关模块的程序体积大小与每页的容量相匹配，可减少页面调度，减少内外存交换，提高存储效率。

● 在微型计算机系统中，存储器的容量对软件设计和编码的制约很大。因此要选择可生成较短目标代码且存储压缩性能优良的编译程序，有时需采用汇编程序。

● 提高存储器效率的关键是程序的简单性。

③ 输入输出的效率。

输入/输出可分为两种类型：面向人(操作员)的输入/输出；面向设备的输入/输出。如果操作员能够十分方便、简单地录入输入数据，或者能够十分直观、一目了然地了解输出信息，则可以说面向人的输入/输出是高效的。

关于提高设备输入/输出效率的指导原则有：

● 输入/输出的请求应当最小化；

● 对于所有的输入/输出操作，应安排适当的缓冲区，以减少频繁的信息交换。

● 对辅助存储(例如磁盘)，应选择尽可能简单的、可接受的存取方法。

● 对辅助存储的输入/输出，应当成块传送。

● 对终端或打印机的输入/输出，应考虑设备特性，以尽可能改善输入/输出的质量和速度。

● 任何不易理解的、对改善输入/输出效果关系不大的措施都是不可取的。

● 任何不易理解的、所谓“超高效”的输入/输出是毫无价值的。

2. 软件测试

1) 测试目标

G.Myers 给出了关于测试的一些规则，这些规则也可以看做是测试的目标或定义。

● 测试是为了发现程序中的错误而执行程序的过程。

● 好的测试方案是极可能发现迄今为止尚未发现的错误的测试方案。

● 成功的测试是发现了迄今为止尚未发现的错误的测试。

由于测试的目标是暴露程序中的错误，从心理学的角度看，由程序的编写者自己进行测试是不恰当的，因此，在综合测试阶段通常由其他人员组成测试小组来完成测试工作。在整个软件开发过程中，测试工作量一般占 30%～40%，甚至达到 50%以上。

关于软件测试，涉及到以下几个问题：

● 什么是软件的缺陷？

● 测试由哪些方面的人员参与？开发者？单独的测试人员？还是两方面人员？用户是否也参与测试？

- 测试软件的哪些部分？每个部分都测试？还是测试软件中的高风险部分？
- 什么时候测试？
- 怎样测试？
- 测试应进行到什么程度？

Exchange 2000 和 Windows 2000 的人员结构比较如表 1.6 所示。

表 1.6 Exchange 2000 和 Windows 2000 的人员结构比较

	Exchange 2000	Windows 2000
项目经理	25 人	约 250 人
开发人员	140 人	约 1700 人
测试人员	350 人	约 3200 人
测试人员/开发人员	5 : 2	1.9 : 1

软件测试人员分软件测试工具开发工程师(Software Development Engineer in Test，简称 SDE/T)和软件测试工程师(Software Test Engineer，简称 STE)。

SDE/T：负责写测试工具代码，并利用测试工具对软件进行测试；或者开发测试工具为软件测试工程师服务。

STE：负责理解产品的功能要求，然后对其进行测试，检查软件有没有错误(Bug)，决定软件是否具有稳定性，并写出相应的测试规范和测试案例。

2) 软件测试准则

为了设计出有效的测试方案，软件工程师必须充分理解并能正确运用指导软件测试的基本准则。主要的测试准则是：

① 所有的测试都应该能追溯到用户需求；软件测试的目标是发现错误；从用户的角度看，最严重的错误是导致程序不能满足用户需求的那些错误。软件中的错误可能是在软件开发的不同阶段产生的，因此，解决、纠正错误必须追溯到相应的阶段。软件测试与用户需求之间的关系如图 1.24 所示。

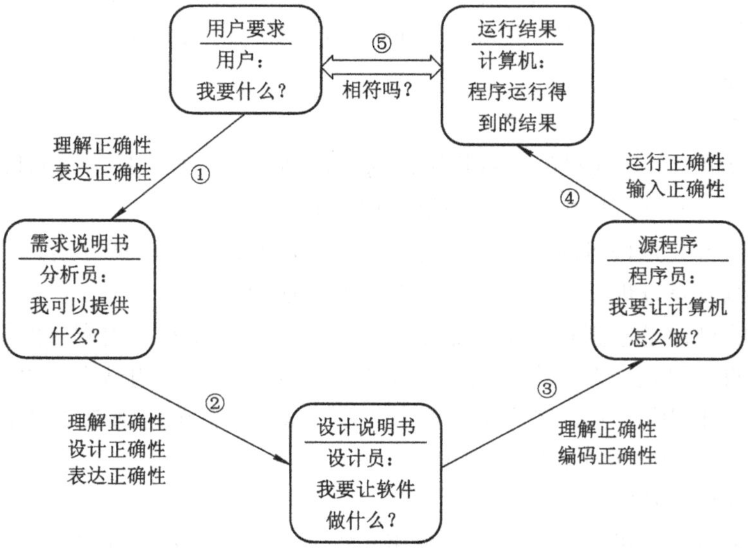

图 1.24 用户需求与软件测试之间的关系

② 应该在测试开始之前的相当长时间，就制定出测试计划；要“尽早地和不断地进行软件测试”，概要设计时应完成测试计划，详细的测试用例定义可在设计模型确定后开始，所有测试可在任何代码产生之前进行计划和设计。软件测试不等于程序测试，软件测试应贯穿于软件定义与开发的整个期间。据美国一家公司统计，查出的软件错误中，属于需求分析和软件设计的错误约占 64%，属于程序编写的错误仅占 36%。程序编写的许多错误是“先天的”。

③ 软件测试过程中所发现的错误，80%很可能是由程序中 20%的模块造成的。

④ 测试应该从“小规模”开始，并逐步进行“大规模”测试。

⑤ 测试用例应由输入数据和预期的输出结果两部分组成，并兼顾合理的输入和不合理的输入数据。

⑥ 穷举测试是不可能的。所谓穷举测试，就是把程序所有可能的执行路径都检查一遍的测试。

⑦ 程序修改后还要进行回归测试。

⑧ 应长期保留测试用例，直至系统废弃。

⑨ 为了达到最佳的测试效果，应该由独立的第三方来从事测试工作。

3) 测试方法

软件的测试设计与软件产品的设计一样，是一项需要花费许多人力和时间的工作，我们希望以最少的时间和人力，最大可能地发现最多的错误。

软件测试的方法可进行如下分类：

- 软件测试的方法
  - 静态测试方法
    - 人工测试方法
    - 计算机辅助静态分析方法
  - 动态测试方法
    - 白盒测试方法
    - 黑盒测试方法

静态测试：基本特征是对软件进行分析、检查和审阅，不实际运行被测试的软件，而是采用人工检测和计算机辅助静态分析的手段对软件进行检测。静态测试可找出约 30%～70%的逻辑设计错误。

对需求规格说明书、软件设计说明书以及源程序所做的检查和审阅包括：是否符合标准和规范；通过结构分析、流图分析、符号执行指出软件缺陷。

动态测试：指通过运行程序来发现错误。动态测试一般有两种方法，分别称为黑盒测试法和白盒测试法。

对于软件测试而言，黑盒测试法(Black Box Testing)把程序看成一个黑盒子，完全不考虑程序的内部结构和处理过程。也就是说，黑盒测试是在程序接口进行的测试，它只检查程序功能是否能按照规格说明书的规定正常使用，程序是否能适当地接收输入数据而产生正确的输出信息，并且保持外部信息(如数据库或文件)的完整性。黑盒测试又称为功能测试。

与黑盒测试法相反，白盒测试法(White Box Testing)的前提是把程序看成装在一个透明的白盒子里(也叫玻璃盒测试 Glass Box Testing)，也就是完全了解程序的结构和处理过程。这种方法按照程序内部的逻辑来测试程序，检验程序中的每条通路是否都能按预定要求正确工作。白盒测试又称为结构测试。

4) 测试步骤

大型软件系统的测试过程基本上由下述几个步骤组成：

单元测试——逐个单元(模块)进行测试；

子系统测试——对系统的局部进行测试；

系统测试——对整个系统进行测试；

验收测试——用户参与测试；

平行运行——在新旧系统共存的情况下，进行对比测试。

其中子系统测试和系统测试都属于集成测试，验收测试又称为确认测试。在图 1.25 中给出了软件测试的各步骤与软件开发各阶段的对应关系，单元测试发现详细设计和编码阶段的错误，集成测试所发现的错误是在概要设计阶段出现的，确认测试发现需求分析阶段所存在的错误。

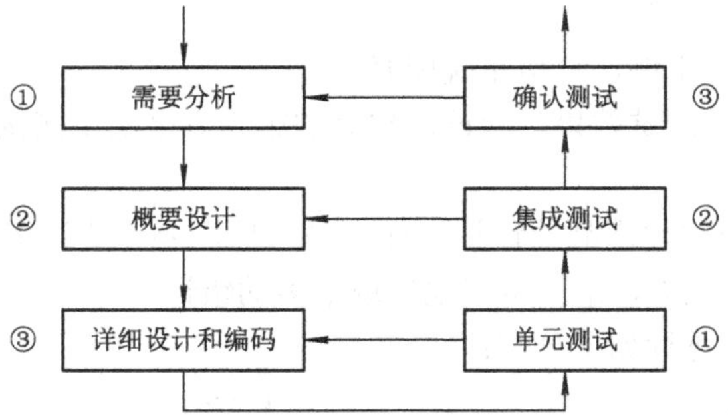

图 1.25　软件开发过程和测试过程各阶段的对应关系

软件测试并不等于程序测试。软件测试应贯穿于软件定义与开发的整个期间。因此，需求分析、概要设计、详细设计以及程序编码等所得到的文档资料，包括需求规格说明、概要设计说明、详细设计规格说明以及源程序，都应成为软件测试的对象。

(1) 单元(模块)测试。单元测试对单个模块进行测试，其目的是根据该模块的功能说明，检验模块是否存在错误。单元测试采用白盒测试方法，可找出详细设计和编码阶段所犯下的错误。

单元测试的重点有以下五个方面：

① 模块接口：主要检查参数的数目、次序、属性或单位系统与变元是否一致；是否修改了只作输入用的变元；全局变量的定义和用法在各个模块中是否一致。

② 局部数据结构：检查局部数据说明、初始化、默认值等方面是否存在错误。

③ 重要的执行通路：选择最有代表性、最可能发现错误的执行通路进行测试是十分关键的，应该设计测试方案来发现由于错误的计算、不正确的比较或不适当的控制流而造成的错误。

④ 出错处理通路：着重测试一些可能发生的错误。例如：对错误的描述是难以理解的；记下的错误与实际遇到的错误不同；在对错误进行处理之前，错误条件已经引起系统干预；对错误的处理不正确；描述错误的信息不足以帮助确定造成错误的位置。

⑤ 边界条件：边界测试是单元测试中最后的也可能是最重要的任务，因为软件常常在它的边界上失效。

由审查小组人工测试源程序称为代码审查。它是一种非常有效的程序验证技术，对于典型的程序来说，可以查出30%～70%的逻辑设计错误和编码错误。审查的步骤如下：

① 小组成员先研究设计说明书，力求理解这个设计。

② 由设计者扼要地介绍他的设计。

③ 在审查会上，程序的编写者逐个语句地解释是怎样用程序代码实现这个设计的。

④ 在审查会上，对照程序设计常见错误，分析审查这个程序。

⑤ 当发现错误时，首先记录错误，然后继续审查。

模块并不是一个独立的程序，要运行它就必须为其开发驱动程序和(或)存根程序。

驱动程序代替被调模块的主调模块，用于调用被测模块。它将测试数据传送给被测的模块，作为被测模块的输入；驱动模块还负责接收被测模块的输出。

存根程序代替被测试的模块所调用的模块，它的作用是返回被测模块所需的信息，并且把控制归还给调用它的被测模块。

(2) 集成测试。集成测试是测试和组装软件的系统化技术，其主要目标是发现与接口有关的问题。集成测试以黑盒测试法为主，白盒测试法为辅。

将模块组装成程序的方法有两种。一种是非渐增式测试方法，先分别测试每个模块，再把所有模块按设计要求放在一起结合成所要的程序进行测试。另一种是渐增式测试，即先把下一个要测试的模块同已经测试好的那些模块结合起来进行测试，测试完以后，再把下一个应该测试的模块结合进来进行测试。这种每次增加一个模块的方法实际上同时完成了单元测试和集成测试，目前在进行集成测试时普遍采用渐增式测试方法。渐增方式把模块结合到程序中时，有自顶向下(图 1.26)和自底向上(图 1.27)两种集成策略，但在实践中常采用混合的策略。

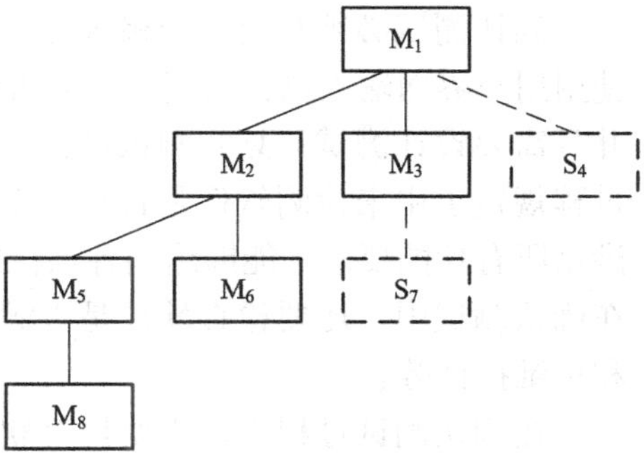

图 1.26　自顶向下集成

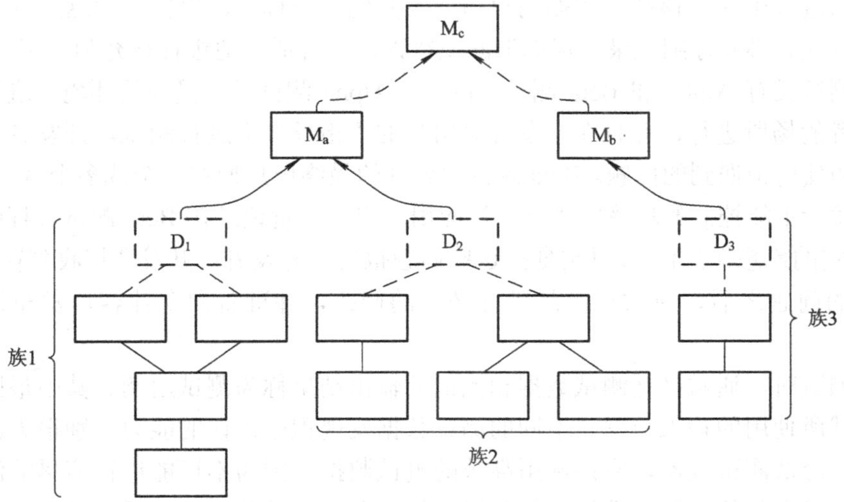

图 1.27　自底向上集成

任何成功的测试都会发现错误，而且错误必须被改正。在改正软件错误的时候，软件配置的某些成分(程序、文档或数据)也被修改了。回归测试就是用于保证由于调试或其他原因引起的变化，不会导致非预期的软件行为或额外错误的测试活动。即回归测试是指重新执行已经做过测试的某个子集，以保证修改变化没有带来非预期的副作用。

回归测试集(已执行过的测试用例的子集)包括三类不同的测试用例：检测软件全部功能的代表性测试用例；专门针对可能受修改影响的软件功能的附加测试；针对被修改过的软件成分的测试。

(3) 确认测试。确认测试也称为验收测试，它的目标是验证软件的有效性。

上面我们使用了确认(Validation)和验证(Verification)这样两个不同的术语，为了避免混淆，首先扼要地解释一下这两个术语的含义。通常，验证指的是保证软件正确地实现了某一特定要求的一系列活动，而确认指的是保证软件的实现满足了用户需求的一系列活动。有效性的简单定义是，如果软件的功能和性能如同用户所合理期待的那样，软件就是有效的。

需求分析阶段产生的软件需求规格说明书，准确地描述了用户对软件的合理期望，因此是软件有效性的标准，也是进行确认测试的基础。

确认测试必须有用户积极参与，或者以用户为主进行。用户应该参与设计测试方案，使用用户界面输入测试数据并且分析评价测试的输出结果。确认测试通常使用黑盒测试法，并且需要设计测试计划和测试过程。测试计划包括要进行的测试的种类及进度安排，测试过程规定了用来检测软件是否与需求一致的测试方案。通过测试和调试，要保证软件可以满足所有功能要求，能够达到各项性能要求，即测试软件的功能和性能应满足用户的要求。在确认测试中，还要检查软件是否满足其他的预定要求，例如安全性、可移植性、兼容性和可维护性等。

在确认测试过程中，需要检查软件的文档资料是否完整准确，具有完成软件维护所必须的细节，而且已经编好目录。对软件的配置进行复查，复查的目的是保证软件配置的所有成分都齐全，质量符合要求。除了按合同规定的内容和要求由人工审查软件配置之外，在确认测试过程中还应该严格遵循用户指南及其他操作程序，以便检验这些使用手册的完整性和正确性。必须仔细记录发现的遗漏或错误，并且适当地进行补充和改正。

确认测试又有 Alpha 和 Beta 测试的区分。Alpha 测试是在受控的环境中进行的，由用户在开发者的场所进行，并且在开发者对用户的“指导”下进行测试，开发者负责记录发现的错误和使用中遇到的问题。Beta 测试由软件的最终用户们在一个或多个客户场所进行，软件在开发者不能控制的环境中“真实”应用，用户负责记录在 Beta 测试过程中遇到的一切问题(真实的或想像的)，并且定期把这些问题报告给开发者；开发者接收到在 Beta 测试期间报告的问题之后，对软件产品进行必要的修改，并准备向全体客户发布最终的软件产品。

进行测试时，通常又把测试数据和预期的输出结果称为测试用例。其中最困难的问题是设计测试所使用的输入数据。不同的测试数据发现程序错误的能力差别很大，为了提高测试效率，降低测试成本，应该选用高效的测试数据。因为不可能进行穷尽的测试，所以选用少量“最有效的”测试数据，做到尽可能完备的测试就更重要了。设计测试方案的基本目标是，确定一组最有可能发现某个错误或某类错误的测试数据。

通过测试发现的软件错误大致有：功能错误(需求分析错误)；软件结构错误；数据错误；编码错误；软件集成错误；测试定义与测试执行错误。

5) 测试技术

下面具体介绍动态测试所采用的白盒技术和黑盒技术。

(1) 白盒技术。白盒技术用于测试模块内部的逻辑和数据结构，主要按照模块内部的分支结构和循环结构设计测试用例。

① 逻辑覆盖。逻辑覆盖用于测试分支结构。在测试时，需要设计覆盖程度较高或覆盖最有代表性的路径的测试用例。表 1.7 给出了六种常用的逻辑覆盖标准，其中语句覆盖发现错误的能力最弱，路径覆盖发现错误的能力最强。在实际的逻辑覆盖测试中，一般以条件组合覆盖为主设计测试用例，然后补充部分用例，以达到路径覆盖的标准。

表 1.7　逻辑覆盖测试的六种标准

发现错误的能力	标　准	含　　义
1(弱)	语句覆盖	每条语句至少执行一次
2	判定覆盖	每一判定的每个分支至少执行一次
3	条件覆盖	每一判定中的每个条件，分别按“真”、“假”至少各执行一次
4	判定/条件覆盖	同时满足判定覆盖和条件覆盖的要求
5	条件组合覆盖	求出判定中所有条件的各种可能组合值，每一可能的条件组合至少执行一次
6(强)	路径覆盖	覆盖被测程序段中所有可能的路径

【例 1.3】　根据六种不同的逻辑覆盖标准，为图 1.28 中的分支结构设计测试用例。

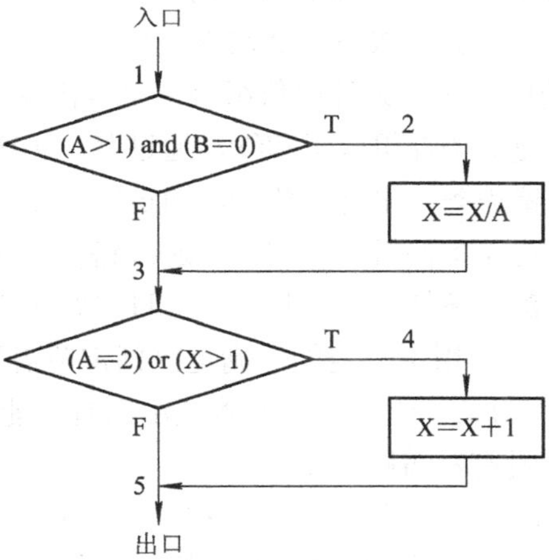

图 1.28　一个分支结构的流程图

- 语句覆盖。只需要一组测试用例：A=2，B=0，X=4，通过路径 12345 即可达到语句覆盖。

语句覆盖是最弱的逻辑覆盖，如：and 写成 or，或者 X>1 写成 X<1，就检查不出来了。

- 判定覆盖。设计两组测试用例：

　　A=3，B=0，X=1，使(A>1)and(B=0)为真，(A=2) or (X>1)为假，通过路径 1235

　　A=2，B=1，X=2，使(A>1)and(B=0)为假，(A=2) or (X>1)为真，通过路径 1345

两组测试用例可覆盖所有判定的真、假分支，但也只是覆盖了全部路径的一半。

- 条件覆盖。两个判定表达式中有 4 个条件：A>1，B=0, A=2, X>1

选择两组测试用例：

A=2,B=0,X=3　　使 A>1,B=0,A=2,X>1 为真，通过路径 12345

A=1,B=1,X=1　　使 A>1,B=0,A=2,X>1 为假，通过路径 135

既达到了条件覆盖，又达到了判定覆盖。在这种情况下，条件覆盖强于判定覆盖。但也有例外情况，考虑另外两组测试用例：

A=1,B=0,X=3　　使 B=0,X>1 为真，A>1,A=2 为假，通过路径 1345

A=2,B=1,X=1　　使 B=0,X>1 为假，A>1,A=2 为真，通过路径 1345

这两组测试用例只通过了路径 1345，不满足判定覆盖。所以，满足条件覆盖时不一定满足判定覆盖。

- 判定/条件覆盖。选取两组测试用例，使两个判定表达式的值分别取“真”、“假”至少一次，同时使判定表达式中的 4 个条件的值分别取“真”、“假”至少一次。

A=2, B=0, X=4　　使两个判定表达式的值为“真”，4 个条件的值为“真”

A=1, B=1, X=1　　使两个判定表达式的值为“假”，4 个条件的值为“假”

从表面上看，判定/条件覆盖测试了所有条件的取值，但实际上条件组合中的某些条件会抑制其他条件。例如，在含有“与”运算的判定表达式中，一个条件的值为“假”，即使这个表达式中的其他条件写错，也是测试不出来的；在含有“或”运算的判定表达式中，一个条件的值为“真”，而其他条件有错，同样也不能发现。

- 条件组合覆盖。两个判定表达式中有 4 个条件，可以构成以下 8 种不同的组合：

$A>1$ $B=0$；$A>1$ $B\neq0$；　$A\ngtr1$ $B=0$；$A\ngtr1$ $B\neq0$；

$A=2$ $X>1$；$A=2$ $X\ngtr1$；$A\neq2$ $X>1$；　$A\neq2$ $X\ngtr1$；

设计 4 组测试用例，使所有 8 种条件取值组合都至少出现一次：

A=2, B=0, X=4　　覆盖条件组合①和⑤，通过路径 12345

A=2, B=1, X=1　　覆盖条件组合②和⑥，通过路径 1345

A=1, B=0, X=2　　覆盖条件组合③和⑦，通过路径 1345

A=1, B=1, X=1　　覆盖条件组合④和⑧，通过路径 135

显然，满足条件组合覆盖的测试用例一定能够满足“判定覆盖”、“条件覆盖”和“判定/条件覆盖”。但是也应当看到，为条件组合设计的测试用例有可能没有覆盖被测程序段的全部路径，上述 4 组测试用例就没有覆盖路径 1235。

- 路径覆盖。下面的测试用例可以覆盖被测程序段中的所有路径：

A=2, B=0, X=4　　通过路径 12345，覆盖条件组合①和⑤

A=2, B=1, X=1　　通过路径 1345，覆盖条件组合②和⑥

A=1, B=1, X=1　　通过路径 135，覆盖条件组合④和⑧

A=3, B=0, X=1　　通过路径 1235，覆盖条件组合①和⑧

可以看出，满足了所有路径的覆盖，但是却不能覆盖条件组合⑦。

② 循环覆盖。

循环测试专注于测试循环结构的有效性。在结构化的程序中通常只有三种循环，分别是简单循环、嵌套循环和串接循环，如图 1.29 所示。下面分别讨论不同类型循环的测试方法。

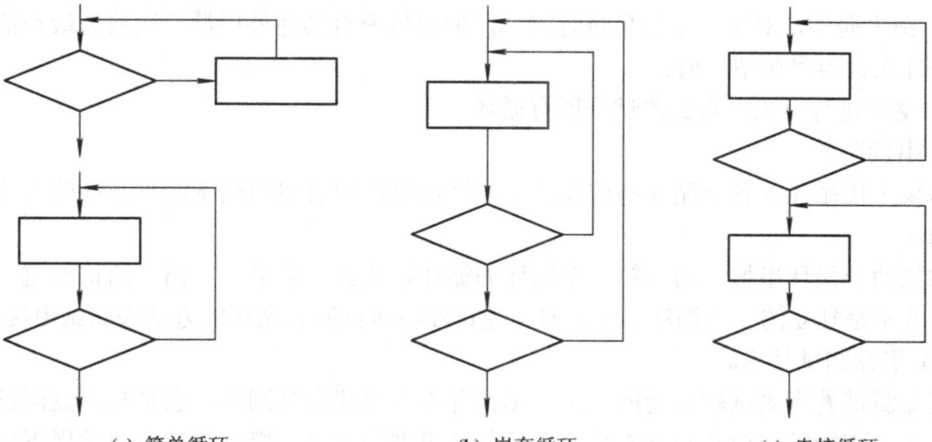

图 1.29 三种循环结构

● 简单循环

应该使用下列测试集来测试简单循环，其中 n 是允许执行循环体的最大次数：

➢ 跳过循环。

➢ 只执行循环体一次。

➢ 执行循环体两次。

➢ 执行循环体 m 次，其中 m<n−1。

➢ 执行循环体 n−1，n，n+1 次。

例如：

```
n=k;        //为测试设置的语句
i=1;
while(i<=n){
    ……
  i=i+1;
}
```

若允许循环的最大次数为 6，k 的取值分别为

0: 跳过循环

1，2: 只执行 1，2 次循环

4: 执行 4 次循环

5，6，7: 执行 n−1，n，n+1 次循环

● 嵌套循环

如果把简单循环的测试方法直接应用到嵌套循环，那么可能的测试数目就会随嵌套层数的增加按几何级数增长，这会导致不切实际的测试数目。B.Beizer 提出了一种能减少测试数目的方法：

➢ 从最内层循环开始测试，把所有外层循环次数都设置为最小值。

➢ 对最内层循环使用简单循环测试方法，而使外层循环的迭代参数(例如循环计数器)取最小值，并为越界值或非法值增加一些额外的测试。

➢ 由内向外，对下一个循环进行测试，但保持所有其他外层循环次数为最小值，内层嵌套循环次数为“典型”值。

➢ 继续进行下去，直到测试完所有循环。

● 串接循环

如果串接循环的各个循环都彼此独立，则可以使用前述的测试简单循环的方法来测试串接循环。

如果两个循环串接，而且第一个循环的循环计数器值是第二个循环的初始值，则这两个循环并不是独立的。当循环不独立时，建议使用测试嵌套循环的方法来测试串接循环。

(2) 黑盒测试技术。

黑盒测试着重测试软件功能。黑盒测试并不能取代白盒测试，它是与白盒测试互补的测试方法，它能发现白盒测试不易发现的其他类型的错误。黑盒测试力图发现下述类型的错误：① 功能不正确或遗漏了功能；② 界面错误；③ 数据结构错误或外部数据库访问错误；④ 性能错误；⑤ 初始化和终止错误。

黑盒测试方法包括等价类划分、边界值分析、错误推测和因果图等方法。下面仅对等价类划分法和边界值分析法作一介绍。

① 等价类划分法。如果把所有可能的输入数据(有效的和无效的)划分成若干个等价类，则可以合理地做出下述假定：每类中的一个典型值在测试中的作用与这一类中所有其他值的作用相同。因此，可以从每个等价类中只取一组数据作为测试数据。这样选取的测试数据最有代表性，最可能发现程序中的错误。

例如，输入值是学生成绩，范围是 0～100。首先划分等价类，“0≤成绩≤100”是一个合理的等价类，“成绩<0”和“成绩>100”是两个不合理的等价类。然后为每个合理的、不合理的等价类设计测试用例。

② 边界值分析法。经验表明，处理边界情况时程序最容易发生错误。例如，许多程序错误出现在下标、数据结构和循环等的边界附近。因此，设计使程序运行在边界情况附近的测试方案，暴露出程序错误的可能性更大一些。

使用边界值分析法设计测试方案时首先应该确定边界情况，这需要经验和创造性。通常输入等价类和输出等价类的边界，就是应该着重测试的程序边界情况，如输入条件规定了值的范围或值的个数。选取的测试数据应该刚好等于、刚刚小于和刚刚大于边界值。也就是说，按照边界值分析法，应该选取刚好等于、稍小于和稍大于等价类边界值的数据作为测试数据，而不是选取每个等价类内的典型值或任意值作为测试数据。

假设输入条件规定了值的范围，输入值的范围是[1..100]，可取 0、1、100、101 等值作为测试数据。

如果一个输入文件可包括 1～255 个记录，则可设计有 1、255、0 和 256 个记录的输入文件作为测试用例。

1.4.4 软件维护

软件维护就是在软件已经交付使用之后，为了改正错误或满足新的需要而修改软件的过程。

1. 软件维护的类型

软件维护的类型有四种：改正性维护、适应性维护、扩充与完善性维护和预防性维护。

1) 改正性维护(Corrective Maintenance)

在软件交付使用后，因开发时测试的不彻底、不完全，必然会有部分隐藏的错误遗留到运行阶段，这些隐藏下来的错误在某些特定的使用环境下就会暴露出来。为了识别和纠正软件错误、改正软件性能上的缺陷、排除实施中的误使用，所进行的诊断和改正错误的过程就叫做改正性维护。

2) 适应性维护(Adaptive Maintenance)

在使用过程中，外部环境(新的硬、软件配置)、数据环境(数据库、数据格式、数据输入/输出方式、数据存储介质)可能发生变化，为使软件适应这种变化，而去修改软件的过程就叫做适应性维护。

3) 扩充与完善性维护(Perfective Maintenance)

在软件的使用过程中，用户往往会对软件提出新的功能与性能要求。为了满足这些要求，需要修改或再开发软件，以扩充软件功能，增强软件性能，改进加工效率，提高软件的可维护性。这种情况下进行的维护活动叫做扩充与完善性维护。

4) 预防性维护(Preventive Maintenance)

预防性维护的目的是为了提高软件的可维护性、可靠性等，为以后进一步改进软件打下良好基础。预防性维护的定义：采用先进的软件工程方法对需要维护的软件或软件中的某一部分(重新)进行设计、编制和测试。

各种维护所占比例分别为：适应性维护 18%～25%，改正性维护 17%～21%，扩充与完善性维护 50%～60%，其它维护 4%。

2. 软件维护的特点(影响维护工作量的因素)

- 在软件的维护过程中，需要花费大量的精力，从而直接影响了软件维护的成本。
- 应当考虑有哪些因素影响软件维护的工作量，相应地，采取什么维护策略才能有效地维护软件并控制维护的成本。
- 系统大小：系统越大，理解、掌握起来越困难；系统越大，所执行的功能越复杂，因而需要更多的维护工作量。
- 程序设计语言：使用功能强的程序设计语言可以控制程序的规模。语言的功能越强，生成程序的模块化和结构化程度越高，所需的指令数就越少，程序的可读性越好，所需的维护工作量就越少。
- 系统年龄：老系统随着不断的修改，其结构越来越乱；维护人员经常更换，程序又变得越来越难以理解；许多老系统在当初并未按照软件工程的要求进行开发，因而没有文档，或文档太少；在长期的维护过程中，文档在许多地方与程序的实现变得不一致，在维护时就会遇到很大困难。
- 数据库技术的应用：使用数据库可以简单而有效地管理和存储用户程序中的数据，还可以减少生成用户报表应用软件的维护工作量。
- 先进的软件开发技术：在软件开发时，若采用能够使软件结构比较稳定的软件分析、设计技术和程序设计技术，如面向对象技术、软件复用技术等，则可以减少大量的工作量。

● 其它诸如应用的类型、数学模型、任务的难度、开关与标记、IF 嵌套深度、索引或下标数等，对维护工作量都有影响。许多软件在开发时并未考虑将来的修改，为软件的维护带来许多问题。

3. 维护成本

有形的软件维护成本是花费了多少钱，无形的维护成本有着更大的影响。一些合理的修复或修改请求不能及时安排，使得客户不满意；变更的结果引入新的故障，使得软件整体质量下降；把软件开发人员抽调到维护工作中，干扰了软件开发工作。

公式 $M = p+Ke^{c-d}$ 中，M 是维护中消耗的总工作量，p 是生产性工作量，K 是一个经验常数，c 是因缺乏好的设计和文档而导致复杂性的度量，d 是维护人员对软件熟悉程度的度量。模型指明，如果使用了不好的软件开发方法(未按软件工程要求做)，原来参加开发的人员或小组不能参加维护，则工作量(及成本)将按指数级增加。

4. 维护的典型问题

维护中的典型问题有：

(1) 难以跟踪软件版本的进化过程，软件的变化未在文档中反映出来。

(2) 难以跟踪软件的创建过程。

(3) 难以读懂他人程序。

(4) 无文档或文档不全。

(5) 软件人员流动性大。

(6) 设计时未考虑修改需要，修改困难。

(7) 维护工作无吸引力，缺乏成就感。

采用软件工程方法至少可部分地解决与维护有关的每一个问题。

5. 软件的可维护性

许多软件的维护十分困难，原因在于这些软件的文档不全、质量差、开发过程不注意采用好的方法，忽视程序设计风格等。许多维护要求并不是因为程序中出错而提出的，而是为适应环境变化或需求变化而提出的。为了使得软件能够易于维护，必须考虑使软件具有可维护性。软件可维护性是指纠正软件系统出现的错误和缺陷，以及为满足新的要求进行修改、扩充或压缩的容易程度。

决定软件可维护性的因素有：可理解性、可测试性、可修改性、可移植性和可重用性。

6. 提高可维护性的方法

- 建立明确的软件质量目标和优先级。
- 使用提高软件质量的技术和工具。
- 进行明确的质量保证审查。
- 选择可维护的程序设计语言。
- 改进软件的文档。

1.5　面向对象的软件开发方法

面向对象方法(Object-Oriented Method)是当前计算机界关心的重点，它是一种把面向对象的思想应用于软件开发过程中，指导开发活动的系统方法，简称 OO(Object-Oriented)方法，是建立在“对象”概念基础上的方法学。

要学习面向对象的软件开发方法，首先要弄明白什么是“面向对象”。起初“面向对象”专指在程序设计中采用封装、继承、抽象等设计方法。这个定义不再适合现在的情况，目前面向对象的思想已经涉及到软件开发的各个方面，如：面向对象的分析(OOA，Object Oriented Analysis)，面向对象的设计(OOD，Object Oriented Design)，以及我们经常说的面向对象的编程实现(OOP，Object Oriented Programming)。

1.5.1 面向对象方法概述

传统软件开发方法存在如下一些问题：

(1) 软件重用性差。重用性是指同一事物不经修改或稍加修改就可多次重复使用的性质。软件重用性是软件工程追求的目标之一。

(2) 软件可维护性差。软件工程强调软件的可维护性。在软件开发过程中，提高软件的可读性、可修改性和可测试性是保证软件可维护性的重要指标。实践证明，用传统方法开发出来的软件，其维护费用和成本仍然很高，原因是可修改性差，维护困难，导致可维护性差。

(3) 开发出的软件不能满足用户需要。用传统的结构化方法开发大型软件系统时，涉及各种不同领域的知识，在开发需求模糊或需求动态变化的系统时，所开发出的软件系统往往不能真正满足用户的需要。

用结构化方法开发的软件，其稳定性、可修改性和可重用性都比较差。这是因为，结构化方法的本质是功能分解，从代表目标系统整体功能的单个处理着手，自顶向下不断把复杂的处理分解为子处理，这样一层一层地分解下去，直到仅剩下若干个容易实现的子处理功能为止，然后用相应的工具来描述各个最底层的处理。结构化方法是围绕实现处理功能的“过程”来构造系统的，而用户需求的变化大部分是针对功能的，因此这种变化对于基于过程的设计来说是灾难性的。用这种方法设计出来的系统结构常常是不稳定的，用户需求的变化往往造成系统结构的较大变化，从而需要花费很大代价才能实现这种变化。

正是由于传统的软件开发方法在实际应用中存在的上述问题，因此才逐渐形成了新的方法体系——面向对象方法(Object-Oriented Method)。介绍和讨论面向对象发展历史的文章和书籍很多，这里不再赘述，有兴趣的读者可以自己查阅一下。

面向对象方法是以问题域中出现的物体为中心建立模型，进而设计和开发软件的一种方法。其基本出发点就是尽可能按照人类认识世界的方法和思维方式来分析和解决问题。客观世界是由许多具体的事物或事件、抽象的概念和规则等组成的，因此，我们将任何感兴趣或要加以研究的事、物、概念都称为对象。面向对象的方法正是以对象作为最基本的元素，也是分析问题、解决问题的核心。面向对象方法中包含对象及对象属性、方法、类、继承、多态性等几个基本概念，这些概念是理解和使用面向对象方法的基础和关键。

1. 对象(object)

对象是面向对象方法中最基本的概念。对象可以用来表示客观世界中的任何实体，也就是说，应用领域中有意义的、与所要解决的问题有关系的任何事物都可以作为对象。它既可以是具体的物理实体的抽象，也可以是人为的概念，或者是任何有明确边界和意义的东西。例如，一个人、一个企业、一个公司、一个贷款和借款等，都可以作为一个对象。总之，对象是对问题域中某个实体的抽象，设立某个对象就是反映软件系统保存有关它的信息并具有与它进行交互的能力。

面向对象的设计方法中涉及的对象是系统中用来描述客观事物的一个实体，是构成系统的一个基本单位。它由一组表示其静态特征的属性及其可执行的一组操作组成。

例如，一辆汽车是一个对象，它包含了汽车的属性(如颜色、型号、载重量等)及其操作(如启动、转弯、刹车等)。一个按钮是一个对象，它包含了按钮的属性(如大小、标题、字体、字号、图片等)及其操作(如单击、双击、划过等)。一个窗口是一个对象，它包含了窗口的属性(如大小、颜色、位置等)及其操作(如打开、最大化、最小化、移动、关闭等)。

客观世界中的实体通常既具有静态的属性，又具有动态行为。因此在面向对象方法学中，我们把描述对象属性的数据以及可以对这些数据施加的所有操作封装在一起构成的统一体称为对象。对象可以做的操作表示它的动态行为，在面向对象分析和面向对象设计中，通常把对象的操作称为方法和服务。

属性是对象所包含的信息，用来描述对象的状态。在设计对象时，应确定该对象有哪些属性，一般只能通过执行对象的操作来改变对象属性的值。如某个人可以看做是一个对象，他的属性有姓名、出生日期、国籍等。不同对象的相同属性可以具有相同或不同的属性值。对象所能够执行的操作描述了对象的行为，操作的过程对外是封闭的，即用户只能看到这一操作实施后的结果，而不必关心这一操作是如何实现的。这相当于事先设计好了各种过程，供用户根据需要来调用。事实上，这个过程已经封装在对象中，用户也看不到。

对象具有如下一些基本特性：

(1) 标识唯一性：指对象是可以区分的，并且是由对象的内在本质来区分，而不是通过描述来区分。

(2) 分类性：指可以将具有相同属性和操作的对象抽象成类。

(3) 多态性：指同一个操作可以是不同对象的行为。

(4) 封装性。在对象的外部只能看到对象的外部特性，用户只需知道数据的取值范围和可以对该数据施加的操作，而无需知道数据的具体结构以及实现操作的算法。封装性是保证软件具有优良结构的基础。

2. 类(Class)和实例(Instance)

将属性、操作相似的对象归为类，也就是说，类是具有共同属性、共同方法的对象集合。所以，类是对象的抽象，它描述了该对象类型的所有对象的性质，而一个对象则是其对应类的一个实例。要注意的是，当使用“对象”这个术语时，既可以指一个具体的对象，也可以泛指一般的对象；但是，当使用“实例”这个术语时，必然是指一个具体的对象。

例如：Integer 是一个整数类，它描述了所有整数的性质，因此任何整数都是整数类的对象，而一个具体的整数“12345”是类 Integer 的一个实例。

由类的定义可知，类是关于对象性质的描述，它同对象一样，包括一组数据属性和在数据上的一组合法操作。例如，一个面向对象的图形程序，在屏幕的左下角显示一个半径为 2 cm 的红色圆，在屏幕的中部显示一个半径为 3 cm 的黄色圆，在屏幕的右下角显示一个半径为 4 cm 的蓝色圆。这三个圆的圆心位置、半径大小和颜色均不相同，是三个不同的对象。但是它们都有相同的属性(圆心坐标、半径、颜色)和相同的操作(显示、移动、放大、缩小等)，因此，它们是同一类事物，可以用“Circle 类”来定义。

3. 消息(Message)和方法(Method)

面向对象的世界是通过对象与对象间彼此的相互合作来推动的，对象间的这种相互合作需要一个机制协助进行，这种机制称为“消息”。消息是一个实例与另一个实例之间传递的信息，它请求对象执行某一处理或回答某一要求的信息，它统一了数据流和控制流。消息的使用类似于函数的调用，消息中指定了某一个实例、一个操作名(即消息名、方法名)和一个参数表(允许为空)。参数可以是认识该消息的对象所知道的变量名，或者是所有对象都知道的全局变量名。接收消息的实例执行消息中指定的操作，并将形式参数与参数表中相应的值(实际参数)结合起来。消息传递过程中，由发送消息的对象(发送对象)的触发操作产生输出结果，作为消息传递至接收消息的对象(接受对象)，引发接收消息的对象一系列的操作。所传送的消息实质上是接收对象所具有的操作/方法名称，有时还包括相应参数。消息传递的示意图如图 1.30 所示。

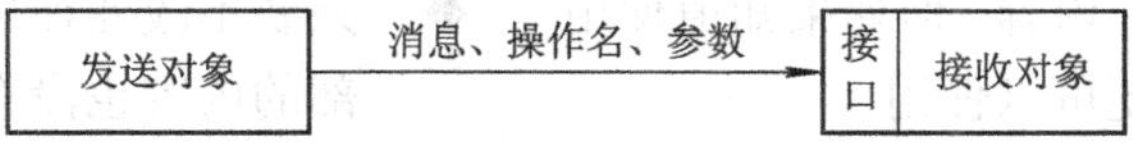

图 1.30 消息传递示意图

消息中只包含传递者的要求，它告诉接收者需要做哪些处理，但并不指示接收者应该怎样完成这些处理。消息完全由接收者解释，接收者独立决定采用什么方式完成所需的处理，发送者对接收者不起任何控制作用。一个对象能够接收不同形式、不同内容的多个消息；相同形式的消息可以发往不同的对象；不同的对象对于形式相同的消息可以有不同的解释，能够做出不同的反映。一个对象可以同时向多个对象传递消息，两个对象也可以同时向某一个对象传递消息。

例如，一个汽车对象具有“行驶”这项操作，那么要让汽车以时速 80 公里的速度行驶时，需给汽车对象传递“行驶”及“时速 80 公里”的消息。

通常一个消息由三部分组成：

(1) 接收消息的对象的名称；

(2) 消息标识符(也称消息名)；

(3) 零个或多个参数。

例：MyCircle 是一个半径为 3 cm、圆心位于(120,120)的 Circle 类的对象，也就是 Circle 类的一个实例，当要求以黄颜色在屏幕上显示这个圆时，在 C++语言中应该向它发送下列消息：

```
MyCircle.Show (Yellow);
```

其中；MyCircle 是接收消息的对象的名字，Show 是消息名，Yellow 是消息的参数。在具体的程序设计中，消息传递其实就是函数接口的调用。

4. 封装(Encapsulation)

封装是一种信息隐蔽技术，是保证软件部件具有优良的模块性的基础。每个模块是一个封装，将其内部信息与外界隔离开来，具有明确的边界，并为外部的访问者提供了友好的接口。

面向对象的类是封装良好的模块，类定义将其说明(用户可见的外部接口)与实现(用户不可见的内部实现)显式地分开，其内部实现按其具体定义的作用域提供保护。

对象是封装的最基本单位。封装可以防止程序的各部分之间因相互依赖而带来的影响。面向对象的封装比传统语言的封装更为清晰、更为有力。

封装过程示意如下：

对象会对其他对象发来的消息作出反应

↓

其他对象只有通过了解该消息反应，才能知道该对象的内部状态

↓

封装

封装的优点可以归纳如下：

使用方(发出消息的对象)：

◆ 即使不知道其内容，但如果知道使用方法的话，便可以使用
◆ 只要能接收到同样的消息，也可以替换封装
◆ 便于复用

被使用方(接收消息的对象)：

◆ 只要不改变使用方法，即使改变其内部的内容也没有关系
◆ 增强了适应修改、需求变化的能力
◆ 内部信息不公开，安全性高

【例 1.4】 封装概念举例，对象张老师的信息如图 1.31 所示。

图 1.31　对象张老师

✧ 其他对象为知道对象张老师的内部状态，必须发出相应的消息。如：“您多大年龄？”，“您属于哪个学院？”

✧ 即使对象张老师的内部状态发生了变化，其他对象还是询问“您多大年龄？”，“您属于哪个学院？”。

5．继承(Inheritance)

继承是面向对象方法的一个主要特征。继承是使用已有的类定义作为基础建立新类的技术，已有的类作为基类(父类)，而引用基类定义的新类就是派生类(子类)。

广义地说，继承是指能够直接获得已有的性质和特征，而不必重复定义它们的一种技术。

面向对象软件技术的许多强有力的功能和突出的优点，都来源于把类组成一个层次结构的系统。一个类的上层可以有父类，下层可以有子类。这种层次结构系统的一个重要性

质是继承性，子类直接继承其父类的描述(数据和操作)或特性，子类自动地共享其基类中定义的数据和操作。

为了更深入、具体地理解继承的含义，图 1.32 给出了实现继承机制的原理。

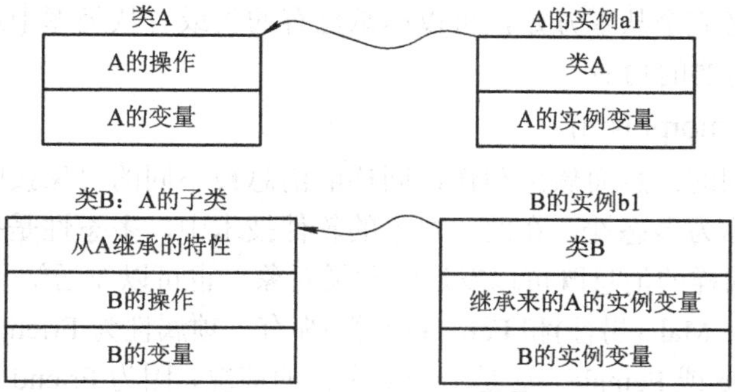

图 1.32 继承实例

以图 1.32 中的 A、B 两个类为例，其中类 B 是从类 A 派生出来的子类，它除了具有自己定义的特性(数据和操作)之外，还继承了父类 A 的特性。我们可以创建类 A 的实例 a1，也可以创建类 B 的实例 b1。a1 具有类 A 的特性；b1 具有在类 B 中定义的特性，还具有在类 A 中所定义的特性。

当创建类 B 的实例 b1 的时候，b1 既要以类 B 为样板建立实例变量，又要以类 A 为样板建立实例变量，b1 所能执行的操作既有类 B 中定义的操作，又有类 A 中定义的操作，这就是继承。

继承具有传递性，如果类 C 继承类 B，类 B 继承类 A，则类 C 继承类 A。因此，一个类实际上继承它上层的全部基类的特性，也就是说，属于某类的对象除了具有该类所定义的特性外，还具有该类上层全部基类定义的特性。

继承分为单重继承与多重继承。单重继承是指一个类只允许有一个父类，即类等级为树型结构。多重继承是指一个类允许有多个父类，多重继承的类可以组合多个父类的性质构成所需要的性质，因此功能更强，使用更方便。但是，使用多重继承时要注意避免二义性。图 1.33 表示了单重继承(a)和多重继承(b)时父类和子类之间的关系。

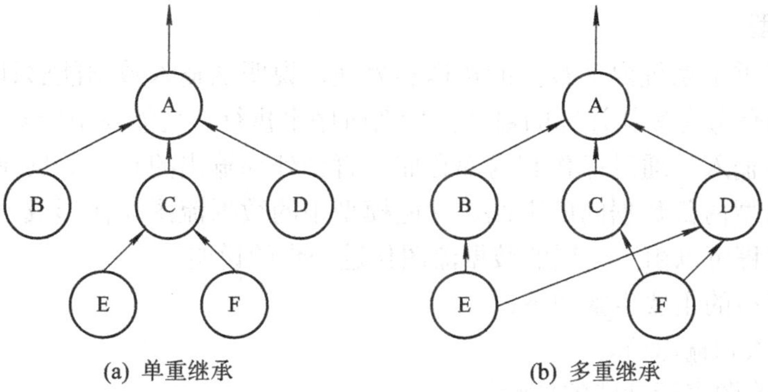

图 1.33 单重继承和多重继承时父类和子类之间的关系

继承关系是可传递的，如图 1.33(a)中的 E 继承 C，而 C 继承 A，因而 E 也继承了 A，所以 E 也是 A 的子类，是间接的子类，C 则是 A 的直接子类。

继承性是面向对象程序设计语言不同于其他语言的最主要的特点。

继承的优点是，相似的对象可以共享程序代码和数据结构，从而大大减少了程序中的冗余信息，提高软件的可重用性，便于软件的修改与维护。另外，继承性使得用户在开发新的应用系统时不必完全从零开始，可以继承已有的类或者从类库中选取需要的类，再派生出新类以实现所需要的功能。

6. 多态性(Polymorphism)

对象根据接收到的消息而做出动作，同样的消息被不同的对象接收时，可导致完全不同的行动，该现象称为多态性。在面向对象的软件技术中，多态性是指子类对象可以像父类对象那样使用，同样的消息既可以发送给父类对象，也可以发送给子类对象。

例如，在两个类 Male(男性)和 Female(女性)都有一项属性为 Friend(朋友)，一个人的朋友，必须属于类 Male 或 Female，这是一个多态性的情况，因为 Friend 可以是指向两个类之一的实例。如果王丽的朋友或者是张红或者是李皓，则类 Male 就不知道应该与哪个关联。这里参照量 Friend 必须是多态的，多态意味着可以关联不同的实例，而实例可以属于不同的类。

多态性机制不仅增加了面向对象软件系统的灵活性，进一步减少了信息冗余，而且显著地提高了软件的可重用性和扩充性。当扩充系统功能增加新的实体类型时，只需派生出与新实体类型相应的新的子类，完全无需修改原有的程序代码，甚至不需要重新编译原有的程序。利用多态性用户能够发送一般形式的消息，而将所有的实现细节都留给接收消息的对象。

1.5.2　面向对象建模

对象建模技术是美国通用电气公司提出的一套系统开发技术。它以面向对象的思想为基础，通过对问题进行抽象，构造出一组相关的模型，从而全面地描述问题领域的结构。对象建模技术把分析时收集到的信息构造在三类模型中，即功能模型、对象模型和动态模型。功能模型定义系统“做什么””，对象模型定义系统“对谁做”，动态模型定义系统“如何做”。三个模型从不同的角度对系统进行描述，分别着重于系统的一个侧面，组合起来构成对系统的完整描述。

1. 功能模型

功能模型着重于系统内部数据的传送和处理，说明从输入数据能够计算出什么样的输出数据，但是没有考虑参加计算的数据按什么时序来执行。功能模型由多个数据流图组成，它们指明从外部输入，通过操作和内部存储，直到外部输出的整个数据流情况。功能模型还包括了对象模型内部数据间的限制。功能模型中的数据流图往往形成一个层次结构，一个数据流图的过程可以由下一层的数据流图作进一步的说明。

建立功能模型的主要步骤如下：

(1) 确定输入和输出值。

(2) 用数据流图表示功能的依赖性。

(3) 具体描述每个功能。

(4) 确定限制。

(5) 确定功能优化的准则。

2. 对象模型

对象模型描述系统的静态结构，包括类和对象，它们的属性和操作，以及它们之间的关系。构造对象模型的目的在于找出与应用密切相关的概念。对象模型用包含对象和对象之间关系的图来表示。

建立对象模型的主要步骤如下：

(1) 确定对象类。

(2) 定义数据词典，并利用它来描述类的属性和类之间的关系。

(3) 用继承来组织和简化类的结构和类之间的关系。

(4) 测试访问路径。

(5) 根据对象之间的关系和对象的功能将对象分组建立模块。

比如，如果需要描述一个图形系统，首先就要确定我们的研究对象图形(点、线、多边形、圆形等)，图形的属性(点数、边数等)，图形的操作(画法)等；然后归纳各种图形之间的关系，比如多边形和圆形都从图形派生而来，三角形和四边形都从多边形派生而来。最后得出类之间的层次关系，以及每一个类的详细属性和操作。

3. 动态模型

动态模型着重于系统的控制逻辑，考察在任何时候对象及其关系的改变，描述这些涉及时序和改变的状态。

动态模型用状态图和事件跟踪图来描述。状态图是由状态和事件以及它们之间的关系所形成的网络，用于描述每一类对象的动态行为。事件跟踪图则侧重于说明系统执行过程中的一个特定场景，描述完成系统某个功能的一个事件序列。对象到对象的单个消息叫做一个事件，在系统的一个特定环境下发生的一系列事件叫做一个场景(scenarios)。场景通常起始于一个系统外部的输入事件，结束于一个系统外部的输出事件，在一个场景中，一系列事件和交换事件的对象都可以放在一个事件跟踪图中表示。

建立动态模型的主要步骤如下：

(1) 准备典型的交互序列的场景。

(2) 确定对象之间的事件，为每个场景建立事件跟踪图。

(3) 为每个系统准备一个事件流图。

(4) 为具有重要动态行为的类建立状态图。

(5) 检验不同状态图中共享的事件的一致性和完整性。

1.5.3 面向对象分析方法(OOA)

面向对象分析属于软件开发过程中的问题定义阶段，其目标是清晰、精确地定义问题领域。传统的系统分析产生一组面向过程的文档，定义目标系统的功能；面向对象分析则产生一种描述系统功能和问题领域的基本特征的综合文档。

面向对象分析的主要优点有以下几个方面：

- 加强了对问题域和系统责任的理解；
- 改进与分析有关的各类人员之间的交流；
- 对需求的变化具有较强的适应性；

- 支持软件复用；
- 贯穿软件生命周期全过程的一致性；
- 实用性；
- 有利于用户参与。

面向对象分析的主要原则如下：

1. 抽象

从许多事物中舍弃个别的、非本质的特征，抽取共同的、本质性的特征，就叫做抽象。抽象是形成概念所必需的手段。

抽象原则有两方面的意义：第一，尽管问题域中的事务是很复杂的，但是分析员并不需要了解和描述它们的一切，只需分析研究其中与系统目标有关的事物及其本质性特征；第二，通过舍弃个体事物在细节上的差异，抽取其共同特征而得到一批事物的抽象概念。

抽象是面向对象方法中使用最为广泛的原则。抽象原则包括过程抽象和数据抽象两个方面。过程抽象是指，任何一个完成确定功能的操作序列，其使用者都可以把它看做一个单一的实体，尽管实际上它可能是由一系列更低级的操作完成的。数据抽象是指，根据施加于数据之上的操作来定义数据类型，并限定数据的值只能由这些操作来修改和观察。数据抽象是面向对象分析的核心原则，它强调把数据(属性)和操作(服务)结合为一个不可分的系统单位(即对象)，对象的外部只需要知道它做什么，而不必知道它如何做。

2. 封装

封装就是把对象的属性和服务结合为一个不可分的系统单位，并尽可能隐蔽对象的内部细节。

3. 继承

特殊类的对象拥有其一般类的全部属性与服务，称做特殊类对一般类的继承。

在面向对象分析中运用继承原则，就是在每个由一般类和特殊类形成的一般—特殊结构中，把一般类的对象实例和所有特殊类的对象实例都共同具有的属性和服务，一次性地在一般类中进行显式定义。在特殊类中不再重复定义在一般类中已定义的东西，但是在语义上，特殊类却自动地、隐含地拥有它的一般类(以及所有更上层的一般类)中定义的全部属性和服务。继承原则的好处是：使系统模型比较简练，也比较清晰。

4. 分类

分类就是把具有相同属性和服务的对象划分为一类，用类作为这些对象的抽象描述。分类原则实际上是抽象原则运用于对象描述时的一种表现形式。

5. 聚合

聚合的原则是：把一个复杂的事物看成若干比较简单的事物的组装体，从而简化对复杂事物的描述。

6. 关联

关联是人类思考问题时经常运用的思想方法——通过一个事物联想到另外的事物。能使人发生联想的原因是事物之间确实存在着某些联系。

7. 消息通信

消息通信原则要求对象之间只能通过消息进行通信，而不允许在对象之外直接地存取对象内部的属性。通过消息进行通信，是由封装原则而引起的。在OOA中，要求用消息连接表示出对象之间的动态联系。

8. 粒度控制

一般来讲，人在面对一个复杂的问题领域时，不可能在同一时刻既能纵观全局，又能洞察秋毫，因此需要控制自己的视野。考虑全局时，注意其大的组成部分，暂时不详察每一部分的具体细节；考虑某部分的细节时，则暂时撇开其余的部分，这就是粒度控制原则。

9. 行为分析

现实世界中事物的行为是复杂的，由大量的事物所构成的问题域中各种行为往往相互依赖、相互交织。

面向对象分析过程可分为问题领域分析和应用分析两个阶段。

问题领域分析是软件开发的基本组成部分，目的是使开发人员了解问题领域的结构，建立大致的系统实现环境。问题领域分析给出一组抽象概念(从高层来表示问题领域知识，常常超出当前应用的范围)作为特定系统需求开发的参考。问题领域分析实际上是一种学习过程，软件开发人员在这个阶段应该尽可能地理解当前系统中与应用有关的知识，应该放开思维并尽可能地标识与应用有关的概念。问题领域分析的边界可能很模糊。有了广泛的问题领域知识，涉及到具体的应用时，就可以更快地进入状态，掌握应用的核心知识。而且，在用户改变对目标系统的需求时，广泛的分析可以帮助我们预测出目标系统在哪些方面会发生哪些变化。通常进行小组分析，小组成员可以包括领域专家和分析员等。在分析过程中，应该标识出系统的基本概念(对象、类、方法、关系等)、识别问题领域的特征，并把这些概念集成到问题领域的模型中。问题领域的模型必须包含概念之间的关系，以及每个概念的全部信息。标识出来的相关概念应该根据信息内容有机地融合到问题领域的综合视图中。

应用分析是依据在问题领域分析时建立起来的问题领域模型进行的。应用分析时，把问题领域模型用于当前特定的应用之中。首先，通过收集到的用户信息来对问题领域进行取舍，把用户需求作为限制条件来使用，以缩减问题领域的信息量。因此，问题领域分析的视野大小直接影响到应用分析保留的信息量。一般来说，问题领域分析阶段产生的模型并不需要用程序设计语言来表示，而应用分析阶段产生的影响条件则需要用某种程序设计语言来表示。模型识别的要求可以针对一个应用，也可以针对多个应用。通常我们着重考虑两个方面，即应用视图和类视图。在类视图中，必须对每个类的属性和操作进行细化，并表示出类之间的相互作用关系。

面向对象分析主要应该考虑与特定应用有关的对象，以及对象之间在结构和相互作用上的关系。在面向对象分析中，需要建立分析模型来描述系统的功能。

面向对象分析需要完成如下两个任务：

(1) 形式化地说明所面对的应用问题，最终成为软件系统基本构成的对象，以及系统所必须遵从的、由应用环境所决定的规则和约束条件。

(2) 明确地规定构成系统的对象如何协同工作和完成指定的功能。

通过面向对象分析所建立的系统模型是以概念为中心的，因此称为概念模型。概念模型由一组相关的类组成。面向对象分析可以通过自顶向下的逐层分解来建立系统模型，也可以自底向上地从已经定义的类出发，逐步构造新的类。概念模型的构造和评审由如下五个层次构成：

- 类和对象层；
- 属性层；
- 服务层；
- 结构层；
- 主题层。

这五个层次不是构成软件系统的层次，而是分析过程中的层次，也可以说是问题的不同侧面。每个层次的工作都为系统的规格说明增加了一个组成部分。当五个层次的工作全部完成时，面向对象分析的任务也就完成了。

在实际操作中，面向对象分析的目标是得出问题领域的功能模型、对象模型和动态模型，并用统一建模语言 UML 将它们表示出来。

面向对象分析通常按照下面的步骤来进行：

(1) 标识对象和类。可以从应用领域开始，逐步确定形成整个应用的基础类和对象。这一步需要分析领域中目标系统的责任，调查系统的环境，从而确定对系统有用的类和对象。

(2) 标识结构。典型的结构有两种，即一般—特殊结构和整体—部分结构。一般—特殊结构中的一般类是基类，特殊类是派生类。比如，汽车是轿车和卡车的基类，这是一种一般—特殊结构。整体—部分结构表示聚合，由属于不同类的成员聚合成为新的类。比如，轮子、车体和汽车底盘都是汽车的一部分，这些不同功能的部件聚合成为汽车这个整体。

(3) 标识属性。对象所保存的信息称为它的属性。类的属性描述状态信息，在类的某个实例中，属性的值表示该对象的状态值。需要找出每个对象在目标系统中所需要的属性，并将属性安排在适当的位置，找出实例连接，最后进行检查。应该给出每个属性的名字和描述，并指定该属性所受的特殊限制(如只读、属性值限定在某个范围之内等)。

(4) 标识服务。对象收到消息后执行的操作称为对象提供的服务，它描述了系统需要执行的处理和功能。定义服务的目的是为了定义对象的行为和对象之间的通信。其具体步骤包括：

- 标识对象状态；
- 标识必要的服务；
- 标识消息连接；
- 描述服务。

可以用类似于流图的图形来表示服务。

(5) 标识主题。为了更好地理解包含大量类和对象的概念模型，需要标识主题，即对模型进行划分，给出模型的整体框架，划分出层次结构。可以按照如下步骤来标识主题：

- 识别主题；
- 对主题进行改进和细化；
- 将主题加入到分析模型。

主题是一个与应用相关的概念，而不是人为任意引出来的，主题层的工作有助于理解分析的结果。

面向对象分析的主要优点有：

- 加强了对问题域和系统责任的理解；

- 改进了与分析有关的各类人员之间的交流；
- 对需求的变化具有较强的适应性；
- 支持软件复用；
- 贯穿软件生命周期全过程的一致性；
- 实用性；
- 有利于用户参与。

1.5.4 面向对象设计方法(OOD)

面向对象设计的任务是对面向对象分析的结果作进一步的规范化整理，以便能够被面向对象编程直接接受。

面向对象设计是一种软件设计方法，是一种工程化规范，这是毫无疑问的。面向对象设计的主要工作包括：

- 确定需要的类；
- 给每个类提供一组完整的操作；
- 通过使用继承来表现共同点。

概括地说，面向对象设计就是"根据需求决定所需的类以及类的数据和操作，建立类之间关联的过程"。

从面向对象分析到面向对象设计是一个逐步扩充模型的过程。面向对象分析以实际问题为中心，可以不考虑与软件实现相关的任何问题，主要考虑"做什么"的问题；面向对象设计则是面向软件实现的实际开发活动，主要考虑"怎么做"的问题。

面向对象设计的目标是管理程序内部各部分的相互依赖。为了达到这个目标，面向对象设计要求将程序分成块，每个块的规模应该小到可以管理的程度，然后分别将各个块隐藏在接口(interface)的后面，让它们只通过接口相互交流。比如说，如果用面向对象设计的方法来设计一个客户端/服务器应用，那么服务器和客户端之间不应该有直接的依赖，而是应该让服务器的接口和客户端的接口相互依赖。

这种依赖关系的转换使得系统的各部分具有了可复用性。还是拿上面的例子来说明，客户端就不必依赖于特定的服务器，所以就可以复用到其他的环境下。如果要复用某一个程序块，则只要实现必需的接口就行了。

面向对象设计是一种解决软件问题的设计范式(paradigm)，一种抽象的范式。使用OOD这种设计范式，我们可以用对象来表现问题领域的实体，每个对象都有相应的状态和行为。面向对象设计是一种抽象的范式，抽象可以分成很多层次，从非常概括的到非常特殊的都有，而对象可能处于任何一个抽象层次上。另外，彼此不同但又互有关联的对象可以共同构成抽象，只要这些对象之间有相似性，就可以把它们当成同一类的对象来处理。

1. 面向对象设计的主要原则

(1) 模块化。面向对象开发方法很自然地支持了把系统分解成模块的设计原则：对象就是模块，它是把数据结构和操作这些数据的方法紧密地结合在一起所构成的模块。

(2) 抽象。面向对象方法不仅支持过程抽象，而且支持数据抽象。

(3) 信息隐藏。在面向对象方法中，信息隐藏通过对象的封装性来实现。

(4) 低耦合。在面向对象方法中，对象是最基本的模块，因此，耦合主要指不同对象之间相互关联的紧密程度。低耦合是设计的一个重要标准，因为这有助于使得系统中某一部分的变化对其他部分的影响降到最低程度。

(5) 高内聚。

● 操作内聚：一个操作应该完成一个且仅完成一个功能。

● 类内聚：一个类应该只有一个用途，它的属性和操作应该是为完成该类对象的任务所必需的，其中不包含无用的属性或操作。如果某个类有多个用途，则通常应该把它分解成多个专用的类。

● 一般—特殊内聚：设计出的一般—特殊结构，应该符合多数人的概念，更准确地说，这种结构应该是对相应的知识领域的正确抽取。

2. 面向对象设计的主要任务

(1) 对象定义规格的求精。对于面向对象分析所抽象出来的对象、类以及汇集的分析文档，面向对象设计需要有一个根据设计要求整理和求精的过程，使之更能符合面向对象编程的需要。这个整理和求精过程主要有两个方面：一是要根据面向对象的概念模型整理分析所确定的对象结构、属性、方法等内容，改正错误的内容，删去不必要和重复的内容等；二是进行分类整理，以便于下一步数据库设计和程序处理模块设计的需要。整理的方法主要是进行归类，包括对类、对象、属性、方法和结构、主题进行归类。

(2) 数据模型和数据库设计。数据模型的设计需要确定类、对象属性的内容、消息连接的方式、系统访问、数据模型的方法等。最后，每个对象实例的数据都必须落实到面向对象的库结构模型中。

(3) 优化。面向对象设计的优化设计过程是从另一个角度对分析结果和处理业务过程的整理归纳。优化包括对象和结构的优化、抽象、集成。

对象和结构的模块化表示为面向对象设计提供了一种范式，这种范式支持对类和结构的模块化。这种模块符合一般模块化所要求的所有特点，如信息隐蔽性好，内部聚合度强和模块之间耦合度弱等。集成化使得单个构件有机地结合在一起，相互支持。

面向对象设计分为两个阶段，即高层设计和低层设计。

高层设计阶段开发系统的结构，构造软件的总体模型。在这个阶段中，应该标识出在具体的计算机环境中进行问题求解所需要的概念，并增加一批需要的类，其中包括那些能使软件系统与外部世界进行交互的类。高层设计阶段应当确定软件有哪些类和类之间的关系，以及编写应用子系统的视图规格说明。

在高层设计的过程中，应当使子系统的高层部件之间的通信量达到最小，把子系统中相互之间存在高度交互的类划分在同一组中。

低层设计集中于类的详细设计阶段。类设计的目标是形成单一概念的模型(即一个概念用一个独立的类来表示)，而且设计的部件应该是可复用的和可靠的。在类的设计过程中，需要采用信息隐蔽、高内聚、低耦合等设计原则。重复使用现有的类是面向对象技术的主要优点之一。

在设计阶段可继续采用面向对象分析阶段中提到的五个层次(对象和类、结构、属性、服务和主题)，这样有助于从分析到设计的自然过渡。面向对象设计方法在设计阶段的主要任务是利用这五个层次来建立系统的四个组成部分，即问题领域、用户界面、任务管理和数据管理。

(1) 问题领域。问题领域包括与我们所面对的应用问题直接相关的所有类和对象。实际上，在面向对象分析阶段就已经开始进行问题领域的分析，此时还需要进一步的细化。面向对象分析得到了与应用有关的概念模型，面向对象设计应该对这个概念模型进行改进和增补，主要根据需求的变化来对面向对象分析阶段产生的模型中的类和对象、结构、属性和操作进行组合和分解，根据面向对象设计原则来增加必要的类、属性和关系。

问题领域部分的设计包括：

- 复用设计；
- 关联问题领域中的类；
- 加入一般化的类以建立类间协议；
- 调整继承的支持级别；
- 改进性能；
- 加入较低层的组件。

(2) 用户界面。通常在面向对象分析阶段给出了所需的属性和操作，在面向对象设计阶段必须根据需求把交互的细节加入用户界面的设计中，包括有效的人机交互所必需的实际显示和输入。

用户界面部分的设计主要由以下几个方面组成：

- 用户分类；
- 描述人及其任务的脚本；
- 设计命令层；
- 设计详细的交互；
- 继续扩展用户界面原型；
- 设计人机交互类；
- 根据图形用户界面进行设计任务管理部分的设计。

(3) 任务管理。任务是进程的别称，是执行一系列活动的一段程序。当系统中有许多并发行为时，需要依照各个行为的协调和通信关系来划分各种任务，以简化并行行为的设计和编码。

任务管理主要包括任务的选择和调整，它所做的工作包括：

- 识别事件驱动任务；
- 识别时钟驱动任务；
- 识别优先任务和关键任务；
- 识别任务之间的协调者；
- 对各个任务进行评审，以保证它能够满足选择任务的过程标准；
- 定义各个任务，说明它是什么任务，任务之间如何协调工作，如何通信。

(4) 数据管理。数据管理提供了在数据管理系统中存储和检索对象的基本结构，包括对永久性数据的访问和管理。数据管理的方法主要有三种：文件管理、关系数据库管理以及面向对象的数据库管理。

数据管理设计包括：

- 数据存放设计。数据存放设计选择数据存放的方式(文件存放、关系数据库表格存放或面向对象的数据库存放)。

● 设计相应的操作。为每个需要存储的对象和类增加用于存储管理的属性和操作，在类和对象的定义中加以描述。

在每一个过程中，面向对象设计的基本操作步骤包括：

(1) 细化重组类；

(2) 细化和实现类间关系，明确其可见性；

(3) 增加属性，指定属性的类型与可见性；

(4) 分配职责，定义执行每个职责的方法；

(5) 对消息驱动的系统，明确消息传递方式；

(6) 利用设计模式进行局部设计；

(7) 画出详细的类图与序列图。

1.5.5 面向对象的实现(OOP)

面向对象的实现主要包括两项工作：第一项工作是把面向对象设计结果翻译成用某种程序设计语言书写的面向对象程序；第二项工作是测试并调试面向对象的程序。

为了把面向对象设计结果顺利地转变成面向对象程序，首先应该选择一种适当的程序设计语言。面向对象的程序设计语言非常适合用来实现面向对象设计结果。事实上，具有方便的开发环境和丰富的类库的面向对象程序设计语言，是实现面向对象设计的最佳选择。另一方面，所采用的程序设计语言的特点和程序设计风格也将对程序的可靠性、可重用性和可维护性产生深远的影响。

良好的程序设计风格对于面向对象实现来说格外重要。它既包括传统的程序设计风格准则，也包括与面向对象方法的特点相适应的一些新准则。

目前，软件测试仍然是保证软件可靠性的主要措施，对于面向对象的软件来说，情况也是如此。面向对象测试的目标，也是用尽可能低的测试成本和尽可能少的测试方案，发现尽可能多的错误。但是，面向对象程序中特有的封装、继承和多态等机制，也给面向对象测试带来一些新特点，增加了测试和调试的难度。我们必须通过实践，努力探索适合于面向对象软件的更好的测试方法。

面向对象方法学使用独特的概念和技术完成软件开发工作，因此，在测试面向对象程序的时候，除了继承传统的测试技术之外，还必须研究与面向对象程序特点相适应的新的测试技术。

面向对象测试的总目标与传统软件测试的目标相同，也是用最小的工作量发现最多的错误。但是，面向对象测试的策略和技术与传统测试有所不同，测试的焦点从过程构件(模块)移向了对象类。

一旦完成了面向对象程序设计，就开始对每个类进行单元测试。测试类时使用的方法主要有随机测试、划分测试和基于故障的测试。每种方法都测试类中封装的操作。应该设计测试序列以保证相关的操作受到充分测试。检查对象的状态(由对象的属性值表示)，以确定是否存在错误。

可以采用基于线程或基于使用的策略完成集成测试。基于线程的测试，集成一组相互协作以对某个输入或某个事件作出响应的类。基于使用的测试，从那些不使用服务器类的类开始，按层次构造系统。设计集成测试用例，也可以采用随机测试和划分测试的方法。此外，从动态模型导出的测试用例，可以测试指定的类及其协作者。

面向对象系统的确认测试也是面向黑盒的，并且可以应用传统的黑盒方法完成测试工作。但是，基于情景的测试是面向对象系统确认测试的主要方法。

习 题 1

一、填空题

1. 软件生存周期是指一个软件从提出开发要求开始，直到______为止的整个时期。

2. 数据流图中的箭头表示______。

3. 当A模块调用B模块时，若两个模块之间的参数传递是数值型参数，则这两个模块的耦合方式是______。

4. 某软件结构图分为4层，从顶层到底层，各层的模块个数分别为1、3、5、4，那么该软件结构图的宽度是______。

5. 软件的详细设计的主要任务是确定每个模块的______。

6. 程序员在编写程序时所体现出的特点、习惯、逻辑思路等，反映了这个程序员的______。

7. 在集成测试中，采用自顶向下的渐增式测试，需要______程序。

8. 软件的集成测试(联合测试)的目的是发现______阶段的错误。

9. 在软件生存期的各个阶段中跨越时间最长的阶段是______阶段。

10. 软件维护工作的生产性活动包括分析评价、修改设计和______等。

11. 子类自动共享父类数据结构和方法的机制是______，这是类之间的一种关系。

12. 面向对象分析的目的是对______进行建模。

13. 面向对象分析阶段所使用的三种模型是______、动态模型和功能模型。

二、选择题

1. 软件产品管理包括版本管理和(　　)。

A. 质量管理　　B. 性能管理　　C. 配置管理　　D. 开发过程管理

2. 螺旋模型是一种将(　　)和增量模型结合起来的软件开发模型。

A. 瀑布模型　　B. 专家系统　　C. 喷泉模型　　D. 变换模型

3. 软件开发可行性分析研究的目的是(　　)。

A. 争取软件项目　　B. 软件项目值得开发否

C. 设计软件　　D. 规划软件项目

4. 软件需求分析的主要任务是确定所要开发的软件系统(　　)。

A. 如何做　　B. 怎么做　　C. 做什么　　D. 对谁做

5. 在(　　)方法中，采用数据流图(DFD)表示系统的逻辑模型。

A. SA　　B. SD　　C. SP　　D. SC

6. 软件需求分析阶段的工作是系统分析员了解用户的要求，认真细致地调研、分析，最终建立目标系统的逻辑模型并写出(　　)的过程。

A. 模块说明书　　B. 软件规格说明　　C. 项目开发计划　　D. 合同文档

7. 模块之间的耦合度应当尽可能低。当一个模块直接使用另一个模块的内部数据，这种模块之间的耦合称为(　　)。

A. 数据耦合　　B. 公共耦合　　C. 标记耦合　　D. 内容耦合

8. 模块的内聚性应当尽可能高，通信内聚、逻辑内聚、顺序内聚和时间内聚的内聚性从高到低顺序是(　　)。

A. 通信、逻辑、顺序、时间　　B. 通信、时间、顺序、逻辑

C. 顺序、通信、时间、逻辑　　D. 顺序、通信、逻辑、时间

9. 信息隐蔽概念与(　　)直接相关。

A. 模块的独立性　　B. 模块类型的划分

C. 软件结构定义　　D. 软件生命周期

10. 结构化程序设计的三种基本结构的共同特点是(　　)。

A. 只能用来描述简单程序　　B. 不能嵌套使用

C. 具有单入口和单出口　　D. 仅用于自动控制系统

11. 源程序文档化要求在每个模块之前加序言性注释，该注释内容不应有(　　)。

A. 模块的功能　　B. 语句的功能　　C. 模块的接口　　D. 开发历史

12. 软件的静态测试方法之一为(　　)。

A. 计算机辅助静态分析　　B. 黑盒法

C. 因果图　　D. 路径覆盖

13. 软件测试的目的是(　　)。

A. 为了证明软件中没有错误　　B. 为了说明软件能够正确地执行

C. 为了发现软件中的错误　　D. 为了评价软件的质量

14. 单元测试针对(　　)阶段进行测试。

A. 需求分析　　B. 详细设计和编码

C. 详细设计　　D. 概要设计

15. 随着计算机软、硬件环境变化而对软件修改的过程，称为(　　)。

A. 校正性维护　　B. 适应性维护　　C. 完善性维护　　D. 预防性维护

三、问答题

1. 软件作为一种产品，其特性是什么？
2. 简述程序流程图的缺点和克服方法。
3. 在软件开发过程中，为增加软件的可移植性，应注意哪些方面？
4. 简述快速原型模型的开发步骤。
5. 简述软件结构的设计优化准则。
6. 需求分析阶段的基本任务是什么？要进行哪几方面的工作？
7. 软件测试要经过哪些步骤？简述这些测试的基本任务。
8. 面向对象的主要特征有哪些？简要说明其含义。
9. 根据下列条件使用边界值分析法设计测试用例。

八进制常数定义为：以零开头的数是八进制整数。某一8位微机，8位带符号数值的范围是−177～177，如：05，0127，−065表示八进制整型常数。

10．简述可以在哪些方面提高软件的可维护性。

11．某学校将学生的基本情况文件(简称学生情况文件)和学生期末考试成绩文件(简称成绩文件)合并成一个新文件。学生情况文件包含学生的学号、姓名、通信地址。成绩文件包含学号和成绩。这两个文件均由学生记录重复组成，学生记录包含以上数据项。新文件的数据结构包含学号、姓名、通信地址和成绩。

要求：

(1) 给出Jackson输入、输出的数据结构图。

(2) 用Jackson方法设计该程序结构图。

12．银行柜取款系统有如下功能：

(1) 用户用取款卡到柜取款；

(2) 如是不合法取款卡，则退回并显示出错；

(3) 对用户输入的密码进行确认检查，非法密码将被拒绝；

(4) 核查用户的取款额，超支将被拒绝；

(5) 登录一笔合法取款，更新账卡；

(6) 生成付款通知，经确认后支付现金。

试根据要求画出该问题的数据流图，并将其转换为软件结构图。

13．下图是一个被测程序的流程图，采用条件覆盖方法为它设计足够的测试用例，使每个条件至少取真、假各一次。试根据所给出的X的4个取值，将下表填写完整。

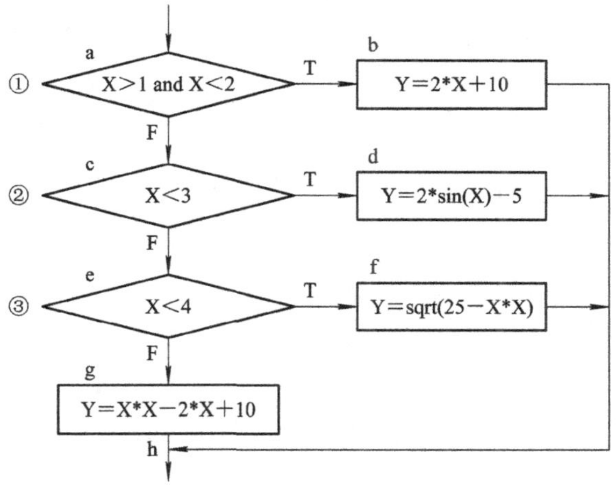

X取值	为真的条件	为假的条件	经过的路径
1.5			
0			
2			
3			
4			

题13图

14．采用白盒测试法设计，有语句覆盖、条件覆盖、判定覆盖、路径覆盖等。为了对下图所示的程序段进行覆盖测试，须适当选取测试数据。若 x、y 是两个变量，则可供选择的测试数据组共有①、②、③、④四组(如表所示)。试给出：

(1) 实现判定覆盖至少应采用的测试数据组；

(2) 实现条件覆盖至少应采用的测试数据组。

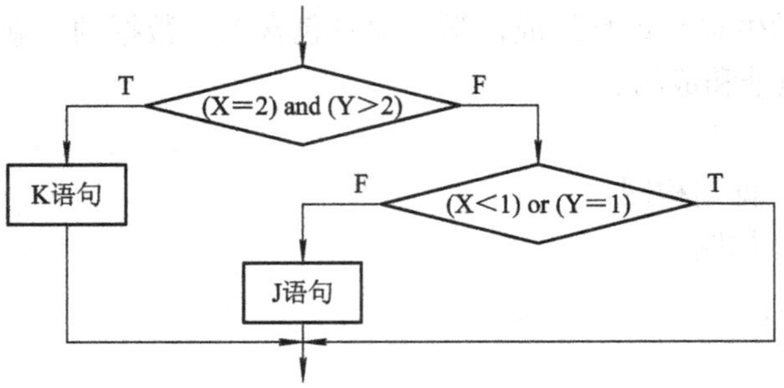

测试数据组	X	Y
①	0	3
②	1	2
③	−1	2
④	3	1

题 14 图

第 2 章　数据结构概述

计算机的应用已深入到人类社会的各个领域，包括进行科学计算和控制、管理及数据处理等非数值计算。与此相应，计算机加工处理的对象由纯粹的数值发展到字符、表格和图像等各种具有一定结构的数据。要想成为一名优秀的软件开发人员，至少需要具备以下三个条件：

(1) 能够熟练地选择和设计各种数据结构和算法。

(2) 至少熟练掌握一门程序设计语言。

(3) 熟知所涉及的相关应用领域的知识。

其中，后两个条件比较容易实现，而第一个条件则需要花费相当的时间和精力才能够达到，它是区分程序设计人员水平高低的一个重要标志。数据结构贯穿程序设计的始终，缺乏数据结构和算法的深厚功底，很难设计出高水平的应用程序。

2.1　基本概念和术语

本节将对数据结构的一些基本概念和术语加以定义和解释。

数据(data)是描述客观事物的数字、字符以及所有能输入到计算机中并被计算机程序处理的符号的集合。例如，一个代数方程的求解程序中所用的数据是整数和实数；一个编译程序或文本编辑程序中所使用的数据是字符串。随着计算机应用领域的扩大，数据的含义更为广泛，如图像、声音等都可以通过编码而属于数据的范畴。

数据元素(Data Element)是数据的基本单位。有些情况下，数据元素也称为元素、结点、顶点、记录。有时，一个数据元素可以由若干个数据项(Data Item)组成，数据项是具有独立含义的、不可再分割的最小标识单位。

数据结构(Data Structure)是数据之间的相互关系，即数据的组织形式。一般来说，数据结构所研究的主要内容包括以下三个方面：

① 数据的逻辑结构——数据元素之间的逻辑关系；

② 数据的存储结构——数据结构在计算机中的存储方法；

③ 数据的运算——对数据施加的操作。

数据的逻辑结构是从逻辑关系上描述数据，它与数据的存储无关，是独立于计算机的。因此，数据的逻辑结构可以看做是从具体问题抽象出来的数学模型。数据的存储结构是逻辑结构用计算机语言的实现(亦称为映像)，它是依赖于计算机语言的，对机器语言而言，存储结构是具体的，但我们只在高级语言的层次上来讨论存储结构。数据的运算是定义在数据的逻辑结构上的，每种逻辑结构都有一组基本运算，例如，对数据进行查找、插入、删除、排序等运算。这些基本运算实际上是在抽象的数据上所进行的一系列抽象的操作，我们只需要知道这些操作“做什么”，而不需要考虑“如何做”。只有确定了数据的存储结构之后，我们才能够具体实现这些基本运算。在设计一般的算法时，通常我们可以调用有关的基本运算来实现。在本书的数据结构部分所讨论的算法，均以类C语言来描述。

数据类型(Data Type)是和数据结构密切相关的一个概念，它最早出现在高级语言中，用以描述程序操作对象的特性。在用高级语言编写的程序中，每个变量、常量或表达式都有一个它所属的确定的数据类型。定义某种数据类型，就确定了一个值域以及对该类型数据可以进行的操作。例如，C语言中的“整数类型”，其值域为某个区间上的整数(区间大小依赖于不同的机器)，对整型数据可以进行加、减、乘、除和取模等操作。

按“值”是否可分解，可将数据类型划分为两类：原子类型，其值不可分解，如C语言中的基本类型(整型、实型、字符型等)、指针类型；结构类型，其值可分解为若干个成分，如数组、结构体等类型的数据还可以进一步分解。

为了加深对数据结构的感性认识，下面举例说明有关数据结构的概念。

【例2.1】　学生成绩表。

学生成绩表

学号	姓名	性别	高等数学	英语	计算机	平均成绩
120001	丁一	男	90	85	95	90
120002	马二	男	80	85	90	85
120003	张三	女	95	91	99	95
120004	李四	男	70	84	86	80
120005	王五	女	91	84	92	89
…	…		…	…	…	…

我们把学生成绩表称为一个数据结构，表中的每一行是一个数据元素，又称为一个结点或记录，它由学号、姓名、性别、各科成绩及平均成绩等数据项组成。该表中数据元素之间的逻辑关系是：对于表中任意一个结点，与它相邻且在它前面的结点(称为直接前趋结点)最多只有一个；与表中任意一个结点相邻且在其后的结点(称为直接后继结点)最多只有一个。表中只有第一个结点没有直接前趋结点，故称为开始结点；只有最后一个结点没有直接后继结点，故称为终端结点。例如，表中学生“马二”所在结点的直接前趋结点和直接后继结点分别是学生“丁一”和“张三”所在的结点。结点之间的关系构成了这张学生成绩表的逻辑结构。

该表的存储结构则是用计算机语言表示结点之间的这种关系，可以顺序邻接地存储在一段连续的存储单元中，或者用指针将这些结点链接在一起。

在不会产生混淆的前提下，通常我们将数据的逻辑结构简称为数据结构。数据的逻辑结构有两大类：线性结构和非线性结构。

线性结构的逻辑特征：若数据结构是非空集，则第一个结点没有直接前趋结点，最后一个结点没有直接后继结点，其余结点都有一个直接前趋和一个直接后继结点。线性表、栈、队列、串等都是线性结构。

非线性结构的逻辑特征：一个结点可能有多个直接前趋结点和直接后继结点。树、图等属于非线性结构。

数据的存储结构可以用以下四种基本的存储方法得到：

(1) 顺序存储方法。借助元素在存储器中的相对位置来表示数据元素之间的逻辑关系，结点间的逻辑关系由存储单元的邻接关系来体现，由此得到的存储表示称为顺序存储结构(Sequential Storage Structure)。通常，顺序存储结构是借助于程序语言的数组(又称为向量)来描述的。

该方法主要应用于线性的数据结构，非线性的数据结构也可以通过某种线性化的方法来实现顺序存储。

(2) 链接存储方法。借助指示元素存储地址的指针表示数据元素之间的逻辑关系，即逻辑上相邻的结点在物理位置上不一定相邻，由此得到的存储表示称为链式存储结构(Linked Storage Structure)，通常要借助于程序语言的指针类型来描述它。

(3) 索引存储方法。在存储结点的同时，还应建立附加的索引表。索引表中的每一项称为索引项，其一般形式为：(关键字，地址)。关键字是能够唯一标识一个结点的那些数据项。若每个结点在索引表中都有一个索引项，则该索引表称为稠密索引(Dense Index)；若一组结点在索引表中对应一个索引项，则该索引表称为稀疏索引(Sparse Index)。稠密索引中的索引项的地址指示结点所在的存储位置，而稀疏索引中的索引项的地址则指示一组结点的起始存储位置。

(4) 散列存储方法。该方法的基本思想是根据结点的关键字直接计算出该结点的存储地址。

上述四种基本存储方法既可以单独使用，也可以组合起来对数据结构进行存储。同一种逻辑结构采用不同的存储方法，可以得到不同的存储结构。至于选择何种存储结构来表示相应的逻辑结构，应当考虑算法运算的方便及时间和空间要求。

2.2　算法的描述和分析

数据的运算是通过算法(Algorithm)描述的。对实际问题选择一种好的数据结构，设计一个好的算法，是程序设计的本质。算法与数据结构是互相依赖、互相联系的。

2.2.1　算法的概念

算法是对特定问题求解步骤的描述，是指令的有限序列。算法必须满足以下性质：

(1) 输入性：0 至多个输入，这些输入取自于某个特定的对象的集合。

(2) 输出性：1 至多个输出，这些输出是同输入有着某种特定关系的量。

(3) 有穷性：对于合法的输入值，算法在执行有穷步之后结束。

(4) 确定性：对于相同的输入执行相同的路径，即对于相同的输入只能得出相同的输出。

(5) 可行性：用于描述算法的操作都是足够基本的，即算法中描述的操作都是可以通过已经实现的基本运算执行有限次来实现的。

需要说明的是，算法与程序是有区别的。例如操作系统，只要系统不遭破坏，它就永远不会停止，即使没有作业要处理，仍处于一个等待循环中，等待新作业的进入。因此，操作系统程序不是一个算法。

求解同一计算问题时可能有许多不同的算法，在算法正确的前提下，以下三个方面可以作为算法性能的评价标准：

① 算法的时间特性，执行算法所需的计算时间；

② 算法的空间特性，执行算法所需的辅助存储空间；

③ 算法应当易于理解，易于编码，易于调试等。

当然，我们希望选用一个所占存储空间小、运行时间短、其它性能也好的算法。然而，上述要求常常相互抵触，要节约算法的执行时间往往要以牺牲更多的空间为代价，而为了节省空间可能要耗费更多的计算时间。算法的时间特性和空间特性都与问题的规模有关，因此我们只能根据具体情况而有所侧重。本书主要讨论算法的时间特性，偶尔也讨论空间特性。

2.2.2　算法的时间特性

一个算法所需的计算时间，应当是该算法中每条语句的执行时间之和，而每条语句的执行时间是该语句的执行次数(称为频度)与该语句执行一次所需时间的乘积。但是，当算法转换为程序之后，每条语句执行一次所需的时间取决于机器的指令性能、速度以及编译所产生的代码质量，这是很难确定的。我们假设每条语句执行一次所需的时间均是单位时间，一个算法的计算时间就是该算法中所有语句的频度之和。于是，我们就可以独立于机器的软、硬件系统来分析算法的时间特性。

【例 2.2】　求两个 n 阶方阵的乘积 C＝A×B，其算法如下：

```
#define n  自然数
void MATRIXMLT(int A[n][n], int B[n][n],int C[n][n])
{ int i,j,k;
(1) for(i=0;i<n;i++)                                   n+1
(2)     for (j=0;  j<n;j++){                           n(n+1)
(3)         C[i][j]=0;                                 n^2
(4)         for(k=0;k<n;k++)                           n^2(n+1)
(5)             C[i][j]=C[i][j]+A[i][k]*B[k][j];       n^3
            }
        }
```

其中，右边列出的是各语句的频度。语句(1)的循环控制变量 i 取值从 0 到 n，语句执行了 n+1 次，故它的频度是 n+1，但它的循环体只执行了 n 次。语句(2)作为语句(1)的循环体内的语句应该执行 n 次，但语句(2)本身要执行 n+1 次，所以语句(2)的频度是 n(n+1)。同理可得，语句(3)、(4)和(5)的频度分别是 n^2、$n^2(n+1)$和 n^3。该算法中所有语句的频度之和为：

$$T(n)=2n^3+3n^2+2n+1$$

算法的语句频度之和 T(n)是矩阵阶数 n 的函数，n 是算法求解方阵乘积问题的规模。

一般情况下，算法中基本操作重复执行的时间是问题规模 n 的某个函数 f(n)，算法的渐进时间复杂度(简称为时间复杂度(Time Complexity))，记做

$$T(n) = O(f(n)) \tag{2-1}$$

它表示随问题规模 n 的增大，算法执行时间的增长率和 f(n)的增长率相同，f(n)一般是算法中频度最大的语句频度。例如，算法 MATRIXMLT 的时间复杂度是 $T(n)=O(n^3)$，这里的 $f(n)= n^3$ 是该算法中语句(5)的频度。由此可见，当有循环嵌套时，算法的时间复杂度是由最内层语句的频度 f(n)决定的。

下面再举几例，说明如何求算法的时间复杂度。

【例 2.3】 交换 a 和 b 的值。

```
temp=a;
a=b;
b=temp;
```

以上三条单个语句的频度为 1，该算法的执行时间是一个与问题规模 n 无关的常数，时间复杂度记做 T(n)=O(1)。事实上，只要算法的执行时间不随着问题规模的增加而增长，即使算法中有上千条语句，其时间复杂度也只是 O(1)。

【例 2.4】 判断 n 是否为素数。

```
void prime(int n)
{ int i=2;
  while((n%i)!=0&&i<sqrt(n))
      i++;
  if(i>=sqrt(n)) printf("%d 是素数",n);
  else printf("%d 不是素数",n);
}
```

设语句 i++；的频度为 f(n)，由 i<sqrt(n)可知 f(n)<sqrt(n)，时间复杂度应考虑最坏的情况，所以

$$T(n)=O(f(n))=O(\sqrt{n})$$

【例 2.5】 变量计数。

```
i=1;                          1
while(i<=n)   i=i*2;          f(n)
```

由于 $2^{f(n)}\leqslant n$，即 $f(n)\leqslant \mathrm{lb}n$，取最大值 f(n)=lbn，T(n)=O(f(n))=O(lbn)。

将常见的时间复杂度按数量级递增排列，则依次为：常量阶 O(1)、对数阶 O(lbn)、线性阶 O(n)、线性对数阶 O(nlbn)、平方阶 $O(n^2)$、立方阶 $O(n^3)$、…、k 次方阶 $O(n^k)$、指数阶 $O(2^n)$。显然，时间复杂度为指数阶的算法效率极低，当 n 值稍大时就无法应用。

2.2.3　算法的空间特性

类似于算法的时间复杂度，算法的空间复杂度(Space Complexity)可以作为算法所需辅助存储空间的度量，记做

$$S(n)=O(f(n)) \tag{2-2}$$

它也是问题规模 n 的函数。若额外空间相对于输入数据量来说是常量，则称此算法为原地工作。如果所占空间量依赖于特定的输入，则除了特别指明外，均应按最坏情况来分析。

习　题　2

一、名词解释

数据，数据元素，逻辑结构，存储结构，线性结构，非线性结构，顺序存储结构，链式存储结构，索引存储结构，散列存储结构，算法，时间复杂度

二、填空题

1．从某种意义上说，数据、数据元素和数据项反映了数据组织的三个层次，数据可由若干个________构成，数据元素可由若干个________构成。

2．从逻辑关系上讲，数据结构主要分为两大类，它们是________和________。

3．把逻辑上相邻的数据元素存储在物理上相邻的存储单元中的存储结构是________。

4．通常从________、________、________等几方面评价算法的质量。

5．常见时间复杂性的量级有：常数阶 O(_____)、对数阶 O(_____)、线性阶 O (_____)、平方阶 O(______)和指数阶 O(_______)。

6．在一般情况下，一个算法的时间复杂性是_________的函数。

7．一个算法的时空性能是指该算法的________和_______，前者是算法包含的_______，后者是算法需要的________。

三、问答题

分析下列程序段的时间复杂度。

(1)
```
i=1;k=0;
while(i<n){
    k=k+10*i;i++;
}
```

(2)
```
i=1;j=0;
while(i+j<=n){
    if(i>j) j++;
    else i++;
}
```

(3)
```
x=n; //n>1
y=0;
while(x>=(y+1)*(y+1))
    y++;
```

(4)
```
sum=0;
for(i=1;i<=n;i++){
    p=1;
    for(j=1;j<=i;j++) p*=j;
    sum+=p;
}
```

第3章 线 性 表

线性表是一种典型的线性结构，而线性结构是最简单且最常用的数据结构。本章将详细介绍线性结构和线性表的基本概念，线性表的两种存储结构以及线性表的一些常见运算，特别介绍如何利用基本运算来设计算法。

3.1 线性表的逻辑结构

在现实世界中，线性表的例子不胜枚举。例如，英文字母表(A，B，C，…，Z)是一个线性表，表中的每个字母是一个数据元素。在较为复杂的线性表中，数据元素可由若干个数据项组成，如学生成绩表(见例 2.1)中，每个学生的信息是一个数据元素，它由学号、姓名、性别、各科成绩及平均成绩等数据项组成。

综合上述例子，可以给出线性表的定义如下：

线性表(Linear List)是由 $n(n\geqslant 0)$个数据元素(结点)组成的有限序列。其中元素的个数 n 为线性表的长度，当 n=0 时称为空表。通常将非空线性表(n>0)记做

$$(a_1, \cdots, a_{i-1}, a_i, a_{i+1}, \cdots, a_n) \tag{3-1}$$

线性表中各元素具有相同的特性，i 是数据元素 a_i 在线性表中的位序。从线性表的定义可以看出它的逻辑特征是：对于一个非空线性表，有且仅有一个开始结点 a_1；有且仅有一个终端结点 a_n；除第一个结点外，其余结点 $a_i(2\leqslant i\leqslant n)$均有且仅有一个直接前趋结点 a_{i-1}；除最后一个结点外，其余结点 $a_i(1\leqslant i\leqslant n-1)$均有且仅有一个直接后继结点 a_{i+1}。

常见线性表的基本运算有以下几种：

(1) InitList(&L)——线性表初始化，构造一个空的线性表。

(2) SetNull(L)——置空表，将已存在的线性表 L 置为空表。

(3) Length(L)——求长度，返回线性表 L 中数据元素的个数。

(4) Get(L,i)——取结点，取线性表 L 中第 i 个数据元素值 a_i 或元素的位置信息。

(5) Locate(L,x)——定位，按值查找，若表中存在一个或多个值为 x 的结点，则返回第一个找到的数据元素的位序，否则返回一个特殊值。

(6) Insert(L,x,i)——插入，在 L 中第 i 个位置前插入值为 x 的元素，表长加 1。

(7) Delete(L,i)——删除，删除表 L 中第 i 个数据元素，表长减 1。

(8) Prior(L, i)——取直接前趋，取 a_i 的直接前趋元素的值。

(9) Next(L, i)——取直接后继，取 a_i 的直接后继元素的值。

说明：① 每个基本运算用一个函数来表示。

② L 是指向线性表结构体的指针。

每一种数据的逻辑结构，对应一组基本运算。这里只给出抽象的运算，而运算的具体实现，只有在确定了数据的存储结构之后才能考虑。

上述运算并不是线性表的全部运算。因为对于不同应用问题中所使用的线性表，所需执行的运算可能不同，所以我们不可能也没有必要事先定义一组适合各种需要的运算。通常的做法是只给出一组最基本的运算，对于实际问题中涉及的其它更为复杂的运算，可以用基本运算的组合来实现。

【例 3.1】 将线性表 A 按元素值奇、偶数拆分成两个表，A 表存放奇数，B 表存放偶数。

```
void separate(Linear_list*La,Linear_list*Lb)
// 已有线性表 La 和空线性表 Lb
{   int i=1, j=1,x;
    while(i<=Length(La))
     {     x=Get(La,i);                    //取 ai
           if(x%2= =0)
            {  Insert(Lb,x,j);
               j++;
               Delete(La,i);
            }                              //ai 是偶数，插入到 B 表末尾，并从 A 表中删除
           else   i++;                     //ai 是奇数，仍放在 A 表中
     }
}
```

说明：① 将偶数插入到 B 表，A 表只保留奇数。

② 时间复杂度是 O(Length(La))。

3.2　线性表的顺序存储结构

3.2.1　顺序表

将一个线性表存储到计算机中，可以采用不同的方法，其中既简单又自然的是顺序存储方法，即把线性表的结点按逻辑顺序依次存放在一组地址连续的存储单元里。用这种方法存储的线性表简称为顺序表(Sequential List)。

由于线性表中所有结点类型是相同的，因此每个结点所占用的存储空间的大小亦是相同的。假设表中每个结点占用 c 个存储单元，其中第一个单元的存储地址则是该结点的存储地址，顺序表中开始结点 a_1 的存储地址是 $Loc(a_1)$，那么结点 a_i 的存储地址 $Loc(a_i)$可通过下式计算：

$$Loc(a_i) = Loc(a_1) + (i-1)*c \qquad (1 \leqslant i \leqslant n) \tag{3-2}$$

其中 $Loc(a_1)$是顺序表的第一个数据元素 a_1 的存储地址，通常称做顺序表的起始地址或基地址。

在顺序表中，每个结点 a_i 的存储地址是该结点在表中的位置 i 的线性函数。只要知道顺序表的起始地址，顺序表中任一数据元素都可随机存取。因此，顺序表是一种随机存取的存储结构，可以对顺序表顺序存取或随机存取。

由于程序语言中的向量(一维数组)也采用顺序存储表示，故可用向量这种数组类型来描述顺序表。又因为除了用向量来存储线性表的元素外，顺序表还应该用一个变量来表示线性表的长度，所以我们用结构类型来定义顺序表类型：

```
#define maxsize 1024
typedef int datatype;
typedef struct{
        datatype data[maxsize];      //采用向量存储线性表
        int last;                    //顺序表当前的长度
}sequenlist;
```

在上述定义中，存放线性表结点的向量空间的大小 maxsize 应当选择适当，使得它既能够满足表结点的数目动态增加的需要，又不至于预先定义的过大而浪费存储空间。

顺序表示意图见图 3.1。线性表结点的位序从 1 开始，而 C 语言中向量的下标从 0 开始，若从下标为 1 的向量元素开始使用，使结点的位序和向量的下标一致，则处理将更简单自然，下标为 0 的元素不用或用作其它用途。若 L 是指向顺序表的指针，则 a_1 和 a_n 分别存储在 L->data[1] 和 L->data[L->last]中，L->last 表示线性表当前的长度。从该示意图可以看出，顺序表是用向量实现的线性表，它的特点是：逻辑上相邻的结点其物理位置亦相邻。

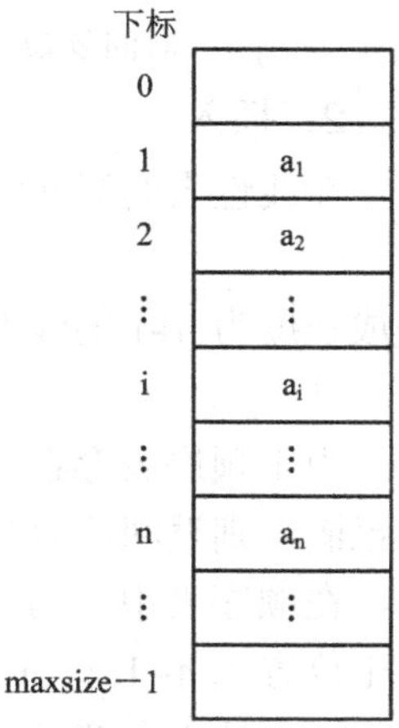

图 3.1 顺序表示意图

3.2.2 顺序表上实现的基本运算

定义了线性表的顺序存储结构之后，就可以讨论在该存储结构上如何具体实现在逻辑结构上的基本运算了。

在顺序表中，线性表的有些基本运算很容易实现。例如，设 L 是指向某一顺序表的指针，则置空表的操作是将表的长度置 0，即 L->last=0；求表的长度和取表中第 i 个结点的操作，只需分别返回 L->last 和 L->data[i]即可。下面重点讨论表的初始化、定位、插入和删除运算。

1. 表的初始化

算法 3.1 建立一个空的顺序表 L(通过函数的参数将结果带回到主调函数)。

```
void InitList(sequenlist*&L )
//分配顺序表的动态存储空间，将表的长度置为 0
{      L=(sequenlist*) malloc(sizeof(sequenlist));
       L-> last=0;
  }   //时间复杂度为 O(1)
```

参数的类型使用了 C++语言中的指针类型的引用，从而可以将指针所指向的结构体动态存储带回到主调函数。注意，如果把参数的类型改为指针类型，是不能将结构体动态存储带回到主调函数的。下面的算法通过函数返回值将结果带回到主调函数。

算法 3.2　建立一个空的顺序表 L(通过函数返回值将结果带回到主调函数)。

```
sequenlist*InitList( )
{     sequenlist*L=(sequenlist*)malloc(sizeof(sequenlist));
    L-> last=0;
    return L;
}   //时间复杂度为 O(1)
```

2. 插入

在线性表的第 i(1≤i≤n+1)个位置上插入一个新结点 x，并且使表的长度加 1，即使

$$(a_1,\ \cdots,\ a_{i-1},a_i,\ \cdots a_n)$$

变成长度为 n+1 的线性表

$$(a_1,\ \cdots,\ a_{i-1},\ x,\ a_i,\ \cdots a_n)$$

由于顺序表存在“上溢”的可能，因此在插入之前需要判断表的向量空间是否已满。若已满，则返回值为 0，表示插入不成功；否则返回值为 1，表示插入成功。

在顺序表中，由于结点的物理顺序必须与结点的逻辑顺序保持一致，因此我们必须将表中位置 n, n−1, …, i 上的结点依次后移到位置 n+1, n, …, i+1 上，空出第 i 个位置，然后在该位置上插入新结点 x。仅当插入位置 i=n+1 时，才无需移动结点，直接将新结点 x 添加到表的末尾。其插入过程见图 3.2。

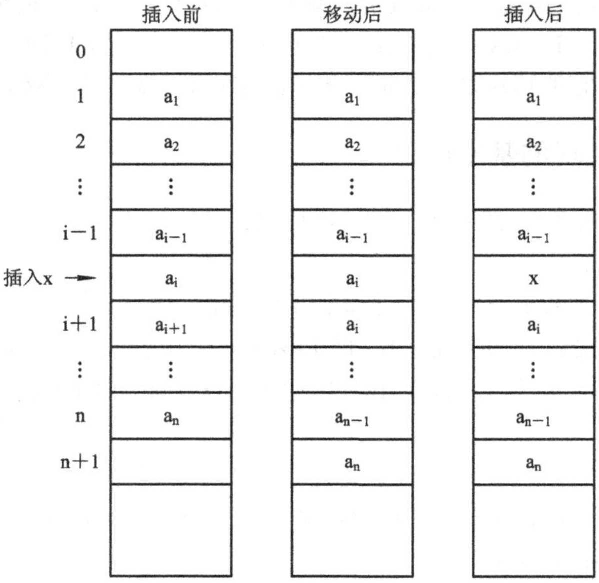

图 3.2　顺序表插入结点的过程

具体算法描述如下：

算法 3.3　在顺序表的第 i 个位置上插入一个新结点 x。

```
int Insert(sequenlist*L,datatype x,int i)
//将新结点插入顺序表的第 i 个位置。插入成功，返回 1；不成功，返回 0
{   int   j;
```

```
    if(L->last>=maxsize-1){ print ("表已满"); return 0;}
    else if(i<1||i>L->last+1){ print ("非法插入位置"); return 0;}
    else{
            for(j=L->last;j>=i;j--) L->data[j+1]=L->data[j]; //结点后移
            L->data[i]=x;                                    //插入到 L->data[i]中
            L->last++;                                       //表长度加 1
        return 1;
      }
}
```

现在分析顺序表插入算法的时间复杂度。显然，算法 3.3 的时间主要花费在结点的移动上，移动结点的个数不仅依赖于表的长度 n，而且与插入的位置 i 有关。for 语句的循环体执行了 n −i+1 次。当 i=n+1 时，由于循环变量的终值大于初值，因而结点后移语句不执行；当 i=1 时，结点后移语句执行 n 次，移动表中所有结点。也就是说，该算法在最好情况下的时间复杂度是 O(1)，在最坏情况下的时间复杂度是 O(n)。由于插入可能在表中任意位置上进行，因此需分析算法的平均性能。

在长度为 n 的顺序表中插入一个结点，移动结点次数的期望值(平均移动次数)为

$$E_{is}(n)=\sum_{i=1}^{n}p_i(n-i+1) \tag{3-3}$$

假设 p_i 是在第 i 位置上插入一个结点的概率，并且在表中任何合法位置(1≤i≤n+1)插入结点的概率相等，则

$$p_i=\frac{1}{n+1}$$

因此，在等概率插入的情况下，

$$E_{is}(n)=\frac{1}{n+1}\sum_{i=1}^{n}(n-i+1)=\frac{n}{2} \tag{3-4}$$

也就是说，在顺序表上做插入运算，平均要移动表中的一半结点，就数量级而言，算法的时间复杂度仍然是 O(n)。

3．删除

线性表的删除运算是指将表的第 i(1≤i≤n)个结点删去，并且使表的长度减一，即使

$$(a_1,\ \cdots,\ a_{i-1},\ a_i,\ a_{i+1},\ \cdots\ a_n)$$

变成长度为 n−1 的线性表

$$(a_1,\ \cdots,\ a_{i-1},\ a_{i+1},\ \cdots\ a_n)$$

顺序表还存在"下溢"的可能。如果是空表，则返回值为 0，表示删除不成功；否则返回值为 1，表示删除成功。

和插入运算类似，在顺序表中实现删除运算时也必须移动结点，才能反映出结点间的逻辑关系的变化。若 i=n，则无须移动；若 1≤i≤n−1，则必须将表中位置 i+1, i+2, ⋯, n 上的结点，依次前移到位置 i, i+1, ⋯, n−1 上。这两种情况下的时间复杂度分别是 O(1)和 O(n)。

其删除过程见图 3.3。

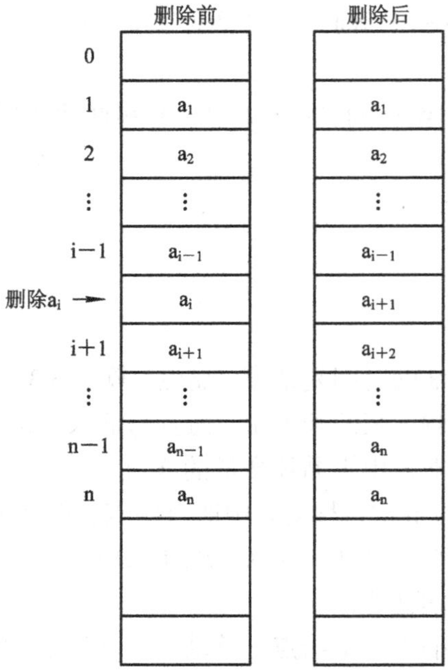

图 3.3 顺序表删除结点的过程

具体算法如下：

算法 3.4 删除顺序表的第 i 个结点。

```
int Delete(sequenlist*L,int i)
//删除顺序表的第 i 个结点。删除成功，返回 1；不成功，返回 0
{     int   j;
      if ((i<1)||(i>L->last)){ print("非法删除位置"); return 0;}
      else{
            for(j=i;j<=L->last-1; j++) L->data[j]=L->data[j+1]; //结点前移
            L->last--;                                          //表长度减 1
            return 1;
      }
}
```

算法 3.4 的平均性能分析与插入算法类似。在长度为 n 的顺序表中删除一个结点，移动结点次数的期望值(平均移动次数)为

$$E_{de}(n)=\sum_{i=1}^{n}p_i(n-i) \tag{3-5}$$

式中，p_i 表示删除表中第 i 个结点的概率，在等概率的假设下，$p_i=\frac{1}{n}$，由此可得：

$$E_{de}(n)=\frac{1}{n}\sum_{i=1}^{n}(n-i)=\frac{n-1}{2} \tag{3-6}$$

即在顺序表上做删除运算，平均要移动表中约一半的结点，平均时间复杂度也是 O(n)。

3.2.3 顺序表的应用实例

在掌握了一些算法之后，读者可能感到编写程序还有一定的困难。下面我们通过一个具体问题，实现从算法过渡到完整程序的过程。

问题的描述：首先建立一个顺序存储结构的线性表，然后删除顺序表中所有值为 x 的结点。

程序的结构采用模块化，每个函数作为一个功能相对独立的模块。我们需要定义实现本题目所要求的函数，还要给出 main 函数和有关的基本运算的函数。

程序代码如下：

```
#include<stdio.h>
#include<stdlib.h>
#define maxsize 1024
//定义类型
typedef int datatype;
typedef struct
{   datatype data[maxsize];
    int last;
}   sequenlist;

//声明函数原型
sequenlist*InitList( );
int Length(sequenlist*);
int Insert(sequenlist*,datatype,int);
int Locate(sequenlist*,datatype);
int Delete(sequenlist*,int);
void del_node(sequenlist*,datatype);
void PrintList(sequenlist*);

void main( )
{       sequenlist*L;
        int i=0;
        datatype x;
        L=InitList( );
        printf("输入若干个整型数据，建立顺序表(输入 -1 结束):");
        scanf("%d",&x);
        while(x!=-1)
        {     i++;
```

```
            if(!Insert(L,x,i)) exit(0);
            scanf("%d",&x);
        }
        PrintList(L);                              //输出删除前的顺序表
        printf("输入所要删除的元素值：");
        scanf("%d",&x);
        del_node(L,x);                             //删除值为 x 的结点
        PrintList(L);                              //输出删除后的顺序表
}

sequenlist*InitList( )
//建立空顺序表
{       sequenlist*L=(sequenlist*)malloc(sizeof(sequenlist));
        L-> last=0;
        return L;
}

int Length(sequenlist*L )
//求表长度
{       return    L->last;
}

int Insert(sequenlist*L,datatype x,int i)
//将新结点插入顺序表的第 i 个位置
{       int j;
        if(L->last>=maxsize-1)
        {
            printf("表已满"); return 0;            //插入不成功，返回 0
        }
        else{   for(j=L->last;j>=i;j--)
                L->data[j+1]=L->data[j];           //结点后移
                L->data[i]=x;                      //插入到 L->data[i]中
                L->last++;                         //表长度加 1
                return 1;                          //插入成功，返回 1
        }
}

int Delete(sequenlist*L,int i)
//删除顺序表的第 i 个结点
```

```
{       int j;
        if ((i<1)||(i>L->last)){
        printf("非法删除位置");
        return 0;                                   //删除不成功，返回 0
        }
     else{      for(j=i;j<=L->last-1; j++)
                     L->data[j]=L->data[j+1];       //结点前移
                L->last--;                          //表长度减 1
                return 1;                           //删除成功，返回 1
        }
}

int Locate(sequenlist*L,datatype x)
//在顺序表中查找第一个值与 x 相同的元素
{   int i=1;
    while(i<=L->last)
          if(L->data[i]!=x) i++;
          else return i;                            //查找成功，返回该元素的位序
    return 0;                                       //查找不成功，返回 0
}

void del_node(sequenlist*L,datatype x)
//在顺序表中删除所有值为 x 的结点
{       int k;
        k=Locate(L,x);
        while(k)                                    //查找到，执行循环体
        {
             if(Delete(L,k)==0) break;
             k=Locate(L,x);
        }
}

void PrintList(sequenlist*L)
//输出顺序表
{       int i;
        for(i=1;i<=L->last;i++)
             printf("%5d",L->data[i]);
        printf("\n");
}
```

3.3 线性表的链式存储结构

由上节的讨论可知，采用顺序存储结构的线性表的特点是逻辑上相邻的两个元素在物理位置上亦相邻，顺序存储结构的线性表具有顺序存取和随机存取表中元素的优点。同时，它也存在下列缺点：

(1) 插入、删除操作时需要移动大量元素，效率较低；

(2) 最大表长难以估计，太大了浪费空间，太小了容易溢出。

因此，在插入和删除操作频繁的情况下，选用顺序存储结构不太合适。此时可以选用链式存储结构，数据元素之间的逻辑关系由结点中的指针来指示。本节将讨论线性表的另一种存储方法——链式存储结构，这种存储结构不仅可以表示线性结构，还可以表示各种非线性结构。

3.3.1 单链表

线性表采用单链表来表示，在内存中用一组连续的或不连续的存储单元来存储线性表的数据元素，每个元素含有数据域(data)和一个指针域(next)，这两部分信息组成了单链表(Single Linked List)中的一个结点，如图 3.4 所示。

data	next

图 3.4　结点示意图

单链表中每个结点的数据域用于存放结点的数据，指针域用于存放结点的直接后继的地址。由于开始结点无前趋，故应设头指针 head 指向开始结点；终端结点无后继，它的指针域为空，即 NULL(图示中也可以用 ^ 表示)。单链表正是通过头指针以及每个结点的指针域将线性表的 n 个结点按其逻辑顺序链接在一起。例如，图 3.5 是线性表(A，B，C，D，E，F)的单链表示意图，假设数据域占一个字节，指针域占两个字节。

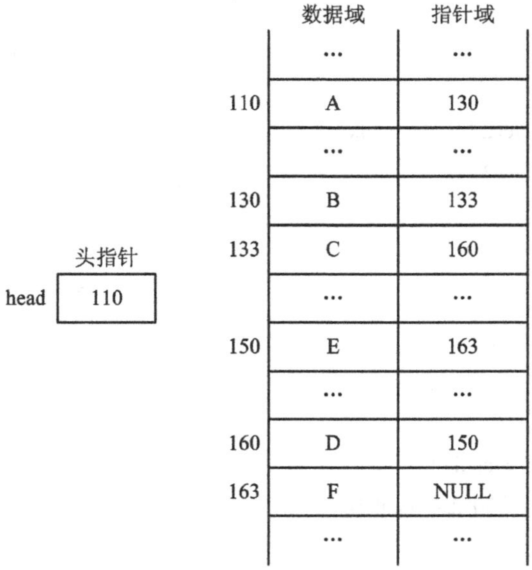

图 3.5　单链表示意图

通常我们用图 3.6 的形式来更直观地描述结点间的逻辑关系。下面给出用 C 语言描述的单链表结点类型定义：

```
typedef  结点数据域类型  datatype;
typedef struct node
{    datatype   data;
     struct node*next;
}    linklist;
linklist*head,*p;                //head 为头指针，p 为工作指针
```

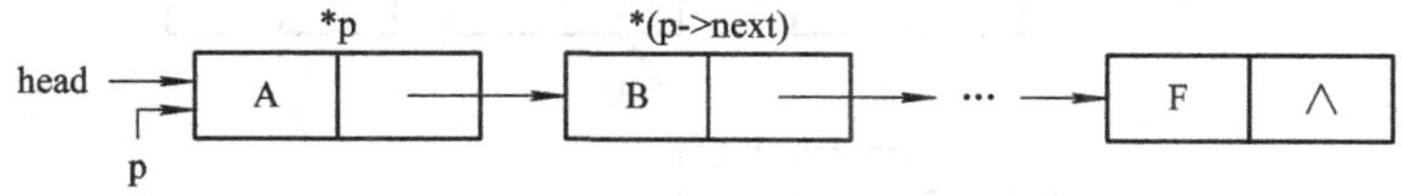

图 3.6　单链表的一般图示法

值得说明的是，head、p 是指针变量，与结点变量的概念是不同的。若指针变量的值非空，则它指向一个类型为 linklist 的结点。指针所指向的结点存储空间，是在程序执行过程中生成和释放的，故称为动态存储空间。在 C 语言中，通过下面两个标准函数生成或释放结点：

生成结点：p=(linklist*)malloc(sizeof(linklist));

释放结点：free(p);

函数 malloc 分配一个类型为 linklist 的结点变量空间，p 中所存放的是该结点的首地址，也可以说 p 指向该结点。如果结点变量不再使用，则调用函数 free 删除结点所占的存储空间。

我们必须通过指针来访问结点，即用 *p 表示结点。用 p->data 和 p->next 或者(*p).data 和(*p).next 表示结点的数据域和指针域，前者是比较常用的形式。

特别需要指出的是，单链表以及后面所讨论的循环链表和双向链表均可以带头结点或者不带头结点，见图 3.7 和图 3.8。头结点就是在单链表的第一个结点之前附设一个结点。头结点数据域可以存放一些特殊信息，如果数据域为整型，则可以存放链表的长度信息。

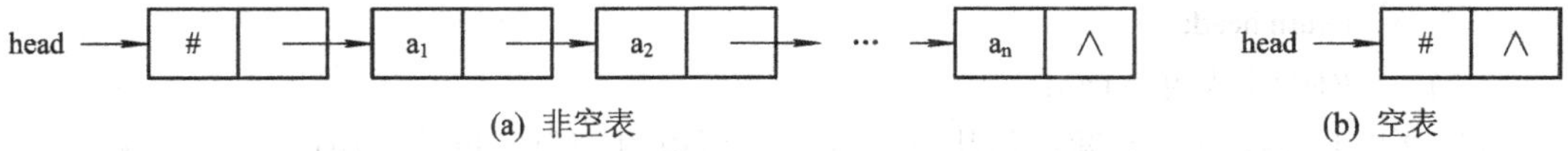

图 3.7　带头结点的单链表

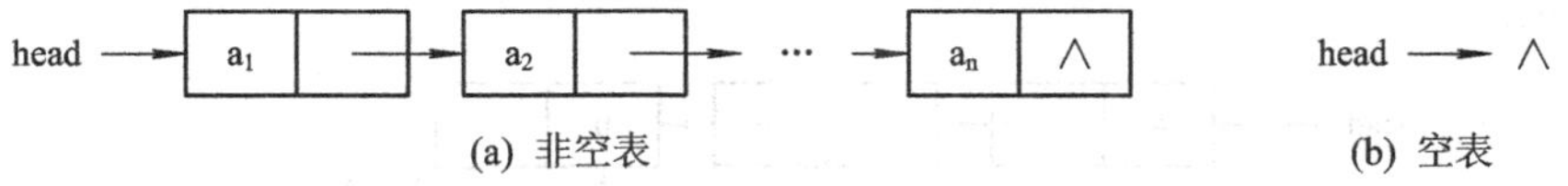

图 3.8　不带头结点的单链表

使用头结点的好处如下：

(1) 由于开始结点的位置被存放在头结点的指针域中，因此对链表第一个位置的操作同其他位置一样，无须特殊处理。

(2) 无论链表是否为空，其头指针是指向头结点的非空指针，因此对空表与非空表的处理也就统一了，这样简化了链表的操作。

下面我们讨论以带头结点的单链表存储线性表，如何实现线性表的几种基本运算。

1．建立单链表

假设单链表结点的数据域类型是字符型，我们逐个输入字符，并以换行符“\n”作为输入结束标志。动态建立单链表通常有以下两种方法：

(1) 头插法建表：从空表开始，每次将输入的字符作为新结点插入到表头，链表中结点的次序与输入字符的顺序相反。请注意，图 3.9 中给出的序号与算法中的序号是对应的，表示在建表过程中的操作次序。

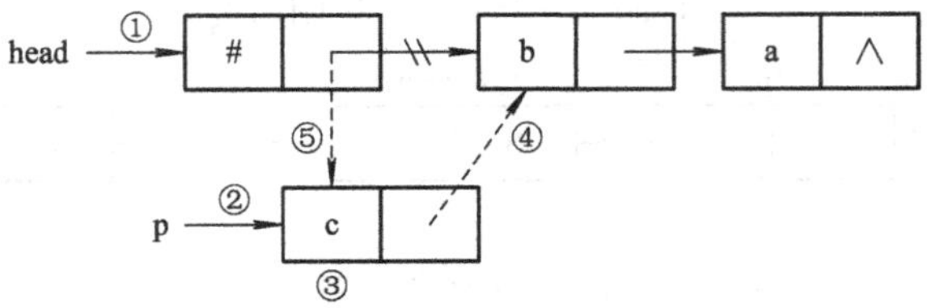

图 3.9　将新结点插入到表头

算法 3.5　头插法建立单链表。

```
linklist*CreateListF( )
//带头结点的头插法，返回单链表的头指针
{     linklist*head,*p;   char ch;
      head=(linklist*)malloc(sizeof(linklist));          //产生头结点①
      head->next=NULL;
        while((ch=getchar( ))!='\n')                     //输入 abc
        {     p=(linklist*)malloc(sizeof(linklist));     //生成新结点②
              p->data=ch;                                //对结点的数据域赋值③
              p->next=head->next;                        //新结点的指针域指向原第一个结点④
              head->next=p;                              //修改头结点的指针域⑤
        }
        return head;
}     //时间复杂度为 O(n)
```

算法 3.5 中循环语句的循环体执行了 n 次，所以时间复杂度为 O(n)。

(2) 尾插法建表：将新结点插入到表尾，链表中结点的次序与输入字符的顺序相同，如图 3.10 所示。

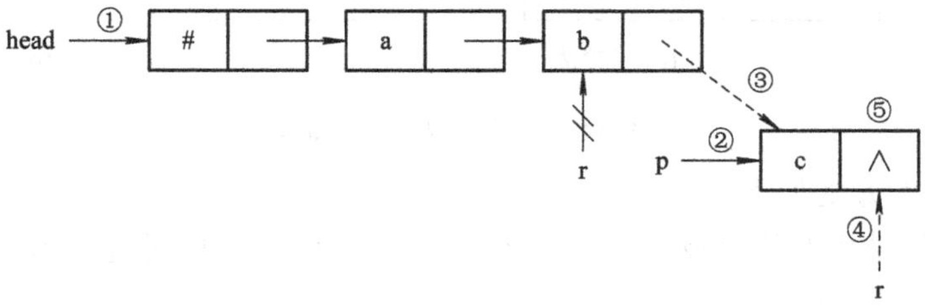

图 3.10　将新结点插入到表尾

尾插法的算法如下：

算法 3.6　尾插法建立单链表。

```
linklist*CreateListR( )
//带头结点的尾插法，返回单链表的头指针
{    linklist*head,*p,*r;   char ch;
     head=(linklist*)malloc(sizeof(linklist));        //生成头结点①
     head->next=NULL;                                 //建立空表
     r=head;                                          //r 指针指向头结点
     while((ch=getchar( ))!='\n')                     //输入 abc
     {    p=(linklist*)malloc(sizeof(linklist));      //生成新结点②
          p->data=ch;                                 //将输入的字符赋给新结点的数据域
          r->next=p;                                  //新结点插入表尾③
          r=p;                                        // r 指针指向表尾④
     }
     r->next=NULL;                                    //表尾结点的指针域置空⑤
     return head;
}   //时间复杂度为 O(n)
```

如果在单链表中不设置头结点，采用尾插法建表，需要对第一个结点进行特殊处理。请读者自行分析下面的算法 3.7。

算法 3.7　尾插法建立单链表。

```
linklist*CreateListR( )
//不带头结点的尾插法，返回单链表的头指针
{     linklist*head,*p,*r; char ch;
      head=NULL; r=NULL;                              //建立空表，尾指针置为空
      while((ch=getchar( ))!='\n')
      {    p=(linklist*)malloc(sizeof(linklist));     //生成新结点
           p->data=ch;                                //将输入的字符赋给新结点的数据域
           if(head= =NULL)
                head=p;                               //新结点插入空表
           else
                r->next=p;                            //新结点插入非空表的末尾
           r=p;                                       //指针 r 指向表的末尾
      }
      if(r!=NULL)
           r->next=NULL;                              /对于非空表，将终端结点的指针域置空
      return head;
}
```

2. 单链表的查找

(1) 按序号查找：由于链表不是随机存储结构，即使知道被访问结点的序号 i，也不能像顺序表那样直接按序号访问结点，而只能从头指针出发，沿着结点的指针域进行搜索，

直至找到第 i 个结点为止。

设单链表的长度为 n，并且规定头结点的位序为 0，要查找第 i 个结点，仅当 1≤i≤n 时才能查找到。在算法 3.8 中，我们从头结点开始沿着链表扫描，用指针 p 指向当前扫描到的结点，用 j 作计数器，累计当前已扫描的结点数。p 的初值指向头结点，j 的初值为 0，当 p 指向下一个结点时，计数器 j 的值相应加 1。算法描述如下：

算法 3.8 按序号查找单链表。

```
linklist*Get(linklist*head,int i)
{   lintlist*p=head;               //p 指向头结点
    int j=0;
    while(p->next!=NULL&&j<i)
    {    p=p->next;                //p 指向下一个结点
         j++;                      //计数器加 1
    }
    if(i==j) return p;             //查找到，返回第 i 个结点的地址
    else return NULL;              //查找不到，返回空地址值
}  //时间复杂度为 O(n)
```

分析循环语句中的表达式，结束循环有两种可能：一种是 j 等于 i，此时指针 p->next 所指向的结点就是要查找的第 i 个结点；另一种可能是 p->next 为 NULL，则单链表中不存在第 i 个结点。

(2) 按值查找：在单链表中查找是否存在给定查找值 key 的结点，若存在，则返回该结点的地址；否则返回 NULL。具体算法如下：

算法 3.9 按值查找单链表。

```
linklist*Locate(linklist*head,datatype key)
{   linklist*p=head->next;              //p 指向第 1 个结点
    while(p!=NULL&&p->data!=key)
         p=p->next;                     //p 指向下一个结点
    if(p==NULL)   return NULL;          //p 为 NULL，查找不到，返回 NULL
    else   return p;                    //查找到，返回该结点的地址
}  //时间复杂度为 O(n)
```

3. 单链表的插入

在单链表中插入或删除元素时，只需修改指针的指向，不需移动结点。在将值为 x 的新结点插入到表的第 i 个结点的位置上，即插入到元素 a_{i-1} 与 a_i 之间时，我们必须先使指针 p 指向第 i 个结点的直接前趋结点，然后将新结点插入在指针 p 所指向的结点之后，如图 3.11 所示。

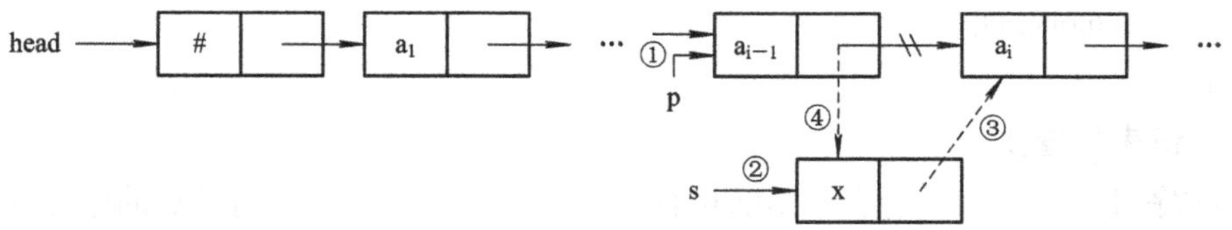

图 3.11　在单链表中插入一个结点

其算法如下：

算法 3.10 单链表的插入。

```
void Insert(linklist*L,datatype x,int i)
//L 指向具有头结点的单链表
{     linklist*p,*s;
      p=Get(L,i-1);                              //调用算法 3.8，查找第 i-1 个结点*p①
      if(p==NULL) printf("查找不到第 i-1 个结点");
      else{                                      //将新结点插在*p 之后
            s=(linklist*)malloc(sizeof(linklist));   //生成新结点②
            s->data=x;
            s->next=p->next;                     //新结点的指针域指向结点 ai③
            p->next=s;                           //结点 ai-1 的指针域指向新结点④
      }
}
```

设链表的长度为 n，合法的插入位置是 1≤i≤n+1。当 i=1 时，p 指向头结点；当 i=n+1 时，p 指向终端结点。因此，用 i−1 作为实参调用 Get 时可完成插入位置的合法性检查。算法的时间主要耗费在查找操作 Get 上，所以时间复杂度为 O(n)。

【例 3.2】 将值为 x 的新结点插入到递增有序单链表中，使插入后该链表仍然有序。

在查找过程中，若遇到某个结点的元素值大于等于 x，则在该结点之前插入新结点。在单链表中必须利用前趋指针将“前插操作”变为“后插操作”。

```
void Insert (linklist*head,datatype x)
//将值为 x 的新结点插入到带有头结点的有序单链表中
{     s=(linklist*)malloc(sizeof(linklist)); //生成一个待插入的结点
      s->data=x;
      s->next=NULL;
      p=head->next;                     //p 指向第一个结点
      q=head;                           //q 指向头结点
      while(p!=NULL&&x>=p->data)
      {     q=p;
            p=p->next;
      }
      if(p==NULL) q->next=s;            //在空表或终端结点之后插入
      else
      {     s->next=p;                  //将*s 插入到*q 和*p 之间
            q->next=s;
      }
}     //时间复杂度为 O(n)
```

4．单链表的删除

在单链表中删除第 i 个结点 a_i 时，首先应找到它的直接前趋结点 a_{i-1} 的存储位置 p，然后使 p->next 指向 a_i 的直接后继结点，即把 a_i 从链上摘下。删除操作的过程如图 3.12 所示。

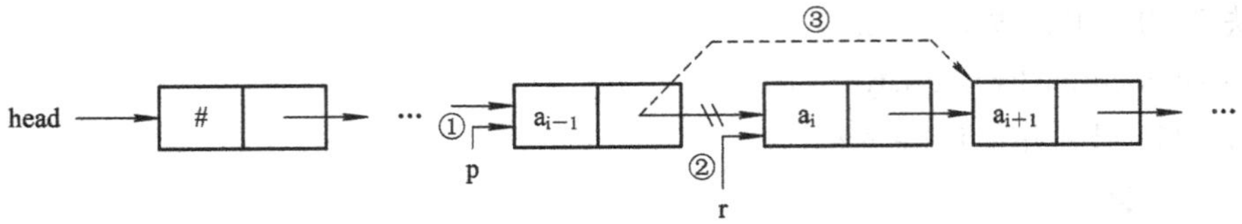

图 3.12　在单链表上删除结点

具体算法如下：

算法 3.11　单链表的删除。

```
void Delete(linklist*L,int i)
//在带头结点的单链表中删除第 i 个结点
{     p=Get(L, i-1);                          //调用算法 3.8，找第 i-1 个结点①
      if(p!=NULL&&p->next!=NULL)              //第 i-1 个结点和第 i 个结点均存在
      {     r=p->next;                        //r 指向*p 的后继结点②
            p->next=r->next;                  //删除结点*r③
            free(r);                          //释放结点*r 所占的存储空间
      }
      else    printf("第 i 个结点不存在");
}
```

3.3.2　循环链表

循环链表(Circular Linked List)是一种首尾相接的链式存储结构。循环链表一般是指单循环链表，其特点是单链表中最后一个结点的指针域指向头结点或开始结点，整个链表形成一个环，从表中任一结点出发均可找到表中其他结点。带头结点的单循环链表如图 3.13 所示。

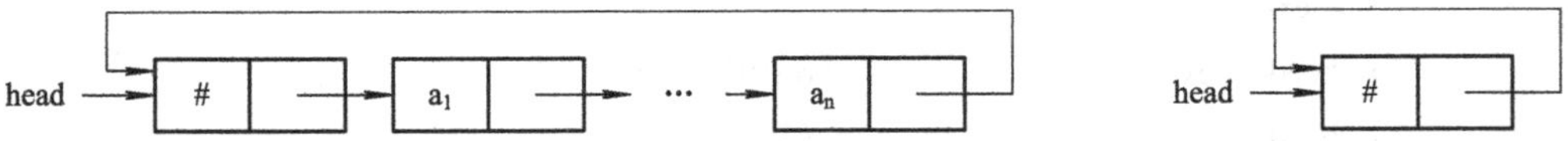

(a) 非空表　　　　(b) 空表

图 3.13　单循环链表

在用头指针表示的单循环链表中，找开始结点 a_1 的时间复杂度为 O(1)，然而要找到终端结点 a_n，则需要从头指针开始遍历整个链表，其时间复杂度为 O(n)。如果改用尾指针 rear 表示带头结点的单循环链表(见图 3.14)，则开始结点 a_1 和终端结点 a_n 的存储位置分别是 rear->next->next 和 rear，查找这两个结点的时间复杂度都是 O(1)。因此，在实际应用中采用尾指针表示单循环链表，可以使某些运算易于实现。

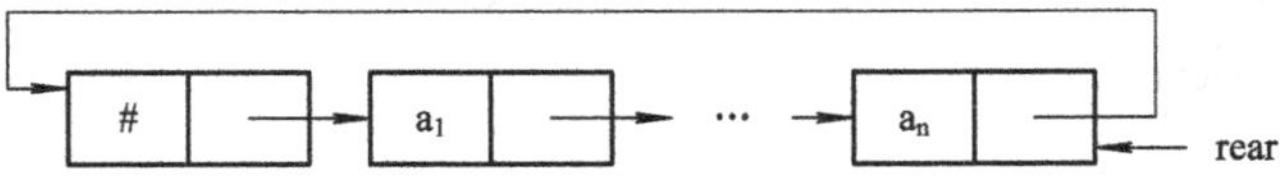

图 3.14　仅设尾指针的单循环链表

【例 3.3】　在循环链表上实现将两个线性表($a_1,a_2,\cdots a_m$)和($b_1,b_2,\cdots,b_n$)合并为一个循环链表($a_1,\cdots,a_m,b_1,\cdots,b_n$)的运算。

(1) 采用尾指针。

```
linklist*connect(linklist*La,linklist*Lb)
{ //La,Lb 是两个非空循环链表的尾指针
    linklist*p=La->next;                //p 指向 La 表的头结点
    La->next=Lb->next->next;            //将 Lb 表的开始结点链接到 La 表的表尾
    free(Lb->next);                     //释放 Lb 表的头结点
    Lb->next=p;                         //终端结点的指针域指向头结点
    return Lb;
}   //时间复杂度为 O(1)
```

(2) 采用头指针。

```
void connect(linklist*La,linklist*Lb)
{ //La,Lb 是两个非空循环链表的头指针
    linklist*p=La->next;                //p 指向 La 的开始结点
    while(p->next!=La) p=p->next;       //查找 La 的终端结点
    p->next=Lb->next;                   //La 的终端结点的指针域指向 Lb 的开始结点
    p=Lb->next;                         //p 指向 Lb 的开始结点
    while(p->next!=Lb) p=p->next;       //查找 Lb 的终端结点
    p->next=La;                         //Lb 的终端结点的指针域指向 La 的头结点
    free(Lb);                           //释放 Lb 的头结点
} //时间复杂度为 O(Length(La)+Length(Lb))
```

3.3.3 双向链表

在单循环链表中，虽然从任一结点出发能找到其直接前趋结点，但时间复杂度为 O(n)。如果在每个结点内再增加一个指向其直接前趋的指针域 prior，就可以快速查找直接前趋结点，这样的链表称为双向链表(Double Link List)，可描述如下：

```
typedef struct dnode
{   datatype data;
    struct dnode *prior,*next;
}   dlinklist;
dlinklist*head;
```

与单向循环链表类似，双向链表也可以采用循环表将头结点和尾结点链接起来，如图 3.15 所示。

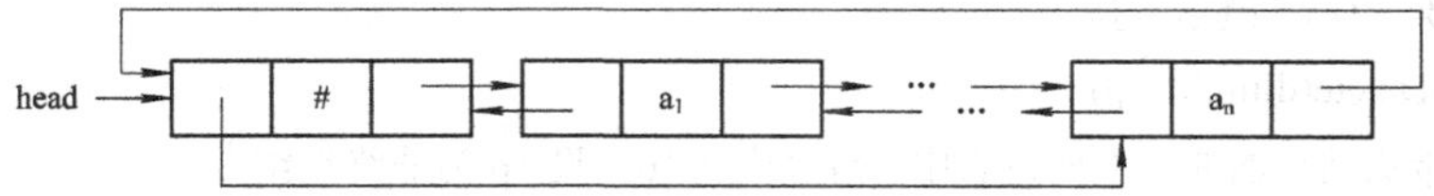

(a) 非空表

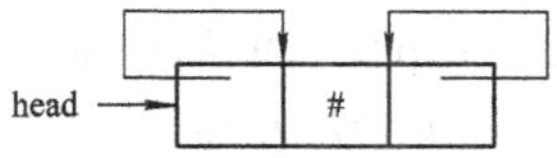

(b) 空表

图 3.15　双向链表

由于双向链表是一种对称结构，它既有前向链又有后向链，这就使得在表中某个结点之前插入一个结点或删除某个结点较单向循环链表更容易实现。在双向链表中插入和删除结点时必须同时修改两个方向的指针。

双向链表的前插操作如图 3.16 所示。

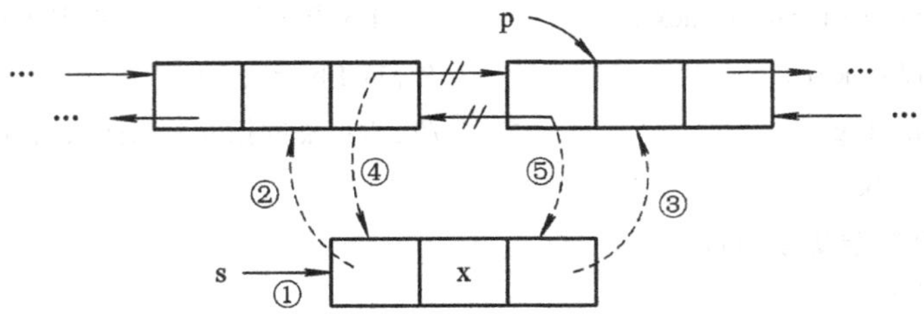

图 3.16　双向链表的前插操作

算法描述如下：

算法 3.12　双向链表的插入。

```
void DInsertBefore(dlinklist*p,datatype x)
{ //在带头结点的非空双向链表中,将值为 x 的新结点插入到*p 之前
    dlinklist*s=(dlinklist*)malloc(sizeof(dlinklist));    //生成新结点①
    s->data=x;
    s->prior=p->prior;          //*s 的前趋指针域指向*p 的前趋结点②
    s->next=p;                  //*s 的后继指针域指向*p③
    p->prior->next=s;           //*p 的前趋结点的后继指针域指向*s④
    p->prior=s;                 //*p 的前趋指针域指向*s⑤
} //时间复杂度为 O(1)
```

双向链表中删除结点 *p 的操作如图 3.17 所示。

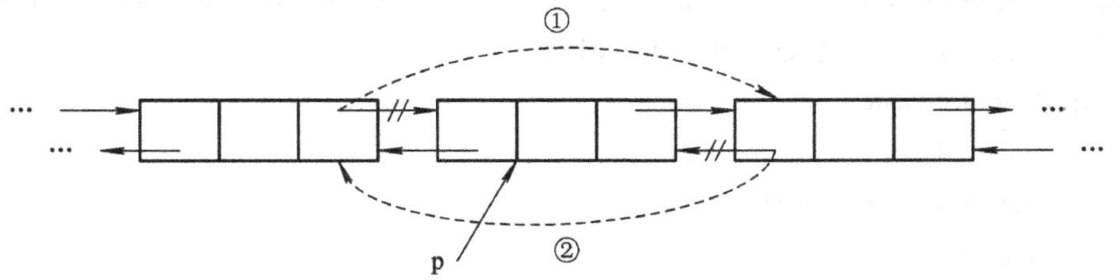

图 3.17　在双向链表中删除结点 *p 的操作

算法描述如下：

算法 3.13　双向链表的删除。

```
void DDelete(dlinklist*p)
{ //在带头结点的非空双向链表中，删除结点 *p，设 *p 为非终端结点
    p->prior->next=p->next;      //*p 的前趋结点的后继指针域指向 *p 的后继结点①
    p->next->prior=p->prior;     //*p 的后继结点的前趋指针域指向 *p 的前趋结点②
    free(p);                     //释放结点 *p
} //时间复杂度为 O(1)
```

3.4 顺序表和链表的比较

线性表可以采用顺序存储结构和链式存储结构来表示，在实际应用中，应当根据具体问题的要求和性质进行选择。通常有以下几方面的考虑：

1. 空间特性

顺序表的存储空间是静态分配的，在程序执行之前必须确定它的存储规模。若线性表的长度变化较大，则存储线性表的向量长度难以预先确定，估计过大将造成空间浪费，估计过小又将使空间溢出机会增多。链表的存储空间是动态分配的，只要内存还有空闲，就不会产生溢出。因此，当线性表的长度变化较大时，采用链式存储结构较适宜。

此外还可以从结点的存储密度来考虑，结点的存储密度定义为

存储密度=结点数据本身所占的存储量/结点结构所占的存储总量　　(3-7)

一般地，存储密度越大，存储空间的利用率就越高。顺序表的存储密度等于 1，而链表的存储密度小于 1。假如单链表的结点数据为整型，指针所占的空间与整型量相同，都是两个字节，则单链表的存储空间利用率为 50%；若不考虑顺序表中向量的空闲区，则顺序表的存储空间利用率为 100%。

2. 时间特性

顺序表是一种顺序存储结构，对表中任一结点都可以在 O(1)时间复杂度下直接存取；而存取链表中的某个结点时，必须从头指针开始沿着链表顺序查找，时间复杂度为 O(n)。因此，如果对线性表的操作以查找为主，则采用顺序存储结构较好；若以插入、删除为主，则采用链式存储结构为宜。

习 题 3

一、名词解释

线性结构，非线性结构，顺序存储结构，链式存储结构，存储密度

二、填空题

1. 为了便于讨论，有时将含 $n(n\geqslant 0)$个结点的线性结构表示成(a_1，a_2, …，a_n)，其中每个 a_i 代表一个______。a_1 称为______结点，a_n 称为______结点，i 称为 a_i 在线性表中的________。对于任意一对相邻结点 a_i、$a_{i+1}(1\leqslant i<n)$, a_i 称为 a_{i+1} 的直接______，a_{i+1} 称为 a_i 的直接______。

2. 线性结构的基本特征是：若至少含有一个结点，则除开始结点没有直接______外，其他结点有且仅有一个直接______；除终端结点没有直接______外，其它结点有且仅有一个直接______。

3. 线性表的逻辑结构是______结构。其所含结点的个数称为线性表的______，简称______。

4. 表长为 0 的线性表称为______。

5. 顺序表的特点是______。

6. 假定顺序表的每个 datatype 类型的结点占用 k(k≥1)个内存单元，b 是顺序表的第一个存储结点的第一个单元的内存地址，那么第 i 个结点 a_i 的存储地址为______。

7. 以下为顺序表的删除运算，分析算法，请在______处填上正确的语句。

```
void delete_sqlist(sqlist*L,int i)   //删除顺序表 L 中的第 i 个位置上的结点
{   if((i<1)||(i>L->last))   error("非法位置");
    for(j=i+1;j<=L->last;j++) __________;
    L->last=L->last-1;
}
```

8. 为了便于实现各种运算，通常在单链表的第一个结点之前增设一个类型相同的结点，称为________，其它结点称为________。

9. 以下是求带头结点的单链表长度的运算，分析算法，请在______处填上正确的语句。

```
int length_linklist(linklist*head)            //求表 head 的长度
{   ________;
    j=0;
    while(p->next!=NULL)
{   ________________;
    j++;
}
    return(j);                                //返回表长度
}
```

10. 以下为带头结点的单链表的定位运算，分析算法，请在_______处填上正确的语句。

```
int locate_lklist(lklist*head,datatype x)
//求表 head 中第一个值等于 x 的结点的序号。不存在这种结点时结果为 0
{   p=head->next; j=1;
    while(_________________________________)   {p=p->next;j++;}
    if (p->data==x) return(j);
    else            return(0);
}
```

11. 循环链表与单链表的区别仅仅在于其终端结点的指针域值不是______，而是一个指向______的指针。

三、选择题

1. 线性结构中的一个结点代表一个(　　)。

A. 数据元素　　B. 数据项　　C. 数据　　D. 数据结构

2. 对于顺序表，以下说法错误的是(　　)。

A. 顺序表是用一维数组实现的线性表，数组的下标可以看成是元素的绝对地址

B. 顺序表的所有存储结点按相应数据元素间的逻辑关系决定的次序依次排列

C. 顺序表的特点是：逻辑结构中相邻的结点在存储结构中仍相邻

D. 顺序表的特点是：逻辑上相邻的元素存储在物理位置也相邻的单元中

3. 对顺序表上的插入、删除算法的时间复杂性分析来说，通常以(　　)为标准操作。

A. 条件判断　　B. 结点移动　　C. 算术表达式　　D. 赋值语句

4. 对于顺序表的优缺点，以下说法错误的是(　　)。

A. 无需为表示结点间的逻辑关系而增加额外的存储空间

B. 可以方便地随机存取表中的任一结点

C. 插入和删除运算较为方便

D. 容易造成一部分空间长期闲置而得不到充分利用

5. 在循环链表中，将头指针改设为尾指针(rear)后，其头结点和尾结点的存储位置分别是（　　）。

A. rear 和 rear->next->next　　B. rear->next 和 rear

C. rear->next->next 和 rear　　D. rear 和 rear->next

6. 设指针 P 指向双向链表的某一结点，则双向链表结构的对称性可用(　　)来描述。

A. p->prior->next->==p->next->next　　B. p->prior->prior->==p->next->prior

C. p->prior->next->==p->next->prior　　D. p->next->next==p->prior->prior

7. 循环链表的主要优点是(　　)。

A. 不再需要头指针

B. 已知某个结点的位置后，能够容易找到它的直接前趋

C. 在进行插入、删除运算时，能更好地保证链表不断开

D. 从表中任一结点出发都能扫描到整个链表

8. 设 rear 是指向非空带头结点的循环单链表的尾指针，则删除表首结点的操作可表示为(　　)。

A.
```
p=rear;
rear=rear->next;
free(p)
```

B.
```
rear=rear->next;
free(rear);
```

C.
```
rear=rear->next->next;
free(rear);
```

D.
```
p=rear->next->next;
rear->next->next=p->next;
free(p);
```

9. 双向链表结点结构如下：

LLink	data	RLink

其中：LLink 是指向前驱结点的指针域；

data 是存放数据元素的数据域；

Rlink 是指向后继结点的指针域。

下面给出的算法段是要把一个新结点 *q 作为非空双向链表中的结点 *p 的前驱，插入到此双向链表中。能够正确完成要求的算法段是(　　)。

A. q->LLink=p->LLink;
q->Rlink=p;
p->LLink=q;
p->LLink->Rlink=q;

B. p->LLink=q;
q->Rlink=p;
p->LLink->Rlink=q;
q->LLink=p->LLink;

C. q->LLink=p->LLink;
q->Rlink=p;
p->LLink->Rlink=q;
p->LLink=q;

10. 若某线性表中最常用的操作是取第 i 个元素和找第 i 个元素的前趋元素，则采用(　　)存储方式最节省时间。

A. 顺序表　　B. 单链表　　C. 双链表　　D. 单循环链表

四、算法设计

1. 设 $A=(a_1,a_2,a_3,\cdots,a_n)$和 $B=(b_1,b_2,\cdots,b_m)$是两个线性表(假定所含数据元素均为整数)。若 n=m 且 $a_i=b_i(i=1,\cdots,n)$，则称 A=B；若 $a_i=b_i(i=1,\cdots,j)$且 $a_{j+1}<b_{j+1}(j<n<=m)$，则称 $A<B$；在其他情况下均称 $A>B$。试编写一个比较 A 和 B 的算法，当 $A<B$，A=B 或 $A>B$ 时，分别输出 –1，0 或 1。

2. 分别以顺序表和单链表作存储结构，各写一个实现线性表的就地(即使用尽可能少的附加空间)逆置的算法，在原表的存储空间内将线性表$(a_1, a_2, \cdots, a_n)$逆置为$(a_n, \cdots, a_2, a_1)$。

3. 已知单链表 L 中的结点是按值非递减有序排列的，试写一算法，将值为 x 的结点插入表 L 中，使得 L 仍然有序。

4. 已知单链表 L 是一个递增有序表，试编写一高效算法，删除表中值大于 min 且小于 max 的结点(若表中有这样的结点)，同时释放被删除结点的空间，这里 min 和 max 是两个给定的参数。请分析算法的时间复杂度。

5. 设 A 和 B 是两个单链表，表中元素递增有序。试编写一个算法，将 A 和 B 归并成一个按元素值递减有序的单链表 C，并要求辅助空间为 O(1)，C 表的头结点可另辟空间。请分析算法的时间复杂度。

6. 已知一单链表中的数据元素含有三个字符 (即字母字符、数字字符和其它字符)。试编写算法，构造三个循环链表，使每个循环链表中只含同一类的字符，且利用原表中的结点空间作为这三个表的结点空间(头结点可另辟空间)。

7. 已知 A、B 和 C 为三个元素值递增有序的线性表，现要求对表 A 作如下运算：删去那些既在表 B 中出现又在表 C 中出现的元素。试分别以两种存储结构(顺序结构和链式结构)编写实现上述运算的算法。

8. 假设在长度大于 1 的循环链表中，既无头结点也无头指针，s 为指向链表中某个结点的指针，试编写算法删除结点 *s 的直接前趋结点。

第4章　栈和队列

栈和队列也属于线性结构，它们的逻辑结构和线性表相同，存储方式有顺序和链式两种存储结构，只是其运算规则较线性表有更多的限制，因此，可称为运算受限的线性表。栈和队列广泛应用于各种软件系统中。

4.1　栈

4.1.1　栈的定义及基本运算

栈(Stack)是限定仅在表的一端进行插入或删除操作的线性表。插入、删除的一端称为栈顶(Top)，另一端称为栈底(Bottom)。不含任何元素的空表称为空栈。

对于非空栈 S=(a_1,a_2, …, a_n)，a_1 是栈底元素，a_n 是栈顶元素。如图 4.1 所示，进栈的顺序是 a_1,a_2, …, a_n，出栈的顺序正好相反。因此，栈是一种后进先出的(Last In First Out)的线性表。

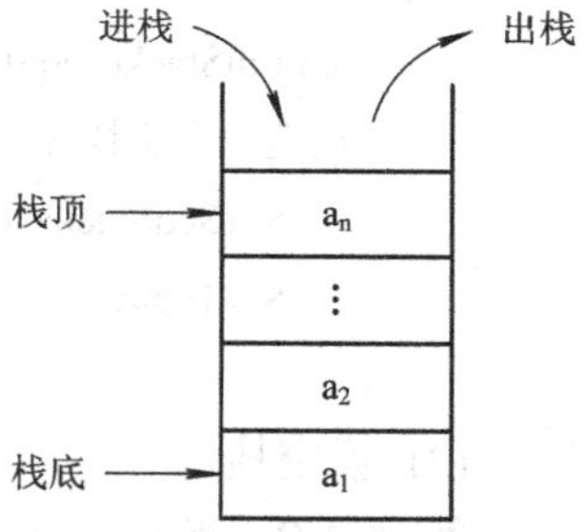

图 4.1 栈示意图

栈的常用基本运算有以下六种：

(1) InitStack(&S)——栈初始化，构造一个空栈 S。

(2) SetNull(S)——置空栈，将栈 S 清为空栈。

(3) Empty(S)——判断栈空，若栈 S 为空，则返回“真”值；否则返回“假”值。

(4) Push(S，e)——进栈，若栈 S 不满，则将数据元素 e 插入栈顶。

(5) Pop(S,&e)——出栈，若栈 S 非空，则删除栈顶数据元素，并返回该数据元素。

(6) GetTop(S)——取栈顶元素，若栈 S 非空，则返回栈顶数据元素。该操作完成后，栈的内容不变。

4.1.2　栈的顺序存储结构

栈的顺序存储结构简称为顺序栈。顺序栈采用向量来存储，并且用一个整型量 Top 指示当前栈顶的位置，我们不妨把 Top 称为栈顶指针。顺序栈的类型定义如下：

```
typedef    struct
{       datatype data[maxsize];
        int Top;
} SeqStack;
```

其中，maxsize 是向量空间的长度，datatype 是栈中元素的类型。

设 S 是指向 SeqStack 结构体类型数据的指针，与顺序表类似，我们也可以规定下标为 0 的向量元素不用，那么 S->data[1]是栈底元素，S->data[S->Top]是栈顶元素。当 S->Top≤0 表示空栈，而当 S->Top=maxsize-1 时，表示栈满。对于顺序栈，入栈时要先判断栈是否已满，栈满简称为“上溢”；出栈时需判断栈是否为空，栈空简称为“下溢”。图 4.2 说明了栈中元素和栈顶指针之间的关系。

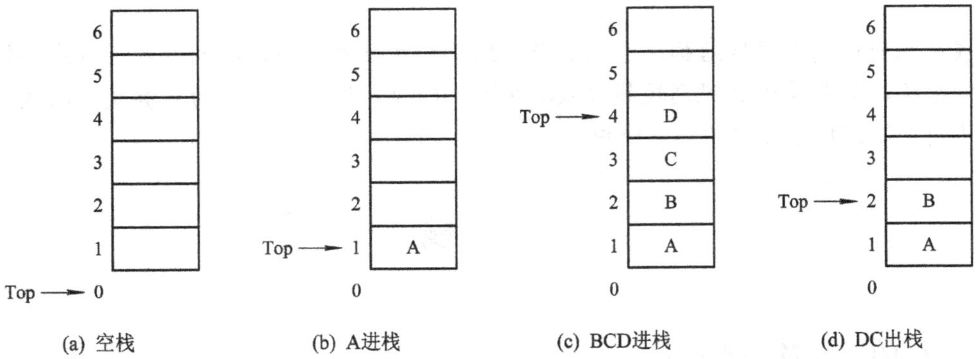

图 4.2　栈中元素和栈顶指针之间的关系

在顺序栈上实现栈的基本运算的具体算法如下：

(1) 栈的初始化(建立一个空顺序栈)。

算法 4.1　建立空顺序栈。

```
void InitStack(SeqStack*&S)
//构造一个空栈 S
{    S=(SeqStack*)malloc(sizeof(SeqStack));
     S->Top=0;
}
```

(2) 置空栈。

算法 4.2　顺序栈置空。

```
void SetNull(SeqStack*S)
//将栈 S 置为空栈
{    S->Top=0;
}
```

(3) 判断栈空。

算法 4.3　判断顺序栈 S 是否为空栈。

```
int Empty(SeqStack*S)
//若栈 S 为空栈，返回 1；否则返回 0
{    if (S->Top<=0)   return   1;
      else   return   0;
}
```

(4) 进栈。

算法 4.4　顺序栈进栈。

```
int Push(SeqStack*S, datatype e)
//若栈 S 不满，则将元素 e 插入栈顶，并返回 1；否则返回 0
{   if (S->Top>=maxsize-1)
    {   printf ("栈上溢");
        return  0;
    } //上溢
    else
    {   S->data[++S->Top]=e;
        return  1;
    }
}
```

(5) 出栈。

算法 4.5 顺序栈出栈。

```
int Pop(SeqStack*S,datatype&e)
//若栈不空，则删除栈顶元素，由参数 e 带回栈顶元素，并返回 1；否则返回 0
{     if (Empty(S))   // 调用算法 4.3，判断栈是否为空
      {     printf ("栈下溢");
            return  0;
      } //下溢
      else
      {     e= S->data[S->Top--];
            return  1;
      }
}
```

(6) 取栈顶元素。

算法 4.6 取顺序栈的栈顶元素。

```
int GetTop(SeqStack*S, datatype&e)
//若栈不空，则删除栈顶元素，由 e 带回栈顶元素，并返回 1；否则返回 0
{     if (Empty(S))   // 调用算法 4.3，判断栈是否为空
      {     printf ("栈下溢");
            return  0;
      } //下溢
      else
      {     e= S->data[S->Top];
            return  1;
      }
}
```

在同时使用两个或多个顺序栈时，为了避免某个栈发生上溢，而其余栈还有很多未用空间的情况出现，如果使这些栈共享同一向量空间，相互之间调剂余缺，则既节约了存储

空间，又降低了发生上溢的概率。下面以两个顺序栈共享同一个向量空间的情况为例进行讨论。

两个栈共享一个向量空间的结构类型定义如下：

```
typedef   struct
{       datatype v[maxsize];
      int Top1,Top2;
} SeqStack;
 SeqStack*S=(SeqStack*)malloc(sizeof(SeqStack));
```

将两个栈的栈底分别固定在向量空间的两端，栈顶向中间延伸，未用空间在向量的中部，如图 4.3 所示。只有当两个栈占满整个向量空间时(S->Top1+1 等于 S->Top2)，才会发生上溢。

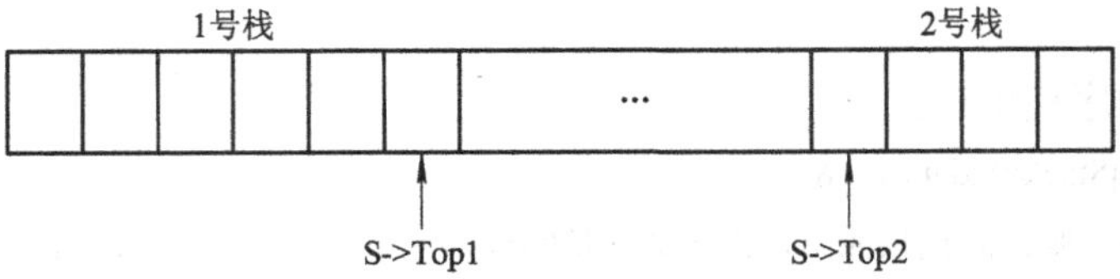

图 4.3　两个栈共享一个向量空间

进栈操作的算法如下：

```
void push(SeqStack*S,datatype x,int i)
//将元素 x 插入 i 号栈
{    if(S->Top1+1==S->Top2)   printf("向量空间溢出");
     else if(i==1){   S->Top1++; S->v[S->Top1]=x; } //入 1 号栈
     else{   S->Top2--; S->v[S->Top2]=x;   }          //入 2 号栈
}
```

出栈操作的算法：

```
datatype   pop(SeqStack*S,int i)
//i 号栈的栈顶元素出栈
{    datatype   x;
      if(i==1) if(S->Top1==-1) printf("1 号栈下溢");
              else{   x=S->v[S->Top1]; S->Top1--; } //1 号栈出栈
      else if(S->top2==maxsize) printf("2 号栈下溢");
              else{   x=S->v[S->Top2]; S->Top2++; } //2 号栈出栈
      return x;
}
```

4.1.3　栈的链式存储结构

栈的链式存储结构称为链栈，如图 4.4 所示。链栈是操作受限的单链表，即插入和删除操作都是在表头进行的。与顺序栈不同，链栈不会发生上溢。

请结合类型定义和算法自行分析为什么在链栈中没有设置头结点。

链栈的结构类型定义如下：

```
typedef struct node{
    datatype data;
    struct node*next;
}StackNode;
typedef struct{
    StackNode*Top;
}LinkStack;
```

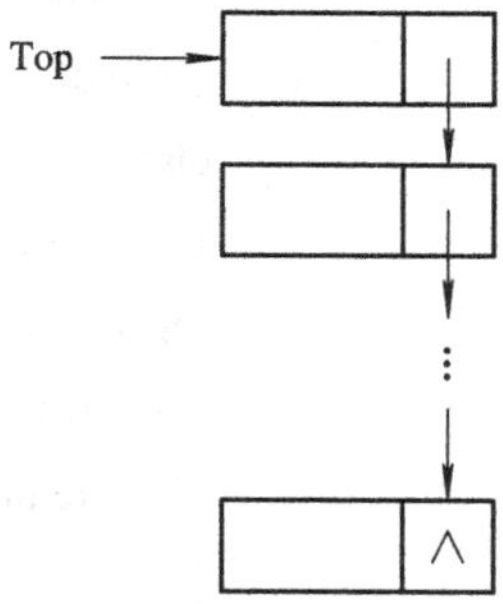

图 4.4　链栈示意图

链栈基本运算的主要算法描述如下：

(1) 栈初始化。

算法 4.7　建立空链栈。

```
void InitStack(LinkStack*&S)
//构造一个空栈 S
{   S=(LinkStack*)malloc(sizeof(LinkStack));
    S->Top=NULL;
}
```

(2) 置空栈。

算法 4.8　链栈置空。

```
void SetNull (LinkStack*S)
//使栈 S 置为空栈
{   S->Top=NULL;
}
```

(3) 进栈。

算法 4.9　链栈进栈。

```
void Push(LinkStack*S,datatype e)
//使元素 e 进栈
{   StackNode*p=(StackNode*)malloc(sizeof(StackNode));
    p->data=e;
    p->next=S->Top; //将新结点*p 插入栈顶
    S->Top=p;
}
```

链栈不会出现“上溢”的情况，所以在入栈操作时不需要判断栈是否已满。

(4) 出栈。

算法 4.10　链栈出栈。

```
int Pop(LinkStack*S,datatype&e)
//若栈不空，则删除栈顶元素，由 e 带回栈顶元素，并返回 1；否则返回 0
{    StackNode*p=S->Top;   //指针 p 指向栈顶结点
     if (Empty(S))          //判断栈是否为空
     {    printf("栈下溢");
```

```
            return  0;
        } //下溢
        else
        {     e= p->data;
         S->Top=p->next;   //将栈顶结点*p 从链上摘下
          free(p);         //释放原栈顶结点空间
            return  1;
        }
    }
```

由于栈结构具有后进先出的特性，从而使栈在数制转换以及编译程序中的表达式求值、函数递归调用等方面应用广泛。下面给出几个栈应用的典型例子。

【例 4.1】 数制转换。

将一个非负的十进制整数转换为其它进制数(二、八、十六进制)，利用栈来实现。

分析：采用除基数取余的方法。例如$(1348)_{10}$=$(2504)_8$，其运算过程如下：

n	n div 8	n mod 8
1348	168	4
168	21	0
21	2	5
2	0	2

采用栈存放余数，入栈顺序：4、0、5、2，出栈顺序：2、5、0、4。

算法如下：

```
void Conversion(int n,int base)
//以十进制数和基数作为参数
{    Stack*S;
     int bit;
     InitStack(S);                        //建立空栈
     while(n!=0)
     {    Push(S,n%base);                 //余数入栈
          n=n/base;
     }
     while(!Empty(S))
     {    bit=Pop(S);                     //余数出栈
          if(bit>9) printf("%c",bit+55);  //将余数转为字符输出
          else printf("%c",bit+48);
     }
     printf("\n");
}
```

【例 4.2】 算术表达式的求值。

设表达式中只有+、-、*、/、圆括号和操作数。运算符间的优先级关系如下：

(1) 先乘除后加减；

(2) 先括号内后括号外，即“(”与“)”优先级相同，但低于括号内的运算符，高于括号外的运算符；

(3) 表达式起始、结束符“#”的优先级总是最低。

为实现运算符优先算法，需设置操作数栈和运算符栈。操作数栈 OPND 存放操作数或运算结果及中间结果；运算符栈 OPTR 存放运算符。

算法的基本思想是：

(1) 置操作数栈为空栈，表达式起始符“#”作为运算符栈的栈底元素；

(2) 依次读入表达式中的每个字符，若是操作数，则进操作数栈，若是运算符，则与运算符栈的栈顶运算符比较优先级后作相应操作，直至整个表达式求值完毕(即运算符栈的栈顶元素和当前读入的字符均为“#”)。

算法描述如下：

```
datatype EvaluateExpression( ){
    InitStack(OPTR);InitStack(OPND);        //创建 OPTR、OPND 栈
    Push(OPTR,'#');                         //置 OPTR 栈底元素为'#'
    while(((ch=getchar( ))!='#')||GetTop(OPTR)!='#'){
        if(ch!='+'&&ch!='-'&&ch!='*'&&ch!='/'&&ch!='('&&ch!=')')
            Push(OPND,ch);                  //不是运算符，则进操作数栈
        else
            switch(Precede(GetTop(OPTR),ch)){
              case '<': //栈顶元素优先级低，当前运算符进运算符栈
                      Push(OPTR,ch); break;
              case '=': //脱括号
                      x=Pop(OPTR); break;
              case '>': //栈顶元素优先级高，进行运算
                      op=Pop(OPTR);                    //运算符栈顶元素出栈
                      b=Pop(OPND);                     //第二个操作数出栈
                      a=Pop(OPND);                     //第一个操作数出栈
                      Push(OPND,Operate(a,op,b));      //运算结果进操作数栈
                      break;
            }
    }
    return GetTop(OPND);   //返回表达式结果
}
```

算法中还调用了两个函数：Precede 用于判断运算符栈顶元素与当前读入的运算符的优先级关系；Operate 进行二元运算 a op b。

利用上述算法对表达式 2*(6-3)求值的过程如下所示：

步骤	OPTR 栈	OPND 栈	当前读入的字符	操作说明
1	#		2*(6-3)#	2 进 OPND 栈
2	#	2	*(6-3)#	“#” 低于 “*”，“*” 进 OPTR 栈
3	#*	2	(6-3)#	“*” 低于 “(”，“(” 进 OPTR 栈
4	#*(	2	6-3)#	6 进 OPND 栈
5	#*(	2 6	-3)#	“(” 低于 “–”，“–” 进 OPTR 栈
6	#*(-	2 6	3)#	3 进 OPND 栈
7	#*(-	2 6 3	)#	“–” 高于 “)”，运算 6 –3，结果进 OPND 栈
8	#*(	2 3	)#	“(”等于 “)”，脱括号
9	#*	2 3	#	“*” 高于 “#”，运算 2*3，结果进 OPND 栈
10	#	6	#	“#” 与 “#” 相遇，返回操作数栈顶元素 6

4.2 队　列

4.2.1 队列的定义及基本运算

队列(Queue)也是一种运算受限的线性表。它只允许在表的一端进行插入，该端称为队尾(Rear)；在表的另一端进行删除，该端称为队头(Front)。

当队列中没有元素时，称为空队列。队列亦称做先进先出(First In First Out)的线性表，简称为 FIFO 表。设队列中的元素为 $a_1, a_2,\cdots, a_n$，则 a_1 是队头元素，a_n 是队尾元素。队列中的元素都是按照 $a_1, a_2, \cdots, a_n$ 的顺序依次入队和出队。图 4.5 是队列的示意图。

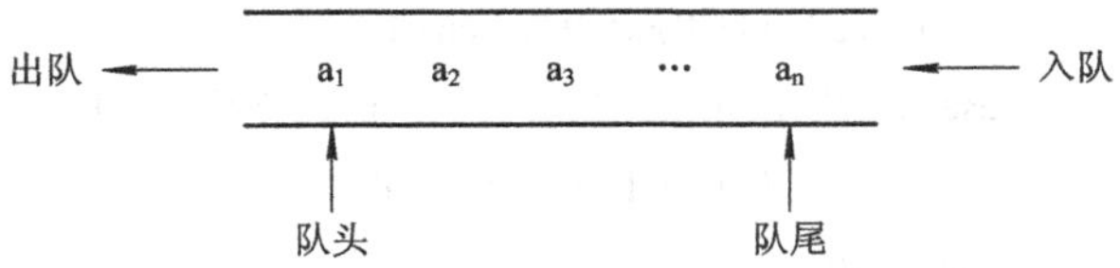

图 4.5　队列示意图

队列的基本运算有：

(1) InitQueue(&Q)——队列初始化，构造一个空队列 Q。

(2) SetNull(Q)——置空队，将队列 Q 清空。

(3) Length(Q)——求队列长度，返回队列中元素的个数。

(4) Empty(Q)——判空队，若队列 Q 为空队列，则返回“真”值；否则返回“假”值。

(5) EnQueue(Q,x)——入队，若队列 Q 非满，则将元素 x 插入 Q 的队尾。

(6) DeQueue(Q)——出队，若队列 Q 非空，则删除队头元素，返回 Q 的队头元素。

(7) GetFront(Q)——取队头元素，若队列 Q 非空，则返回 Q 的队头元素，Q 中元素保持不变。

4.2.2 队列的顺序存储结构

队列的顺序存储结构称为顺序队列，采用向量存储队列中的元素。在非空队列中，队头指针 front 指向队头元素的前一个位置，队尾指针 rear 指向队尾元素的位置。如果是空队，则队头、队尾指针相等。顺序队列的结构类型定义如下：

```
typedef struct {
    datatype    data[maxsize];
    int front;
    int rear;
   }SeQueue;
SeQueue    *sq=(SeQueue*)malloc(sizeof(SeQueue));
```

顺序队列中的出队、入队操作如图 4.6 所示。

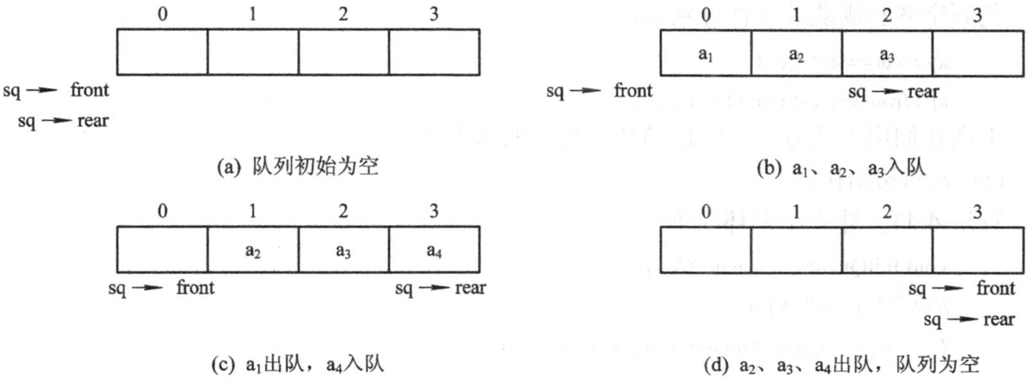

图 4.6　顺序队列的操作

顺序队列中可能出现“上溢”和“下溢”现象，并且还存在“假上溢”现象，也就是说，尽管队列的向量空间未被占满，但尾指针已达到向量空间的上界而不能进行入队操作。例如在图 4.6(c)、(d)的情况下，再进行入队操作，则出现“假上溢”。

采用循环队列(Circular Queue)的方法可以较好地解决“假上溢”问题，即将向量空间看做一个首尾相接的圆环，如图 4.7 所示。在循环队列中通过取模运算修改队尾指针和队头指针，具体描述为

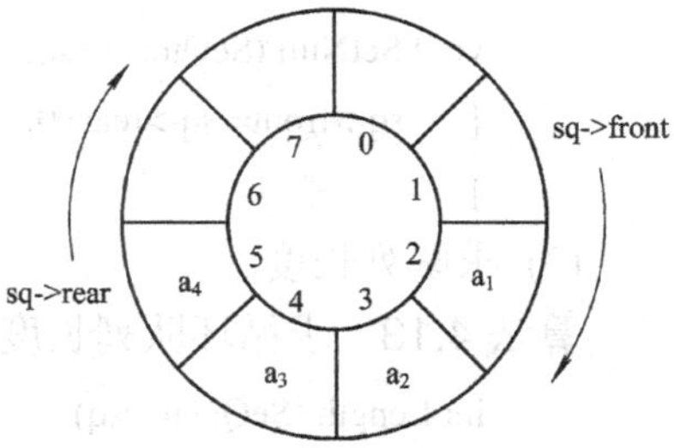

图 4.7　循环队列

```
sq->rear=(sq->rear+1)%maxsize;
sq->front=(sq->front+1)%maxsize;
```

在循环队列中，入队时尾指针向前追赶头指针，出队时头指针向前追赶尾指针。由图 4.8 我们可以看出，在队空和队满时都有 sq->front 等于 sq->rear 的情况，无法区分空队和满队。

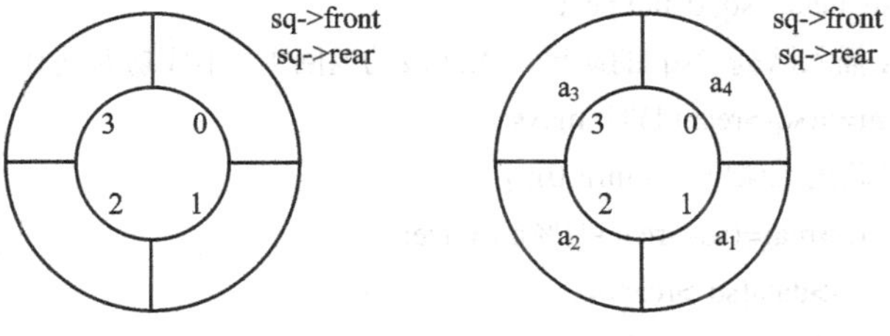

(a) 空队　　(b) 满队

图 4.8　无法区分循环队列的空队和满队

通常采用少用一个元素空间的方法来解决这个问题，如图 4.9 所示。

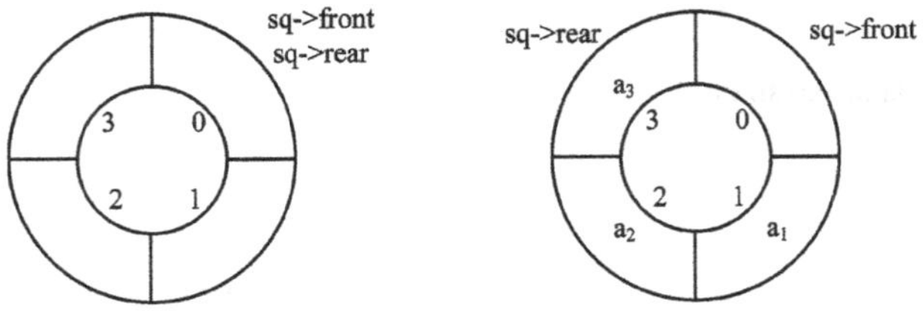

(a) 空队　　(b) 满队

图 4.9　少用一个元素空间以区分循环队列的空队和满队

判断空队和满队的条件分别是：

sq->rear==sq->front

sq->front==(sq->rear+1)%maxsize

下面我们用上述方法来实现循环队列上的基本运算。

(1) 队列初始化。

算法 4.11　建立空循环队列。

```
void InitQueue (SeQueue *&sq)
//建立空循环队列 sq
{      sq=(SeQueue*)malloc(sizeof(SeQueue));
       sq->front=sq->rear=0;
}
```

(2) 置空队。

算法 4.12　循环队列置空。

```
void SetNull (SeQueue *sq)    //置队列 sq 为空队
{    sq->front= sq->rear=0;
}
```

(3) 求队列长度。

算法 4.13　求循环队列长度。

```
int Length (SeQueue*sq)
{    return   (sq->rear-sq->front+maxsize)%maxsize ;
}
```

(4) 入队。

算法 4.14　循环队列入队。

```
int Enqueue (sequeue *sq, datatype x)
// 将新元素 x 插入队列 *sq 的队尾，入队成功返回 1，不成功返回 0
{   if (sq->front==(sq->rear+1)% maxsize)
      {  printf("队列上溢");   return(0); }
    else {      sq->rear=(sq->rear+1)%maxsize;
                sq->data[sq->rear]=x;
                return(1);
         }
}
```

(5) 出队。

算法 4.15 循环队列出队。

```
int Dequeue (SeQueue *sq,datatype&x)
//通过参数 x 带回该元素值，出队成功返回 1，不成功返回 0
{
    if (sq->rear==sq->front)
    {     printf("队列下溢"); return (0); }
    else{     sq->front=(sq->front+1)%maxsize;
              x= sq->data[sq->front];
              return(1);
         }
}
```

(6) 取队头元素。

算法 4.16 取循环队列的队头元素。

```
int GetFront(SeQueue*sq,datatype&x)
//通过参数 x 带回该元素值，取队头元素成功返回 1，不成功返回 0
{     if(sq->rear==sq->front)
      {     printf("队列下溢"); return (0); }
      else{    x=sq->data[(sq->front+1)%maxsize];
               return(1);
          }
}
```

4.2.3 队列的链式存储结构

队列的链式存储结构简称为链队列，它是仅限在表头删除和表尾插入的单链表。为了便于在表尾做插入操作，需要增加一个尾指针，指向单链表中的最后一个结点。我们将链队列的头指针和尾指针封装在一起，作为一个结构体类型。下面是其类型定义：

```
typedef struct node
{     datatype    data;
      struct node*next;
}QueueNode;   //链队列的结点类型
typedef struct
{     QueueNode *front, *rear;
} LinkQueue;   //头、尾指针的结构体类型
```

为了运算方便，链队列中通常也带有头结点。图 4.10 给出了链队列的示意图，图中 q 为 LinkQueue 类型的指针。

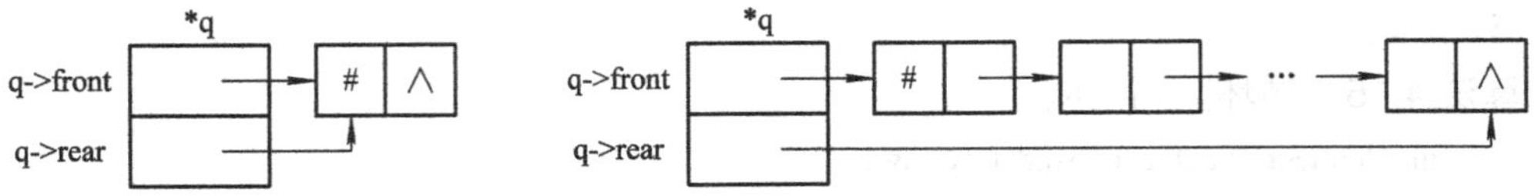

图 4.10　链队列

链队列不会出现队满的情况，下面是链队列基本运算的实现方法。

(1) 队列初始化。

算法 4.17　建立空链队列。

```
void  InitQueue(LinkQueue*&q)
{    q=(LinkQueue*)malloc(sizeof(LinkQueue));  //产生头、尾指针结构体
     q->front=q->rear=(QueueNode*)malloc(sizeof(QueueNode)); //产生头结点
     q->front->next=NULL;                       //头结点指针域置空
}
```

(2) 置空队。

算法 4.18　链队列置空。

```
void  SetNull (LinkQueue*q)
{      q->rear=q->front;         //尾指针也指向头结点
       q->front->next=NULL;  //头结点指针域置空
}
```

(3) 判队空。

算法 4.19　链队列判空队。

```
int Empty (LinkQueue*q)
{    if(q->front==q->rear)   return(1);
     else return(0);
}
```

(4) 入队。

算法 4.20　链队列入队。

```
void EnQueue (LinkQueue *q, datatype x)
//将新元素 x 加入链队列*q
{   q->rear->next=(QueueNode*)malloc(sizeof(QueueNode)); // 新结点插入队尾
    q->rear=q->rear->next;  //尾指针指向新结点
    q->rear->data=x;           //给新结点赋值
    q->rear->next=NULL;     //队尾结点的指针域置空
}
```

链队列不会出现“上溢”的情况，不需要判断队满。

(5) 出队。

算法 4.21　链队列出队。

```
int DeQueue(LinkQueue*q, datatype&x)
//通过参数 x 带回该元素值，出队成功返回 1，不成功返回 0
```

```
{     QueueNode*s;
      if(Empty(q)){   printf("队列下溢");   return(0); }
      else{   s = q->front->next;        //s 指向被删除的队头结点
              if (s->next==NULL){  //当前链队列的长度等于 1，出队后为空队
                 q->front->next=NULL;     q->rear=q->front ;    //置为空队
               }
              else   q->front->next=s->next; //队列的长度大于 1，修改头结点的指针域
              x=s->data;
              free(s);                   //释放被删除的结点空间
              return(1);
      }
}
```

(6) 取队头元素。

算法 4.22 取链队列的队头元素。

```
int GetFront(LinkQueue*q,datatype&x)
//通过参数 x 带回队头元素值，取队头元素成功，返回 1，不成功，返回 0
{  if(Empty (q)){     printf("队列下溢");   return(0); }
   else{     x=q->front->next->data;
             return(1);
   }
}
```

【例 4.3】 用带有头结点的循环链表表示队列，并且只设队尾指针 rear，编写入队和出队算法。

分析：可以将 rear->next->next 看做队头指针。根据队列长度的不同，出队操作需考虑出队之前队列为空队、长度等于 1 和大于 1 三种不同的情况。

(1) 入队算法。

```
void EnQueue(QueueNode*&rear,datatype x)
{     QueueNode*p;
      p=(QueueNode*)malloc(sizeof(QueueNode));
      p->data=x;
      p->next=rear->next;
      rear->next=p;
      rear=p;
}
```

(2) 出队算法。

```
int DelQueue(QueueNode*&rear,datatype&x)
{     QueueNode*p;
      if(rear==rear->next){    printf("队列下溢"); return(0); }
      else{
            p=rear->next->next; x=p->data;
```

```
            if(p==rear) {
                rear=rear->next; rear->next=rear;
            }//原队列长度等于 1
            else    rear->next->next= p->next; //原队列长度大于 1
            free(p);
            return(1);
        }
}
```

【例 4.4】 利用两个顺序栈 s1、s2 以及栈的基本运算实现队列的入队、出队和判断队列是否为空的运算。

分析：由于栈的特点是后进先出，为了实现先进先出的队列顺序，必须用两个栈，一个栈(s1)用于存放队列中的所有元素，另一个栈(s2)在出队时使用。入队操作时，只是将元素压入 s1 栈；出队操作时，先使 s1 栈中的所有元素出栈，并进入 s2 栈，这样才能达到模拟队列的效果。假设顺序栈 s1、s2 的向量空间长度分别为 m，具体算法如下：

```
void enqueue(SeStack*s1,datatype x)    //入队
{
    if(s1->Top==m) printf("队列上溢!");
    else Push(s1,x);
}

datatype dequeue(SeStack*s1)    //出队
{
    SeStack*s2;    datatype x;
    InitStack(s2);
    while(!Empty(s1)) Push(s2,Pop(s1));
    x=Pop(s2);
    while(!Empty(s2)) Push(s1,Pop(s2));
}

int queue_empty(SeStack*s1)    //判队空
{
    if(Empty(s1)) return(1);
    else return(0);
}
```

习 题 4

一、名词解释

栈，顺序栈，链栈，队列，顺序队列，循环列队，链队

二、填空题

1．栈修改的原则是________，因此，栈又称为________线性表。在栈顶进行插入运算，被称为________，在栈顶进行删除运算，被称为________。

2．对于顺序栈而言，top=0 表示________，此时作退栈运算，则产生"________"；top=stack_maxsize-1 表示________，此时作进栈运算，则产生"________"。

3．以下运算实现在顺序栈上的进栈，请在________处用适当的语句予以填充。

```
int Push(SqStackTp *sq,DataType x)
{   if(sp->top==sqstack_maxsize-1}{printf("栈满");return(0);}
      else{_____________;
           _____________=x;
      return(1);
         }
  }
```

4．顺序队列的出、入队操作会产生"____________"。

5．以下运算实现循环队列的初始化，请在________处用适当句子予以填充。

```
void InitCycQueue(Cycqueue*&sq)
{   _____________;
_____________;   sq->rear=0;
}
```

6．链队在一定范围内不会出现________________的情况。当 lq->front==lq->rear 时，称为________________。

7．以下运算实现在链队上取队头元素，请在_______处用适当句子予以填充。

```
int GetFront(LinkQ*lq,DataType *x)
{ LinkQ *p;
   if(lq->rear==lq->front) return(0);
   else{_______________;
        _______________ =p->data;
        return(1);
        }
}
```

三、选择题

1．设有一顺序栈 S，元素 $s_1, s_2, s_3, s_4, s_5, s_6$ 依次进栈，如果 6 个元素出栈的顺序是 $s_2, s_3, s_4, s_6, s_5, s_1$，则栈的容量至少应该是(　　)。

A. 2　　B. 3　　C. 5　　D. 6

2．一个栈的入栈序列是 a, b, c, d, e, 则栈的不可能的输出序列是(　　)。

A. e d c b a　　B. d e c b a　　C. d c e a b　　D. a b c d e

3．设有一顺序栈 sq 已含 3 个元素，如下图所示，元素 a4 正等待进栈。那么下列 4 个序列中不可能出现的出栈序列是(　　)。

	0	1	2	3	…	maxsize−1
sq	a1	a2	a3			
			↑top			

A．a3,a1,a4,a2　　B．a3,a2,a4,a1　　C．a3,a4,a2,a1　　D．a4,a3,a2,a1

4．向一个栈顶指针为 Top，带头结点的链中插入一个 s 所指结点时，其操作步骤为(　　)。

A．Top->next=s　　B．s->next=Top->next;Top->next=s

C．s->next=Top;Top=s　　D．s->next=Top;Top=Top->next

5．从栈顶指针为 Top 的链栈中删除一个结点，并将被删节点的值保存到 x 中，其操作步骤为(　　)。

A．x=Top->data;Top=Top->next　　B．Top=Top->next;x=Top->data

C．x=Top;Top=Top->next　　D．x=Top->data

6．循环队列的入队操作应为(　　)。

A．sq->rear=sq->rear+1; sq->data[sq->rear]=x;

B．sq->data[sq->rear]=x; sq->rear=sq->rear+1;

C．sq->rear=(sq->rear+1)%maxsize; sq->data[sq->rear]=x;

D．sq->data[sq->rear]=x; sq->rear=(sq->rear+1)%maxsize;

7．循环队列的队空条件为(　　)。

A．(sq->rear+1)%maxsize==(sq->front+1)%maxsize

B．(sq->rear+1)%maxsize==sq->front+1

C．(sp->rear+1)%maxsize==sq->front

D．sq->rear==sq->front

四、算法设计

1．回文是指从左向右读和从右向左读均相同的字符序列，如“level”是回文，但“good”不是回文。试写一个算法判定给定的字符向量是否为回文。(提示：将一半字符入栈，然后出栈与另一半字符进行比较。)

2．借助栈(可用栈的基本运算)来实现单链表的逆置运算。

3．利用栈的基本运算将栈 S 中值为 m 的元素全部删除。

4．假设一个算术表达式中包含三种括号：圆括号“(”和“)”，方括号“[”和“]”以及花括号“{”和“}”，且这三种括号可按任意的次序嵌套使用，如(.. .[.. .{.. .}.. .[.. .].. .].. .(.. .[.. .].. .)。试利用栈的运算编写判断给定表达式中所含括号是否正确配对出现的算法 int correct(exp)；其中 exp 为字符串类型的变量。如果括号正确配对，则返回值 1；否则返回值 0。(提示：对表达式进行扫描，凡遇到“(”、“[”或“{”就入栈，当遇到“)”、“]”或“}”时，检查当前栈顶元素是否是对应的左括号，若是就退掉栈顶的“(”、“[”或“{”，否则不配对。表达式扫描完毕，栈应为空。)

5．设函数 f(m,n)按下式定义(m,n 为大于 0 的整数)：

$$f(m,n)=\begin{cases}m+n+1 & \text{当} m*n=0 \text{时}\\ f(m-1,f(m,n-1)) & \text{当} m*n\neq 0 \text{时}\end{cases}$$

试写出递归算法。

6．假设以数组 cycque[m](假设数组范围在 0..m –1)存放循环队列的元素，同时设变量 rear 和 quelen 分别指示循环队列中队尾元素的位置和内含元素的个数。试给出此循环队列的队满条件，并写出相应的入队列和出队列的算法。

第5章 串和数组

串(又称字符串)是一种特殊的线性表，它的每个元素仅由一个字符组成。随着计算机技术的发展，串作为一种变量类型出现在越来越多的程序设计语言中，同时也产生了一系列串操作。在文字编辑中的查找和替换，汇编和编译程序中的词法扫描，事务处理程序中的文本类型字段的处理等方面都是以串数据作为处理对象的。

数组是我们很熟悉的一种结构类型，几乎所有的程序设计语言都具有数组类型。数组可以看做是线性表的扩充，它的每个元素又是一个数据结构。

本章首先讨论串的定义、存储以及典型的操作，然后讨论二维数组的逻辑结构和存储结构。

5.1 串及其运算

5.1.1 串的概念

串(String)是由多个或零个字符组成的有限序列，记做 S ="$c_1c_2c_3\cdots c_n$" ($n\geqslant 0$)。其中，S 是串名；由双引号括起来的字符序列称为串值，但双引号本身不属于串；$c_i(1\leqslant i\leqslant n)$是串中字符，i 是字符在串中的位置序号；n 是串的长度，表示串中字符的个数，不包含任何字符的串称为空串，例如" "是长度为 0 的空串。

串中任意个连续的字符组成的子序列称为该串的子串，包含子串的串相应地称为主串。子串在主串中的序号定义为子串在主串中首次出现的位置序号。例如，设 S1 和 S2 分别为

S1="This is a string"　　S2="is"

则 S2 是 S1 的子串，S1 是 S2 的主串。S2 在 S1 中出现了两次，首次出现在主串的第 3 个位置上，因此 S2 在 S1 中的序号是 3。

特别需要一提的是，空串是任意串的子串，任意串是其自身的子串。

通常，串可以分为串变量和串常量。正如我们所知道的，在程序中常量只能被引用而不能改变其值，但变量的值可以被改变。在 C++语言中，串变量可以用字符型数组来表示，串常量可以用双引号括起来的字符序列直接表示或者用符号常量来表示，例如有如下定义：

```
char str[ ]="string";    const char str_const[ ]="string";
```

str 是串变量，而 str_const 是串符号常量。

5.1.2 串的基本运算

串的基本运算和线性表有很大的差别。线性表的插入、删除等运算都是以“单个元素”

作为操作对象；而对串的运算，通常是把串作为一个整体进行操作，如串的复制、串的比较、插入和删除子串等。

很多高级语言都提供了字符串操作的函数库，下面结合串的基本运算给出 C 语言有关字符串操作函数的例子。我们先定义几个相关的变量：

```
char s1[80]="d:\\user\\wang\\", s2[40]="file.txt", s3[80]; //字符串中含有转义字符'\\'
int result;
```

说明：字符串从字符数组下标为 0 的元素开始存放。

(1) StrLen(S)——求串长度，返回字符串长度。

例如：printf("%d",strlen(s1));　　//输出 13

(2) StrCpy(&T, S)——复制串，将源串复制给目标串。

例如：strcpy(s3,s1);　　//s3 的值为"d:\\user\\wang\\"

(3) StrCmp(S1,S2)——比较串，比较两个串的大小，返回整型值。

$$\text{StrCmp(Sl,S2)返回值} = \begin{cases} >0 & \text{S1} > \text{S2} \\ =0 & \text{S1} < \text{S2} \\ <0 & \text{S1} < \text{S2} \end{cases}$$

例如：result=strcmp("good","Good"); //result>0

result=strcmp("15","15");　　//result=0

result=strcmp("That","The");　　//result<0

(4) StrCat(&T,S)——串联接，将串 S 联接到串 T 的末尾，返回指向串 T 的指针。

例如：printf("%s", strcat(s1,s2));　　//输出：d:\\user\\wang\\ file.txt

(5) StrStr(S,Sub)——子串定位，查找串 Sub 在串 S 中第一次出现的位置，若查找到，则返回该位置信息，否则返回 NULL。

例如：printf("%d\n",strstr(s1,"user")-s1+1);　//输出 4

(6) StrChr(S,C)——字符定位，查找字符 C 在串 S 中第一次出现的位置，若查找到，则返回该位置信息，否则返回 NULL。

例如：result=strchr(s2,'t')-s2+1;　//result 的值是 6

上述操作是最基本的串运算，其余的串运算一般可以由这些基本运算组合而成。

【例 5.1】 取子串运算。取主串中 start 起始的 length 个字符作为子串。

```
#include<string.h>
#include<stdio.h>
void substr(char*,char*,int,int);

void main( ){
    char s1[ ]="d:\\user\\wang\\",s2[80];  //字符串中含有转义字符'\\'
    int start,length;
    printf("start,length=");
    scanf("%d,%d",&start,&length);        //输入起始位置和长度
    substr(s2,s1,start,length);
```

```
        puts(s2);
    }

    void substr(char*sub, char*s,int pos,int len)
    {
        if(pos<1||pos>strlen(s)||len<0) printf("parameter error!\n");
        else{
                strncpy(sub,s+pos-1,len);      //复制子串字符
                strcpy(sub+len,"\0");          //添加子串的串结束符
        }
    }
```

上述程序是 C 语言的完整程序。不同的语言对串运算会有差异，因此应以该语言的参考手册为准。

5.2 串的存储结构

串的存储方法与线性表类似，只是每个结点是单个字符。

5.2.1 串的顺序存储

串的顺序存储结构简称为顺序串。与顺序表类似，顺序串是用字符向量来存储，并且在串的末尾用一个特定的字符作为串结束符，例如 C 语言中以转义字符'\0'作为串结束符。为了具有一般性，我们仍然把串的类型定义为一个结构类型，其中用一个一维字符型数组存放串值，并用一个整型量表示串的长度。串的类型定义如下：

```
    #define maxsize 256
    typedef struct
    {   char ch[maxsize];
        int length;
    }SeqString;
```

【例 5.2】 编写一个算法 void strdelete(SeqString*S,int pos,int len)，若满足 1≤pos≤S->length-len+1，则从串 S 中删除第 pos 个字符开始长度为 len 的子串；否则不删除。

```
    void strdelete(SeqString*S,int pos,int len)
    {
        char temp[maxsize];
        if(pos>=1&&pos<=S->length-len+1){
            strncpy(temp,S->ch,pos-1);
            strcpy(temp+pos-1,S->ch+pos+len-1);
            strcpy(S->ch,temp);
            S->length=S->length-len;
```

```
        }
    }
```

5.2.2　串的链式存储

和顺序表类似，在顺序串上不方便进行插入、删除操作，需要移动大量的元素。采用链表存储串值可以提高插入、删除的效率，串的链式存储结构简称为链串。链串中的每个结点可以存放一个字符，若结点的指针域占 4 个字节，那么链串的存储密度只有 20%。如果每个结点存放多个字符，例如 4 个字符，则存储密度可以达到 50%，从而有效地提高了存储空间的利用率。通常将每个结点存放字符的个数定义为结点大小，图 5.1(a)和(b)中的每个结点大小分别是 1 和 4。一个结点可存放多个字符，而串长度不一定是结点大小的倍数，因此链表中最后一个结点的数据域有可能没有被串值占满，可以用特殊的字符(例如'\0')来填充。

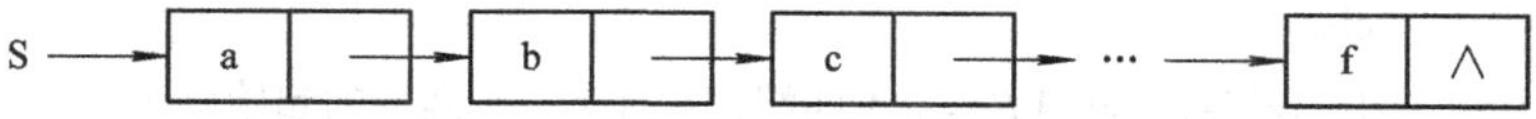

(a) 结点大小为1

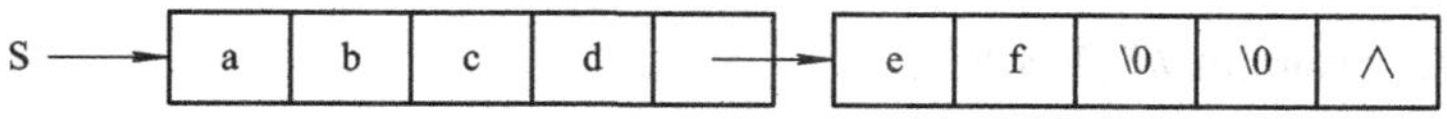

(b) 结点大小为4

图 5.1　链串的示意图

链串结点的类型定义如下：

(1) 结点大小为 1。

```
typedef struct node
{   char data;
    struct node*next;
}LinkString;
```

(2) 结点大小为 4。

```
typedef struct node
{   char data[4];
    struct node*next;
}LinkString;
```

5.3　串的模式匹配算法

子串定位又称为串的模式匹配(Pattern Matching)，是串运算中最重要的操作之一。所谓模式匹配，就是在文本中查找是否存在给定的单词及出现的位置，例如实现文本编辑程序中的查找功能。C 语言函数库中的子串定位函数 strstr 可以实现串的模式匹配操作，串的模式匹配算法分朴素的模式匹配和改进的模式匹配两种。

5.3.1　顺序串上的模式匹配

朴素的模式匹配算法又称为穷举的模式匹配算法，假设 S 为目标串(主串)，T 为模式串

(子串)，

$$S="s_1,s_2,\cdots,s_n" \qquad T="t_1,t_2,\cdots,t_m" \qquad 其中\ 0<m\leq n$$

在实际应用中，模式串长度 m 通常远远小于目标串长度 n，即 m<<n。下面给出不依赖其他串操作运算的模式匹配算法。

算法 5.1　顺序串的模式匹配。

```
int Index(seqstring*S, seqstring*T,int pos)
//顺序串的朴素模式匹配，串的位序从 1 开始
{    i=pos; j=1; // 目标串从第 pos 个字符开始与模式串的第一个字符开始进行比较
     while(i<=S->length&&j<=T->length)
            if(S->ch[i-1]==T->ch[j-1]) //串从向量的 0 元素开始存放
            {    i++; j++; } //继续比较后面的字符
             else
             {    i=i-j+2; j=1; } //本趟不匹配，设置下一趟匹配的起始位序
      if(j>T->length)   return(i-T->length); //匹配成功
      else   return(0); //匹配不成功
}
```

分别利用计数指针 i 和 j 指示目标串 S 和模式串 T 中当前比较的字符位序。算法的基本思想是：从目标串 S 的第 pos 个字符开始与模式串 T 的第一个字符进行比较，若相等，则继续比较后面的字符；否则，从目标串的下一个字符开始与模式串的第一个字符进行下一趟比较。重复此过程，直至模式串中的每个字符依次与目标串中的一个连续的字符序列相等，则匹配成功，函数值为与模式串中第一个字符相等的字符在目标串中的位序；如果各趟比较均不相等，则匹配不成功，函数值为 0。从图 5.2 可以看出模式串 T="abc"与目标串 S="abbabca" 的匹配过程(pos=1)。

```
第一趟匹配   S:  a b b a b c a    i=3，j=3 比较不相等
                 √ √ ×
             T:  a b c

第二趟匹配   S:  a b b a b c a    i=2，j=1 比较不相等
                   ×
             T:    a b c

第三趟匹配   S:  a b b a b c a    i=3，j=1 比较不相等
                     ×
             T:      a b c

第四趟匹配   S:  a b b a b c a    匹配成功，返回值为4
                       √ √ √
             T:        a b c
```

图 5.2　朴素的模式匹配过程

现在分析算法的时间复杂度。在最坏情况下，假设每一趟都比较了 m 次才能够确定对应的字符是否均相等，共匹配了 n−m+1 趟，比较字符的总次数为 m(n−m+1)，由于 n>>m，因此时间复杂度是 O(m*n)。朴素的模式匹配算法虽简单，但效率较低，这是因为在一趟匹

配中目标串内可能存在多个和模式串“部分匹配”的子串，而引起计数指针 i 的多次回溯。一种改进的模式匹配算法的时间复杂度为 O(m+n)。其改进在于：每当一趟过程中出现字符比较不等时，不需回溯 i 指针，而是利用已经得到的“部分匹配”的结果将模式串向右“滑动”尽可能远的距离，再继续进行比较。具体算法读者可参阅有关资料。

5.3.2 链串上的模式匹配

我们以结点大小为 1 的单链表存储串，实现朴素的模式匹配算法。在算法中使用指针 shift 指向每一趟在目标串中比较的起始位置，若一趟比较中出现不相等的字符，指针 shift 右移指向下一个结点，继续下一趟的比较。若匹配成功，则返回 shift 所指向的结点地址；若匹配不成功，则返回空地址值。具体算法如下：

算法 5.2 链串的模式匹配。

```
LinkString*Index(LinkString*S,LinkString*T,LinkString*pos)
//从 pos 所指示的位置开始查找模式串 T 在目标串 S 中首次出现的位置
{       LinkString*shift,*sp,*tp;
        shift=pos;
    sp=shift; tp=T;
    while(sp!=NULL&&tp!=NULL){
        if(sp->data==tp->data){    //继续比较后续结点中的字符
            sp=sp->next; tp=tp->next;
        }
        else{    //本趟匹配不成功，设置下一趟匹配的起始位置
            shift=shift->next;
            sp=shift; tp=T;
        }
    }
    if(tp==return ULL) return shift;          //匹配成功
    else NULL;                                //匹配不成功
}
```

5.4 多维数组

数组是一种常用的结构类型。数组中的各元素具有相同的类型，数组元素具有值和确定元素位置的下标。通常可以把一维数组称为向量，多维数组是向量的扩充。例如二维数组

$$A_{mn}=\begin{bmatrix} a_{11} & a_{12} & \cdots & a_{1n} \\ a_{21} & a_{22} & \cdots & a_{2n} \\ \vdots & \vdots & & \vdots \\ a_{m1} & a_{m2} & \cdots & a_{mn} \end{bmatrix}$$

可以看成由 m 个行向量组成，每个行向量中含有 n 个元素；也可以看做具有 n 个列向量，每个列向量中含有 m 个元素。即

$$A_{mn}=\{\{a_{11},a_{12},\cdots,a_{1n}\},\{a_{21},a_{22},\cdots,a_{2n}\},\cdots,\{a_{m1},a_{m2},\cdots,a_{mn}\}\}$$

或

$$A_{mn}=\{\{a_{11},a_{21},\cdots,a_{m1}\},\{a_{12},a_{22},\cdots,a_{m2}\},\cdots,\{a_{1n},a_{2n},\cdots,a_{mn}\}\}$$

一维数组中的每个元素 a_i 属于一个向量，二维数组中的每个元素 a_{ij} 属于两个向量。一维数组是线性结构，而二维数组不应看做线性结构，因为二维数组元素可能有多个直接前趋和多个直接后继。三维数组以及多维数组的概念与二维数组类似。

在计算机中一般采用顺序存储结构来存放数组。而内存结构是一维的，因此存放二维数组或多维数组时，就必须按照某种顺序将数组中的元素形成一个线性序列，然后将这个线性序列存放在内存中。下面讨论二维数组的存储方式。

(1) 行优先顺序存储：将数组元素按行向量的顺序存储，即第 i+1 行的元素存放在第 i 行的元素之后。元素存储的线性序列为

$$a_{11},a_{12},\ldots,a_{1n},a_{21},a_{22},\ldots,a_{2n},\ldots,a_{m1},a_{m2},\ldots,a_{mn}$$

(2) 列优先顺序存储：将数组元素按列向量的顺序存储，即第 j+1 列的元素存放在第 j 列的元素之后。元素存储的线性序列为

$$a_{11},a_{21},\ldots,a_{m1},a_{12},a_{22},\ldots a_{m2},\ldots,a_{1n},a_{2n},\ldots,a_{mn}$$

在多数计算机语言中，二维数组都是按行优先顺序存储的，少数语言采用按列优先顺序存储。

按照二维数组的上述两种存储的线性序列，在已知数组存储的起始地址，下标的上、下界，以及每个数组元素所占用的存储单元个数，就可以计算出元素 a_{ij} 的存储地址，从而对数组元素随机存取。

例如，二维数组 A[c1..d1,c2..d2]按行优先的顺序存储在内存中，假设每个元素占 d 个存储单元，计算元素 a_{ij} 的地址公式为

$$Loc(a_{ij})=Loc(a_{c1c2})+[(i-c1)\times(d2-c2+1)+j-c2]\times d \tag{5-1}$$

其中 $Loc(a_{c1c2})$是数组的起始地址，元素 a_{ij} 前面的 i−c1 行中共有(i−c1)×(d2−c2+1)个元素，第 i 行上元素 a_{ij} 前面又有 j−c2 个元素。

类似的，我们可以得出二维数组 A[c1..d1,c2..d2]按列优先的顺序存储在内存中，元素 a_{ij} 的地址计算公式为

$$Loc(a_{ij})=Loc(a_{c1c2})+[(j-c2)\times(d1-c1+1)+i-c1]\times d \tag{5-2}$$

【例 5.3】 假设二维数组按行优先的顺序存储，分别计算数组 A[1..m,1..n]和 A[0..m−1,0..n−1]中元素 a_{ij} 的地址。

(1) 行下标的下界是 1，上界是 m；列下标的下界是 1，上界是 n。元素 a_{ij} 的地址是

$$Loc(a_{ij})=Loc(a_{11})+[(i-1)\times n+j-1]\times d$$

(2) 行下标的下界是 0，上界是 m−1；列下标的下界是 0，上界是 n−1。元素 a_{ij} 的地址是：

$$Loc(a_{ij})=Loc(a_{00})+(i\times n+j)\times d$$

5.5 矩阵的压缩存储

矩阵广泛用于科学计算与工程应用中，在用高级语言编写程序时，常常采用二维数组存储矩阵。采用这种存储方法时，不仅使矩阵运算简单，而且存储密度高。但是，如果阶数很高的矩阵中非零元素的分布具有一定的规律或者矩阵中有大量的零元素，则为了节省存储空间，可以对这类矩阵进行压缩存储。所谓压缩存储，就是为多个值相同的元素只分配一个存储空间，零元素不分配存储空间。

5.5.1 特殊矩阵

特殊矩阵是指 n 阶方阵中非零元素或零元素的分布具有一定的规律。下面我们讨论几种特殊矩阵的压缩存储。

1. 三角矩阵

在 n 阶方阵中，以主对角线划分，如果矩阵的下三角(不包括主对角线)中的元素均为值相同的常数，则称为上三角矩阵，反之称为下三角矩阵。在多数情况下，三角矩阵的常数为零。两种三角矩阵如图 5.3 所示。

$$\begin{bmatrix} a_{11} & a_{12} & \cdots & a_{1n} \\ 0 & a_{22} & \cdots & a_{2n} \\ \vdots & \vdots & & \vdots \\ 0 & 0 & \cdots & a_{nn} \end{bmatrix} \qquad \begin{bmatrix} a_{11} & 0 & \cdots & 0 \\ a_{21} & a_{22} & \cdots & 0 \\ \vdots & \vdots & & \vdots \\ a_{n1} & a_{n2} & \cdots & a_{nn} \end{bmatrix}$$

(a) 上三角矩阵　　(b) 下三角矩阵

图 5.3　三角矩阵

可以用向量 A[0..n(n+1)/2]压缩存储三角矩阵，其中 A[0]~A[n(n+1)/2−1]存储矩阵的下(上)三角中的元素，向量的最后一个分量 A[n(n+1)/2]存储三角矩阵中的常数。

下三角矩阵按行优先的顺序存储，A[k]与 a_{ij} 的对应关系是：

$$k=\begin{cases} \dfrac{i(i-1)}{2}+j-1 & \text{当 } i\geqslant j \\ \dfrac{n(n+1)}{2} & \text{当 } i<j \end{cases} \tag{5-3}$$

上三角矩阵按列优先的顺序存储，A[k]与 a_{ij} 的对应关系是：

$$k=\begin{cases} \dfrac{j(j-1)}{2}+i-1 & \text{当 } i\leqslant j \\ \dfrac{n(n+1)}{2} & \text{当 } i>j \end{cases} \tag{5-4}$$

2. 对称矩阵

若 n 阶方阵 A 中的元素关于主对角线对称，即满足下述性质：

$$a_{ij}=a_{ji} \quad 1\leqslant i,\ j\leqslant n$$

则称 A 为对称矩阵。如果采用一维数组存储矩阵中的上三角或下三角元素，使对称的两个元素共享同一个存储空间，则可以节省近一半的存储空间。存储 n 阶对称方阵时，一维数组的长度为 n(n+1)/2。图 5.4(a)给出了一个 4 阶对称方阵，图 5.5 是其存储形式。

$$\begin{bmatrix} 3 & 5 & 2 & 1 \\ 5 & 6 & 0 & 8 \\ 2 & 0 & 2 & 9 \\ 1 & 8 & 9 & 7 \end{bmatrix}$$

图 5.4　一个 4 阶对称方阵

K=	0	1	2	3	4	5	6	7	8	9
	3	5	6	2	0	2	1	8	9	7

图 5.5　一个 4 阶对称方阵的压缩存储

3. 对角矩阵

所谓对角矩阵，是指方阵中的所有非零元素集中在以主对角线为中心的带状区域内，带状区域之外的元素值均为零。带宽为 3 的对角矩阵又称为三对角矩阵，如图 5.6 所示。

$$\begin{bmatrix} a_{11} & a_{12} & & & & \\ a_{21} & a_{22} & a_{23} & & & \\ & a_{32} & a_{33} & a_{34} & & \\ & & \cdots & \cdots & \cdots & \\ & & & a_{n-1n-2} & a_{n-1n-1} & a_{n-1n} \\ & & & & a_{nn-1} & a_{nn} \end{bmatrix}$$

图 5.6　三对角矩阵

显然，当 $|i-j|>1$ 时，元素 a_{ij} 为 0。一般地，对于 k 对角矩阵(k 为奇数)，当 $|i-j|>(k-1)/2$ 时，元素 a_{ij} 为 0。

n 阶三对角矩阵有 3n−2 个非零元素，采用向量 A[0..3n−3]按行优先的顺序压缩存储三对角矩阵。每个非零元素与向量下标的对应关系是：

$$A[2(i-1)+j-1]=a_{ij} \qquad 1\leqslant i\leqslant n，i-1\leqslant j\leqslant i+1 \tag{5-5}$$

上述各种特殊矩阵的非零元素的分布都具有一定的规律，采用向量压缩存储时，通过元素与向量的对应关系，仍然可以对矩阵中的元素进行随机存取。

5.5.2　稀疏矩阵

设矩阵 A_{mn} 中有 t 个非零元素，若 t 远远小于矩阵元素的总数(即 $t \ll m\times n$，$\frac{1}{m\times n}\leqslant 0.05$)，并且非零元素在矩阵中的分布没有规律，则称 A 为稀疏矩阵。

由于稀疏矩阵中的非零元素的分布没有规律，因此在存储非零元素的同时，还必须存储非零元素的位置信息。通常采用两种方法对稀疏矩阵进行压缩存储：顺序存储结构的三元组表和链式存储结构的十字链表。下面只讨论用三元组表实现对稀疏矩阵的压缩存储。

将稀疏矩阵中的非零元素的行号、列号和元素值作为一个三元组(i，j，a_{ij})，所有非零元素的三元组按行优先(或列优先)的顺序排列(跳过零元素)，则得到一个其结点均是三元组的线性表。我们将该线性表的顺序存储结构称为三元组表。在下面的讨论中，三元组均以按行优先的顺序进行排列。

在三元组表中除了要表示非零元素之外，还需表示矩阵的行数、列数及非零元素的总数。三元组表的结构类型定义描述为

```
#define MaxSize 1000          //最大非零元素个数
typedef int datatype;
typedef struct
{   int i,j;                  //非零元素的行、列号
    datatype v;               //非零元素的元素值
} Node;                       //三元组结构类型
typedef struct
{    int m,n,t;               //行数,列数,非零元素个数
     Node data[MaxSize];      //存放三元组表的向量
} spmatrix;                   //稀疏矩阵的三元组表结构类型
```

设 a 为 spmattrix 型指针变量，图 5.7(a)所示的稀疏矩阵 A 的三元组表如图 5.7(b)所示。

下面以矩阵的转置为例，说明采用三元组表的形式存储稀疏矩阵时，如何实现矩阵的运算。

一个 m×n 的矩阵 A，它的转置矩阵 B 是一个 n×m 的矩阵，且 A[i][j]=B[j][i]，0≤i≤m−1，0≤j≤n，即 A 的行是 B 的列，A 的列是 B 的行。例如，图 5.7(a)中的 A 和图 5.8(a)中的 B 互为转置矩阵。

$$A_{3\times4}=\begin{bmatrix}3 & 0 & 0 & 5\\0 & -1 & 0 & 0\\2 & 0 & 0 & 0\end{bmatrix}$$

(a)

	i	j	v
0	0	0	3
1	0	3	5
2	1	1	−1
a->t−1	2	0	2
⋮			
Maxsize−1			

(b) a->data

图 5.7　稀疏矩阵 A 和它的三元组表 *a

$$B_{3\times4}=\begin{bmatrix}3 & 0 & 2\\0 & -1 & 0\\2 & 0 & 0\\5 & 0 & 0\end{bmatrix}$$

(a)

	i	j	v
0	0	0	3
1	0	2	2
2	1	1	−1
b->t−1	3	0	5
⋮			
Maxsize−1			

(b) b->data

图 5.8　稀疏矩阵 B 和它的三元组表 *b

为了叙述方便，下面将三元组表*a 中的成员 a->data 简称为三元组表，因为相对于其它成员而言，它是主要的。

将 A 转置为 B，就是将 A 的三元组表 a->data 置换为 B 的三元组表 b->data，如果只是互换 a->data 中 i 和 j 的内容，那么所得到的 b->data 是按列存放的矩阵 B 的三元组表，还必须重新排列 b->data 中各结点的顺序。

由于 A 的列是 B 的行，故按 a->data 的列序转置，所得到的转置矩阵 B 的三元组表 b->data 必定是按行优先的顺序存放。算法的基本思想是：对 a->data 按列扫描 n 趟，在第 col 趟扫描中，找出所有列号等于 col 的那些三元组，将它们的行号、列号和元素值分别放入 b->data

的列号、行号和元素值中，即可得到B的按行优先的压缩存储表示。以图5.7和图5.8为例，设col=0，则扫描a->data找到列号为0的三元组依次是(0，0，3)和(2，0，2)，存入b->data后为(0，0，3)和(0，2，2)，恰好为B中第0行的两个非零元素，只要依次取col=0，1，2，3，即可得到a->data的转置矩阵b->data。下面给出具体的算法：

算法5.3 矩阵的转置(用三元组表存储矩阵)。

```
void TransMat(spmatrix *a,spmayrix *b)
// 返回稀疏矩阵A的转置，ano和bno分别指示a→data和b→data中结点序号
//col指示*a的列号(即*b的行号)
{   int ano,bno,col;
    b->m=a->n;   b->n=a->m; //A和B的行列数交换
    b->t=a->t; //非零元素个数
    if (b->t>0)    // 有非零元素，则转置
    {   bno=0;
        for(col=0;col<a->n;col++)          // 按*a的列序转置，对a->data扫描n趟
         for(ano=0;ano<a->t; ano++)        //扫描一趟三元组表
            if(a->data[ano].j==col) {   // 列号为col，则进行置换
                b->data[bno].i=a->data[ano].j;        //a的列号变为b的行号
               b->data[bno].j=a->data[ano].i;         //a的行号变为b的列号
               b->data[bno].v=a->data[ano].v;
               bno++;                                 // b->data结点序号加1
            }
    }
} // TransMat
```

该算法的时间主要耗费在col和ano的二重循环上，算法的时间复杂度为O(n×t)。而通常用二维数组表示矩阵时，其转置算法的时间复杂度是O(m×n)。如果非零元素个数大于矩阵的行数，则从转置算法的时间复杂度来说，采用三元组表存储就不合适了。

习 题 5

一、名词解释

串，顺序串，链串，特殊矩阵，稀疏矩阵，对称方阵，上(下)三角矩阵

二、填空题

1. 含零个字符的串称为______串，用______表示。其他串称为______串。任何串中所含______的个数称为该串的长度。

2. 当且仅当两个串的______相等并且各个对应位置上的字符都______时，这两个串相等。一个串中任意个连续字符组成的序列称为该串的______串，该串称为它所有子串的______串。

3. 通常将链串中每个存储结点所存储的字符个数称为______。当结点大小大于 1 时，链串的最后一个结点的各个数据域不一定总能全被字符占满，此时，应在这些未用的数据域里补上______。

4. 一般地，一个 n 维数组可视为其数据元素为______维数组的线性表。数组通常只有______和______两种基本运算。

5. 通常采用______存储结构来存放数组。对二维数组可有两种存储方法：一种是以______为主序的存储方式，另一种是以______为主序的存储方式。C 语言数组用的是以______序为主序的存储方法。

6. 数组 M 中每个元素的长度是 3 个字节，行下标 i 从 1 到 8，列下标 j 从 1 到 10，从首地址 EA 开始连续存放在存储器中。若按行方式存放，则元素 M[8][5]的起始地址为______；若按列优先方式存放，则元素 M[8][5]的地址为______。

7. 二维数组 M 的成员是 6 个字符(每个字符占一个存储单元)组成的串，行下标 i 的范围从 0 到 8，列下标 j 的范围从 1 到 10，则存放 M 至少需要______个字节；M 的第 8 列和第 5 行共占______个字节；若 M 按行方式存储，元素 M[8][5]的起始地址与当 M 按列优先方式存储时的______元素的起始地址一致。

8. 需要压缩存储的矩阵可分为______矩阵和______矩阵两种。

9. 对称方阵中有近半的元素重复，若为每一对元素只分配一个存储空间，则可将 n^2 个元素压缩存储到______个元素的存储空间中。

10. 假设以一维数组 M(1..n(n+1)/2)作为 n 阶对称矩阵 A 的存储结构，以行序为主序存储其下三角(包括对角线)中的元素，数组 M 和矩阵 A 间对应的关系为______。

11. 上三角矩阵中，主对角线上的第 t 行(1≤t≤n)有______个元素，按行优先顺序在一维数组 M 中存放上三角矩阵中的元素 a_{ij} 时，a_{ij} 之前的前 i−1 行共有______个元素，在第 i 行上，a_{ij} 是该行的第______个元素，M[k]和 a_{ij} 的对应关系是______。当 i>j 时，a_{ij}=c (c 表示常量)，c 存放在 M[______]中。

三、选择题

1. 在串的基本运算中，能够改变串值的运算有(　　)。

A. EQAL(S,T)　　B. LENGTH(S)　　C. CONCAT(S,T)

D. REPLACE(S,T,R)　　E. INDEX(S,T)

2. 在串的基本运算中，不能够改变串值的运算有(　　)。

A. ASSIGN(S,T)　　B. INSERT(S1,i,S2)　　C. DELETE(S,i,j)

D. SUBSTR(S,i,j)　　E. REPLACE(S,T,R)

3. 对于以行序为主序的存储结构来说，在数组 A[c1..d1，c2..d2]中，c1 和 d1 分别为数组 A 的第一个下标的下界和上界，c2 和 d2 分别为第二个下标的下界和上界，每个数据元素占 K 个存储单元，二维数组中任一元素 a[i,j]的存储位置可由(　)式确定。

A. Loc(i,j)= Loc(c1, c2)+[(i−c1)*(d2−c2) + (j−c2)]*k

B. Loc(i,j)=Loc(c1, c2)+[(i−c1)*(d2−c2+1) + (j−c2)]*k

C. Loc(i,j)=Loc(c1, c2)+[(j−c2)*(d1−c1+1) + (i−c1)]*k

D. Loc(i,j)= Loc(c1, c2)+[(j−c2)*(d1−c1) + (i−c1)]*k

4．对于 C 语言的二维数组 DataType A[m][n],每个数据元素占 K 个存储单元，二维数组中任意元素 a[i,j] 的存储位置可由(　　)式确定。

A. Loc(i,j)=Loc(0,0)+[i*(n+1) +j]*k

B. Loc(i,j)=Loc(0,0)+[j*(m+1) +i]*k

C. Loc(i,j)=Loc(0,0)+(i*n +j)*k

D. Loc(i,j)=Loc(0,0)+(j*m +i)*k

5．稀疏矩阵的压缩存储方法是只存储(　　)。

A. 非零元素　B. 三元组(i,j, a_{ij})　C. a_{ij}　D. i, j

6．基于三元组表的稀疏矩阵，对每个非零元素 a_{ij},可以用一个(　　)唯一确定。

A. 非零元素　B. 三元组(i,j,a_{ij})　C. a_{ij}　D. i,j

7．二维数组 M[i,j]的元素是 4 个字符(每个字符占一个存储单元)组成的串，行下标 i 的范围从 0 到 4，列下标 j 的范围从 0 到 5。若 M 按行存储，元素 M[3,5]的起始地址与 M 按列存储时，元素(　　)的起始地址相同。

A. M [2,4]　B. M[3,4]　C. M[3,5]　D. M[4,4]

8．常对数组进行的两种基本操作是(　　)。

A. 建立与删除　B. 建立与修改　C. 查找与修改　D. 查找与索引

四、问答及算法设计

1．简述下列各对术语的区别。

空串和空格串；串变量和串常量；主串和子串；串变量的名字与串变量的值

2．设有 A="　", B="mule"，C="old"，D="my",试计算下列运算的结果(注：A+B 是 CONCAT(A,B)的简写, A="　"表示含有两个空格的字符串)。

(a) A+B　(b) B+A　(c) D+C+B

(d) SUBSTR(B,3,2)　(e) SUBSTR(C,1,0)　(f) LENGTH(A)

(g) LENGTH(D)　(h) INDEX(B,D)　(i) INDEX(C,"d")

(j) INSERT(D,2,C)　(k) INSERT(B,1,A)　(l) DELETE(B,2,2)

(m) DELETE(B,2,0)

3．分别在顺序串和链串上实现串的判相等运算 EQUAL(S,T)。

4．若 S 和 T 是用结点大小为 1 的单链表存储的两个串(S、T 为头指针)，设计一个算法将串 S 中首次与串 T 匹配的子串逆置。

5．用串的其他运算构造串的子串定位运算 index。

6．利用 C 的库函数 strlen、strcpy 和 strcat 写一算法 void StrInsert(char*S,char*T)，将串 T 插入到串 S 的第 i 个位置上。若 i 大于 S 的长度，则插入不执行。

7．利用 C 的库函数 strlen、strcpy 和 strncpy 写一算法 void StrDelete(char*S,int i,int m)，删去串 S 中从位置 i 开始的连续 m 个字符。若 i≥strlen(S)，则没有字符被删除；若 i+m≥strlen(S)，则将 S 中从位置 i 开始直至末尾的字符均删去。

8．设有三对角矩阵 $A_{n\times n}$，将其三条对角线上的元素逐行存于数组 A(1..3n-2)中，使得 A[k]=a_{ij}。求：

(1) 用 i、j 表示 k 的下标变换公式；

(2) 用 k 表示 i、j 的下标变换公式。

9. 编写算法：将稀疏矩阵按行优先的顺序存储到三元组表中。

10. 稀疏矩阵以三元组表作为存储结构，试写一算法实现两个稀疏矩阵相加，结果仍存放在三元组表中。

11. 若在矩阵 $A_{m\times n}$ 中存在一个元素 a_{ij} 满足：a_{ij} 是第 i 行元素中的最小值，且又是第 j 列元素中的最大值，则称此元素为该矩阵的一个马鞍点。假设以二维数组存储矩阵 $A_{m\times n}$，试设计求出矩阵中所有马鞍点的算法。

第6章　树

树形结构是一类很重要的非线性数据结构。树形结构的特点是，元素结点之间存在明显的分支和层次关系。这种结构在客观世界中大量存在，例如人类社会的族谱，各种社会组织结构，计算机领域中如源程序的语法结构，操作系统的多级目录等。

在树形结构中以二叉树最为常用。本章重点讨论二叉树的存储结构及各种运算，最后介绍二叉树的几个应用实例。

6.1　树的概念

树是一种常用的非线性结构。我们可以如下定义：

树(Tree)是 n(n≥0)个结点的有限集合，且满足：

(1) 若 n=0，则称为空树；否则，有且仅有一个特定的结点时被称为根；

(2) 当 n>1 时，其余结点被分成 m(m>0)个互不相交的子集 T_1，T_2，…，T_m，每个子集又是一棵树，并且称为根的子树。

这是递归形式的定义，即树的定义中又用到了树的概念。这种递归定义很好地刻画了树的固有特性。在图 6.1 中，(a)是只有根结点(n=1)的树；(b)是树的一般形式，其中 A 是根结点，其余结点又分成 3 棵互不相交的子树 T_1、T_2和 T_3，分别以结点 B、C 和 D 为根结点。同样，在结点 B 和 C 的下面，又可以得到以 E、F 和 G 为根结点的树。树的定义及例图 6.1 展示了一种按层次关系组织的分支结构。树的根结点没有前趋，其直接后继处于同一层次上。

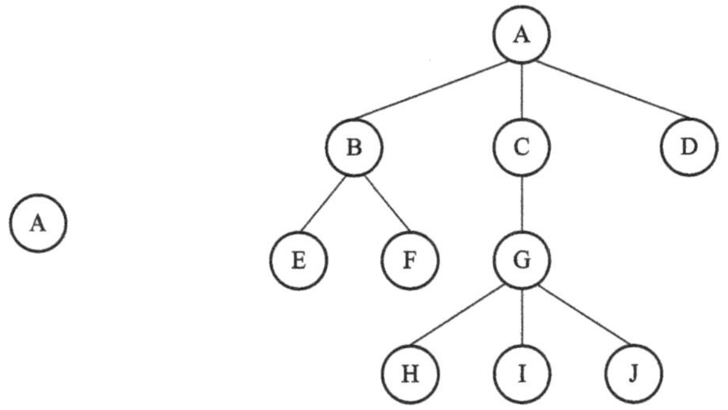

(a) 只有根节点的树　　(b) 一般的树

图 6.1　树的示例

树的表示还有其他一些形式，例如嵌套集合、广义表、目录表示等，对于图 6.1(b)，这三种形式分别对应图 6.2 中的(a)、(b)和(c)。

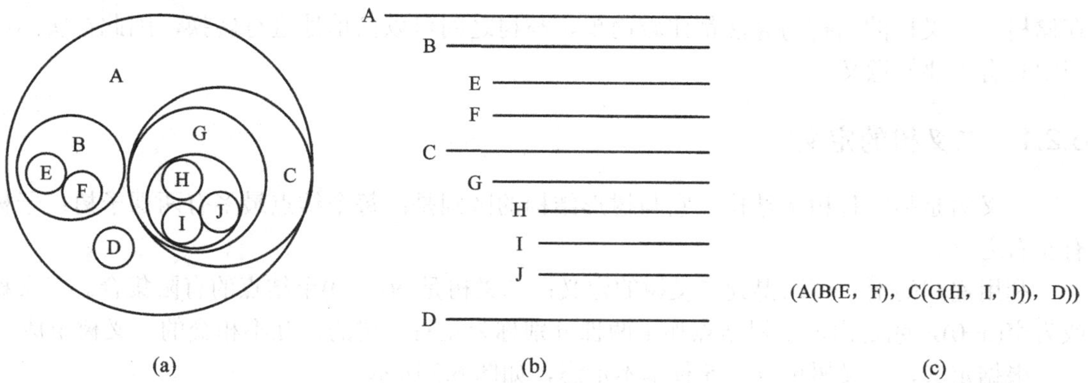

图 6.2　树的其他表示

在树结构中，结点之间的关系可以用家族关系进行形象地描述。下面列出树形结构的一些常用术语。

结点：包含一个数据元素及若干指向其子树根的分支。

结点的度：结点拥有的子树个数。

叶子(终端结点)：度为 0 的结点。

非终端结点：度不为 0 的结点。

结点的层次：树中根结点的层次为 1，根结点子树的根为第 2 层，以此类推。

树的度：树中所有结点的度的最大值。

树的深度：树中结点层次的最大值。

孩子：结点子树的根称为这个结点的孩子。

双亲：结点的直接上层结点称为该结点的双亲。

兄弟：同一双亲的孩子互称为兄弟。

堂兄弟：双亲在同一层上的结点互称为堂兄弟。

路径：从某个结点到其子树中另一个结点之间的分支，构成两个结点之间的路径。

子孙：以某结点为根的子树中的所有结点都被称为该结点的子孙。

祖先：从根结点到该结点路径上的所有结点。

森林：m(m≥0)棵互不相交的树的集合。

有序树、无序树：如果树中每棵子树从左向右的排列拥有一定的顺序，不得互换，则称为有序树，否则称为无序树。在有序树中，最左边的子树的根称为第一个孩子，最右边的子树的根称为最后一个孩子。

尽管树的存储结构可以有多种形式，但主要使用的存储结构仍然是顺序存储和链式存储。顺序存储时，必须采用某种方式的线性化方法，使树形结构的结点成为一个线性序列，然后才可以存储；链式存储时，可以采用多指针域的结点形式，每一个指针域指向一棵子树的根结点。

6.2　二　叉　树

由于树的分支数不固定，因而很难给出一种固定的存储结构，通常采用二叉树的形式存储树。二叉树的结构与算法都比较简单，与树之间可以简单地进行转换，因此在实际应用中具有重要的意义。

6.2.1　二叉树的定义

二叉树是另一种树形结构。它与树形结构的区别是：每个结点最多有两棵子树；子树有左右之分。

利用递归的形式可以得到二叉树的定义：二叉树是 $n(n\geqslant 0)$个结点的有限集合。二叉树或为空(n=0)，或是由一个根结点加上两棵分别称为左右子树的，互不相交的二叉树组成。

根据定义，二叉树可以有 5 种基本形态，如图 6.3 所示。

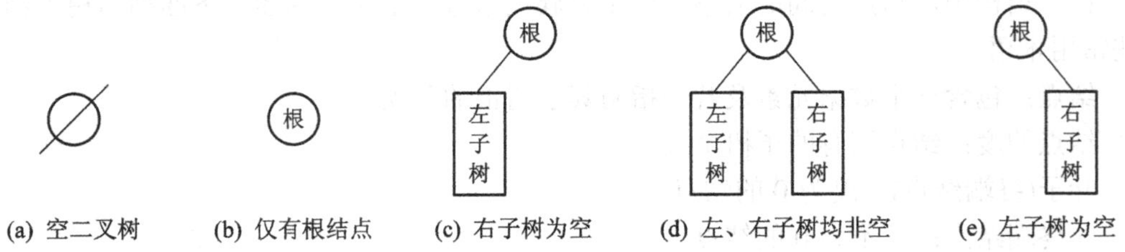

图 6.3　二叉树的 5 种基本形态

6.2.2　二叉树的性质

二叉树具有下列 5 个重要的性质。

性质 1：在二叉树的第 i 层上最多有 2^{i-1} 个结点$(i\geqslant 1)$。

证明：可用数学归纳法予以证明。

当 i=1 时，有 $2^{i-1}=2^0=1$，显然第一层上只有一个根结点，故命题成立。

设当 i=k 时成立，即第 k 层上至多有 2^{k-1} 个结点。

当 i=k+1 时，由于二叉树的每个结点至多有两个孩子，所以第 k+1 层上至多有 $2\times 2^{k-1}=2^k$ 个结点，故命题成立。

性质 2：深度为 k 的二叉树最多有 2^k-1 个结点$(k\geqslant 1)$。

由性质 1 可得，1 至 k 层各层最多的结点个数分别为：$2^0, 2^1, 2^2, \cdots, 2^{k-1}$。该等比数列之和为

$$\sum_{i=1}^{k} 2^{i-1} = 2^k - 1 \tag{6-1}$$

性质 3：对任意一棵二叉树 T，如果其终端结点个数为 n_0，度为 2 的结点个数为 n_2，则 $n_0 = n_2 + 1$。

证明：设度为 1 的结点数为 n_1，则一棵二叉树的结点总数为

$$n = n_0 + n_1 + n_2 \tag{6-2}$$

因为除根结点外，其余结点都有一个进入的分支(边)，设 B 为分支总数，则 $n = B + 1$。又考虑到分支是由度为 1 和 2 的结点发出的，故有 $B = n_1 + 2n_2$，于是可得

$$n = 2n_2 + n_1 + 1 \tag{6-3}$$

比较式(6-2)、(6-3)可得 $n_0 = n_2 + 1$，证毕。

完全二叉树和满二叉树是二叉树的两种特殊形态。

一棵深度为 k 且有 2^{k-1} 个结点的二叉树称为满二叉树。满二叉树的特点是不存在度为 1 的结点，即每一层上的结点数都达到最大值。

从根结点开始，对满二叉树按照自上而下、从左至右的编号规则进行连续编号，可得到如图 6.4(a)所示的带有编号的满二叉树。

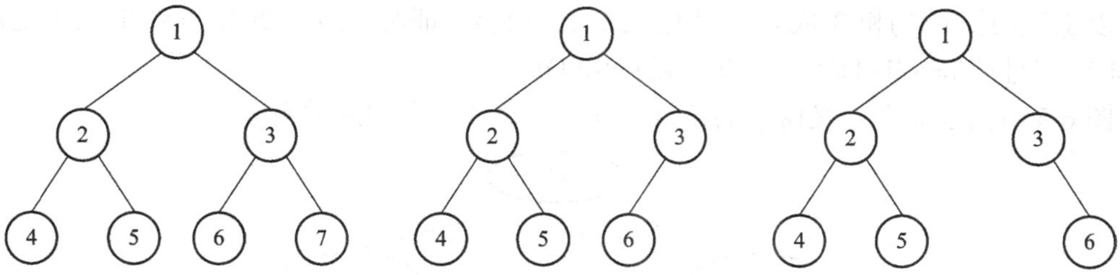

(a) k＝3的满二叉树　　(b) 完全二叉树　　(c) 非完全二叉树

图 6.4　满二叉树、完全二叉树和非完全二叉树

如果对一棵深度为 k 的二叉树结点按照上述编号规则进行编号，所得顺序与满二叉树相应结点的编号顺序一致，则称这棵二叉树为完全二叉树。完全二叉树的前 k－1 层可以看做是满二叉树，而第 k 层的结点集中在最左边的若干位置上。图 6.4(b)和(c)分别给出了完全二叉树和非完全二叉树的例子。

显然，满二叉树一定是完全二叉树，但完全二叉树不一定是满二叉树。在满二叉树的最下一层上，从最右边开始连续删去若干个结点后，所得到的二叉树仍然是一棵完全二叉树。在完全二叉树中，若某个结点没有左孩子，则它一定没有右孩子，则该结点必然是叶子结点。

性质 4：具有 n 个结点的完全二叉树的深度为 $\lfloor \text{lb } n \rfloor + 1$ 或 $\lceil \text{lb}(n+1) \rceil$。

注：$\lfloor x \rfloor$ 表示不大于 x 的最大整数，$\lceil x \rceil$ 表示不小于 x 的最小整数。

证明：设完全二叉树的深度为 k，则根据性质 2 和完全二叉树的定义可得：

$$2^{k-1} - 1 < n \leqslant 2^k - 1 \tag{6-4}$$

因此可推出 $2^{k-1} \leqslant n < 2^k$，取对数后可得 $k - 1 \leqslant \text{lb } n < k$。因为 k 为整数，所以 $k = \lfloor \text{lb} n \rfloor + 1$。

同理，利用式(6-4)可推出 $2^{k-1} < n+1 \leqslant 2^k$，取对数后可得 $k = \lceil \text{lb}(n+1) \rceil$，证毕。

性质 5：如果将一棵有 n 个结点的完全二叉树的结点按层序(自顶向下，同一层自左向右)连续编号 1, 2, …, n，然后按此结点编号将树中各结点顺序地存放于一个一维数组中，并简称编号为 i 的结点为结点 $i(1 \leqslant i \leqslant n)$，则有以下关系：

(1) 若 $i = 1$，则结点 i 是二叉树的根，无双亲；若 $i > 1$，则 i 的双亲为结点 $\lfloor i/2 \rfloor$。

(2) 若 $2i \leqslant n$，则 i 的左孩子为 2i，否则无左孩子。

(3) 若 $2i+1 \leqslant n$，则 i 的右孩子为 $2i+1$，否则无右孩子。

先证明(2)和(3)，再由(2)和(3)导出(1)。

当 $i = 1$ 时，显然(2)和(3)成立。

当 $i > 1$ 时，设结点 i 位于第 $j(1 \leqslant j \leqslant \lfloor \text{lb } n \rfloor + 1)$ 层，根据二叉树的定义和性质 2 可知

$2^{j-1} \leqslant i \leqslant 2^j - 1$。下面分两种情况讨论：

(1) 设结点 i 是第 $j(1 \leqslant j \leqslant \lfloor \mathrm{lb}\, n \rfloor + 1)$ 层的第一个结点(由二叉树的定义和性质 2 可知 $i=2^{j-1}$)，则其左孩子必为第 j+1 层的第一个结点，其编号为 $2^j = 2(2^{j-1}) = 2i$，若 2i>n，则无左孩子；其右孩子必为第 j+1 层的第二个结点，其编号为 2i+1，若 2i+1>n，则无右孩子。

(2) 假设第 $j(1 \leqslant j \leqslant \lfloor \mathrm{lb}\, n \rfloor + 1)$ 层上某个结点 $i(2^{j-1} \leqslant i \leqslant 2^j - 1)$，且 2i+1<n，则其左孩子为结点 2i，右孩子为结点 2i+1，又结点 i+1 是结点 i 的右兄弟或堂兄弟，若它有左孩子，则编号必为 2i+2=2(i+1)，若它有右孩子，其编号必为 2i+3=2(i+1)+1。

以上证明得到(2)和(3)成立。利用上面的结论容易证明：结点 2i 和 2i+1 的双亲就是 i，即 $i = \lfloor 2i/2 \rfloor$ 或 $i = \lfloor (2i+1)/2 \rfloor$，由此可以得出(1)成立。

图 6.5 给出了完全二叉树上的结点及其左、右孩子之间的关系。

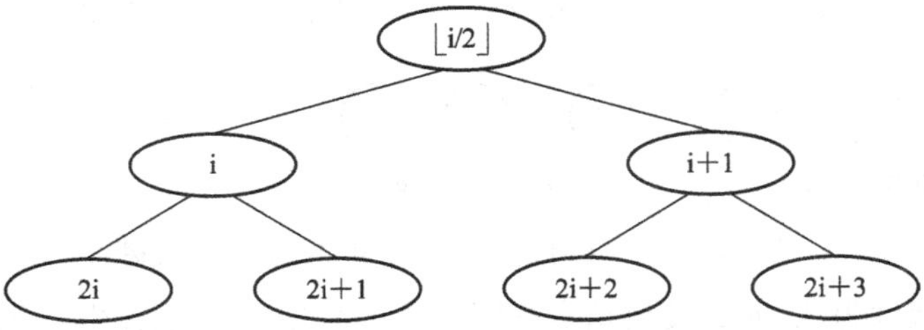

图 6.5　完全二叉树中结点 i 和 i+1 的左、右孩子

6.2.3　二叉树的存储结构

二叉树主要采用两种存储方式：顺序存储结构和链式存储结构。

1．顺序存储结构

顺序存储时，首先必须对树形结构的结点进行某种方式的线性化，使之成为一个线性序列，然后存储。这种存储结构适用于完全二叉树。

根据二叉树性质 5，在此约定，按照完全二叉树结点的编号顺序，用一组连续的存储单元存放结点内容。图 6.6 所示为一棵完全二叉树及其相应的存储结构。可见，在一棵完全二叉树中，按照从根结点起，自上而下、从左至右的方式对结点进行顺序编号，便可得到一个反映结点之间关系的线性序列。这种存储结构可以反映完全二叉树结点的层次和顺序，既简单又节省存储空间。

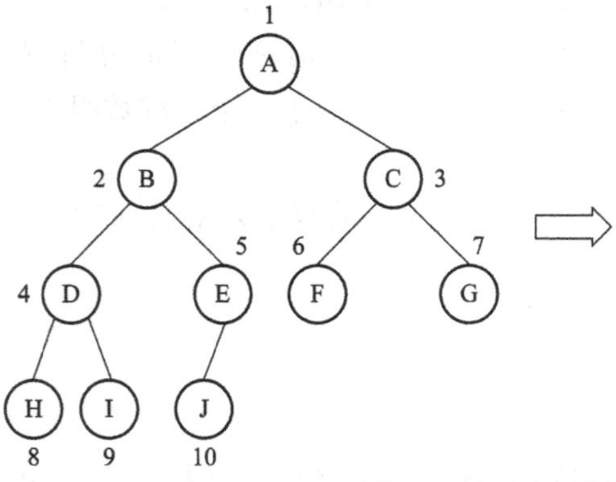

编号	1	2	3	4	5	6	7	8	9	10
结点值	A	B	C	D	E	F	G	H	I	J

图 6.6　完全二叉树的结点编号和顺序存储结构

对于一般二叉树，可以通过增加虚结点将其转化为完全二叉树，然后再按照相同的方法进行存储。图 6.7 给出了一般二叉树的顺序编号方式及相应的存储结构，其中虚结点用方块表示，并赋值为@。可以看出，虚结点的作用是把一般二叉树补全为一棵完全二叉树，从而保持了结点间的逻辑关系，并且在实际存储时利用特殊取值“@”与其他结点值加以区分。

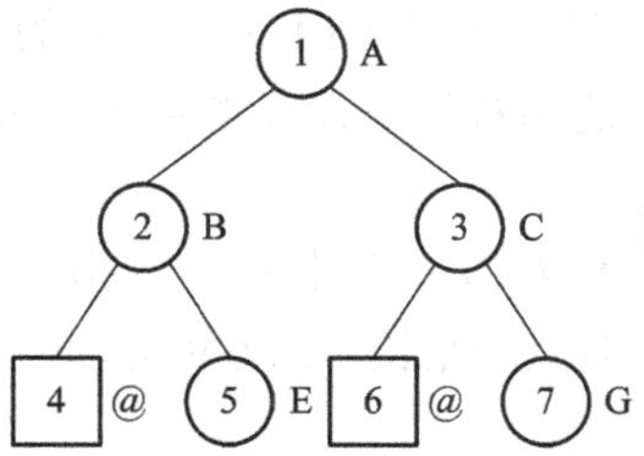

编号	1	2	3	4	5	6	7
结点值	A	B	C	@	E	@	G

图 6.7　一般二叉树的结点编号和顺序存储结构

利用以上表示方法，可以给出一般二叉树的顺序存储结构的 C 语言描述如下：

```
#define    maxsize   1024;
typedef    int    datatype;
typedef    struct
{ datatype  data[maxsize];   //存放二叉树的向量
  int       last;            //最后一个结点的下标
}sequenlist;
```

由于一般二叉树必须仿照完全二叉树那样存储，因而所增加的虚结点占用的存储空间将成为额外的开支。一个极端情况是：仅由 k 个结点构成的单支树，但是根据性质 2，采用顺序存储结构存储一棵深度为 k 的完全二叉树或一般二叉树，所需向量的长度是 2^k-1。

2. 链式存储结构

若虚结点较多，为提高空间利用率，可以考虑采用链式存储结构。链式存储结构是二叉树的一种自然表示。根据二叉树的定义，二叉树的结点至少包括三个域：数据域(data)、左孩子指针域(lchild)和右孩子指针域(rchild)，如图 6.8(a)和(b)所示。为方便查找父结点，还可以增加一个双亲指针域，如图 6.8(c)所示。利用图 6.8(b)、(c)所示的结点结构所得二叉树的逻辑结构分别称为二叉链表和三叉链表。

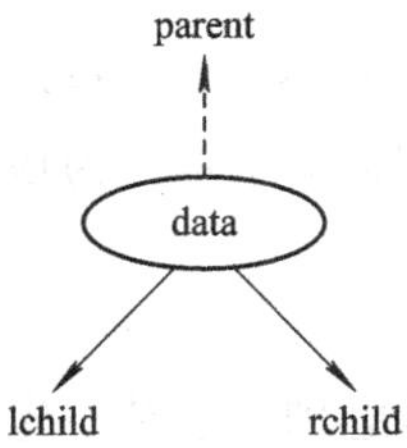

(a) 结点

lchild	data	rchild

(b) 含有两个指针域的结点

lchild	data	rchild	parent

(c) 含有三个指针域的结点

图 6.8　二叉树结点的链式存储结构

二叉链表结点的 C 语言逻辑描述如下：

```
typedef   char   datatype;
typedef   struct   node{
```

```
    datatype data;
    struct  node  *lchild, *rchild;
    }bitree;
    bitree  *root; // 指向根结点的头指针
```

其中 root 是指向根结点的头指针，当二叉树为空时，则 root==NULL。若结点的某个孩子不存在，则相应的指针域为空。对于三叉链表的 C 语言逻辑描述，仅需增加一个 node 类型的双亲指针 parent。

在二叉链表中，假设共有 n 个结点，则指针域个数为 2n，其中 n−1 个指针域用于指示结点，其余 n+1 个指针域必为空。对于三叉链表则有类似的结论。图 6.9 所示为二叉链表和三叉链表的图形表示。

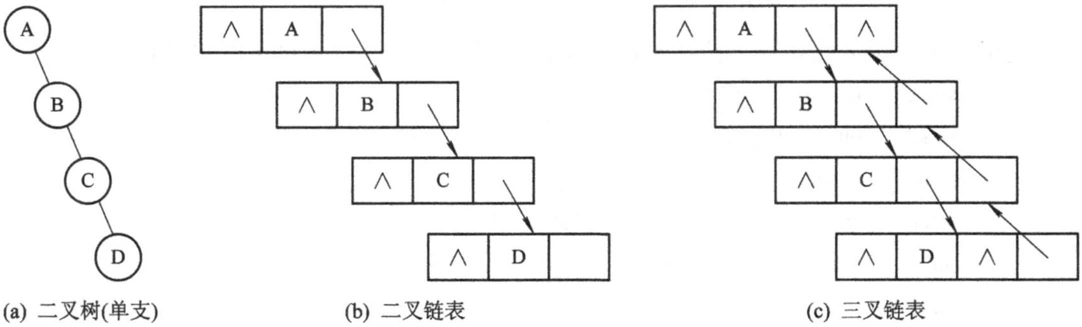

图 6.9 链表存储结构

3. 二叉树的建立(二叉链表)

不论是顺序存储结构还是链式存储结构，二叉树的建立算法都取决于二叉树逻辑结构的输入顺序和表示形式。对于顺序存储结构，可以在添加虚结点后按照完全二叉树的编号顺序依次存入向量单元中。对于链式存储结构，二叉树的建立算法又有很多种。这里仅讨论二叉链表的一种常见的建立算法，即按照二叉树的层次顺序依次输入结点信息。类似于顺序存储结构，一般二叉树在输入结点信息的同时，还要输入虚结点信息，构成完全二叉树之后，才能应用此算法。

该算法的基本步骤是：

(1) 按照结点的序号，依次输入结点信息，若输入的结点不是虚结点，则建立一个新结点。

(2) 若新结点是第 1 个结点，则令其为根结点，否则将新结点作为孩子链接到它的双亲结点上。

(3) 如此反复进行，直到输入结束标志“#”为止。

算法的具体实现如算法 6.1 所示。在实现算法时，考虑到双亲结点先建立则其孩子结点也会先被建立，可以设置一个指针数组构成的队列来保存已输入结点的地址(虚结点的地址为空)，并使队尾(rear)指向当前输入的结点，队头(front)指向这个结点的双亲结点。由于根结点的地址放在队列的第一个单元里，因此当 rear 为偶数时，rear 所指的结点应作为左孩子与其双亲链接，否则，rear 所指的结点应作为右孩子与其双亲链接。若双亲结点或孩子结点为虚结点，则无须链接。当一个双亲结点与两个孩子链接完毕后，则进行出队操作，使队头指针指向下一个待链接的双亲结点。

算法 6.1　二叉树建立(二叉链表)。

```
bitree *CREATREE( )                        //建立二叉树函数，函数返回指向根结点的指针
{char      ch;                             //结点信息变量
 bitree *q[maxsize];                       //设置指针类型数组来构成队列
 int   front, rear;                        //队头和队尾指针变量
 bitree    *root, *s;                      //根结点指针和中间指针变量
 root=NULL;                                //二叉树置空
 front=1;    rear=0;                       //设置队列指针变量初值
// 以上为初始化
  while((ch=getchar( ))!= '#')             //输入一个字符，当不是结束符时执行以下操作
  {   s=NULL;
      if(ch!= '@')                         //@表示虚结点。若不是虚结点，则建立新结点
      {   s=(bitree*)malloc(sizeof (bitree));
          s->data=ch;
          s->lchild=NULL;
          s->rchild=NULL;
      }
          rear++;                          //队尾指针增 1，指向新结点地址应存放的单元
      q[rear]=s;                           //将新结点地址入队或虚结点指针 NULL 入队
      if (rear==1)    root=s;              //输入的第一个结点作为根结点
      else { if (s && q[front])            // 孩子和双亲结点都不是虚结点
              if (rear % 2==0) q[front]->lchild=s;   //rear 为偶数，新结点是左孩子
              else q[front]->rchild=s;     //rear 为奇数且不等于 1，新结点是右孩子
              if (rear % 2==1) front++;    //结点*q[front]的两个孩子处理完毕，出队
           }
  }
  return root;      //返回根指针
}     // CREATREE
```

6.3　二叉树的遍历

所谓二叉树的遍历，是指按某种搜索路线访问二叉树中的每一个结点且每个结点仅被访问一次。这里的访问可以是查找、比较、修改等对结点所做的各种处理。由于二叉树是一种非线性的数据结构，因此对它进行遍历的复杂度远高于线性结构。根据搜索路线的不同，二叉树的遍历方式分为两大类：深度优先遍历和广度优先遍历。遍历的结果都是产生一个关于结点的线性序列。

6.3.1　深度优先遍历

二叉树的深度优先遍历算法可分为递归和非递归两种。

1. 递归遍历算法

利用二叉树的递归定义，二叉树的遍历只需依次遍历二叉树的三个基本部分：根结点、左子树和右子树。设 L、D 和 R 分别表示遍历左子树、访问根结点和遍历右子树，根据访问顺序的不同，可以得到六种不同的二叉树深度优先遍历方案，即 DLR，DRL，LDR，RDL，LRD 和 RLD。按照先左后右的习惯，仅采用 DLR(先(根)序遍历)、LDR(中(根)序遍历)和 LRD(后(根)序遍历)三种遍历方案。

1) 先序遍历算法

若二叉树为空，则结束遍历操作；否则：

(1) 访问根结点；

(2) 先序遍历左子树；

(3) 先序遍历右子树。

先序遍历算法的 C 语言描述如算法 6.2 所示。

算法 6.2　先序遍历算法。

```
void preorder(bitree *p)              //先序遍历二叉树，p 指向二叉树的根结点
{if (p!=NULL)                         //二叉树 p 非空，则执行以下操作
   {printf ("%c ", p->data);          //访问 p 所指结点，这里所用的访问操作为打印输出
    preorder (p->lchild);             //先序遍历左子树
    preorder (p->rchild);             //先序遍历右子树
   }
}
```

2) 中序遍历算法

若二叉树为空，则结束遍历操作；否则：

(1) 中序遍历左子树；

(2) 访问根结点；

(3) 中序遍历右子树。

中序遍历算法的 C 语言描述如算法 6.3 所示。

算法 6.3　中序遍历算法。

```
void inorder(bitree *p)               //中序遍历二叉树，p 指向二叉树的根结点
{if (p!=NULL)                         //二叉树 p 非空，则执行以下操作
   {inorder (p->lchild);              //中序遍历左子树
    printf ("%c", p->data);           //访问 p 所指结点
    inorder (p->rchild);              //中序遍历右子树
   }
}
```

3) 后序遍历算法

若二叉树为空，则结束遍历操作；否则：

(1) 后序遍历左子树；

(2) 后序遍历右子树；

(3) 访问根结点。

后序遍历算法的 C 语言描述如算法 6.4 所示。

算法 6.4　后序遍历算法。

```
void postorder(bitree *p)          //后序遍历二叉树，p 指向二叉树的根结点
{if (p!=NULL)                      //二叉树 p 非空，则执行以下操作
   {postorder (p->lchild);         //后序遍历左子树
    postorder (p->rchild);         //后序遍历右子树
    printf ("%c", p->data);        //访问 p 所指结点
   }
}
```

图 6.10 是一棵二叉树及其先序、中序和后序遍历得到的相应序列。其中虚线箭头表示遍历路线。根据函数递归调用的特点，每个结点在遍历过程中要途经三次，但是仅被访问一次。这里用①、②和③分别表示某个结点是在第一次、第二次或第三次途经时被访问。显然，①、②和③分别对应先序、中序和后序三种遍历路线。例如，把所有结点按照遍历路线中①出现的顺序排列，即可得到先序遍历序列为 ABDEGCFH。

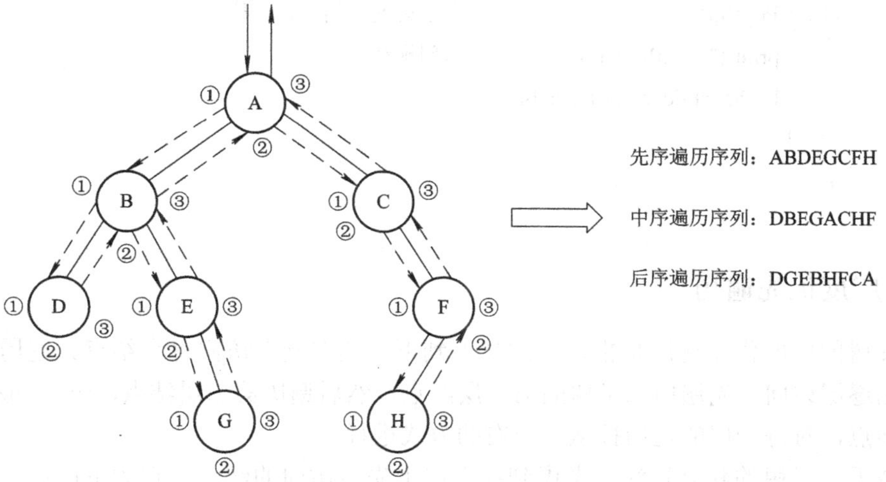

图 6.10　二叉树的遍历路线及遍历序列

二叉树遍历算法的基本操作是访问结点，因此无论何种算法，其时间复杂度仅与二叉树的结点个数 n 有关，即 O(n)。所需辅助空间为遍历过程中栈的最大容量，也即树的深度，最坏情况下其空间复杂度也为 O(n)。所得到的遍历序列可以看做是对二叉树非线性结构的线性化，但是遍历序列中的前趋和后继结点与树形结构中的前趋和后继结点是有区别的，而且与遍历算法有关，因而应同时给出遍历算法的名称。

2. 非递归遍历算法

递归遍历算法的特点是结构紧凑、清晰，但是运行效率较低。仿照递归遍历算法执行过程中栈的状态变化，可以直接写出相应的非递归遍历算法。以中序遍历为例，在遍历左子树之前，先把根结点入栈，当左子树遍历结束后，从栈中弹出并访问，再遍历右子树。

由此可得中序遍历的非递归算法的基本思想是：

(1) 当指针 p 所指的结点非空时，将该结点的存储地址进栈，然后再将 p 指向该结点的

左孩子结点。

(2) 当指针 p 所指的结点为空时，从栈顶退出栈顶元素送 p，并访问该结点，然后再将 p 指向该结点的右孩子结点。

(3) 如此反复，直到 p 为空并且栈顶指针 top = -1 为止。

中序遍历的非递归算法详见算法 6.5。假设二叉树共有 *n* 个结点，每个结点进栈和出栈各一次，因此算法 6.5 的时间复杂度为 O(n)。

算法 6.5　深度优先的非递归遍历算法(中序)。

```
void ninorder(bitree *T)
{SqStack *S;      bitree *P=T;
 InitStack(S);                          //顺序栈初始化
 while( P!=NULL || !Empty(S))
  {if (P!=NULL) { Push(S,P);            //根结点入栈
      P=P->lchild;                      //遍历左子树
   }
   else { Pop(S,P);                     //左子树遍历结束，出栈
         printf("%c",P->data);          //访问根结点
         P=P->rchild; //遍历右子树
        }
   }
}
```

6.3.2　广度优先遍历

二叉树的广度优先遍历是指按层次从上到下、从左到右访问每个结点。遍历序列从根结点开始逐层访问，先遍历二叉树的第一层结点，然后遍历第二层结点，……，最后遍历最下层的结点，对每一层的遍历按从左至右的方式进行。

类似于二叉树的建立算法，考虑到在上层中先被访问的结点，它的下层孩子也必然先被访问。因此在实现这种遍历算法时，需要使用一个队列。

广度优先遍历算法的基本思想是：

(1) 把二叉树的根结点的存储地址入队。

(2) 依次从队列中出队结点的存储地址，每出队一个结点的存储地址，则对该结点进行访问，然后依次将该结点的左孩子和右孩子的存储地址入队。

(3) 如此反复，直到队空为止。

以图 6.10 为例，可以得到该二叉树的广度优先遍历序列为 ABCDEFGH。

算法 6.6　广度优先遍历算法。

```
bitree   *Q[maxsize];
void layer(BiTree *T)
{bitree *p;   SqQueue *Q;   InitQueue(Q);        //初始化队列
 if (T!=NULL)
 { Q->rear=(Q->rear+1)%MAXSIZE;                  //修改循环队列尾指针
```

```
Q->data[Q->rear]=T;                          //入队
while (Q->front !=Q->rear)                   //循环队列非空
{ Q->front=(Q->front+1)%MAXSIZE;             //修改队头指针
 p=Q->data[Q->front];                        //出队
 printf("%c",p->data);
 if (p->lchild!=NULL)                        //左子树非空
 {  Q->rear=(Q->rear+1)%MAXSIZE;
   Q->data[Q->rear]=p->lchild; }             //左子树根结点入队
   if (p->rchild!=NULL)                      //右子树非空
  { Q->rear=(Q->rear+1)%MAXSIZE;
    Q->data[Q->rear]=p->rchild; }            //右子树根结点入队
  }
 }
}
```

6.3.3　从遍历序列恢复二叉树

通过修改遍历算法中的访问函数，可以对二叉树进行各种操作。反之，也可以利用所得到的遍历序列恢复相应的二叉树。根据定义，可知先序、中序和后序遍历序列有以下特点：

(1) 先序遍历序列：第一个结点必定是二叉树的根结点；其余结点可分割成左子树和右子树两部分；对于左子树和右子树，可以进行类似的分析。

(2) 中序遍历序列：已知的根结点将中序序列分割成两个子序列，根结点左面的子序列是左子树的中序序列，而在根结点右边的子序列是右子树的中序序列，以此类推。

(3) 后序遍历序列：最后一个结点必定是二叉树的根结点；其余结点可分割成左子树和右子树两部分；以此类推。

综上分析可知，对于一个二叉树，由其先序或后序遍历序列可以确定根结点；若已知根结点，则可以利用中序遍历序列确定其左子树和右子树。按照这一思路，可以对这棵二叉树的左子树和右子树再分别确定根结点和左、右子树。重复以上操作，便可唯一地确定一棵二叉树。

在这一过程中，先序和后序遍历序列起着相同的作用，都是用来确定根结点。先序和中序遍历序列或者后序和中序遍历序列便可以唯一地确定一棵二叉树。先序和后序遍历序列的组合是不可取的。

由于这一过程具有明显的递归特性，因此可以方便地用递归算法来实现。算法 6.7 是根据先序和中序遍历序列恢复二叉树的算法。

算法 6.7　从遍历序列恢复二叉树(先序和中序遍历序列)。

```
datatype preod[maxsize], inod[maxsize];      //设置先序和中序遍历序列的存放数组
bitree *BPI(datatype preod[ ], datatype inod[ ], int i, int j, int k, int h)
//i,j,k,h 分别是要构造二叉树的先序和中序序列数组的起始和终点下标
{int m;   bitree *p;
```

```
    p = (bitree*)malloc (sizeof(bitree));           //构造根结点
    p->data=preod[i];
    m=k;
    while ( inod[m] != preod[i] )    m++;           //查找根结点在中序序列中的位置
    if ( m==k )    p->lchild = NULL;                //对左子树进行构造
    else    p->lchild = BPI( preod, inod, i+1, i+m-k, k, m-1 );
    if ( m= =h )    p->rchild=NULL;                 //对右子树进行构造
    else    p->rchild = BPI( preod, inod, i+m-k+1, j, m+1, h );
    return (p);
}
```

图 6.11 为由先序遍历序列{ABHFDECKG}和中序遍历序列{HBDFAEKCG}恢复二叉树的过程。首先，由先序遍历序列确定二叉树的根结点为 A，再根据 A 在中序序列中的位置，可知结点 HBDF 在 A 的左子树上和 EKCG 在 A 的右子树上；对于左子树 HBDF，根据先序遍历序列确定其根为结点 B 及其左子树 H 和右子树 DF，进一步可判断 F 为根以及 D 为其右子树。对于右子树 EKCG，通过类似过程，最终可得到如图 6.11(i)所示的二叉树。

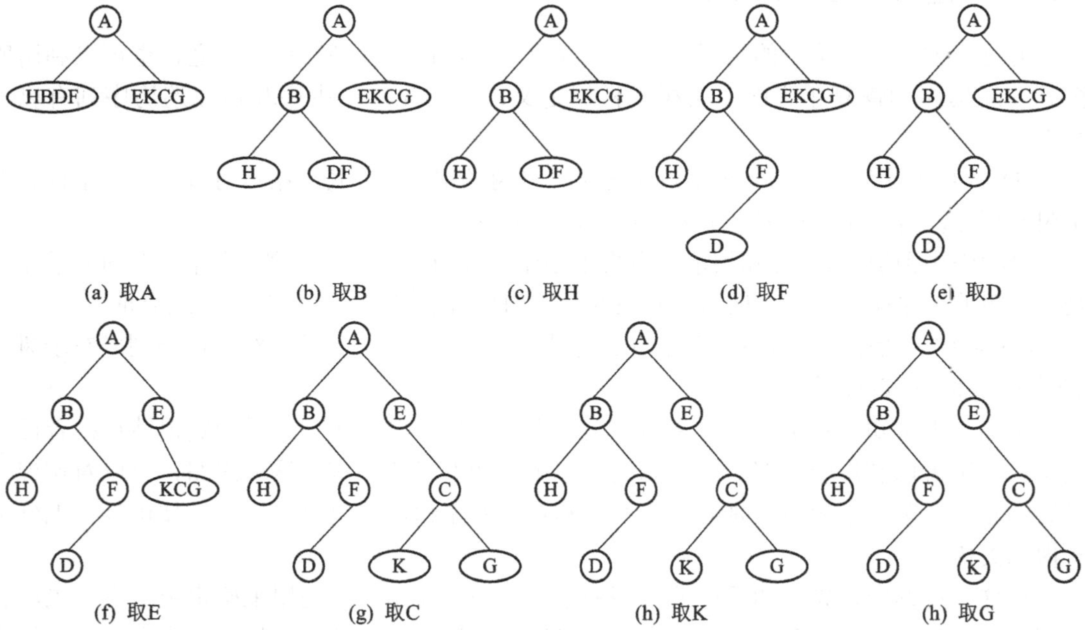

图 6.11　由先序和中序遍历序列恢复二叉树

利用相似的思路容易写出基于后序和中序遍历序列的递归二叉树恢复算法。读者可在算法 6.7 的基础上修改得到。

6.3.4　遍历算法的应用

遍历算法中的访问函数表示对二叉树的各种操作，因此，以遍历算法为基础的应用相当广泛。本节介绍两个例子以加深对二叉树遍历算法的理解。

1. 计算一棵二叉树的叶子结点数目

这个操作可以使用三种遍历顺序中的任何一种。在实现时将访问操作变为对叶子结点的判断，并且当该结点是叶子结点时将累加器加 1。下面这个算法是利用中序遍历算法来实现的。

算法 6.8　计算一棵二叉树的叶子结点数目。

```
int count =0;
int countleaf(bitree *p)
{if ( p != NULL ){
     count = countleaf( p->lchild );     // 对左子树上的叶子结点计数
     if ( (p->lchild= =NULL)&&(p->rchild= =NULL))     count=count+1;
     count = countleaf(p->rchild);     // 对右子树上的叶子结点计数
   }
   return   count;
}
```

2. 求二叉树的深度

求解的基本思路是首先分别求出、左右子树的高度，在此基础上得出该棵树的高度，即左、右子树较大的高度值加 1。这个操作中使用了后序遍历，比较符合人们求解二叉树高度的思维方式。

算法 6.9　求二叉树的深度。

```
int Depth(BiTree *T)
{   int depL,depR;
    if (T!=NULL)
    { depL=Depth(T->lchild);
     depR=Depth(T->rchild);
     if (depL>=depR)    return (depL+1);   //二叉树的深度为左、右子树深度较大者加 1
     else    return (depR+1);
    }
    return (0);
}
```

6.4　线索二叉树

根据上节的讨论得知：遍历二叉树是以一定规则将二叉树中的结点排列成一个线性序列，例如先序序列、中序序列或后序序列。在这些线性序列中，每个结点(除第一个和最后一个外)有且仅有一个直接前趋和直接后继。这实际上完成了对一个非线性结构的线性化。当以二叉链表作为存储结构时，如果希望能直接得到结点在任一序列中的前趋和后继信息，而不需要每次都对二叉树进行遍历，则有必要引入线索二叉树。

6.4.1　线索二叉树的存储结构

线索二叉树可以在遍历过程中记录每个结点的直接前趋和直接后继的信息。其中线索是指向结点前趋和后继的指针。线索二叉树的结点结构定义如下：

lchild	ltag	data	rtag	rchild

其中：ltag=0，lchild 域指示结点的左孩子；

ltag=1，lchild 域指示结点的前趋；

rtag=0，rchild 域指示结点的右孩子；

rtag=1，rchild 域指示结点的后继。

当结点有左子树时，其 lchild 域仍指向其左孩子，否则令左线索标志 ltag=1,此时 lchild 指针域指向该结点的前趋结点；当结点有右子树时，其 rchild 域仍指向其右孩子，否则令右线索标志 rtag=1，此时 rchild 指针域指向该结点的后继结点。

以这种结点结构构成的二叉链表作为二叉树的存储结构，叫做线索链表，其中指向结点前趋和后继的指针叫做线索。加上线索的二叉树称之为线索二叉树。例如，图 6.12 所示为中序线索二叉树以及对应的中序线索链表。其中实线为指针(指向左、右子树)，虚线为线索(指向前趋和后继)。对二叉树以某种次序遍历使其变为线索二叉树的过程叫做线索化。

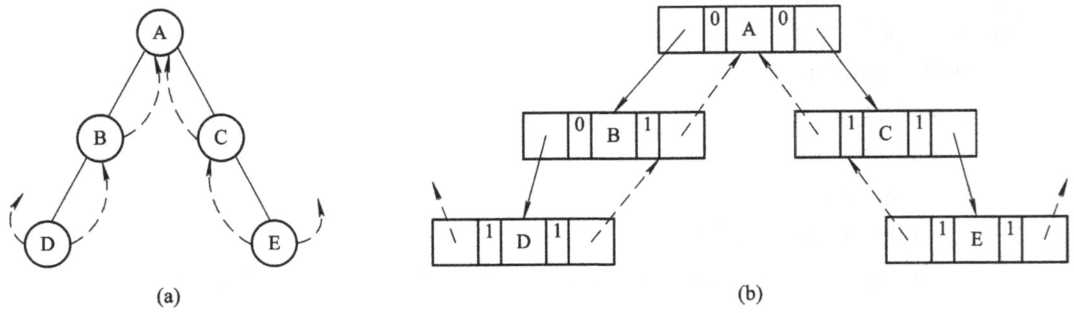

图 6.12　中序线索二叉树及二叉链表表示

注意到，线索二叉树的结点结构实质上是利用二叉链表中的空指针域来作为线索，而且在有 n 个结点的二叉链表中必定存在 n+1 个空指针域。因此，利用这些空指针域来存放结点的前驱和后继的信息是可行的。另外一种做法是在每个结点上增加两个指针域 fwd 和 bkwd，分别指示在一次遍历时得到的结点前驱和后继信息。显然，这样做使得结构的存储密度大大降低。下面我们按照前一种方法，给出用 C 语言描述的线索二叉树的结点结构：

```
typedef  int  datatype;
typedef  struct  Node
{  datatype  data;
        struct  Node  * lchild, * rchild;
        int ltag, rtag;
} BiThrNode;
```

6.4.2　线索二叉树的基本操作

1．二叉树的线索化

二叉树的线索化的实质是将二叉链表中的空指针改为指向前趋或后继的线索。由于前趋或后继的信息只有在遍历时才能得到，因此线索化的过程即为在遍历的过程中修改空指针的过程。为了记下遍历过程中访问结点的先后关系，用指针 p 指向当前访问的结点，并附设一个指针 pre 始终指向刚刚访问过的结点，即结点 p 的前趋。算法 6.10 所示为由中序遍历建立中序线索二叉树的算法。

算法 6.10　建立中序线索二叉树。

```
BiThrNode *pre=NULL;
void InThreading(BiThrNode *p)
{if (p!=NULL)
  {InThreading(p->lchild);                                  //左子树线索化
   if (p->lchild==NULL)  {p->ltag=1; p->lchild=pre; }       //p 的左线索为 pre
   if (p->rchild==NULL)  p->rtag=1;
   if (pre!=NULL&&pre->rtag==1)  pre->rchild= p;            //pre 的右线索为 p
   pre=p;                                                   //保持 pre 指向 p 的前趋
   InThreading(p->rchild);                                  //右子树线索化
  }
}        //  InThreading
```

2．在线索二叉树中查找结点的前趋和后继

在中序线索二叉树中，若结点 p 的右子树为空，即右链是线索，则右链域直接指示了结点的后继，例如叶子结点；若结点 p 的右子树为非空，则无法直接得到后继的信息。但是，根据中序遍历的规律可知，结点 p 的后继应是遍历其右子树时访问的第一个结点，即右子树中最左下的结点。

根据以上分析，中序线索二叉树中查找结点后继的算法如算法 6.11 所示。

算法 6.11　中序线索二叉树中查找结点后继。

```
void InOrderNext(BiThrNode *p)
{ BiThrNode *q;
 q=p->rchild;
 if (p->rtag!=1)  { while (q->ltag==0)  q=q->lchild; }  //查找 q 的最左下结点
 return(q);
}       //  InOrderNext
```

利用类似的方法，可以在中序线索二叉树中查找结点的前趋。若结点 p 的左子树为空，则左链表示前趋的线索；否则，查找结点 p 的左子树中最右下的结点，即为结点 p 的前趋。

图 6.13 所示为后序线索二叉树。在后序线索二叉树中找结点的后继较复杂些，可分三种情况：① 若结点 x 是二叉树的根，则其后继为空；② 若结点 x 是其双亲的右孩子或是其双亲的左孩子且其双亲没有右子树，则其后继即为双亲结点；③ 若结点 x 是其双亲的左孩子，且其双亲有右子树，则其后继为双亲的右子树上按后序遍历列出的第一个结点。可见，在后序线索二叉树中找结点的后继需要知道结点的双亲，而双亲结点的查找一般需要从根节点进行遍历。因此，此时适于采用带双亲指针的三叉链表。

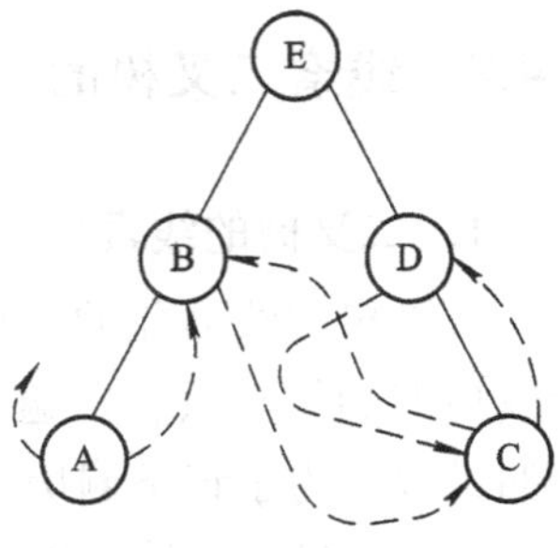

图 6.13　后序线索二叉树

在后序线索二叉树中找结点 p 的前趋则相对简单些，方法如下：

(1) 结点 p 的左子树为空，则 p->lchild 为前趋线索。

(2) 结点 p 的左子树非空，则分为两种情况：若右子树为空，则 p-lchild 即为前趋结点；否则，p-rchild 即为前趋结点。

与后序线索二叉树相反，在先序线索二叉树查找结点的后继比较简单，但是查找其前趋时必须知道其双亲结点。

3. 遍历线索二叉树

在线索二叉树上进行遍历，只要先找到序列中的第一个结点，然后依次找结点后继，直至其后继为空时为止。由上可知，中序和先序线索二叉树中后继结点的查找较为容易。算法 6.12 给出了中序遍历线索二叉树的算法。

算法 6.12　遍历中序线索二叉树。

```
void InThredTraverse(BiThrNode *p)
{ if (p!=NULL)
    { while (p->ltag==0)   p=p->lchild;     //查找中序遍历序列的开始结点
      do { printf("%c",p->data);
              p=InOrderNext(p);
         }while (p!=NULL);
    }
}       //  InThredTraverse
```

由算法 6.12 可知，在中序线索二叉树上遍历二叉树，其时间复杂度亦为 O(n)，但常数因子要比上节讨论的算法小，且不需要设栈。因此，若所用二叉树需经常遍历或查找结点在遍历所得线性序列中的前趋和后继，则应采用线索二叉树作为存储结构。

6.5　树 和 森 林

本节讨论树的存储表示，以及树、森林与二叉树的对应关系。

6.5.1　树的存储结构

树的存储结构有多种形式，这里介绍三种常用的链表结构。

1. 双亲表示法

树的每个结点(除根以外)都有唯一的双亲。基于这一性质，可以用一组连续空间存储树的结点，同时在每个结点中附设一个指示器指示其双亲结点在链表中的位置。这里使用静态链表来表示这组连续空间更为方便。其类型说明如下：

```
#define MAXSIZE 100         //结点的最大数目
typedef struct              //结点结构
{   datatype data;
    int parent;             //双亲位置域
} PTNode;
typedef struct              //树的结构
{   PTNode nodes[MAXSIZE];
    int n;                  //结点数
} PTree;
```

这种表示法如图 6.14 所示。双亲表示法可以方便地查找结点的双亲或祖先，但是查找孩子结点或子孙时需要遍历整个树结构。

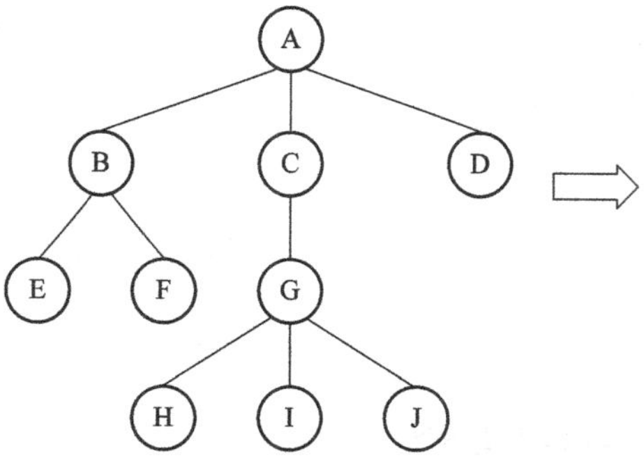

结点下标	data	parrent
0	A	−1
1	B	0
2	C	0
3	D	0
4	E	1
5	F	1
6	G	2
7	H	6
8	I	6
9	J	6

图 6.14　树及其双亲表示法

2. 孩子表示法

树中每个结点可能有多个孩子结点。假设对每个孩子结点用一个指针来指向，可以采用多重链表结构，其两种结点格式如下所示：

data	child1	child2	…	childd

data	degree	child1	child2	…	childd

采用第一种结点格式时，多重链表中的结点都具有 d 个指针域且 d 为树的度。若树中很多结点的度小于 d，就会出现很多空链域而造成空间的浪费。对于一棵度为 k、结点数为 n 的树中，空链域的数目为 $k\times n-(n-1)=n(k-1)+1$。

采用第二种结点格式时，degree 为每个结点的度且等于 d。显然这样可以节约存储空间，但此时多重链表中的结点是不同构的，由此会带来操作上的不便。

另一种较好的方法是把所有结点以单链表的形式储存，同时以每个结点作为头结点，对其孩子结点另建立一个孩子链表，则 n 个结点有 n 个孩子链表(叶子的孩子链表为空表)，如图 6.15(无虚线框)所示。与双亲表示法相反，孩子表示法便于对孩子及子孙进行操作，却不适用与双亲有关的运算。如果把双亲表示法和孩子表示法结合起来，就可得到如图 6.15

(有虚线框)所示的孩子双亲表示法的存储结构。

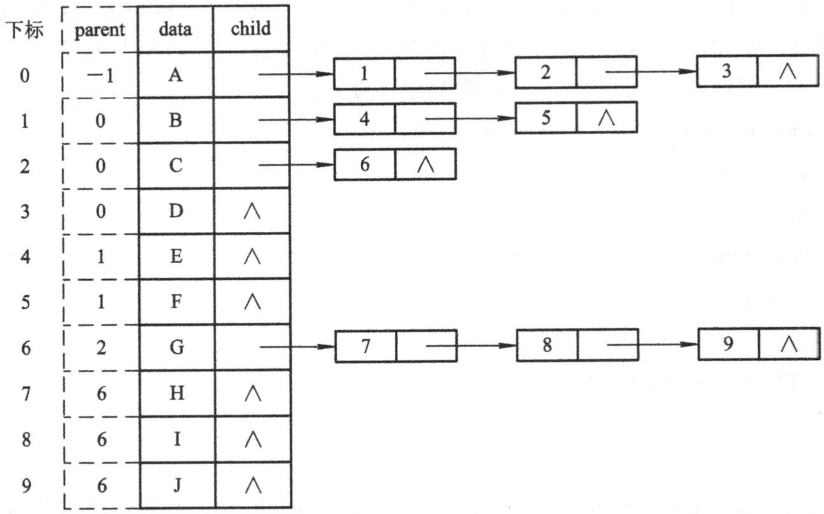

图 6.15　图 6.14 中树的孩子表示法及孩子双亲表示法

这种存储结构可用 C 语言描述如下：

```
typedef struct CTNode              //孩子结点
{ int child;
  struct CTNode   *next;
} *ChildPtr;
typedef struct
{ datatype   data;
  ChildPtr   child;                //孩子链表头指针
  int   parent;                    //双亲指针，在孩子双亲表示法中定义
} CTBox;
  typedef struct
  { CTBox   nodes[MAXSIZE];
  int   n;                         //结点数
} CTree;
```

3. 孩子兄弟表示法

这种表示法以二叉链表作为树的存储结构，所以又称为二叉树表示法或二叉链表表示法。二叉链表中结点的两个指针域命名为 child 域和 next 域，分别指向该结点的最左孩子结点和右邻兄弟结点。孩子兄弟表示法的类型说明如下：

```
typedef struct CSNode
{datatype   data;
 struct CSNode   * child,   *next;
} CSNode, *CSTree;
```

图 6.16 所示为图 6.14 中树的孩子兄弟表示法。这种存储结构与二叉树的二叉链表相比，

仅仅是用右邻兄弟指针域替换了右孩子指针域，因此，可以充分利用前面介绍的二叉树算法。

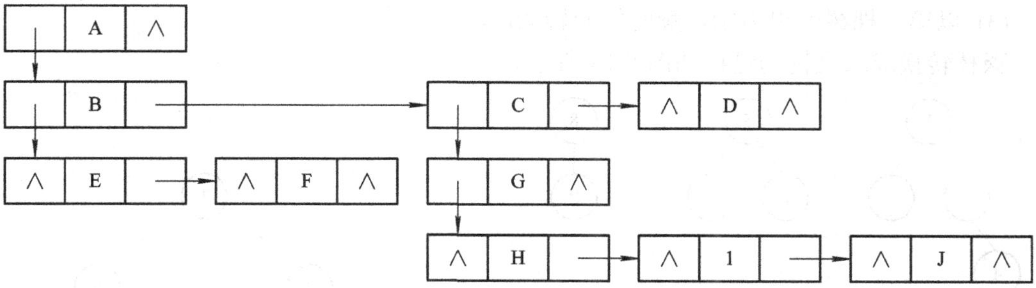

图 6.16　图 6.14 中的树的孩子兄弟表示法

6.5.2　树、森林与二叉树的转换

任何一棵树都可以转换为一棵二叉树，而一棵二叉树也可转换成一棵树。这种转换具有唯一性，即树和相应的二叉树是一一对应的。

1．树、森林转换成二叉树

对于一棵树，其孩子兄弟表示法实际上就是二叉树结构。此时，树中每个结点的左孩子指针意义不变，而右兄弟指针看做是右孩子指针，这样就是一棵二叉树了。

树转换成二叉树的具体方法是：

(1) 在兄弟之间加连线；

(2) 保留结点与第一个孩子之间的连线，去掉其余连线；

(3) 以根结点为轴，将整棵树顺时针旋转 45°。

一棵树转化为二叉树的过程如图 6.17 所示。值得注意的是，转化后得到的二叉树其右子树必为空。

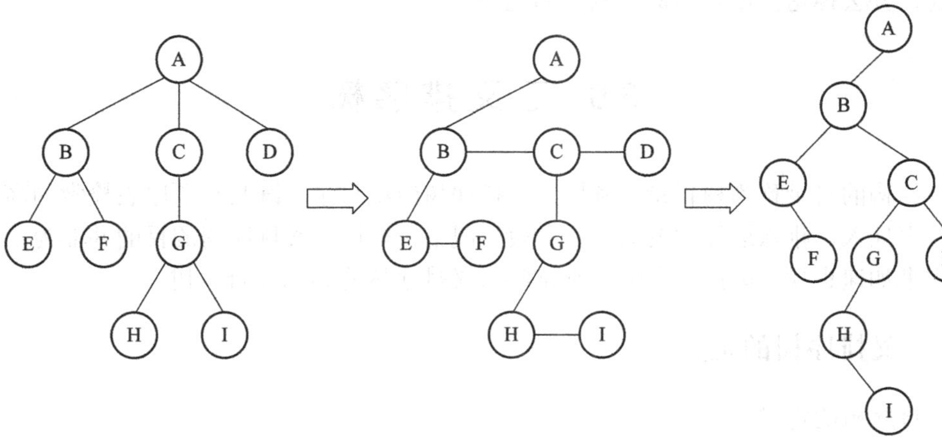

图 6.17　树转化为二叉树的过程

将森林转换成二叉树的方法与一棵树转换成二叉树的方法类似。已知由一棵树转化得到的二叉树其右子树必为空，因此可以把森林中所有树的根结点看做前一棵树的右孩子，这相当于把森林中所有树的根结点看做是兄弟关系。森林转换成二叉树的具体方法是：

(1) 把每一棵树依次转换为二叉树；

(2) 将转换得到的二叉树的各个根视为兄弟并加上连线；

(3) 以第一棵树的根为轴，顺时针旋转45°。

森林转换成二叉树的过程如图6.18所示。

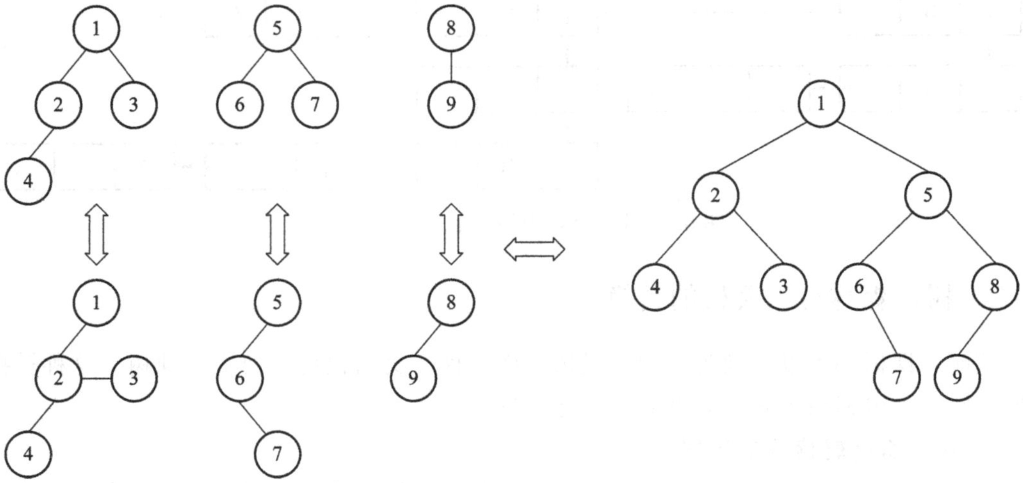

图6.18 森林和对应二叉树的转换及其逆过程

2. 二叉树转换成树、森林

由图6.18可以看出，这实际上是树、森林转换成二叉树的逆过程，即将该二叉树看做是树或森林的孩子兄弟表示法。二叉树转换成树、森林的具体方法如下：

(1) 从二叉树的根结点开始，沿右指针向下走，直到为空，途经的结点即为森林中每棵树的根结点，断开这些根结点的连线。

(2) 对每棵树中的结点x，沿该结点的右指针向下走，直到为空，把途经的结点与x的双亲相连，并去掉这些结点与原有双亲的连线。

6.6 二叉排序树

树形结构的目录称为树目录。利用二叉排序树组织目录，既具有顺序表检索的高效性，又具有链表插入、删除运算的灵活性。一般情况下，构造二叉排序树的目的并非为了排序，而是用它来加速查找。因此，人们又常常将二叉排序树称为二叉查找树。

6.6.1 二叉排序树的定义

二叉排序树的定义：

二叉排序树或者是空树，或者是满足如下性质的非空二叉树：

① 若它的左子树非空，则左子树上所有结点的值均小于根结点的值；

② 若它的右子树非空，则右子树上所有结点的值均大于根结点的值；

③ 左、右子树本身又各是一棵二叉排序树。

上述性质简称为二叉排序树性质(BST 性质)。图 6.19 所示为一棵二叉排序树的例子。由 BST 性质可知，二叉排序树中任一结点 x 的关键字必大(小)于其左(右)子树中任一结点 y(若存在)的关键字，同时各结点的关键字是唯一的。在实际应用中，并不能保证数据集中各结点元素的关键字互不相同，所以可将二叉排序树定义中的“小于”改为“小于等于”，或将“大于”改为“大于等于”。

对二叉排序树进行中序遍历可得到一个关于关键字的有序序列。例如，由图 6.19 所示的二叉排序树可得到其中序序列为：1，2，3，4，5，6，7，8，9。

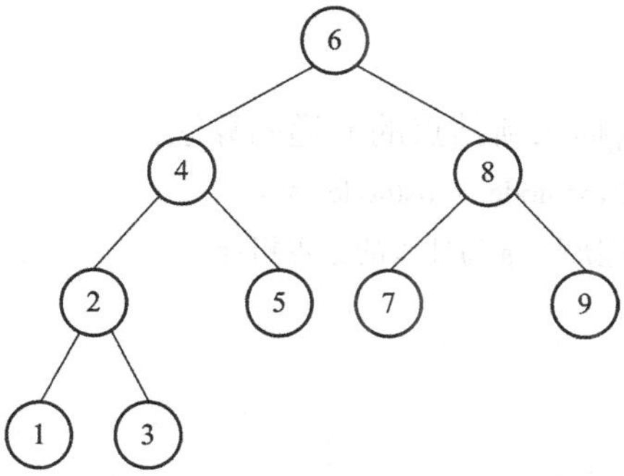

图 6.19　二叉排序树的示例

二叉排序树的结点类型定义如下：

```
typedef    int    keytype;
typedef    struct    node
{keytype    key;          // 关键字项
 datatype    other;       // 其它数据项
 struct    node    *lchild, *rchild;    //左、右指针域
} bstnode;
```

6.6.2　二叉排序树的运算

1. 二叉排序树的插入和生成

生成一棵二叉排序树的过程，就是从空的二叉排序树开始，逐个把结点插入到二叉排序树中去的过程。其具体步骤如下：

(1) 若二叉排序树 T 为空，则令新插入的结点为根。

(2) 若二叉排序树 T 不为空，则将待插的结点值 s 和根结点的值 r 比较：

(a) 若 s=r，则说明树中已有此值，无须插入。

(b) 若 s<r，则将其插入根的左子树中。

(c) 若 s>r，则将其插入根的右子树中。

以上步骤是一个递归的过程，即子树中的插入过程与二叉树 T 的插入过程相同。在二叉排序树插入新结点的递归算法如算法 6.13 所示。算法 6.14 还给出了在二叉排序树插入新结点的非递归算法。

注意到，每次插入的新结点都是当前二叉树的叶子结点。输入的结点序列不同，二叉排序树的形态也会不同。利用算法 6.13 或 6.14，可以得到生成二叉排序树的算法 6.15。

算法 6.13　二叉排序树插入新结点的递归算法。

```
void INSERTBST1(bstnode *t, bstnode *s )
// t 为二叉排序树的根指针，s 为插入的结点指针
{if (t==NULL)   t=s;                              //原树为空，返回 s 作为根指针
 else
 {if (s->key<t->key)   INSERT1( t->lchild, s );   //在左子树中查找插入位置
  else   INSERT1( t->rchild, s );                 //在右子树中查找插入位置
 }
}//   INSERTBST1
```

算法 6.14　二叉排序树插入新结点的非递归算法。

```
bstnode*INSERTBST2 (bstnode *t, bstnode *s)
// t 为二叉排序树的根指针，s 为插入的结点指针
{bstnode * f, *p;
 p=t;
 while ( p!=NULL )
 {f=p;                                        //f 指向 *p 结点双亲
  if (s->key==p->key) return;                 //树中已有结点*s；无须插入
  if (s->key< p->key )   p=p->lchild;         //在左子树中查找插入位置
  else    p=p->rchild;                        //在右子树中查找插入位置
 }
 if (t == NULL)   return s;                   //原树为空，返回 s 作为根指针
 if (s->key<f->key)   f->lchild=s;            //将*s 插入为*f 的左孩子
 else    f->rchild =s;                        //将*s 插入为*f 的右孩子
 return t;
} //   INSERTBST2
```

算法 6.15　二叉排序树的生成算法。

```
bstnode *CREATBST( )                          //生成二叉排序树
{bstnode   *t, *s;
 keytype   key , endflag=0;                   //endflag 为结点结束标志
 datatype   data;
 t=NULL;                                      //设置二叉排序树的初态为空树
 scanf (" %d ",&key);                         //读入一个结点的关键字
 while( key!=endflag)                         //输入非结束标志，执行以下操作
 {s=(bstnode*)malloc( sizeof ( bstnode ) );   //申请新结点
  s->lchild = s->rchild = NULL;               //将新结点的指针域置为空
  s->key = key;
  scanf ( " %d ", &data );                    //读入结点的其它数据项
  s->other = data;
  INSERTBST1( t, s );                   //将新结点插入树 t 中，调用 INSERTBST1 或 INSERTBST2
```

```
        scanf ( " %d " , &key )                    //读入下一个结点的关键字
      }
      return   t;
   }          // CREATBST
```

图 6.20 所示为给定关键字序列(6,2,8,4,9,7,2)和(8,4,2,9,6,7,2)，分别得到的两棵二叉排序树。

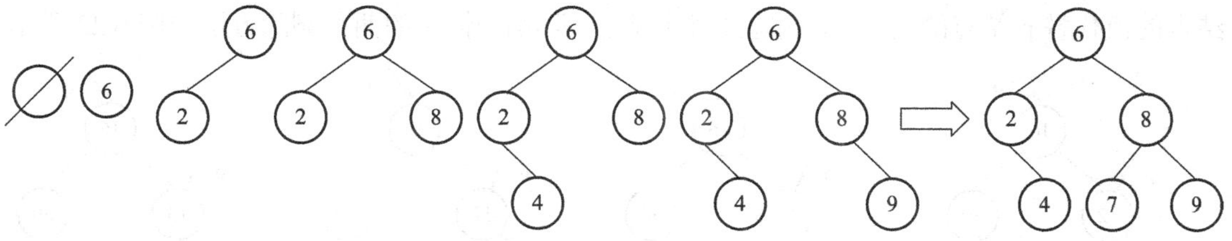

(a) 关键字序列为(6, 2, 8, 4, 9, 7, 2)

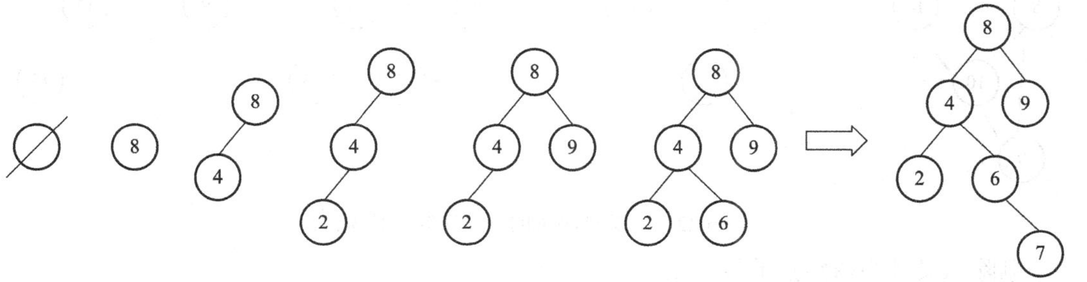

(b) 关键字序列为(8, 4, 2, 9, 6, 7, 2)

图 6.20　二叉排序树的生成过程

2. 二叉排序树的结点删除

从二叉排序树中删除一个结点，要保证删除后所得的二叉树仍然是一棵二叉排序树。假设通过查找得到要删除的结点为 p，其双亲结点为 q，结点 p 可能是叶子结点，也可能是分支结点。当删除分支结点时，不能把以该结点为根的子树都删去。二叉排序树中结点的删除分四种情况进行考虑：

(1) 若 p 指向叶子结点，则只需将其双亲结点指向它的指针清空，再释放它即可；

(2) 若被删除结点 *p 仅有右子树，则把结点 *p 的右子树的全部挂接在 *p 的双亲 *q 上，且位置是 *p 在其双亲中原来的位置，如图 6.21(a)所示。

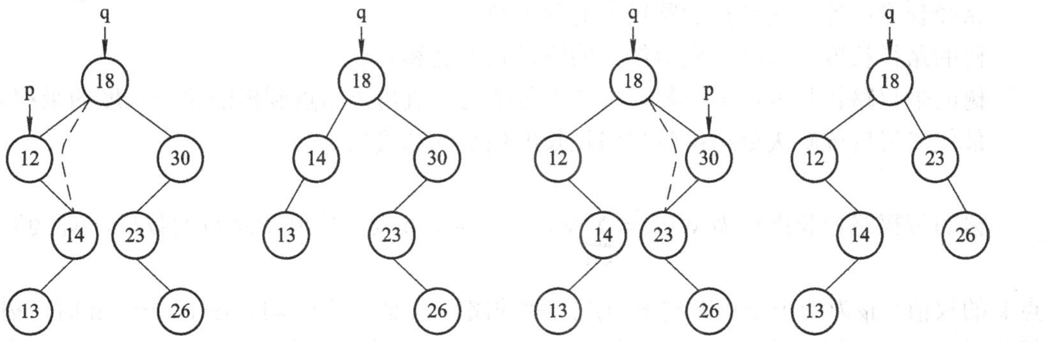

(a) p仅有右子树删除前后情况　　　　(b) p仅有左子树删除前后情况

图 6.21　二叉排序的结点删除：情况(2)、(3)

(3) 若被删除结点 *p 仅有左子树，则把结点 *p 的左子树全部挂接在 p 的双亲上，且位置是 *p 在其双亲中原来的位置，如图 6.21(b)所示。

(4) 若被删除结点 *p 有左、右子树，则有两种方法：第一种方法按照中序遍历找 *p 的左子树中的最大结点(*p 的直接前趋 *s)，以此最大结点的值代替 p 结点的值，然后删除此最大结点；第二种方法按照中序遍历找 *p 的右子树中的最小结点(*p 的直接后继 *s)，以此最小结点的值代替 p 结点的值，然后删除此最小结点。第(4)种情况的两种删除方法如图 6.22 所示。

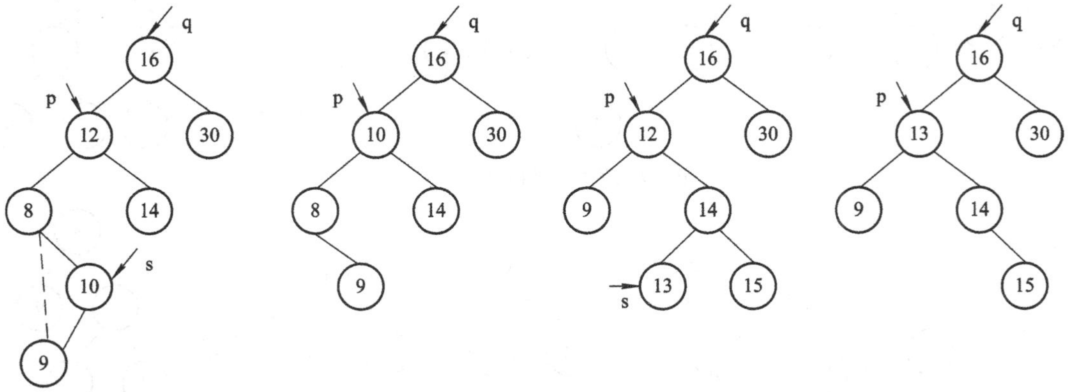

图 6.22　二叉排序树的结点删除：情况(4)

删除二叉排序树结点的算法略。

6.7　哈夫曼树及其应用

哈夫曼树又称为最优二叉树，是一类带权路径长度最短的树，在实际问题中得到了广泛的应用。本节首先介绍最优二叉树的基本概念，然后介绍哈夫曼树的构造，以及哈夫曼编码和译码。

6.7.1　最优二叉树

下面介绍以下基本概念。

路径长度：连接两结点的路径上的分支数。

树的路径长度：各结点到根结点的路径长度之和。

树的带权路径长度：树的各叶子结点所带的权值与该结点到根的路径长度的乘积之和。

最优二叉树或哈夫曼树：带权路径长度最小的二叉树。

树的带权路径长度记做 $WPL=\sum_{k=1}^{n} w_k l_k$，其中 n 为树中叶子结点的数目，$w_k$ 为叶子结点 k 的权值，l_k 为叶子结点 *k* 到根结点之间的路径长度。当 $w_i=1$，k=1，…，n 时，树的带权路径长度等于树的路径长度。根据 WPL 定义可知，在给定权值的情况下，路径长度应尽可能小，并且权值较大的叶子结点应尽可能接近根结点。

图 6.23 给出了在不同权值情况下树的带权路径长度的比较。四棵树的带权路径长度分

别为：

(a) WPL = 1×2+1×2+1×2+1×2 = 8

(b) WPL = 1×1+1×2+1×3+1×3 = 9

(c) WPL = 1×2+3×2+5×2+7×2 = 32

(d) WPL = 7×1+5×2+3×3+1×4 = 30

当所有叶子的权值都相等(均为 1)时，如图 6.23(a)和(b)所示，树的带权路径长度等于树的路径长度，此时完全二叉树即哈夫曼树。但是在叶子的权值互不相同的情况下，完全二叉树就不一定是哈夫曼树，如图 6.23(c)和(d)所示。

哈夫曼树的形态并不唯一。例如，把图 6.23(c)和(d)中的叶子 a、b、c 和 d 的权值定为 3、4、5 和 7，可以发现此时两棵树均为哈夫曼树，其带权路径长度分别为：

(c') WPL = 3×2+4×2+5×2+7×2 = 38

(d') WPL = 3×3+4×3+5×2+7×1 = 38

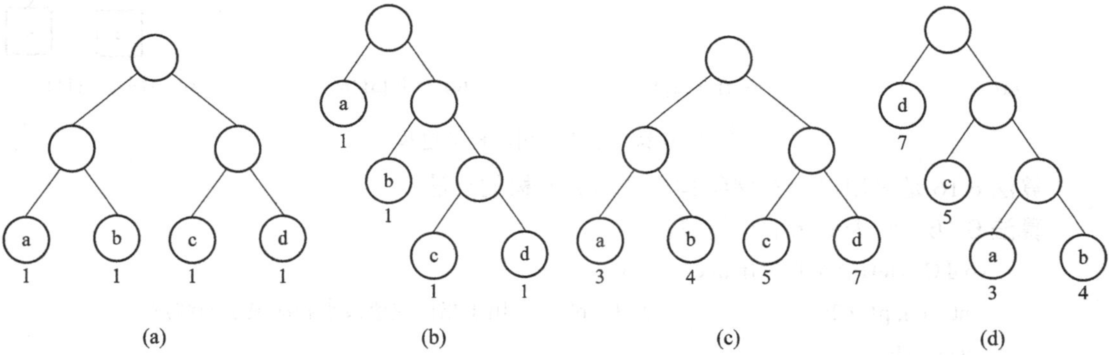

图 6.23　完全二叉树和哈夫曼树

6.7.2　哈夫曼树的构造

可以利用哈夫曼最早给出的哈夫曼算法来构造哈夫曼树，具体如下：

(1) 由给定的 n 个权值$\{w_0, w_1, w_2, \ldots, w_{n-1}\}$，构造具有 n 棵二叉树的森林 $F=\{T_0, T_1, T_2, \cdots, T_{n-1}\}$，其中每一棵二叉树 T_i 只有一个带有权值 w_i 的根结点，其左、右子树均为空；

(2) 在 F 中选取两棵根结点的权值最小的二叉树，作为左、右子树构造一棵新的二叉树。置新的二叉树的根结点的权值为其左、右子树上根结点的权值之和。

(3) 在 F 中删去这两棵二叉树，把新的二叉树加入 F。

(4) 重复步骤(2)和(3)，直到 F 中仅剩下一棵树，即哈夫曼树。

假设字符 a、b、c、d 的权值分别为 7、5、2、4，利用这组权值构造哈夫曼树的过程如图 6.24 所示。分析哈夫曼算法可知，一个有 n 个叶子结点的初始集合要生成哈夫曼树，共要进行 n−1 次合并，产生 n−1 个新结点。最终所构造的哈夫曼树共有 n+n−1=2n−1 个结点。

哈夫曼树中没有度为 1 的分支结点。常称没有度为 1 的结点的二叉树为严格二叉树。

哈夫曼树结点的存储结构用 C 语言描述如下：

```
#define n 16                    //叶子数目
#define  m  (2*n-1)             // 结点总数
typedef  char  datatype;
```

```
typedef struct
{float  weight;                    //权值，不妨设权值均大于零
     datatype  data;
     int  lchild, rchild, parent;  //左、右孩子及双亲指针
    } hufmtree;
hufmtree  tree[m];                 //采用顺序存储结构，每个结点为一个结构体
```

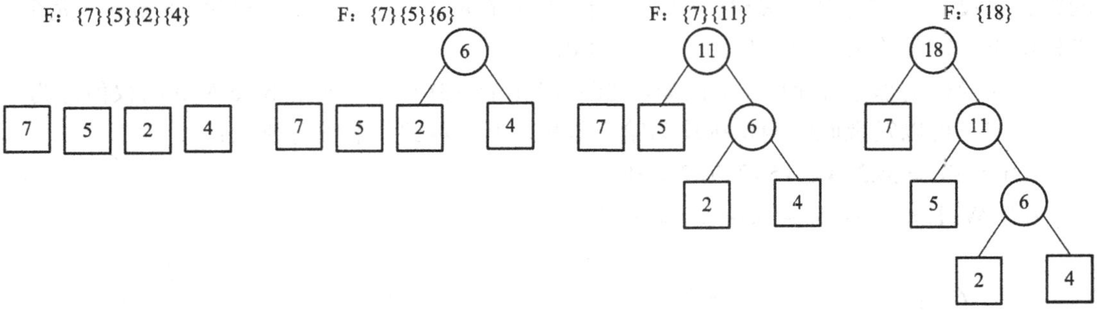

(a) 初始　　(b) 合并{2}{4}　　(c) 合并{5}{6}　　(d) 合并{7}{11}

图 6.24　哈夫曼树的构造过程

算法 6.16 是采用以上存储结构构造哈夫曼树的算法。

算法 6.16　哈夫曼树的构造算法。

```
void CreateHUFMT (hufmtree tree[ ])
{int  i, j, p1, p2;              //p1、p2 分别用于指向权值最小和次最小的结点
 char  ch;
 float small1, small2, f;        //small1、small2 分别用于存放最小权值和次最小权值
 for ( i=0; i<m; i++)            //将数组 tree 初始化
 {tree[i].parent=0;
  tree[i].lchild=0;       tree[i].rchild=0;
  tree[i].weight=0.0;     tree[i].data= '0';
 }
 for ( i=0; i<n; i++)            //输入 n 个叶子结点的权值和字符至 tree[0]~tree[n-1]
 {scanf(" %f ", &f);      tree[i].weight=f;
  scanf(" %c ",&ch);      tree[i].data=ch;
 }
 for ( i=n; i<m ;i++ )    //进行 n−1 次合并，将产生的 n−1 个新结点依次存入 tree[n]～tree[m−1]
 {p1=p2=0;   small1=small2=Maxval;    // Maxval 代表 float 类型的最大值
  for ( j=0; j<=i-1; j++ )
    if ( tree[j].parent==0)
  if ( tree[j].weight<small1 )
  {small2=small1;                     // 改变最小权和次最小权及位置
   small1=tree[j].weight;   p2=p1;   p1=j;
   }
```

```
        else   if ( tree[j].weight<small2 )       //改变次最小权及位置
                {small2=tree[j].weight;     p2=j;}
    tree[p1].parent=tree[p2].parent=i;       // 给合并的两个结点的双亲域赋值
    tree[i].lchild=p1;                       //最小权的根结点是新结点的左孩子
    tree[i].rchild=p2;                      //次最小权的根结点是新结点的右孩子
    tree[i].weight=tree[p1].weight+tree[p2].weight; //双亲结点权值是左、右孩子结点权值之和
  }
}   // CreateHUFMT
```

图 6.25 给出了利用算法 6.16 构造图 6.24 所示哈夫曼树时，数组 tree[]的变化过程。其中数据的初始状态如图 6.25(a)所示，第一次合并的结果如图 6.25(b)所示，最终结果如图 6.25(c)所示。算法 6.16 在执行过程中，总是将具有较小权值的结点作为其双亲结点的左孩子，而将具有次最小权值的结点作为右孩子。

数组下标	lchild	data	weight	rchild	parent
0	0	a	7	0	0
1	0	b	5	0	0
2	0	c	2	0	0
3	0	d	4	0	0
4	0	‘0’	0	0	0
5	0	‘0’	0	0	0
6	0	‘0’	0	0	0

(a) 数组的初始状态

数组下标	lchild	data	weight	rchild	parent
0	0	a	7	0	0
1	0	b	5	0	0
2	0	c	2	0	4
3	0	d	4	0	4
4	2	‘0’	6	3	0
5	0	‘0’	0	0	0
6	0	‘0’	0	0	0

(b) 第一次合并的结果

数组下标	lchild	data	weight	rchild	parent
0	0	a	7	0	6
1	0	b	5	0	5
2	0	c	2	0	4
3	0	d	4	0	4
4	2	‘0’	6	3	5
5	1	‘0’	11	4	6
6	0	‘0’	18	5	0

(c) 最终结果

图 6.25　算法 CreateHUFMT 构造的哈夫曼树的存储结构

6.7.3 哈夫曼编码

哈夫曼树的主要用途是实现数据压缩。下面以电文传输为例，对电文中出现的每个字符须进行二进制编码，而设计编码时需要遵守两个原则：(1)发送方传输的二进制编码，到接收方解码后必须具有唯一性，即解码结果与发送方发送的电文完全一样；(2)发送的二进制编码尽可能地短。

假设需传送一段电报文：abaccda。其字符集合是{ a, b, c, d }，可以采用两种编码方式：

(1) 等长编码：这种编码方式的特点是每个字符的编码长度相同。假设字符集{ a, b, c, d }用两位二进制表示，其编码分别为 00，01，10，11，则应发送二进制序列：00010010101100，总长度为 14 位。接收方可对这段电文按两位一段进行译码。这种编码的特点是译码简单且具有唯一性，但编码长度并不是最短的。

(2) 不等长编码：为减少电文的编码长度，可以根据各个字符出现的概率不同而给予不等长编码，使用频度较高的字符分配一个相对比较短的编码，使用频度较低的字符分配一个比较长的编码，

例如，字符集{a, b, c, d }中各字符出现的概率为{3/7, 1/7, 2/7, 1/7}。可以为{a, b, c, d}分别分配 0、00、1、01，并将上述电文用二进制序列 000011010 发送，其长度只有 9 个二进制位。但是随之带来的问题是，接收方接到这段电文后无法进行译码，因为无法断定前面 4 个 0 是 4 个 a，1 个 b、2 个 a，还是 2 个 b，即译码不唯一。因此这种编码方法不可使用。

若以各字符出现的概率作为各叶子结点上的权值并建立哈夫曼树，左分支赋 0，右分支赋 1，则可得到哈夫曼编码：a：0；b：110；c：10；d：111。电文的编码为 0110010101110 (abaccda)，其编码总长度为 $1\times3+3\times1+2\times2+3\times1=13$，即哈夫曼树的带权路径长度 WPL。这比等长编码的电文要短。

若编码中任一字符的编码都不是另一字符编码的前缀，则称为前缀编码。注意，似乎这种编码称为“非前缀编码”更合适，但基于传统的原因，我们仍称其为前缀编码。哈夫曼编码就是一种前缀编码。对前缀编码进行译码时不会发生混淆。

哈夫曼编码的基本思想是：从叶子 tree[i]出发，利用双亲地址找到双亲结点 tree[p]；再利用 tree[p]的 lchild 和 rchild 指针域判断 tree[i]是 tree[p]的左孩子还是右孩子，从而决定分配代码‘0’或‘1’；以 tree[p]为出发点继续向上回溯，直到根结点为止。

哈夫曼编码的数组结构描述如下：

```
typedef    char  datatype;
typedef    struct
{char    bits[n];             //存储编码位串
 int    start;                //指示位串在 bits 中的起始位置
 datatype    data;            //存储字符
} codetype;
codetype code[n];
```

n 个叶子结点的最大编码长度不会超过 n−1，为操作方便，对不等长编码用相同长度的数组 bits[n]来表示。字符的哈夫曼编码在数组 bits 中从高位到低位顺序存储，由于是从叶子到根逆向求哈夫曼编码，因而设置整型量 start 来表示编码在数组中的起始位置。对图 6.25

所示的哈夫曼树进行编码，可得到表 6.1 所示的编码表。具体的哈夫曼编码详见算法 6.17。

表 6.1　code 数组中的编码表

code 下标	bits				start	data
	0	1	2	3		
0				0	3	a
1			1	0	2	b
2		1	1	0	1	c
3		1	1	1	1	d

算法 6.17　哈夫曼编码算法。

```
void  HUFMCode(codetype code[ ], hufmtree tree[ ] )
// code：存放求出的哈夫曼编码的数组，tree：已知的哈夫曼树
{int i, c, p;
 codetype   cd;                     //缓冲变量，临时存放编码
 for ( i=0; i<n; i++ )              //n 为叶子结点数目 ，循环产生 n 个字符的哈夫曼编码
 {cd. start=n;                      //从叶子结点出发向上回溯，从 bits 的高位开始存储
  c=i;                              //c 指示第 i 个叶子结点
  p=tree[c].parent;                 //p 指示结点 c 的双亲结点
  cd.data=tree[c].data;             //对结点数据域赋值
  while( p!=0 )                     //c 指示到根结点时，p 为 0
  {cd.start -- ;
   if( tree[p]. lchild == c)     cd.bits[cd.start]='0';
   else cd.bits [cd.start]= '1';    //若结点 c 是双亲结点 p 的左孩子，置 0；否则，置 1
   c=p;                             //双亲结点 p 作为孩子结点，用 c 指示
   p=tree[c].parent;                //p 指示结点 c 的双亲结点
  }
  code[i]=cd;                       //一个字符的编码存入 code[i]
 }     //for_end
}      // HUFMCode
```

6.7.4　哈夫曼译码

哈夫曼译码是指由给定的代码求出代码所表示的结点值。

给定哈夫曼树，译码的过程是：从根结点出发，逐个读入电文中的二进制代码；若代码为 0，则走向左孩子，否则走向右孩子；一旦到达叶子结点，便可译出代码所对应的字符。然后重新从根结点开始继续译码，直到二进制电文结束。算法 6.18 给出了译码的具体过程。

算法 6.18　哈夫曼译码算法。

```
void  HUFFMANDECODE(codetype code[ ], hufmtree tree[ ])
     {int   i, c, p, b;
 int endflag= -1;                   //电文结束标志取 -1
```

```
    i=m -1;                          //从根结点开始向下搜索
    scanf ("%d", &b);                //读入一个二进制代码
    while ( b != endflag)
    {if( b= =0)    i=tree[i].lchild;          //走向左孩子
     else     i=tree[i].rchild;               //走向右孩子
     if ( tree[i].lchild= =0 )                //tree[i]是叶子结点
     {putchar( code[i].data);
      i=m -1;                                 //回到根结点
     }
     scanf("%d", &b);                         //读入下一个二进制代码
    }
    if ((tree[i].lchild!=0)&&(i!=m-1) )       //电文读完尚未到叶子结点
         printf("\n ERROR\n");                //输入电文有错
  }    // HUFFMANDECODE
```

算法 6.18 中，tree[i].lchild 为 0，tree[i].rchild 也必然为 0，则 tree[i]是叶子结点。这是因为哈夫曼树是严格二叉树，不存在度为 1 的结点。

习　题　6

一、名词解释

树，结点的度，叶子，树的度，父结点，子结点，兄弟，结点的层数，树的高度，二叉树，左孩子，右孩子，满二叉树，完全二叉树，哈夫曼树

二、填空题

1．假定在一棵二叉树中，双分支结点数为 15 个，单分支结点数为 32 个，则叶子结点数为_______。

2．假定一棵二叉树的结点数为 18 个，则它的最小高度是______，最大高度是_____。

3．在一棵二叉树中第 4 层上的结点数最多为_______。

4．由分别带权为 9、2、5、7 的四个叶子结点构造一棵哈夫曼树，该树的带权路径长度为________。

5．如果结点 A 有三个兄弟，而且 B 是 A 的双亲，则 B 的出度是______。

6．在完全二叉树中，当 i 为奇数且不等于 1 时，结点 i 的左兄弟是结点______，否则没有左兄弟。

7．对于一棵具有 n 个结点的树，该树中所有结点的度之和为_________。

8．在二叉树的顺序存储中，对于下标为 5 的结点，它的双亲结点的下标为_______；若它存在左孩子，则左孩子结点的下标为_______；若它存在右孩子，则右孩子结点的下标为_______。

9．在一棵二叉排序树中，按_______遍历得到的结点序列是一个有序序列。

三、选择题

1．以下说法错误的是(　　)。

A．树形结构的特点是一个结点可以有多个直接前趋

B．树形结构可以表达(组织)更复杂的数据

C．树(及一切树形结构)是一种“分支层次”结构

D．任何只含一个结点的集合是一棵树

2．以下说法错误的是(　　)。

A．一般在哈夫曼树中，权值越大的叶子离根结点越近

B．哈夫曼树中没有度数为 1 的分支结点

C．若初始森林中共有 n 棵二叉树，则最终求得的哈夫曼树共有 2n−1 个结点

D．若初始森林中共有 n 棵二叉树，则进行 2n−1 次合并后才能剩下一棵最终的哈夫曼树

3．深度为 6 的二叉树最多有(　　)个结点。

A．64　　B．63　　C．32　　D．31

4．任何一棵二叉树的叶结点在其先序、中序、后序遍历序列中的相对位置(　　)。

A．肯定发生变化　　B．有时发生变化

C．肯定不发生变化　　D．无法确定

5．设深度为 k 的二叉树上只有度为 0 和度为 2 的结点，则这类二叉树上所含结点总数最少为(　　)个。

A．k+1　　B．2k　　C．2k−1　　D．2k+1

6．一棵二叉树满足下列条件：对于任意结点，其值都大于它的左子树上所有结点的值，而小于右子树上所有结点的值。现采用(　　)遍历方式就可以得到这棵二叉树所有结点的递增序列。

A．先序　　B．中序　　C．后序　　D．层次

7．已知某二叉树的后序遍历序列是 dabec，中序遍历序列是 deabc，它的先序遍历序列是(　　)。

A．acbed　　B．deabc　　C．decab　　D．cedba

四、简答及算法设计

1．画出由 3 个结点所构成的所有形态的树(假设是无序树)。

2．一棵深度为 H 的满 k 叉树有如下性质：第 H 层上的结点都是叶子结点，其余各层上每个结点都有 k 棵非空子树。如果按层次自顶向下，同一层自左向右从 1 开始对全部结点进行编号，试问：

(1) 各层的结点个数是多少？

(2) 编号为 i 的结点的双亲结点(若存在)的编号是多少？

(3) 编号为 i 的结点的第 m 个孩子结点(若存在)的编号是多少？

(4) 编号为 i 的结点有右兄弟的条件是什么？右兄弟结点的编号是多少？

3．分别描述满足下面条件的二叉树的特征：

(1) 先序序列和中序序列相同。

(2) 先序序列和后序序列相同。

(3) 中序序列和后序序列相同。

4．已知某二叉树的先序遍历序列为 ABC，试画出能得到这一结果的所有二叉树。

5．已知二叉树的后序序列 DECBGIHFA 和中序序列 DCEBAFHGI，画出这棵二叉树。

6．分别设计出先序和后序遍历二叉树的非递归算法。

7．已知二叉树采用二叉链表存储结构，编写一个算法。若左、右子树非空，且左子树的根结点大于右子树的根结点，则交换左、右子树，即结点的左子树变为结点的右子树，右子树变为左子树。

8．采用二叉链表结构存储一棵二叉树，编写一个算法，删除该二叉树中数据值为 x 的结点及其子树，并且输出被删除的子树。

9．试以三种遍历为基础，分别写出在二叉树上查找指定结点的直接前趋或直接后继的算法。

10．已知树(森林)的高度为 4，所对应的二叉树的先序序列为 ABCDE，请构造出所有满足这一条件的树或森林。

11．将深度为 4 的满二叉树转换为对应的树或森林。

12．已知结点序列{21，18，37，42，65，24，19，26，45，25}，画出相应的二叉排序树，并画出删除结点 37 后的二叉排序树。

13．试编写一个判别给定二叉树是否为二叉排序树的算法，设此二叉树以二叉链表作存储结构。

14．设某密码电文由 8 个字母组成，每个字母在电文中的出现频率分别是 7、19、2、6、32、3、21、10，试为这 8 个字母设计相应的哈夫曼编码。

第7章　图

图(graph)是一种较复杂的非线性数据结构，图中任意两个数据元素之间均有可能相关。因此，线性表中数据元素之间的线性关系，以及树型结构中数据元素之间明显的层次关系，都可以看做图在结构上的一种简化。

图的这种复杂结构使其有着广泛的应用，它已渗入到数学、物理、化学、通信、计算机科学、人工智能、语言学和逻辑学等各个领域。

本章首先介绍图的基本概念和存储结构，然后介绍图的相关算法及应用，包括图的遍历、最小生成树、最短路径、拓扑排序和关键路径等。

7.1　图的基本概念

对于图(G)这一类较复杂的非线性数据结构，可以用两个集合 V(G)和 E(G)来表示其组成，在形式上可记为 G=(V, E)。其中 V(G)是顶点(Vertex)的非空有限集合；而 E(G)是边(Edge)的有限集合，用于表示 V(G)中任意两个顶点之间的关系集合。

根据图中每条边是否有方向，可将图分为有向图和无向图。有向图中的每条边均有方向，这种有向边又称为弧，通常用由两个顶点组成的有序对<起始顶点，终止顶点>来表示。其中弧的起始顶点称为弧尾，终止顶点称为弧头。图 7.1(a)给出了一个有向图的示例，该图的顶点集和边集分别为

$$V(G_1)=\{A, B, C\}$$

$$E(G_1)=\{<B, A>, <B, C>, <C, A>, <C, B>\}$$

若图 G 中的每条边均无方向，则称 G 为无向图，如图 7.1(b)所示。无向图的边可以用两个顶点组成的无序对表示，记为：(顶点 1，顶点 2)。这时两个顶点之间最多只存在一条边。图 7.1(b)中无向图 G_2 的顶点集和边集分别为：

$$V(G_2)=\{ A, B, C \}$$

$$E(G_2)=\{(A, B), (B, C), (C, A)\}=\{(B, A), (B, C), (C, A)\}$$

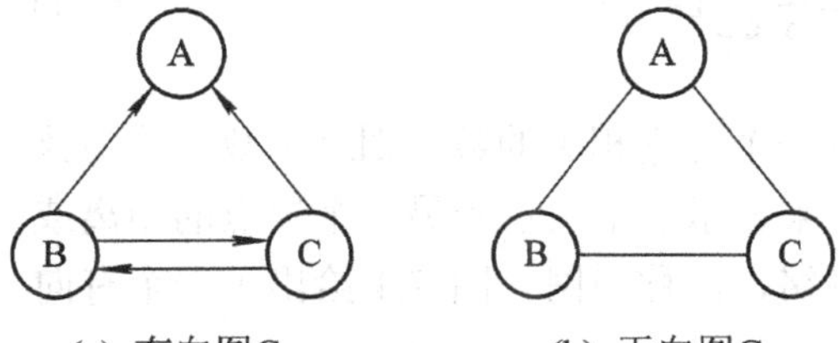

(a) 有向图G_1　　(b) 无向图G_2

图 7.1　有向图和无向图示例

设图中顶点数目为 n，边或弧的数目为 e。对于边，本章讨论的内容不考虑两种特殊情况：顶点到其自身的边，以及两个顶点之间重复出现的边或弧，分别如图 7.2(a)、(b)所示。基于以上两条约束，边和顶点之间的关系可总结如下：

(1) 对于无向图，e 满足 $0 \leqslant e \leqslant n(n-1)/2$。若 $e=n(n-1)/2$，则称该无向图为完全无向图。

(2) 对于有向图，e 满足 $0 \leqslant e \leqslant n(n-1)$。若 $e=n(n-1)$，则称该有向图为完全有向图。

(3) 若 $e< n\lg n$，则称该图为稀疏图，否则为稠密图。

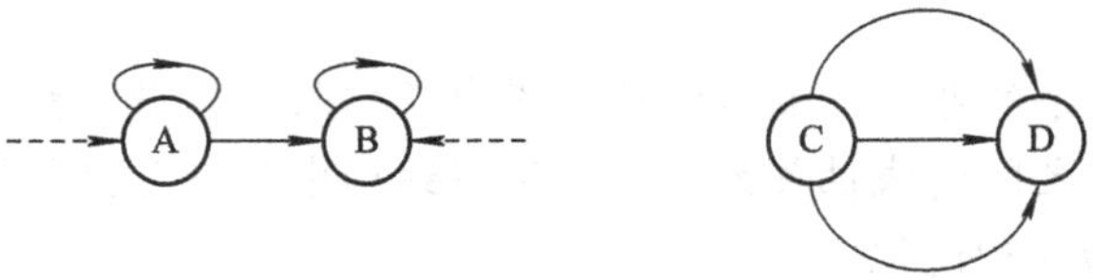

(a) 顶点到其自身的边　　(b) 两个顶点之间重复出现的边或弧

图 7.2　不考虑的特殊图例

假设有两个同类型的图 $G_1=(V_1, E_1)$和 $G_2=(V_2, E_2)$存在关系 $V_1 \subseteq V_2$,且 $E_1 \subseteq E_2$，则称 G_1 是 G_2 的子图。图 7.3 给出了 G_1 和 G_2 的子图的示例。

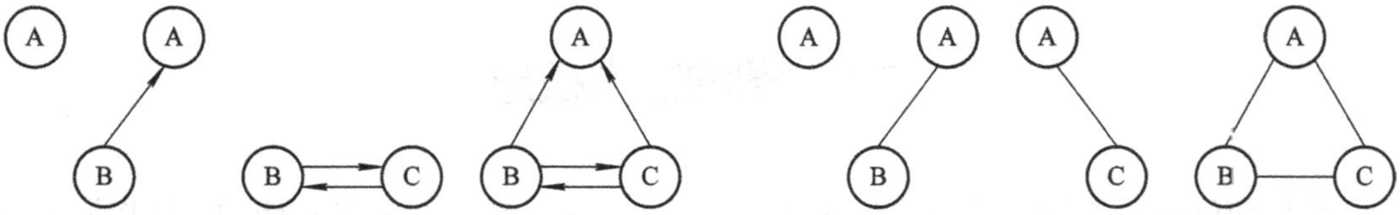

(a) G_1的子图示例　　(b) G_2的子图示例

图 7.3　子图示例

在无向图 G 中，若存在边$(v_i, v_j) \in E(G)$，则称顶点 v_i 和 v_j 互为邻接点(即相互邻接)，称边(v_i, v_j)关联于顶点 v_i 和 v_j 或称边(v_i, v_j)与顶点 v_i 和 v_j 相关联。与某一顶点 v_i 相关联的边的数目称为 v_i 的度，记为 $D(v_i)$。图 7.1(b)中的顶点 A 的度为 2。

设 G 为有向图，若边$<v_i, v_j> \in E(G)$，则称顶点 v_i 邻接到 v_j 或 v_j 邻接于 v_i，并称边$<v_i, v_j>$关联于顶点 v_i 和 v_j 或称边$<v_i, v_j>$与顶点 v_i 和 v_j 相关联。有向图中顶点 v_i 的度定义为该顶点的入度和出度之和。其中，v_i 的入度定义为以顶点 v_i 为终点的边的数目，记为 $ID(v_i)$；v_i 的出度定义为以顶点 v_i 为起点的边的数目，记为 $OD(v_i)$。在图 7.1(a)中顶点 A 的入度为 2，出度为 0，度为 2。

一个图 G 中有 n 个顶点，e 条边或弧，假设每个顶点的度为 $D(v_i)(1 \leqslant i \leqslant n)$，则存在以下关系：

$$e = \frac{1}{2}\sum_{i=1}^{n} D(v_i) \tag{7-1}$$

如果图的边或弧具有一个与它相关的数，则这个数就称为该边或弧的权，这个数常用来表示一个顶点到另一个顶点的距离或耗费。带权的图被称为网络，简称为网。图 7.4 给出了一个有向网络示例。

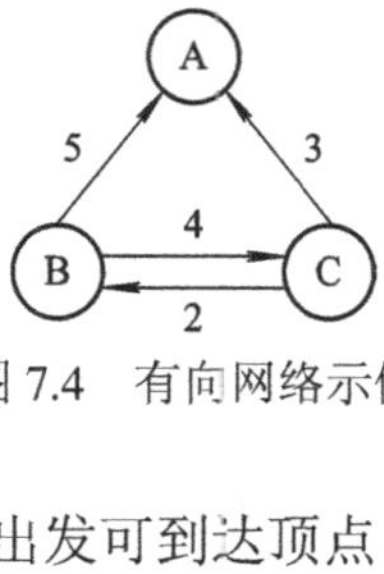

图 7.4　有向网络示例

在一个图中，若存在顶点序列$(v_1, v_2, \cdots, v_{n-1}, v_n)$，使得从顶点 v_1 出发可到达顶点 v_n，

则称该顶点序列为从 v_1 到 v_n 的一条路径。路径的长度即为路径上边或弧的数目。但在带权图中，路径长度则取沿路径各边的权之和。

起点和终点相同的路径称为回路或环。若路径中的顶点不重复出现，则称该路径为简单路径。仅起点和终点相同的简单路径被称为简单回路或者简单环。

例如在图 7.1(b)中，(A, B, C)就是一条简单路径，路径长度为 2；而(A, B, C, A)则是一个简单环，路经长度为 3。对于有向图 7.1(a)，其路径也是有向的，例如(B, C, B)是一个有向的简单环，路径长度为 2；而(A, B, C)就不是一条路径。在有权图 7.4 中，简单环(B, C, B)的路径长度则为 6。

如果有向图中存在一个顶点 v，从该顶点出发可到达图中其它所有的顶点，则称该有向图为有根图，v 称为该图的根。

对于无向图 G，若顶点 v_i 和 v_j (i≠j)有路径相通，则称 v_i 和 v_j 是连通的。如果 G 中的任意两个顶点都连通，则称 G 是连通图，否则为非连通图。图 7.1(b)就是一个连通图实例。在无向图 G 中的极大连通子图称为 G 的连通分量。对于连通图，连通分量就是其自身；对于非连通图，可以存在多个连通分量。图 7.5 给出了一个无向图和它的两个连通分量。

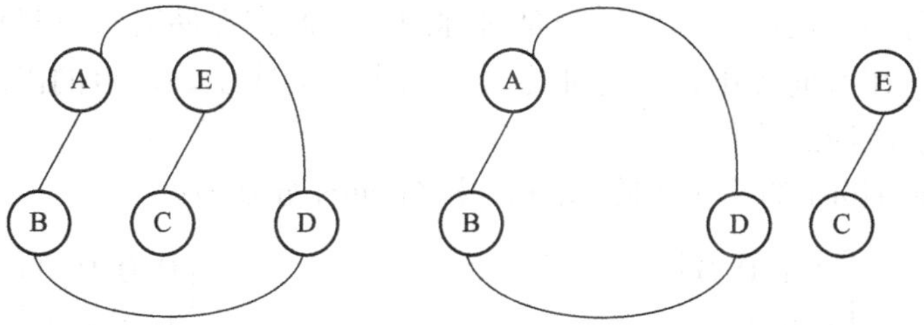

(a) 无向图G　　(b) G的两个连通分量

图 7.5　无向图及其连通分量

对于有向图 G，若从 v_i 到 v_j(i≠j)、从 v_j 到 v_i 都存在路径，则称 v_i 和 v_j 是强连通的。如果 G 中的任意两个顶点都是强连通的，则称该图为强连通图。有向图中的极大强连通子图称做有向图的强连通分量。例如图 7.1(a)中的有向图不是一个强连通图，而是有两个极大强连通分量。

7.2　图的存储结构

图的结构比较复杂，任意两个顶点之间都可能存在联系，因此无法以数据元素在存储区中的物理位置来表示元素之间的关系。前面已经介绍过，图这种数据结构包括两种信息，即各顶点本身的信息和边的信息。所以，借助一个二维数组或多重链表可以很自然的表示图。图的存储方法很多，常用的方法有邻接矩阵、邻接表、十字链表、多重链表等。这里仅介绍邻接矩阵存储方法和邻接表存储方法。

7.2.1　邻接矩阵

在邻接矩阵存储方法中，图中各个结点的数据信息存放在一个一维数组中，而图中边的信息，也即各顶点之间的关系用一个二维数组(又称为邻接矩阵)来表示。设图 G 有 n 个顶点，那么可取这个一维数组的长度为 n，邻接矩阵的大小为 n×n。图的数据类型可说明如下：

```
#define  n                    //图的顶点数
#define  e                    //图的边数
typedef  char   vextype;      //顶点的数据类型
typedef  float  adjtype;      //顶点权值的数据类型
typedef  struct
{ vextype  vexs[n];           //顶点数组
     adjtype  arcs[n][n];     //邻接矩阵
} graph;
```

矩阵中的元素 arcs[i][j]表示顶点 i 与顶点 j 之间的关系，并按以下规则取值：

$$arcs[i][j]=\begin{cases}1, & 若(v_i,v_j)或<v_i,v_j>\in E(G)\\ 0, & 若(v_i,v_j)或<v_i,v_j>\notin E(G)\end{cases}\quad 0\leqslant i,\ j\leqslant n-1 \tag{7-2}$$

对于无向图的邻接矩阵，其行或列中的非零元素个数等于对应的顶点的度。由于无向图的边的特点，可知无向图的邻接矩阵是对称的，因此在存储时可以只保存矩阵的下三角或上三角的元素。在有向图中，每行非零元素的个数对应于该顶点的出度，而每列非零元素的个数则对应于该顶点的入度。

例如，图 7.6(a)和(b)的邻接矩阵 G_1.arcs 和 G_2.arcs 分别为：

$$G_1.arcs=\begin{bmatrix}0&1&0&0\\1&0&1&1\\0&1&0&1\\0&1&1&0\end{bmatrix}\qquad G_2.arcs=\begin{bmatrix}0&0&0&0\\1&0&1&1\\0&0&0&1\\0&0&0&0\end{bmatrix}$$

很容易把图的邻接矩阵推广到网络。网络的邻接矩阵元素 R[i, j]可定义为

$$R[i,j]=\begin{cases}W_{ij}, & 若(v_i,v_j)或<v_i,v_j>\in E(G)\\ 0或\infty, & 否则\end{cases}\quad 0\leqslant i,\ j\leqslant n-1 \tag{7-3}$$

例如，图 7.4 中网络的邻接矩阵可表示为

$$A[i,j]=\begin{bmatrix}0&0&0\\5&0&4\\3&2&0\end{bmatrix}$$

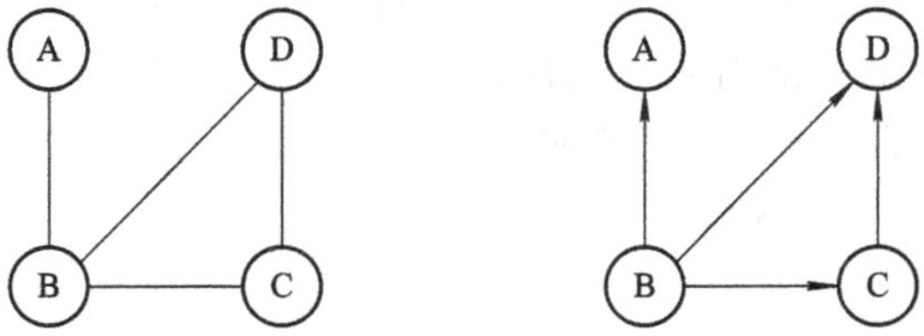

(a) 无向图G_1　　(b) 有向图G_2

图 7.6　无向图 G1 和有向图 G2 示例

下面给出无向网络邻接矩阵建立的算法 7.1。

算法 7.1　无向网络邻接矩阵建立的算法。

```
void   CreateAdjArray(graph *G )                    //建立无向网络的邻接矩阵
{ int   i, j, k;
  float   w;
  for( i=0; i<n; i++ )
     G->vexs[i]=getchar( );                         //读入顶点信息，建立顶点表
  for( i=0; i<n; i++ )
     for(j=0; j<n; j++)
       G->arcs[i][j]=0;                             //邻接矩阵初始化
  for( k=0; k<e; k++ )
  { scanf ( " %d%d%f ", &i, &j, &w);                //读入边(vi, vj)上的权 w
     G->arcs[i][j]=w;                               //邻接矩阵写入
     G->arcs[j][i]=w;
  }
}         // CreateAdjArray
```

对于无向图，算法 7.1 中的 G－>arcs[i][j]只取值 0 或 1，那么修改变量 w 的类型并使输入值为 1 即可。对于有向图或有向网络，则需要去除邻接矩阵写入的两个语句中的后一个语句，并相应修改变量 w。

算法 7.1 的执行时间是 $O(n+n^2+e)$。一般情况下，$e<<n^2$，所以算法的时间复杂度为 $O(n^2)$，空间复杂度为 $O(n^2)$。当邻接矩阵是一个稀疏矩阵时，显然，存储空间浪费现象较严重。

7.2.2　邻接表

邻接表(Adjacency List)是一种结合顺序存储与链式存储的存储方法。其中顺序存储部分称为顶点表，用于保存顶点信息；链式存储结构即邻接链表，用于存储图中边的信息。当图中的顶点很多而边很少时，可以用链式结构取代稀疏的邻接矩阵，从而节省存储空间。

顶点表是一个具有两个域的结构体数组，其中一个域称为顶点域(vertex)，用来存放顶点本身的数据信息；另一个域称为指针域(link)，用于指示依附于该顶点的边所组成的单链表的表头结点。

顶点 v_i 的邻接链表是由邻接于 v_i 的所有顶点链接成的单链表。邻接链表中的每个结点由邻接点域和链域构成。邻接点域(adjvex)用于存放与 v_i 相邻接的顶点 v_j 的序号 j 或者是顶点 v_j 在顶点表中所处单元的下标；链域(next)用于指向邻接链表中的下一结点。

下面给出邻接链表和顶点表中的结点的数据类型：

```
typedef   char   vextype;          //定义顶点数据信息类型
typedef   struct   node            //邻接链表结点的结构体类型
{ int   adjvex;                    //邻接点域
struct   node   *next;             //链域
// 若要表示边上的权，则应增加一个权值域
```

```
} edgenode;
typedef  struct                    //顶点表结点的结构体类型
{ vextype  vertex;                 //顶点域
  edgenode  *link;                 //边表头指针域
} vexnode;
vexnode Ga[n];                     //顶点表
```

无向图的邻接链表又称为边表。这是因为边表中的每个结点都对应于与顶点 v_i 相关联的一条边，而边表的长度就是顶点 v_i 的度。在有向图中，v_i 的邻接链表中结点的个数则对应于 v_i 的出度，因此有向图的邻接链表也称为出边表，也可以建立一个有向图的逆邻接链表，即入边表，v_i 的入边表中的每个结点对应于以 v_i 为终点的一条边。图 7.7 所示分别为图 7.6(a)的边表(图 7.7(a))，以及图 7.6(b)的出边表(图 7.7(b)和入边表(图 7.7(c))，其中 ∧ 表示该域为空。

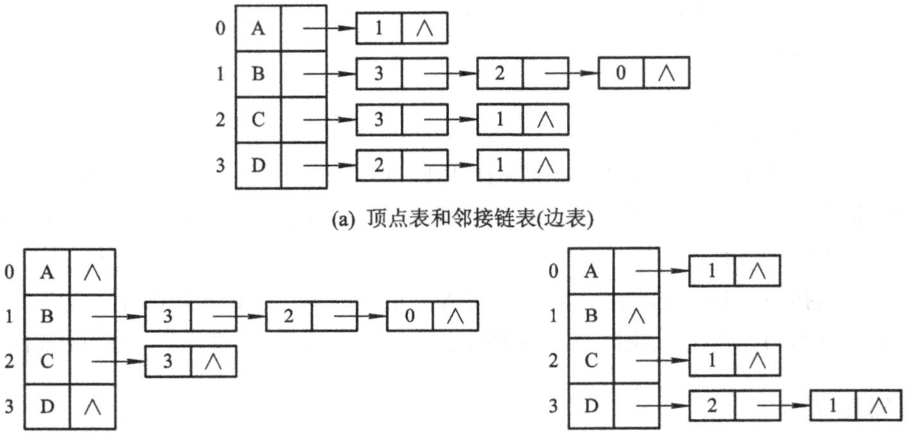

(a) 顶点表和邻接链表(边表)

(b) 顶点表和邻接链表(出边表)　　(c) 顶点表和逆邻接链表(入边表)

图 7.7　邻接表和逆邻接表示例

无向图邻接表的建立如算法 7.2 所示。

算法 7.2　无向图的邻接表建立算法。

```
void  CreateAdjList(vexnode  G[ ])          //建立无向图的邻接表
{int  i, j, k;
 edgenode  *s;
 for( i=0; i<n; i++)
 { G[i]. vertex=getchar( );                 //读入顶点信息和边表头指针初始化
   G[i]. link=NULL;                         //边表头指针初始化
 }
 for( k=0; k<e; k++)                        //建立边表
 { scanf ("%d%d", &i, &j );                 //读入边(vi, vj)的顶点序号
   s=(edgenode*)malloc( sizeof(edgenode));  //生成邻接点序号为 j 的边表结点*s
   s->adjvex=j;
   s->next=G[i]. link;
```

```
        G[i]. link=s;                              //将*s 插入顶点 vi 的边表头部
        s=(edgenode*)malloc(sizeof (edgenode));    //生成邻接点序号为 i 的边表结点*s
        s->adjvex=i;
        s->next=G[j]. link;
        G[j]. link=s;                              //将*s 插入顶点 vj 的边表头部
    }
} // CreateAdjList
```

对于有向图邻接表的建立，只需去除算法 7.2 中生成邻接点序号为 i 的边表结点*s，并将*s 插入顶点 v_j 边表头部的那一段语句组即可。如要建立网络的邻接表，则需在边表的每个结点中增加一个数据域以存储边上的权值。

算法 7.2 的时间复杂度是 O(n+e)。

邻接矩阵和邻接表都是最常用的图的存储结构。在具体应用中选取存储方法时，应主要考虑算法本身的特点和空间的存储密度。下面具体分析和比较它们的优缺点：

(1) 由于邻接链表中结点的链接次序取决于邻接表的建立算法和边的输入次序，因此图的邻接表表示是不唯一的；图的邻接矩阵表示则是唯一的。

(2) 要判定(v_i, v_j)或$<v_i, v_j>$是否是图中的一条边，在邻接矩阵表示中只需随机读取矩阵单元(i, j)的元素值是否为零即可；在邻接表中，需要扫描 v_i 对应的邻接链表，在最坏情况下需要的扫描时间为 O(n)。

(3) 计算图中边的数目时，对于邻接矩阵必须对整个矩阵进行扫描后才能确定，其时间耗费为 $O(n^2)$，与 e 的大小无关；在邻接表中只需统计每个边表中的结点个数便可确定，时间耗费仅为 O(n+e)，当 $e<<n^2$ 时，节省的计算时间非常可观。

7.3　图的遍历

图的遍历是指从图中某一顶点出发访问图中的每一个顶点，且每个顶点仅被访问一次。图的遍历算法是求解图的连通性、拓扑排序和求关键路径等算法的基础。

图的遍历与树的遍历在思路上是类似的，但是其过程要复杂得多。由于图中的任一顶点都可能与其它顶点相邻接，因此在访问某个顶点之后有可能沿着某条路径又回到该顶点上。为了避免对同一顶点的重复访问，可以设置一个辅助数组 visited[n]，用于标记访问过的顶点。数组 visited[n]初值可设为 0。一旦顶点 v_i 被访问，则设置 visited[i]值为 1。

图的遍历路径通常分为深度优先搜索和广度优先搜索。本节以无向图为例进行讨论，并且假定遍历过程中访问顶点的操作只是简单的输出顶点。这些方法也适用于有向图的情况。

7.3.1　深度优先搜索遍历

图的深度优先搜索(Depth-First Search)遍历类似于树的先序遍历，是树的先序遍历的推广。假设初始状态是图中所有顶点都未被访问，则深度优先搜索方法的步骤是：

(1) 选取图中某一顶点 v_i 为出发点，访问并标记该顶点。

(2) 以 v_i 为当前顶点，依次搜索 v_i 的每个邻接点 v_j，若 v_j 已被访问过，则搜索 v_i 的下一个邻接点，否则访问和标记邻接点 v_j。

(3) 以 v_j 为当前顶点，重复步骤(2)，直到图中和 v_i 有路径相通的顶点都被访问为止。

(4) 若图中尚有顶点未被访问过(非连通的情况下)，则可任取图中的一个未被访问的顶点作为出发点，重复上述过程，直至图中所有顶点都被访问。

与树的深度优先搜索类似，这种方法在访问了顶点 v_i 以及 v_i 的一个邻接点 v_j 之后，马上又访问 v_j 的一个邻接点，依次类推，搜索朝着纵深方向进行，所以称为深度优先搜索遍历。图 7.8(a)给出了一个深度优先搜索遍历的示例，其中虚线表示搜索路线。相应的顶点遍历序列为 A, B, C, D, E。

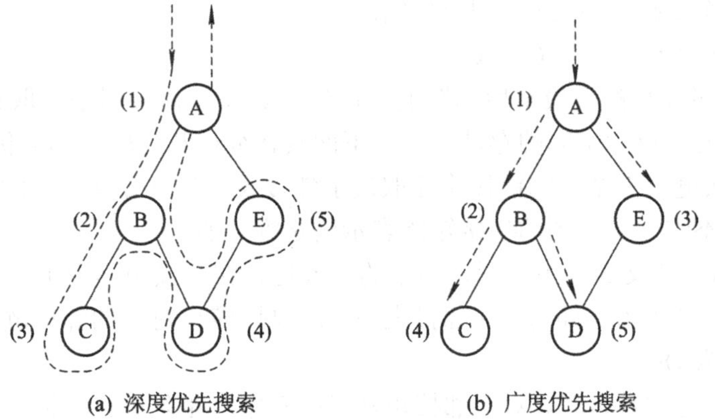

图 7.8 图的遍历过程示例

显然，这种搜索方法具有递归的性质。选择邻接矩阵作为图的存储结构，则图的深度优先搜索遍历如算法 7.3 所示。

算法 7.3 图的深度优先搜索遍历 DFSA。

```
int   visited[n];            //visited 为全局变量，初值设为 0，n 为顶点数
graph   G;                   //G 为全局变量，用邻接矩阵表示
void   DFSA(int i)           //从 vi 出发深度优先搜索图 G
{ int   j;
  printf("node:%c\n", G.vexs[i]);  //访问出发点 vi
  visited[i]=1;                    //标记 vi 已被访问
  for(j=0; j<n; j++)               //依次搜索 vi 的邻接点
     if( (G.arcs[i][j]==1)&&(visited[j]==0))
          DFSA(j);                 //若邻接点 vj 未被访问过，则从 vj 出发进行深度优先搜索遍历
}   // DFSA
```

下面根据算法 7.3 详细讨论图 7.8(a)的深度优先搜索遍历过程。为保证 DFS 序列的唯一性，按顺序将顶点 A、B、C、D、E 的数组下标设置为 0～4，并以顶点 A 为出发点。

(1) 调用 DFSA(0)，将 visited[0]置为 1，表示顶点 A 已被访问过。按顺序首先选择 A 的未被访问的邻接点 B，进行深度优先搜索遍历；

(2) 调用 DFSA(1)访问顶点 B，将 visited[1]置为 1。按顺序选择 B 的第一个未被访问的

邻接点 C，进行深度优先搜索遍历。

(3) 调用 DFSA(2)访问顶点 C，将 visited[2]置为 1。由于顶点 C 的所有邻接点均已被标记即访问过，因而结束 DFSA(2)的调用并退回到上一层调用即 DFSA(1)中。按顺序选择顶点 B 的下一个未被访问的邻接点 D，接着从 D 出发进行深度优先搜索遍历。

(4) 调用 DFSA(3)访问顶点 D，将 visited[3]置为 1；此时顶点 D 的未被访问过的顶点只有 E，因此以顶点 E 为出发点进行深度优先搜索遍历。

(5) 调用 DFSA(4)访问顶点 E，将 visited[4]置为 1；此时所有顶点均已被访问过，这表明图中与顶点 A 相通的顶点都已被访问。因而开始出栈，首先退回到上一层调用即 DFSA(3)中，然后是 DFSA(1)，最后是 DFSA(0)，遍历过程结束。所得到的 DFS 序列为 A、B、C、D、E。

在算法 7.3 中，每个顶点 v_i 仅被标记一次，因此至多调用函数 DFSA(i)一次，每次调用中 for 循环要运行 n 次，所以算法的时间复杂度为 $O(n^2)$。由于是递归调用，需要使用长度为 n 的辅助数组以及一个长度为 n–1 的工作栈，因此算法的空间复杂度为 O(n)。

按照深度优先搜索遍历顺序所得到的顶点序列称为该图的深度优先搜索遍历序列，简称为 DFS 序列。DFS 序列取决于算法、图的存储结构和初始出发点，因此一个图的 DFS 序列并不唯一。

以邻接表为存储结构的深度优先搜索遍历如算法 7.4 所示。可见，只需将算法 7.3 中对 v_i 的邻接点修改为对邻接表的操作即可。同样，由于图的邻接表表示不唯一，因而以邻接表为存储结构的 DFS 序列也不唯一。DFSL 算法需要对 n 个顶点的所有边表结点扫描一遍，而边表结点的数目为 2e，所以算法的时间复杂度为 O(n+2e)，空间复杂度为 O(n)。

算法 7.4　图的深度优先搜索遍历 DFSL。

```
void  DFSL(int i)                                  //图 Ga 用邻接表表示，以 vi 为出发点
{ edgenode  *p;
  printf("node:%c\n", Ga[i]. vertex);              //访问顶点 vi
  visited[i]=1;                                    //标记 vi 已被访问
  for(p=Ga[i].link; p!=NULL; p=p->next;)           //依次搜索 vi 的邻接点
     if (visited[p->adjvex]==0)
         DFSL(p->adjvex);                          //选择未被访问的邻接点出发进行深度优先搜索遍历
}    //  DFSL
```

7.3.2　广度优先搜索遍历

图的广度优先搜索(Breadth-first Search)遍历类似于树的按层次遍历。

假设初始状态是图中所有顶点都未被访问，这种方法的思路是：从图中某一顶点 v_i 出发，先访问 v_i，然后访问 v_i 的所有邻接点 v_j。当所有的 v_j 都被访问之后，再访问 v_j 的邻接点 v_k，依此类推，直到图中所有已被访问的顶点的邻接点都被访问过。此时，与初始出发点 v_i 有路径相通的顶点都将被访问。若图是非连通的，则另选择一个未曾被访问的顶点作为出发点，重复以上过程，直到图中所有顶点都被访问为止。

这种遍历方法的特点是，“先被访问的顶点的邻接点”也先于“后被访问的顶点的邻接

点”，因此具有先进先出的特性。所以，可以使用一个队列来保存已访问过的顶点，以确定对访问过的顶点的邻接点的访问次序。这里仍需使用一个辅助数组 visited[n]来标记顶点的访问情况，以避免对某一个顶点的重复访问。

下面分别给出以邻接矩阵和邻接表为存储结构时的广度优先搜索遍历算法 BFSA 和 BFSL，分别如算法 7.5 和算法 7.6 所示。

算法 7.5 图的广度优先搜索遍历 BFSA。

```
void  BFSA(int k)                          //图 G 用邻接矩阵表示，以 vk 为出发点
{ int  i, j;
 SETNULL(Q);                               //Q 置为空队
 printf("%c\n", G.vexs[k]);                //访问出发点 vk
 visited[k]=1;                             //标记 vk 已被访问
 ENQUEUE(Q, k);                            //访问过的顶点序号入队
 while( !EMPTY(Q) )                        //队列非空时执行下列操作
 { i=DEQUEUE(Q);                           //队头顶点序号出队
  for( j=0; j<n; j++)
     if ( ( G.arcs[i][j]= =1)&&( visited[j]!=1 ) )
     { printf("%c\n", G.vexs[j]);          //访问与 vi 邻接的未曾被访问的顶点 vj
      visited[j]=1;                        //置顶点 vj 的标志为 1
      ENQUEUE(Q, j);                       //访问过的顶点序号入队
     }
 }
}       // BFSA
```

算法 7.6 图的广度优先搜索遍历 BFSL。

```
void  BFSL(int  k)                         //图 G 用邻接表表示，以 vk 为出发点
{int i;
 edgenode  *p;
 SETNULL(Q);                               //置空队
 printf("%c\n", Ga[k].vertex);             //访问出发点 vk
 visited[k]=1;                             //标记 vk 已被访问
 ENQUEUE(Q, k);                            //顶点 vk 序号入队
 while( !EMPTY(Q) )
 { i=DEQUEUE(Q);                           //队头顶点序号出队
  for(p=Ga[i]. link; p!=NULL; p=p－>next)  //取 vi 的边表头指针，依次搜索 vi 的邻接点
     if (visited[p－>adjvex]==0)           //vi 的邻接点未曾被访问
     {printf("%c\n",Ga[p－>adjvex].vertex);
      visited[p->adjvex]=1;                //置顶点的访问标志为 1
      ENQUEUE(Q, p－>adjvex);              //访问过的顶点序号入队
     }
 }
}    //  BFSL
```

图 7.8(b)给出了以邻接矩阵为存储结构时的图广度优先搜索遍历示例。按图的广度优先搜索遍历顺序得到的顶点序列称为该图的广度优先搜索遍历序列，简称为 BFS 序列。一个图的 BFS 序列也不是唯一的，它取决于算法、图的存储结构和初始出发点。以邻接表作为存储结构得到的 BFS 序列还与邻接表中边表结点的链接次序有关。

下面仅以邻接矩阵为例，讨论图 7.8(b)的广度优先搜索遍历过程。假设顶点 A、B、C、D、E 分别对应数组 visited 的下标 0～4，从顶点 A 出发的 BFSA 算法过程如下：

(1) 调用 BFSA(0)，顶点 A 首先被访问；将 visited[0]置 1，并将顶点 A 的序号 0 入队；然后，当队列不为空时执行出队操作，得到顶点序号 0，通过搜索顶点 A 的邻接点得到未被访问的顶点是 B 和 E，所访问的第二、三个顶点是 B 和 E，将 visited[1]、visited[4]置 1，并将其对应的序号 1、4 入队。

(2) 此时出队的顶点序号是 1，搜索到 B 的三个邻接点 A、C、D 中有顶点 C、D 未被访问，因此 C 和 D 分别是第四、五个被访问的顶点，置访问标志为 1，并将其序号 2、3 入队。

(3) 此时出队的顶点序号是 4，对应顶点 E 的两个邻接点 A 和 D 已访问过，故不执行入队操作。

(4) 接着出队的顶点序号是 2，搜索到 C 的一个邻接点 B 已访问过，故无顶点序号入队。

(5) 最后出队的顶点序号是 3，搜索可知，D 的两个邻接点 B 和 E 都已访问过，故无顶点序号入队。此时队列已为空，搜索过程结束。根据访问的顺序得到的 BFS 序列是 A、B、E、C、D。

分析可知，对于有 n 个顶点和 e 条边的连通图，BFSA 算法的 while 循环和 for 循环都需执行 n 次，所以 BFSA 算法的时间复杂度为 $O(n^2)$；BFSL 算法的 while 循环要执行 n 次，而 for 循环的执行次数等于边表结点的总个数 2e，因此 BFSL 算法的时间复杂度为 O(n+2e)。BFSA 算法和 BFSL 算法都使用了一个长度均为 n 的队列和辅助标志数组，因此空间复杂度都为 O(n)。

7.4 生成树和最小生成树

7.4.1 基本概念

我们知道，利用图的遍历算法可以求解图的连通性问题。例如对无向连通图 G 进行遍历，可以选择 G 的任意顶点作为出发点，进行一次深度优先搜索或广度优先搜索就可以访问到 G 中的所有顶点。如果对无向非连通图进行遍历，则需要对其每一个连通分量分别选择某个顶点作为出发点进行遍历。

现在引入生成树的概念。以无向连通图 G 为例，把遍历过程中顺序访问的两个顶点之间的路径记录下来，这样 G 中的 n 个顶点以及由出发点依次访问其余 n－1 个顶点所经过的 n－1 条边就构成了 G 的极小连通子图，也就是 G 的一棵生成树，出发顶点是生成树的根。所谓极小，是指该子图具有连通所需的最小边数，若去掉一条边，该子图就变成了非连通图；若任意增加一条边，该子图就有回路产生。通常，我们将深度优先搜索得到的生成树称为深度优先搜索生成树，简称为 DFS 生成树，而将广度优先搜索得到的生成树称为广度优先搜索生成树，简称为 BFS 生成树。图 7.9 给出了对图 7.8 进行遍历产生生成树的示例。

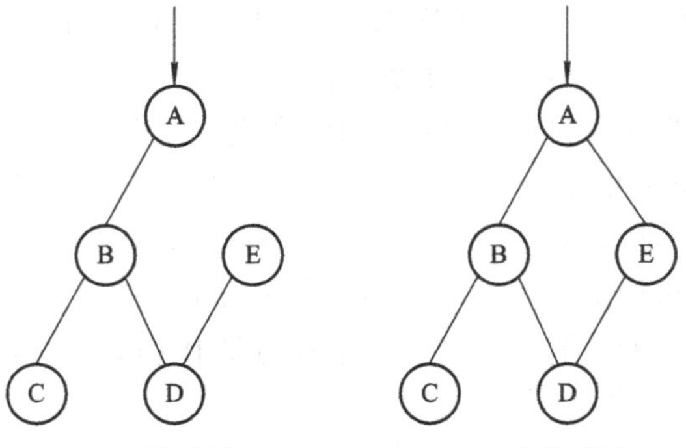

图 7.9　图的生成树示例

在图论中，树可以看做是一个无回路存在的连通图。连通图 G 的生成树就可以定义为一个包含了 G 的所有顶点的树。由树的性质也可知，一个连通图 G 具有 n 个顶点，其生成树最多有 n −1 条边。该生成树也是 G 的一个极小连通子图。

显然，连通图的生成树并不唯一，这取决于选择的遍历方法和出发顶点。对于非连通图，遍历其每个连通分量则可生成对应的生成树，这些生成树构成了非连通图的生成森林。

下面给出最小生成树(Minimum Spanning Tree)的概念。给定一个连通网络，要求构造具有最小代价的生成树时，也即使生成树各边的权值总和达到最小。把生成树各边的权值总和定义为生成树的权，那么具有最小权值的生成树就构成了连通网络的最小生成树，最小生成树可简记为 MST。

最小生成树的构造具有重要的实际应用价值。例如，要在 n 个城市之间建立通信网络，而在不同城市之间建立通信线路时需要一定的花费，可以作为网络边的权值。使用最少的经费来建立相应的通信网络，这一问题就转化为构造最小生成树的问题。构造最小生成树，也就是在给定 n 个顶点所对应的权矩阵(代价矩阵)的条件下，给出代价最小的生成树。

构造最小生成树的算法有多种，其中大多数算法都利用了最小生成树的一个性质，简称 MST 性质：假设 G=(V, E)是一个连通网络，U 是 V 中的一个真子集，若存在顶点 $u \in U$ 和顶点 $v \in V-U$ 的边(u, v)是一条具有最小权值的边，则必存在 G 的一棵最小生成树包括这条边(u, v)。

MST 性质可用反证法加以证明：

假设网络 G 中的任何一棵最小生成树 T 都不包含(u, v)，其中 $u \in U$ 和 $v \in V-U$。在最小生成树 T 中，必然存在一条边(u′, v′)(其中 $u' \in U$ 和 $v' \in V-U$)连接两个顶点集 U 和 V −U。当(u, v)加入到 T 中时，T 中必然存在一条包含了(u, v)的回路。如果删除(u′, v′)并保留(u, v)，则得到另一棵生成树 T′。因(u, v)的权小于(u′, v′)的权，故 T′的权小于 T 的权，这与假设矛盾。

下面介绍利用 MTS 性质构造最小生成树的两种常用算法：Prim(普里姆)算法和 Kruskal(克鲁斯卡尔)算法。

7.4.2 Prim 算法

假设 G(V, E)是有 n 个顶点的连通网络，用 T=(U, TE)表示要构造的最小生成树，其中 U 为顶点集合，TE 为边的集合。Prim 算法的具体步骤描述如下：

(1) 初始化：令 U={∅}，TE={∅}。从 V 中取出一个顶点 u0 放入生成树的顶点集 U 中，作为第一个顶点，此时 T=({u0},{∅})；

(2) 从 u∈U，v∈V–U 的边(u, v)中找一条代价最小的边(u*, v*)，将其放入 TE 中，并将 v*放入 U 中。

(3) 重复步骤(2)，直至 U=V 为止。此时集合 TE 中必有 n–1 条边，T 即为所要构造的最小生成树。

Prim 算法的关键是第(2)步，即如何找到连接 U 和 V–U 的最短边(代价最小边)。假设生成树 T 中已有 k 个顶点，则 U 和 V –U 中可能存在的边数最多为 k(n–k)条。简单的穷搜索法会具有较大的复杂度。分析可以发现，在寻找最小代价边的过程中，有些操作具有重复性。我们可以将前一次寻找所得到的最小代价边存储起来，然后与新找到的边进行比较，如果新找到的边比原来已找到的边短，则用新找到的边代替原有的边，否则保持不变。为此设立以下的边的存储结构：

```
typedef    struct
{ int   fromvex, endvex;       //边的起点和终点
        float length;          //边的权值
} edge;
edge  T[n–1];                  //最小生成树
float dist[n][n];              //连通网络的带权邻接矩阵
```

以图 7.10 为例，Prim 算法的工作过程以及数组 T 的变化如图 7.11 所示。初始状态设为 U={0}，TE={∅}，相应的 T 数组如图 7.11(a)所示。Prim 算法的实质就是寻找最小生成树的 n –1 条边。首先找到最小代价边(0, 2)，将其与第 0 条边交换并更新 T 数组，表示加入新顶点 2；之后需要更新 U 和 V –U 之间的最小代价边，得到图 7.11(b)；对图 7.11(b)进行搜索可以得到最小代价边(2, 4)，将其与第 1 条边交换并更新 T 数组，得到图 7.11(c)。依次操作，即可得到其余的 3 条边(2, 1), (4, 3)和(3, 5)。

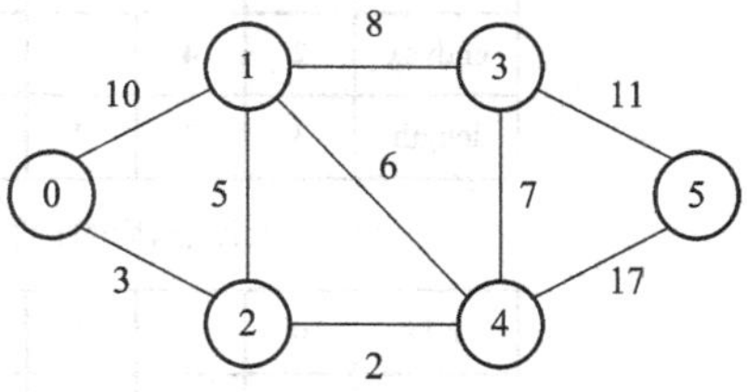

图 7.10　一个网络示例

上述过程的具体细节如算法 7.7 所示。

算法 7.7　最小生成树的 Prim 算法。

```
void   Prim (int i)                 //i 表示最小生成树所选取的第一个顶点下标
{ int j, k, m, v, min, max=100000;
  float d;
  edge e;
  v=i;                              //将选定顶点送入中间变量 v
  for( j=0; j<=n－2; j++)           //构造第一个顶点
```

```
    { T[j].fromvex=v;
      if(j>=v)  {T[j].endvex=j+1; T[j].length=dist[v][j+1]; }
      else  {T[j].endvex=j;  T[j].length=dist[v][j]; }
    }
    for( k=0; k<n－1; k++)            //求第 k 条边
    { min=max;
     for(j=k; j<n－1; j++)            //找出最短的边并将最短边的下标记录在 m 中
       if ( T[j].length<min ) { min=T[j].length; m=j; }
     e=T[m]; T[m]=T[k]; T[k]=e;       //将最短的边交换到 T[k]单元
     v=T[k].endvex;                   //v 中存放新找到的最短边在 V－U 中的顶点
     for( j=k+1; j<n－1; j++)         //修改所存储的最小边集
     { d=dist[v][T[j].endvex];
       if(d<T[j].length) { T[j].length=d; T[j].fromvex=v; }
     }
   }   // Prim
```

下标	0	1	2	3	4
fromvex	0	0	0	0	0
endvex	1	2	3	4	5
length	10	(3)	inf	inf	inf

(a) 初始化的T数组

下标	0	1	2	3	4
fromvex	**0**	2	0	2	0
endvex	**2**	1	3	4	5
length	**3**	5	inf	(2)	inf

(b) 加入顶点2后的T数组

下标	0	1	2	3	4
fromvex	**0**	**2**	4	2	4
endvex	**2**	**4**	3	1	5
length	**3**	**2**	7	(5)	17

(c) 加入顶点4后的T数组

下标	0	1	2	3	4
fromvex	**0**	**2**	**2**	4	4
endvex	**2**	**4**	**1**	3	5
length	**3**	**2**	**5**	(7)	17

(d) 加入顶点1后的T数组

下标	0	1	2	3	4
fromvex	**0**	**2**	**2**	**4**	**3**
endvex	**2**	**4**	**1**	**3**	**5**
length	**3**	**2**	**5**	**7**	**11**

(e) 加入顶点3后的T数组

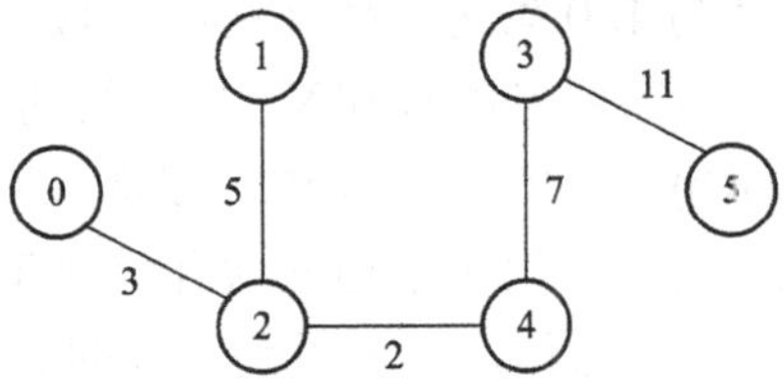

(f) 最小生成树

图 7.11　Prim 算法的工作过程

算法 7.7 中构造第一个顶点所需的时间是 O(n)，求 k 条边的时间大约为

$$\sum_{k=0}^{n-2}\left(\sum_{j=k}^{n-2}O(1)+\sum_{j=k+1}^{n-2}O(1)\right)\approx 2\sum_{k=0}^{n-2}\sum_{j=k}^{n-2}O(1)$$

其中 O(1)表示某一正常数 C，所以上述公式的时间复杂度是 $O(n^2)$。可见，Prim 算法的复杂度与网的边数无关，适合边稠密网络的最小生成树。

7.4.3　Kruskal 算法

Kruskal 算法是从另一途径来求网络的最小生成树。设 G=(V, E)是一个有 n 个顶点的连通图，则令最小生成树的初始状态为只有 n 个顶点而无任何边的非连通图 T=(V, {∅})，图中每个顶点自成一个连通分量。依次选择 E 中的最小代价边，若该边依附于 T 中两个不同的连通分量，则将此边加入 TE 中；否则，舍去此边而选择下一条代价最小的边。依此类推，直到 T 中所有顶点都在同一连通分量上为止。这时的 T 就是 G 的一棵最小生成树。

利用 Kruskal 算法对图 7.10 所示的网络构造最小生成树的过程如图 7.12 所示。

在图 7.12(c)中，依次选择的前 3 条边分别是(2, 4)、(0, 2)和(1, 2)。注意到，第 4 条最小代价边选择的是(3, 4)，而不是(1, 4)。这是因为(1, 4)的顶点在同一个分量上，故舍去这条边而选择下一条代价最小的边。第 5 条最小代价边选择的是(3, 5)。

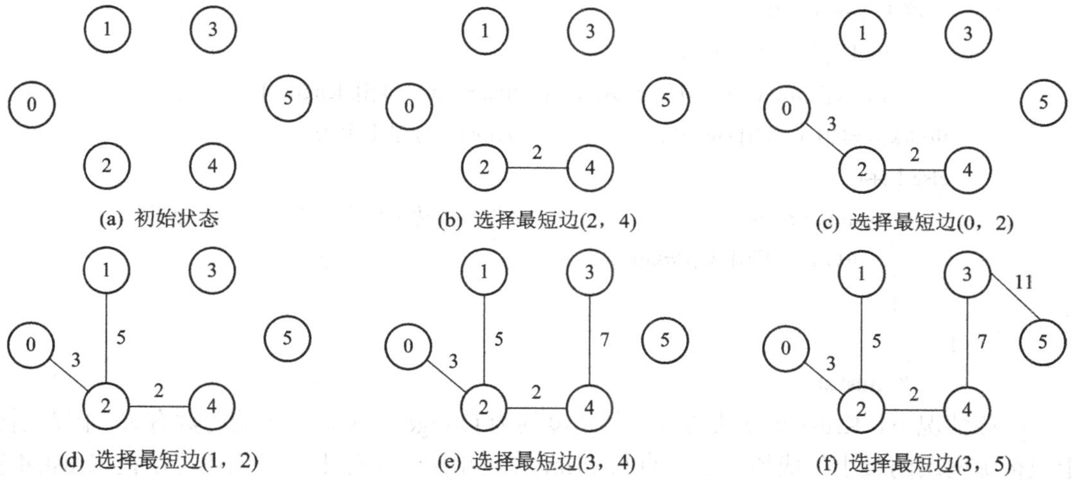

图 7.12　Kruskal 算法构造最小生成树的过程

在 Kruskal 算法中，每次选择最小代价边时都需要扫描所有边中的最短边。若用邻接矩阵实现，则需要扫描整个邻接矩阵，致使算法复杂度太高；而使用邻接表时，由于每条边都被连接两次，从而使得寻找最短边的计算时间加倍。所以，我们采用以下的存储结构来对图中的边进行表示：

```
typedef    struct
{ int fromvex, endvex;      //边的起点和终点
      float length;         //边的权值
      int sign;             //该边是否已选择过的标志信息
} edge;
edge T[e];          //e 为图中的边数
int G[n];           //判断该边的两个顶点是不是在同一个分量上的数组，n 为顶点数
```

这里数组 G 存放顶点的连通信息，用于判断所选择的边所对应的两个顶点是否在同一个分量上，具体描述如算法 7.8 所示。

算法 7.8　最小生成树的 Kruskal 算法。

```
void  Kruskal(int n, int e)      // n 表示图中的顶点数目，e 表示图中的边数目
{ int i, j, k, l, min ; t
 for ( i=0; i<=n－1; i++)  G[i]=i;              //数组 G 置初值
 for ( i=0; i<=e－1; i++)                        //输入边信息
 { scanf (" %d%d%f ", &T[i]. fromvex， &T[i].endvex, &T[i]. length);
   T[i].sign=0;
 }
 j=0;
 while(j<n－1)
 { min=1000;
  for ( i=0; i<=e－1; i++)                       //寻找最短边
     if( T[i].sign= =0 )
        if( T[i].length<min  )
        { k=T[i].fromvex; l=T[i].endvex; T[i].sign=1; min=T[i], length; }
  if(G[k]= =G[l])   T[i].sign=2;               //在同一分量上舍去
  else { j++;
        for(t=0; t<n; t++)                       //将最短边的两个顶点并入同一分量
          if(G[t]= =G[l]) G[t]=G[k];
       }
 }
}     // Kruskal
```

一般情况下，Kruskal 算法的时间复杂度约为 O(elge)，仅与网中的边数有关，因此适合于边稀疏网络的最小生成树，这一点与 Prim 算法相反。实际上，我们还可以在 Kruskal 算法之前先对边进行排序，这样 Kruskal 算法的复杂度可降为 O(e)。

7.5 最短路径

在计算机中可以用图的结构来表示一个实际的交通网络，其中顶点作为城市，边可以作为城市之间的交通联系。由于城市之间的交通存在多条路径且往往具有方向性，因此有向网络结构是较好的选择，而在无向网络中的情况与此类似。

在交通网络中，最常见的问题有两个：一是从城市 A 是否可以到达城市 B；二是如何选择最小代价的路线。这里最小代价是指花费最小、时间上最快，或者是二者的综合考虑。这两个问题可以归结为图论中的最短路径问题。路径上的第一个顶点称为源点(Source)，最后一个顶点称为终点(Destination)，路径长度则是指路径上各条边的权值之和。下面讨论两种最常见的最短路径问题。

7.5.1 从某个源点到其余各顶点的最短路径

单源点的最短路径问题可以描述为：对于给定的有向网络 G=(V,E)及源点 v，求从 v 到

G 中其它各顶点的最短路径，假设各边上的权值大于或等于 0。单源点的最短路径问题可以用迪杰斯特拉(Dijkstra)提出的最短路径算法来解决。

迪杰斯特拉最短路径算法的思路源自迪杰斯特拉对大量的单源点最短路径的顶点构成集合和路径长度之间关系的研究：若按长度递增的次序来产生源点到其余顶点的最短路径，则当前正要生成的最短路径除终点外，其余顶点的最短路径已生成。换句话说，假设 A 为源点，U 为已求得的最短路径的终点的集合 (初态时为空集)，则下一条最短路径 (设其终点为 X) 或者是弧(A, X)，或者是中间只经过 U 集合中的顶点，最后到达 X 的路径。这条最短路径上不可能存在 U 集合之外的顶点，读者可以用反证法加以证明。

为验证以上观点，图 7.13 所示为有向网络 G 以及以顶点 A 为源点的最短路径集合。可以发现，在查找终点为 E、D、F 的最短路径时，其中间顶点均是已求得的最短路径终点的集合。

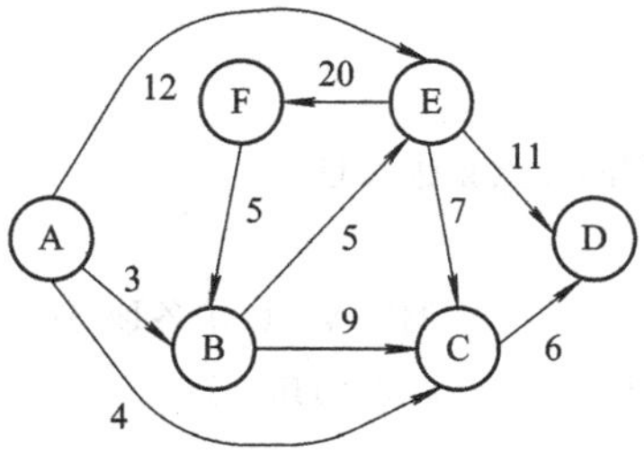

(a) 有向网络G

最短路径	路径长度
A→B	3
A→C	4
A→B→E	8
A→C→D	10
A→B→E→F	28

(b) 最短路径集合

图 7.13　有向网络 G 以及源点为 A 的最短路径

根据以上思路，可以按路径长度递增次序来产生源点到各顶点的最短路径。对有向连通网络 G=(V, E)，假设顶点个数为 n，以 u_0 作为源点，算法步骤描述如下：

(1) 从 V 中取出源点 u_0 放入最短路径顶点集合 U 中，此时最短路径网络 S=({u_0}, {∅});

(2) 从 u∈U 和 v∈V −U 中找到一条最小代价边(u*, v*)，将其加入到 S 中去，更新 S=({u_0, v*}, {(u_0, v*)})。

(3) 每往 U 中增加一个顶点，就要对 V−U 中各顶点的权值进行一次修正：若加进 v*作为中间顶点，使得从 u_0 到其他属于 V−U 的顶点 v_i 的路径不加 v*时最短，则修改 u_0 到 v_i 的权值，即以(u_0, v*)的权值加上(v*, v_i)的权值来代替原(u_0, v_i)的权值，否则不修改 u_0 到 v_i 的权值。

(4) 从权值修正后的 V−U 中选择最短的边加入 S 中，如此反复，直到 U=V 为止。

算法 7.9 所示为用 C 语言描述的 Dijkstra 算法。其中有向网络用邻接矩阵 dist[n][n]表示；数组 D[n]用于保存源点到其他顶点的最短距离；数组 p[i]用于记录最短路径中顶点 i 的前趋顶点；数组 s[n]用于标识最短路径的生成情况，s[i]=1 表示源点到顶点 i 的最短路径已产生，而 s[i]=0 表示最短路径还未产生。

算法 7.9　Dijkstra 最短路径算法。

```
float  D[n];
int    p[n], s[n];
void   Dijkstra(int v, float dist[][])            //求源点 v 到其余顶点的最短路径及长度
{   int i, j, k, v1, min, max=10000, pre;          //max 中的值用以表示 dist 矩阵中的值∞
    v1=v;
    for( i=0; i<n; i++)                           //各数组进行初始化
```

```
    {   D[i]=dist[v1][i];
        if( D[i] != max )   p[i]= v1+1;
        else p[i]=0;
        s[i]=0;
    }   //endfor
    s[v1]=1;                              //将源点送 U
    for( i=0; i<n-1; i++)                 //求源点到其余顶点的最短距离
    {   min=10001;                        //min>max，以保证值为∞的顶点也能加入 U
        for( j=0; j<n-1; j++)
        if ( ( !s[j] )&&(D[j]<min) )      //找出到源点具有最短距离的边
        {   min=D[j];   k=j;
        }
        s[k]=1;                           //将找到的顶点 k 送入 U
        for(j=0; j<n; j++)
            if ( (!s[j])&&(D[j]>D[k]+dist[k][j]) )       //调整 V –U 中各顶点的距离值
              {   D[j]=D[k]+dist[k][j];   p[j]=k+1;      //k 是 j 的前趋
              }
     }                                                   //所有顶点已扩充到 U 中
    for( i=0; i<n; i++)
    {   printf(" %f %d ", D[i], i)
        pre=p[i];
        while ((pre!=0)&&(pre!=v+1))
        {   printf (" <-%d ", pre-1); pre=p[pre-1];
        }
        printf(" <-%d ", v);
    }   //endfor
}   // Dijkstra
```

对图 7.13 中的有向网络 G 执行 Dijkstra 算法，以 A 点为源点时的数组 D[n]、p[n]和 s[n]的更新状况如表 7.1 所示。

表 7.1　Dijkstra 算法动态执行情况

循环	U	k	D[0]~ [5]						p[0] ~[5]	s[0]~[5]
初始化	{A}	—	0	**3**	4	Inf	12	Inf	1 1 1 0 1 0	1 0 0 0 0 0
1	{A,B}	1	0	3	**4**	inf	8	Inf	1 1 1 0 2 0	1 1 0 0 0 0
2	{A,B,C}	2	0	3	4	10	**8**	Inf	1 1 1 3 2 0	1 1 1 0 0 0
3	{A,B,C,E}	4	0	3	4	**10**	8	28	1 1 1 3 2 5	1 1 1 0 1 0
4	{A,B,C,E,D}	3	0	3	4	10	8	**28**	1 1 1 3 2 5	1 1 1 1 1 0
5	{A,B,C,E,D,F}	5	0	3	4	10	8	28	1 1 1 3 2 5	1 1 1 1 1 1

相应的打印输出结果为

0　　0← 0

3　　1← 0

4	2← 0
10	3← 2← 0
8	4← 1← 0
28	5← 4← 1← 0

容易分析 Dijkstra 算法的时间复杂度为 $O(n^2)$，占用的辅助空间是 O(n)。人们可能只希望找到源点到某个顶点的最短路径，但这个问题的时间复杂度也是 $O(n^2)$。

7.5.2　每对顶点之间的最短路径

为求解这一问题，可以把有向网络的每个顶点依次作为源点并执行 Dijkstra 算法，从而求得每一对顶点之间的最短路径。在这种方法中，Dijkstra 算法需要重复执行 n 次，因此总的时间复杂度为 $O(n^3)$。

弗洛伊德(Floyd)于 1962 年提出了解决这一问题的另一种算法。该算法的时间复杂度也是 $O(n^3)$，但形式比较简单，易于理解。本节主要介绍这种算法。

Floyd 算法是根据有向网络的邻接矩阵 dist[n][n]来求顶点 v_i 到顶点 v_j 的最短路径，其基本思路是：假设 v_i 和 v_j 之间存在一条路径，但这并不一定是最短路径，尚需进行 n 次试探。首先尝试在 v_i 和 v_j 之间增加一个中间顶点 v_0。若增加 v_0 后的路径(v_i, v_0, v_j) 比(v_i, v_j)短，则以新的路径代替原路径，并且修改 dist[i][j]的值为新路径的权值；若增加 v_0 后的路径比(v_i, v_j)更长，则维持 dist[i][j]不变。然后在修改后的 dist 矩阵中，另选一个顶点 v_1 作为中间顶点，重复以上操作，直到除 v_i 和 v_j 外的其余顶点都做过中间顶点为止。

邻接矩阵 dist[n][n]的更新是 Floyd 算法的重点。依次以顶点 v_1, …, v_n 为中间顶点实施以上操作时，将递推地产生出一个矩阵序列 $D^{(k)}$[n][n](k=0, 1, 2, …, n)。其中 $D^{(0)}$[n][n]即初始邻接矩阵 dist[n][n]，表示每一对顶点之间的直接路径的权值；$D^{(k)}$[n][n]($1 \le k < n$)则表示中间顶点的序号不大于 k 的最短路径长度。显然，$D^{(n)}$[n][n]就是每一对顶点之间的最短路径长度。

为了记录每一对顶点之间最短路径所经过的具体路径，需另设一个 path 矩阵，其每个元素 path[i][j]所保存的值是顶点 v_i 到顶点 v_j 时 v_j 的前趋顶点。类似的，$path^{(0)}$给出了每一对顶点之间的直接路径，而 $path^{(n)}$给出了每一对顶点之间的最短路径。

算法 7.10 所示为用 C 语言描述的 Floyd 算法。

算法 7.10　Floyd 最短路径算法。

```
int  path[n][n];                          //路径矩阵
void Floyd(float D[ ][n], dist[ ][n])     //D 是路径长度矩阵, dist 是有向网络 G 的带权邻接矩阵
{  int i, j, k, next, max=10000;
   for (i=0; i<n; i++)                    //设置 D 和 path 的初值
   for (j=0; j<n; j++)
   {  if (dist[i][j] !=Max )  path[i][j]=i+1;  //i 是 j 的前趋
      else  path[i][j]=0;
      D[i][j]=dist[i][j];
   }  //endfor
  for (k=0; k<n; k++)                     //以 0, 1, …, n−1 为中间顶点做 n 次
```

```
        for (i=0; i<n; i++)
            for (j=0; j<n; j++)
                if (D[i][j]>(D[i][k]+D[k][j]))
                {   D[i][j]=D[i][k]+D[k][j];          //修改路径长度
                    path[i][j]=path[k][j];            //修改路径
                }   //endfor
    for (i=0; i<n; i++)                               //输出所有顶点对 i, j 之间最短路径的长度和路径
      for (j=0; j<n; j++)
      {   printf ( " %f%d ", D[i][j], j);
          pre=path[i][j];
          while ((pre!=0)&&(pre!=i+1))
          {   printf ("<-%d ", pre-1);
              pre=path[i][pre-1];
          }  //endwhile
          printf ("<-%d\n ", i);
      }  //endfor
}      //   Floyd
```

仍以图 7.13 中的有向网络为例，执行算法 7.10 时矩阵 D 和 path 的更新如表 7.2 所示。

表 7.2　Floyd 算法对图 7.13 中有向网络的执行过程(k=0,3 时无更新)

k	初始矩阵						0(无更新)						1					
D	0	3	4	inf	12	inf	0	3	4	inf	12	inf	0	3	4	inf	8	inf
	inf	0	9	Inf	5	Inf	inf	0	9	inf	5	inf	inf	0	9	inf	5	inf
	inf	inf	0	6	inf	Inf	inf	inf	0	6	inf	inf	inf	inf	0	6	inf	inf
	inf	inf	inf	0	Inf	inf	inf	inf	inf	0	inf	inf	inf	inf	inf	0	inf	inf
	inf	inf	7	11	0	20	inf	inf	7	11	0	20	inf	inf	7	11	0	20
	inf	5	inf	inf	Inf	0	inf	5	inf	inf	Inf	0	inf	5	14	inf	10	0
path	1	1	1	0	1	0	1	1	1	0	1	0	1	1	1	0	2	0
	0	2	2	0	2	0	0	2	2	0	2	0	0	2	2	0	2	0
	0	0	3	3	0	0	0	0	3	3	0	0	0	0	3	3	0	0
	0	0	0	4	0	0	0	0	0	4	0	0	0	0	0	4	0	0
	0	0	5	5	5	5	0	0	5	5	5	5	0	0	5	5	5	5
	0	6	0	0	0	6	0	6	0	0	0	6	0	6	2	0	2	6
k	2						4						5					
D	0	3	4	10	8	inf	0	3	4	10	8	28	0	3	4	10	8	28
	inf	0	9	15	5	inf	inf	0	9	15	5	25	inf	0	9	15	5	25
	inf	inf	0	6	inf	inf	inf	inf	0	6	inf	inf	inf	inf	0	6	inf	inf
	inf	inf	inf	0	Inf	inf	inf	inf	inf	0	Inf	inf	inf	inf	inf	0	inf	inf
	inf	inf	7	11	0	20	inf	inf	7	11	0	20	inf	25	7	11	0	20
	inf	5	14	20	10	0	inf	5	14	21	10	0	inf	5	14	21	10	0
path	1	1	1	3	2	0	1	1	1	3	2	5	1	1	1	3	2	5
	0	2	2	3	2	0	0	2	2	3	2	5	0	2	2	3	2	5
	0	0	3	3	0	0	0	0	3	3	0	0	0	0	3	3	0	0
	0	0	0	4	0	0	0	0	0	4	0	0	0	0	0	4	0	0
	0	0	5	5	5	5	0	0	5	5	5	5	0	6	5	5	5	5
	0	6	3	0	2	6	0	6	2	5	2	6	0	6	2	5	2	6

7.6 拓扑排序

我们用顶点表示某个活动，顶点之间的有向边表示活动之间的先后关系，这样，无论是工程、生产或专业课程的学习，都可以用一个有向图来表示，并称其为顶点表示活动网络(Activity On Vertex network，简称 AOV 网)。AOV 网中的顶点也可带有权值，表示完成一项活动所需的时间，AOV 网中的有向边表示了活动之间的制约关系。

这些活动可以表示一个工程中的子工程、一个产品生产中的部件生产或课程学习中的一门课程，因此一般要按一定次序进行。当限制各个活动只能串行进行时，如果可以将 AOV 网中的所有顶点排列成一个线性序列 v_{i1}，v_{i2}，…，v_{in}，并且这个序列同时满足关系：若在 AOV 网中从顶点 v_i 到顶点 v_j 存在一条路径，则在线性序列中 v_i 必在 v_j 之前，那么，这个线性序列就称为拓扑序列。对 AOV 网构造拓扑序列的操作称为拓扑排序。AOV 网的拓扑序列给出了各个活动按序完成的一种可行方案。

拓扑排序应用十分广泛。例如，软件专业的学生必须完成一系列的课程学习才能毕业，其中一些课程是基础课，无须先修其他课程便可学习；而另一些课程则必须在学完其他的基础先修课后才能进行学习。这些课程和课程之间的关系如表 7.3 所示，其 AOV 网表示如图 7.14 所示。这里有向边$<C_i, C_j>$表示了课程 C_i 是课程 C_j 的先修课程。

表 7.3　软件专业的课程设置

课程编号	课程名称	先修课程	课程编号	课程名称	先修课程
C_1	程序设计基础	无	C_7	编译原理	C_3, C_5
C_2	离散数学	C_1	C_8	操作系统	C_3, C_6
C_3	数据结构	C_1, C_2	C_9	高等数学	无
C_4	汇编语言	C_1	C_{10}	线性代数	C_9
C_5	语言的设计和分析	C_3, C_4	C_{11}	普通物理	C_9
C_6	计算机原理	C_{11}	C_{12}	数值分析	C_1, C_9, C_{10}

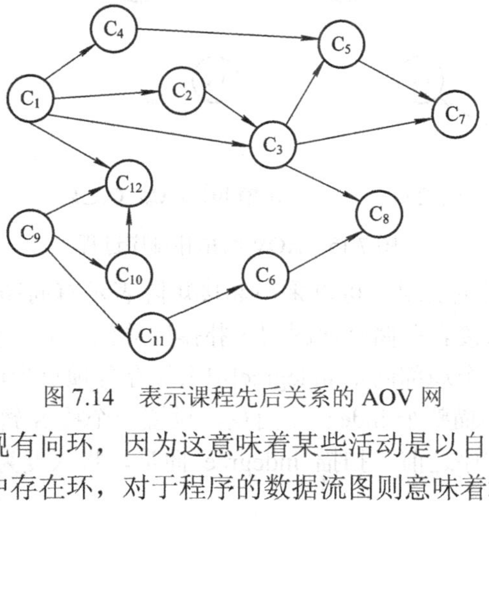

图 7.14　表示课程先后关系的 AOV 网

AOV 网中不应该出现有向环，因为这意味着某些活动是以自己为先决条件，这显然是荒谬的。例如，AOV 网中存在环，对于程序的数据流图则意味着程序存在一个死循环。要判断一个 AOV 网中是否存在有向环，可以先构造其拓扑序列，如果拓扑序列中并没有包含网中所有的顶点，则该 AOV 网必定存在有向环。反之，任何一个无环的 AOV 网中的所有顶点都可排列在一个拓扑序列。

拓扑排序的基本操作如下：

(1) 从网中选择一个入度为 0 的顶点并且输出它。

(2) 从网中删除此顶点及所有由它发出的边。

(3) 重复上述两步，直到网中没有入度为 0 的顶点为止。

以上操作的结果有两种：网中无有向环，则网中的全部顶点被输出到拓扑序列中；网中存在有向环，顶点未被全部输出，剩余顶点的入度均不为 0。第二种情况下的拓扑排序是不会成功的。

对图 7.14 所示的 AOV 网进行拓扑排序，可以得到一种拓扑序列 $C_1, C_2, C_4, C_9, C_3, C_{10}, C_{11}, C_{12}, C_6, C_5, C_7, C_8$，具体过程如图 7.15 所示。注意到，在选择入度为 0 的顶点时可能会有多个选择，因此可以产生多种拓扑序列。任何一种拓扑序列都可以保证在学习任一门课程时，这门课程的先修课程已经学过。

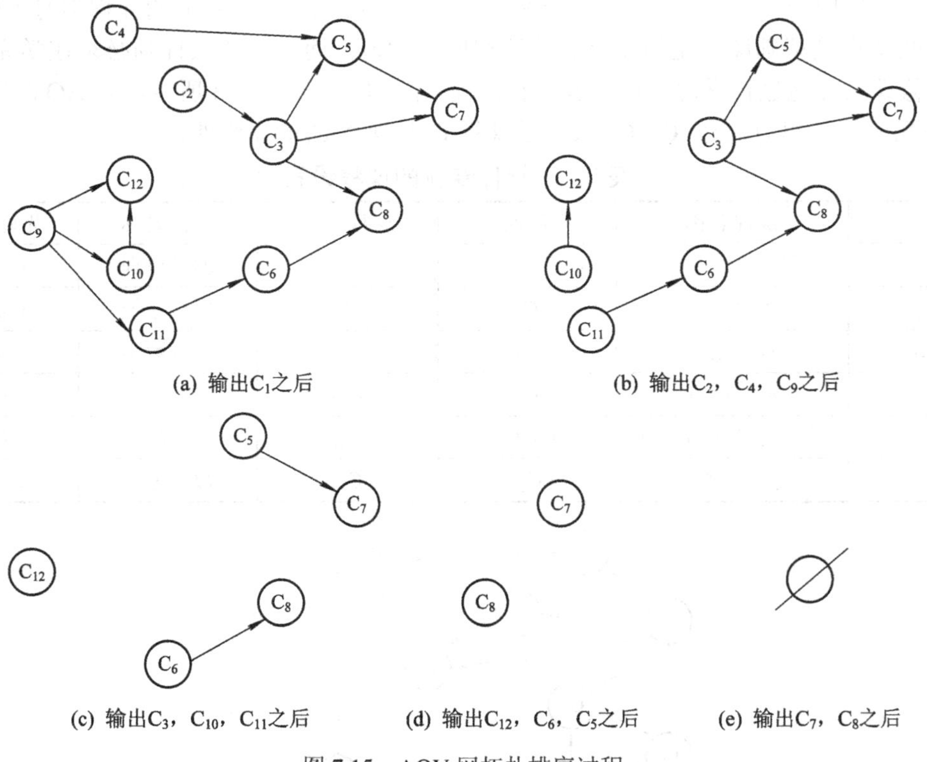

图 7.15　AOV 网拓扑排序过程

拓扑排序方法的计算机实现，可以采用邻接矩阵表示有向图，但是拓扑排序的效率不高，我们下面只讨论用邻接表存储有向图的拓扑排序算法。为了便于考察每个顶点的入度，可以在排序算法中增加一个局部向量 indegree[n]来保存各顶点当前的入度，同时为避免每次选择入度为 0 的顶点时扫描整个 indegree 向量，设置一个栈 S 暂存当前所有入度为 0 的顶点。因此，在进行拓扑排序之前，扫描 indegree 向量，将入度为零的顶点序号存入栈。在拓扑排序过程中，每次选入度为零的顶点时，只需做出栈操作即可。算法中删除入度为 0 的顶点及其所有出边的操作只需检查出栈的顶点 i 的出边表，把每条弧<i, j>的终点 j 所对应的入度 indegree[j]减 1(相当于删除此出边)，若 indegree[j]变为 0，则将 j 入栈。拓扑排序的算法如算法 7.11 所示。

算法 7.11　拓扑排序算法(邻接表)。

```
void   TopoSort(vexnode g[ ])                        //AOV 网的邻接表 g
{ int indegree[n];                                   //入度向量
  Stack S;                                           //入度为 0 的栈
  int i, j, count=0;                                 //count 为输出顶点个数计数器
  edgenode *p;                                       //指向边表结点的指针
                                                     //以下是初始化
  for(i=0; i<n; i++)
       indegree[i]=0;                                //向量清零
  for (i=0; i<n; i++)                                //计算每个顶点的入度
      for(p=g [i].link; p!=NULL; p=p->next)// 扫描顶点 i 的出边表
       indegree[p->adjvex]++;                        //设 p->adjvex 为 j，将<i, j>的终点 j 的入度加 1
  InitStack(S);
  for(i=0; i<n; i++)                                 //入度为 0 的顶点序号入栈
       if(indegree[i]==0)   Push(S,i);
                                                     //以下开始拓扑排序
  while(!EmptyS(S))                                  //栈非空，表示图中仍有入度为 0 的顶点
  {   i=Pop(S);   //栈顶度为 0 的顶点出栈
      pringf("%c\t",ga[i].vextex);   count++;  //输出顶点 i 并计数
      for(p=g [i].link; p!=NULL; p=p->next)  //扫描顶点 i 的出边表
       {     j=p->adjvex;                            //j 是 i 的出边<i, j>的终点
             indegree[j]--;                          //j 的入度减 1，相当于删除出边<i, j>
       if(indegree[j]==0) Push(S,j);                 //若 j 成为无前趋的顶点，则入栈
       }                                             // endfor
  }                                                  //endwhile
  if(count<n)                                        //若 count 小于 n，表示图中有环，拓扑排序失败
       printf("\n The Graph is not a DAG.\n");
}                                                    // TopoSort
```

假设 AOV 网中有 n 个顶点和 e 条边，算法 7.11 中计算各顶点入度的时间复杂度是 O(e)，建立入度为 0 的顶点栈的时间复杂度为 O(n)。在拓扑排序过程中，若 AOV 网无回路，则每个顶点入栈和出栈各一次，入度减 1 的操作在 while 循环中共执行了 e 次，所以算法 7.11 总的时间复杂度为 O(n+e)。上述拓扑排序的算法亦是下节求关键路径算法的基础。

当有向图中无环时，也可以利用深度优先遍历进行拓扑排序，由某点出发进行深度优先搜索遍历时，最先退出 DFS 函数的顶点应当是出度为 0 的顶点，是拓扑有序序列中的最后一个顶点。按照退出 DFS 函数的先后记录下来的顶点序列就是逆向的拓扑有序序列。

7.7 关键路径

本节介绍与 AOV 网相对应的另一种网络——AOE 网(Activity On Edge network)。AOE 网络是边表示活动网络，其中每条弧表示一个活动(或称为子工程)，弧上的权值表示活动持续的时间；顶点表示事件(Event)，用以说明入边所表示的活动均已完成，而出边所表示的活动可以开始。正常情况下，AOE 网络应该不存在回路。

AOE 网可以用于研究关键路径问题。例如，一个实际的大工程中有许多较小的子工程，我们不仅要得到子工程执行的顺序，而且也要估算整项工程的完成时间，以及如何提高整个工程的完成速度。由于一项工程只有一个开始点和一个结束点，因此 AOE 网络中只有一个入度为 0 的顶点(称为源点)表示开始和一个出度为 0 的顶点(称为汇点)表示结束。由于 AOE 网中的某些活动可以并行地进行，因此完成整个工程的最短时间是从源点到汇点的最长路径长度(这里的路径长度是沿着该路径的各个活动所需持续时间之和)。从源点到汇点的路径长度最长的路径称为关键路径(Critical Path)。

图 7.16 所示为一个 AOE 网络的例子，其中包括 7 个事件 $v_1, v_2, \cdots, v_7$，分别表示其之前的活动已经结束而之后的活动可以开始；9 个活动分别用 $a_1, a_2, \cdots, a_9$ 来表示。AOE 网的有向边可以反映活动之间的时间制约关系。有时为了约束某些活动的先后顺序，可增加时间花费为 0 的有向边，称为虚活动。例如想使活动 a_4 和 a_5 在活动 a_1 之后才开始，则可在顶点 v_2 和顶点 v_3 之间增加一个虚线的有向边，表示虚活动 $<v_2, v_3>$。在图 7.16 中可以很容易地找到两条关键路径，一条是 v_1, v_3, v_4, v_5, v_7，另一条是 v_1, v_3, v_4, v_6, v_7。这两条关键路径的长度都是 20。

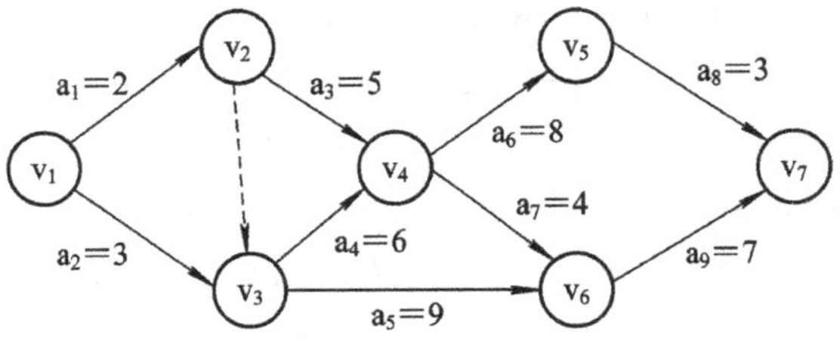

图 7.16　一个 AOE 网示例

为了求解关键路径，需要引入下面 4 个定义：

(1) $v_e(j)$表示事件 v_j 可能的最早发生时间，即为从源点 v_1 到 v_j 的最长路径长度。

(2) e(i)表示活动 a_i 的最早开始时间。若活动 a_i 以 v_j 为起点，则有

$$v_e(j)=e(i) \tag{7-1}$$

例如在图 7.16 中，v_3 的最早发生时间为 $v_e(3)=3$，这也是以 v_3 为起点的两条出边所表示的活动 a_4 和 a_5 的最早开始时间，故有 $v_e(3)=e(4)=e(5)=3$。

(3) $v_l(k)$表示在不推迟整个工程完成时间的前提下，一个事件 v_k 允许的最迟发生时间，等于汇点 v_n 的最早发生时间 $v_e(n)$减去 v_k 到 v_n 的最长路径长度。

(4) l(i)表示活动 a_i 的最迟开始时间。若活动 a_i 是以 v_k 为终点的入边，则有 l(i)等于 $v_l(k)$ 减去 a_i 的持续时间，即

$$l(i)=v_l(k)-dur(<j,k>) \tag{7-2}$$

分析可知，活动 a_i 的最迟开始时间 l(i)减去 a_i 的最早开始时间 e(i)，表明完成活动 a_i 的时间余量，也即在不延误整个工程工期的情况下，活动 a_i 可以延迟的时间。但是如果 l(i)=e(i)，则说明活动 a_i 完全不能延迟，否则会影响整个工程的进度。通常将 l(i)=e(i)的活动定义为关键活动。关键活动实际上就是关键路径上的各个活动。由于关键路径的长度决定了完成整个工程所需的时间，因而关键活动是缩短整个工期的关键。提前完成关键活动才有可能加快工程进度，而且只有提前完成了包含在所有关键路径上的那些关键活动，才一定能加快工程的进度。以图 7.16 为例，仅提前完成关键活动 a_6 是不能加快工程进度的，而提前完成活动 a_4 则一定能够加快工程的进度。

下面介绍关键活动的辨别方法。假设活动 a_i 由边 $<v_j, v_k>$ 表示，其持续时间用 dur(<j, k>)表示，确定它是否为关键活动就需要判断 e(i)是否等于 l(i)。为了求得 e(i)和 l(i)，首先要求出 $v_e(j)$ 和 $v_l(j)$。

从源点 j=1 开始，利用以下公式递推求得 $v_e(j)$：

$$\begin{cases} v_e(1)=0 \\ v_e(j)=\max\{v_e(i)+dur(<i,j>)\} \quad <v_i,v_j>\in E_1,\ 2\leqslant j\leqslant n \end{cases} \tag{7-3}$$

其中 E_1 是网络中以 v_j 为终点的入边集合，表示有向边 $<v_i, v_j>$ 上的权值。

$v_l(j)$ 则是从汇点开始向后逆推

$$\begin{cases} v_l(n)=v_e(n) \\ v_l(j)=\min\{v_l(i)-dur(<j,k>)\} \quad <v_j,v_k>\in E_2,\ 2\leqslant j\leqslant n-1 \end{cases} \tag{7-4}$$

其中 E_2 是网络中以 v_j 为起点的出边集合。

下面给出图 7.16 中 AOE 网各个事件的最早发生时间和最迟发生时间的具体过程：

$v_e(1)=0$

$v_e(2)=\max\{v_e(1)+dur(<1,2>)\}=\max\{0+2\}=2$

$v_e(3)=\max\{v_e(1)+dur(<1,3>)\}=\max\{0+3\}=3$

$v_e(4)=\max\{v_e(2)+dur(<2,4>), v_e(3)+dur(<3,4>)\}=\max\{2+5, 3+6\}=9$

$v_e(5)=\max\{v_e(4)+dur(<4,5>)\}=\max\{9+8\}=17$

$v_e(6)=\max\{v_e(3)+dur(<3,6>), v_e(4)+dur(<4,6>)\}=\max\{3+9, 9+4\}=13$

$v_e(7)=\max\{v_e(5)+dur(<5,7>), v_e(6)+dur(<6,7>)\}=\max\{17+3, 13+7\}=20$

$v_l(7)=v_e(7)=20$

$v_l(6)=\min\{v_l(7)-dur(<6,7>)\}=\min\{20-7\}=13$

$v_l(5)=\min\{v_l(7)-dur(<5,7>)\}=\min\{20-3\}=17$

$v_l(4)=\min\{v_l(5)-dur(<4,5>), v_l(6)-dur(<4,6>)\}=\min\{17-8, 13-4\}=9$

$v_l(3)=\min\{v_l(4)-dur(<3,4>), v_l(6)-dur(<3,6>)\}=\min\{9-6, 13-9\}=3$

$v_l(2)=\min\{v_l(4)-dur(<2,4>)\}=\min\{9-5\}=4$

$v_l(1)=\min\{v_l(2)-dur(<1,2>), v_l(3)-dur(<1,3>)\}=\min\{4-2, 3-3\}=0$

再利用式(7-1)和式(7-2)计算 e(i)和 l(i)，结果如表 7.4 所示。由表 7.4 可以看出，关键活动是 $a_2, a_4, a_6, a_7, a_8, a_9$，如图 7.17 所示。

表 7.4　图 7.16 所示 AOE 网中事件的发生时间和活动的开始时间

i		1	2	3	4	5	6	7	8	9
事件	$v_e(i)$	0	2	3	9	17	13	20		
	$v_l(i)$	0	4	3	9	17	13	20		
活动	e(i)	0	0	2	3	3	9	9	17	13
	l(i)	2	0	4	3	4	9	9	17	13
l(i)−e(i)		2	0	2	0	1	0	0	0	0

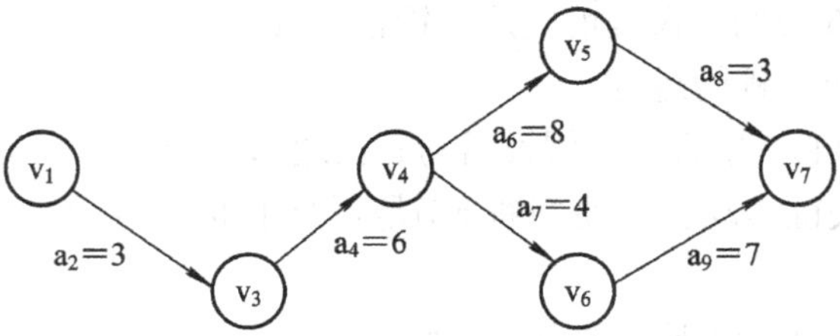

图 7.17　图 7.16 所示 AOE 网的关键路径

(7-3)和(7-4)两个递推公式的计算必须分别在 AOE 网拓扑有序和逆拓扑有序的前提下进行，由此可在拓扑排序的基础上完成以上的计算过程。在输入了 e 条弧<j, k>，建立了 AOE 网的存储结构之后，关键路径求解算法的步骤如下：

(1) 从源点 v_0 出发，令 $v_e[0]=0$，按 AOE 网的拓扑排序的顺序求出各顶点事件的最早发生时间 $v_e[i](1\leqslant i\leqslant n-1)$。若得到的拓扑有序序列中顶点的个数小于网中顶点数 n，则说明网中有回路，不能求关键路径，算法终止，否则执行步骤(2)；

(2) 从汇点 v_n 出发，令 $v_l[n-1]=v_e[n-1]$，按 AOE 网的拓扑序列的逆序求出各顶点事件的最迟发生时间 $v_l[i](n-2\geqslant i\geqslant 2)$。

(3) 根据 v_e 和 v_l 的值求出每条弧所表示的活动 a_i 的最早开始时间 e(i)和最迟开始时间 l(i)。若 l(i)=e(i)，则 a_i 为关键活动。

由于计算各顶点的 v_e 值是在拓扑排序的过程中进行的，因此可在拓扑排序算法的基础上进行修改，实现求关键路径的算法：

① 在拓扑排序前设初值，令 $v_e[i]=0\ (0\leqslant i\leqslant n-1)$。

② 在算法中增加一个计算 v_j 的直接后继 v_k 的最早发生时间的操作：若 $v_e[j]+dur(<j, k>)>v_e[k]$，则 $v_e[k]=v_e[j]+dur(<j, k>)$。

③ 为了能按逆拓扑有序序列的顺序计算各顶点的 v_l 值，需记下在拓扑排序的过程中求得的拓扑有序序列，为此在拓扑排序算法中增设一个栈，用于记录拓扑有序序列。在计算出各顶点的 v_e 值之后，从栈顶到栈底便是逆拓扑有序序列。

先将算法 7.11 改写成算法 7.12，算法 7.13 是求关键路径的算法，其中调用了算法 7.12。

算法 7.12　拓扑排序算法的修改。

```
int TopoSort(vexnode g[ ], Stack&T)
// AOE 网采用邻接表 g 存储，求各结点时间的最早发生时间 ve(全局向量)
// T 为拓扑序列顶点栈
// 若 AOE 网无回路，则由 T 带回 AOE 网的一个拓扑序列，函数返回值为 1；否则返回 0
{ int indegree[n];                          //入度向量
```

```
    Stack S;                                  //入度为 0 的顶点栈
    int i, j, count=0;                        //count 为输出顶点个数计数器
    edgenode *p;                              //指向边表结点的指针
                                              //以下是初始化
    for(i=0; i<n; i++)
        indegree[i]=0;                        //向量清零
    for (i=0; i<n; i++)                       //建立入度为 0 的顶点栈
       for(p=ga[i].link; p!=NULL; p=p->next)      //扫描顶点 i 的出边表
        indegree[p->adjvex]++;   //设 p->adjvex 为 j，将<i, j>的终点 j 的入度加 1
    InitStack(S);
    for(i=0; i<n; i++)                        //全局向量 ve 清零
        ve[i]=0;
    for(i=0; i<n; i++)                        //入度为 0 的顶点序号入 S 栈
        if(indegree[i]==0)   Push(S,i);
                                              //以下开始拓扑排序
    while(!EmptyS(S))                         //栈非空，表示图中仍有入度为 0 的顶点
    {   j=Pop(S);                             //栈顶度为 0 的顶点出 S 栈
       Push(T,j);    count++;                 //顶点 i 入 T 栈并计数
       for(p=g[j].link; p!=NULL; p=p->next)       //扫描顶点 i 的出边表
       {    k=p->adjvex;                      //j 是 i 的出边<i, j>的终点
            indegree[k]--;                    //j 的入度减 1，相当于删除出边<i, j>
        if(indegree[k]==0)                    //若 j 成为无前趋的顶点，则入栈
             Push(S,k);
        if(ve[j]+(p->dur)>ve[k])              //计算 vj 的直接后继 vk 的最早发生时间
             ve[k]=ve[j]+(p->dur);            //dur 为有向边的权值
        }  // endfor
    }  //endwhile
    if(count<n)   return 0;              //若 count 小于 n，则表示 AOE 网中有回路，拓扑排序失败
    else 1;
  }  // TopoSort
```

算法 7.13　关键路径算法。

```
  void CriticalPath(vexnode g[ ])
                                              //g 为有向，输出 g 的各项关键活动
  { Stack T;                                  //拓扑序列顶点栈
    int i, j, k;
    edgenode *p;                              //指向边表结点的指针
    if(!TopoSort(g,T)) printf("The AOE network has a cycle.");
    else{
        for(i=0; i<n; i++)                    //初始化各顶点事件的最迟发生时间
```

```
            vl[i]=ve[n-1];
            while(!EmptyS(T))                    //按拓扑逆序求各顶点的 vl 值
            for(j=Pop(T), p=g[j].link; p!=NULL; p=p->next)
            {   k=p->adjvex;                     //k 为弧<j,k>的终点 vk 的序号
                if((vl[k]-p->dur)<vl[j])
                        vl[j]=vl[k]-p->dur;      //修改 vl[j]
            }                                    // endfor
            i=0;                                 //边计数器置初值
            for(j=0; j<n; j++)                   //计算弧的活动最早开始时间和最迟开始时间
            for(p=g[j].link; p!=NULL; p=p->next)
            {   k=p->adjvex;
                e[++i]=ve[j];   l[i]=vl[k]-p->dur;
                 printf("%d\t%d\t%d\t%d\t%d\t", j,k,e[i],l[i],l[i]-e[i]);
                 if(e[i]==l[i])    // 活动最早开始时间等于最迟开始时间，表明是关键活动
                        printf("Cretical Activity\n");
            }                                    //endfor
        }
    }                                            //CriticalPath
```

上述算法中的初始化时间为 O(n)，而后三个循环的执行时间均为 O(e)，所以总的执行时间为 O(n+e)。实践证明，关键路径算法在估算工程的完成时间方面是很有用的。但是要注意，影响关键活动的因素是多方面的，各项活动亦是相互关联的。对任何一项活动的更改可能会导致关键路径发生变化，例如路径长度和个数，甚至变成非关键路径。

习　题　7

一、名词解释

图，无向完全图，有向完全图，子图，连通分量，图的遍历，图的最小生成树，拓扑排序

二、填空题

1．一个具有 n 个顶点的完全无向图的边数为________。一个具有 n 个顶点的完全有向图的弧度数为_________。

2．设 x,y∈V，若<x,y>∈E, 则<x, y>表示有向图 G 中从 x 到 y 的一条_______，x 称为点，y 称为______点。若(x,y)∈E，则在无向图 G 中 x 和 y 间有一条______。

3．在无向图中，如果从顶点 v 到顶点 v' 有路径，则称 v 和 v' 是______的。如果对于图中的任意两个顶点 v_i,v_j∈V，且 v_i 和 v_j 都是连通的，则称 G 为_______。

4．连通分量是无向图中的_______连通子图。

5．若连通图 G 的顶点个数为 n，则 G 的生成树的边数为_______。如果 G 的一个子图 G' 的边数________，则 G' 中一定有环。相反，如果 G' 的边数________，则 G' 一定不连通。

6．对于无向图的邻接矩阵，顶点 v_i 的度是_______。对于有向图的邻接矩阵，顶点 v_i 的出度 $OD(v_i)$为________，顶点 v_i 的入度 $ID(v_i)$为________。

7．图的深度优先搜索遍历类似于树的________遍历，它所用到的数据结构是_______；图的广度优先搜索遍历类似于树的_________遍历，它所用到的数据结构是_________。

8．一个图的_______表示法是唯一的，而________表示法是不唯一的。

9．在有向图的邻接矩阵上，由第 i 行可得到第________个结点的出度，而由第 j 列可得到第_______个结点的入度。

10．在无向图中，所有顶点的度数之和是所有边数的_______倍，在有向图中，所有顶点的入度之和是所有顶点出度之和的_______倍。

11．以下是图的深度优先算法，请在______处填充适当的语句。

```
void  DFS(GraphTp g,int v)
{   ArcNodeTp *p;
    printf("%d",v);
    visited[v]=1;
    p=____________________;
    while(p!=NULL)
    {   if(!_________________) DFS(g,p->adjvex);
            p=___________________;
        }
}
```

三、选择题

1．设有无向图 G=(V，E)和 G'=(V', E')，如 G' 为 G 的生成树，则下面不正确的说法是(　　)。

A. G' 为 G 的子图　　B. G'为 G 的连通分量

C. G' 为 G 的极小连通子图且 V'=V　　D. G'是 G 的无环子图

2．任何一个带权的无向连通图的最小生成树(　　)。

A．只有一棵　　B．有一棵或多棵

C．一定有多棵　　D．可能不存在

3．在无向图中，所有顶点的度数之和是所有边数的(　　)倍。

A．0.5　　B．1　　C．2　　D．4

4．在有向图中，所有顶点的入度之和是所有顶点出度之和的(　　)倍。

A．0.5　　B．1　　C．2　　D．4

5．设有 6 个结点的无向图，该图至少应有(　　)条边能确保是一个连通图。

A．5　　B．6　　C．7　　D．8

6．以下说法中错误的是(　　)。

A. 用相邻矩阵法存储一个图时，在不考虑压缩存储的情况下，所占用的存储空间的大小只与图中结点个数有关，而与图的边数无关

B. 邻接表法只能用于有向图的存储，而相邻矩阵法对于有向图和无向图的存储都适用

C. 存储无向图的相邻矩阵是对称的，因此只要存储相邻矩阵的下(或上)三角部分就可以了

D. 用相邻矩阵 A 表示图，判定任意两个结点 v_i 和 v_j 之间是否有长度为 m 的路径相连，则只要检查 A 的第 i 行第 j 列的元素是否为 0 即可

四、简答及算法设计

1. 写出将一个无向图的邻接矩阵转换成邻接表的算法。

2. 写出将一个无向图的邻接表转换成邻接矩阵的算法。

3. 写出建立一个有向图的逆邻接表的算法。

4. 给定的无向图如图 7.18 所示，写出其邻接表，并以顶点 1 为出发点，写出其深度优先搜索和广度优先搜索所经过的顶点和边序列。

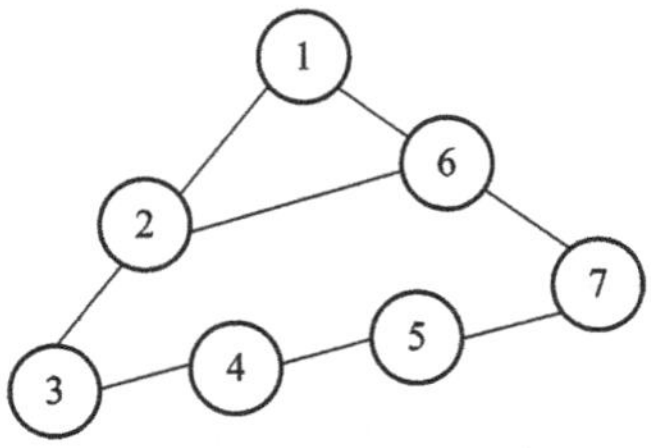

图 7.18

5. 设有一无向图 G=(V, E)，其中 V={1,2,3,4,5,6},E={(1,2),(1,6),(2,6),(1,4),(6,4),(1,3),(3,4),(6,5),(4,5),(1,5),(3,5)}，按上述顺序输入后，画出其相应的邻接表。

6. 在该邻接表上，从顶点 4 开始，写出 DFS 序列和 BFS 序列。

7. 对图 7.19，分别用 Prim 算法和 Kruskal 算法构造其最小生成树。

8. 已给有向图如图 7.20 所示，利用 Dijkstra 算法求 v_0 到各顶点的最短路径，并写出算法执行时每次循环的状态。

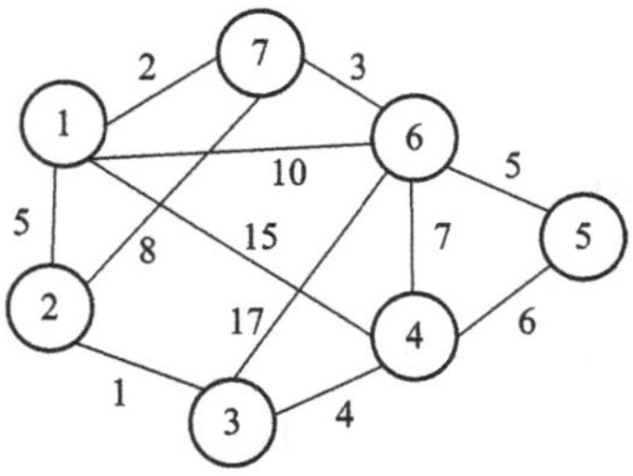

图 7.19

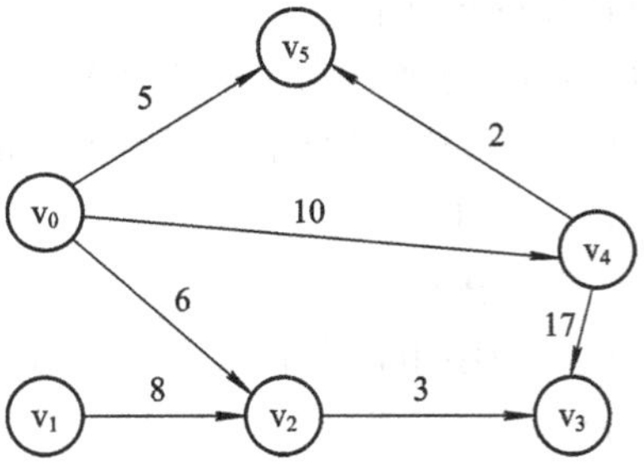

图 7.20

9. 利用 Floyd 算法求出图 7.20 所示有向图的最短路径，并写出算法执行时路径长度矩阵和路径矩阵的状态变化过程。

10. 写出图 7.20 的所有拓扑排序序列，给出执行算法 7.12 时顶点入度域的变化过程。

11．G 为一 n 个顶点的有向图，其存储结构分别为：(1) 邻接矩阵；(2) 邻接表。写出相应存储结构上计算有向图 G 出度为 0 的顶点个数的算法。

12．对图 7.21 所示 AOE 网，求出：

(1) 各活动的最早开始时间和最迟开始时间；

(2) 所有的关键路径；

(3) 完成该网络所代表的工程工期；

(4) 提高哪些关键活动的速度可缩短工期？

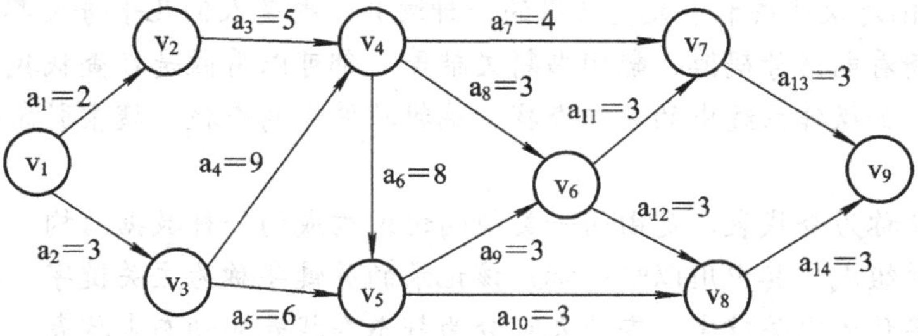

图 7.21

第8章 查　找

查找(Search)是软件技术中大量使用的一种运算，也是人们几乎每天都要进行的操作。日常生活中的查看电话号码簿，翻阅书籍文献等，都可以看做是在查找我们所需的信息。在软件技术中，如操作系统中的文件查找、编辑软件中的查找、搜索引擎的搜索等，都是查找的例子。

查找的对象称为查找表，是由同一类型的记录构成的一种数据结构。每个记录结点都由若干个数据项组成，其中用以唯一标识该记录的关键字称为主关键字，而用以识别若干个记录的关键字称为次关键字。查找表可分为静态查找表和动态查找表。对静态查找表，一般仅执行查找和检索功能，而对动态查找表，往往还要进行插入和删除等操作。

本章所讨论的查找是指根据某个主关键字查找对应记录的过程。

8.1 线性表查找

线性表是一种最简单的查找表。本节介绍三种针对线性表的查找方法：顺序查找、折半查找和分块查找。

8.1.1 顺序查找

顺序查找(Sequential Search)是一种最简单的查找方法，即从表头开始查找，直到找到为止。这种方法适用于较小的顺序表或链表。顺序查找的过程为：从表的一端开始，逐个将记录的关键字与给定值进行比较，若某个记录的关键字与给定值相等，则查找成功；反之，若直至最后一个记录，都没有找到与给定值相等的关键字，则表明表中没有所查的记录，查找失败。

算法 8.1 是以一维数组作为存储结构的顺序查找算法，该算法可以很容易地修改为基于链表结构的顺序查找算法。

算法 8.1　顺序查找。

```
typedef struct
{ keytype key;          //关键项
  datatype other;       //其他域
} Table;
Table R[n+1];           //n 为表长，R[0]作为哨兵单元
int SeqSearch(Table R[ ], keytype k)
//在 R 中顺序查找关键字为 k 的记录；若查找成功，则函数返回记录下标，否则返回-1
```

```
{ int i;
  R[0].key=k;                          //设置监视哨
  for(i=n; R[i].key!=k; i--);          //从表尾开始向前扫描
  return i;                            //失败时，i=0
} // SeqSearch
```

给定关键字序列(21，9，33，64，15，59，75，47)，现要查找的关键字为 9，根据算法 8.1，经过 7 次比较得到的查找结果为：要查的关键字在表中的下标为 2。如果待查找的关键字为 3，那么查找失败，返回 i=0。

在算法 8.1 中，监视哨 R[0]的作用是为了在 for 循环中省去下标 i 的判断条件 i>0。这一改进可以减少约一半的比较次数，从而节省时间。同理，监视哨也可设在数组高端。

下面分析顺序查找的性能。查找算法的平均查找长度定义为：查找给定值所需进行的关键字比较次数的期望值。

在等概率情况下，顺序查找成功时的平均查找长度为

$$ASL_{seq}=\sum_{i=1}^{n}p_i c_i=\frac{1}{n}\sum_{i=1}^{n}(n-i+1)=\frac{n+1}{2} \tag{8-1}$$

若待查找的关键字 k 不在表中，则必须进行 n+1 次比较才能确定查找失败。顺序查找的平均查找长度应当综合考虑查找成功时的平均查找长度和查找失败时的平均查找长度。

通常情况下，表中各记录被查找的可能性并不相等，例如汉字中常用字、词的使用频率就比较高，而一些偏僻字则使用极少。那么，为了减少平均查找长度，在事先知道查找概率或它们的分布情况下，可将表中记录按查找概率的大小顺序存放。若无法确定各记录的查找概率，则可对算法做如下修改：每当查找成功，就将找到的记录位置提前一位或若干位。这样，查找概率大的记录在查找过程中能不断向前移，在以后的查找过程中就能减少比较次数。常用的汉字输入法就是基于这个原理。

顺序查找的优点非常明显，其算法简单，并且对线性表的存储结构和关键字的有序性无任何要求，但是当 n 很大时，这种方法的查找效率较低。因此，顺序查找只适用于长度较小的线性表。

8.1.2　折半查找

折半查找(Binary Search)又称为二分查找，它是一种效率较高的查找方法。查找的对象必须是顺序存储结构的有序表，即表中记录按关键字有序。假设有序的记录序列为 $\{R_1, R_2, \cdots, R_n\}$，其关键字值分别是 $k_1, k_2, \cdots, k_n$。利用折半查找算法查找关键字值 k 的过程是：每次将 k 先与表的中间记录相比较，如果未找到，则判断 k 是在表的左半部还是右半部，以缩小查找范围；逐步缩小查找区间，直至查找成功或查找区间不存在时结束。

折半查找的过程如算法 8.2 所示。

算法 8.2　折半查找。

```
int BinSearch(table R[ ], keytype k)
// 对有序表 R 进行折半查找，成功时返回结点的位置，失败时返回 0
{ int low, mid, high;
```

```
    low=1;   high=n;                          //置查找区间的上、下界初值
    while (low≤high)                          //当前查找区间非空
    { mid= (low+high)/2;
     if (k==R[mid].key)   return mid;         //查找成功
     elseif (k<R[mid].key)    high=mid−1;     //查找区间缩小为左子表
     else low=mid+1;                          //查找区间缩小为右子表
    }
    return(0)          //查找失败
   }                   //BinSearch
```

在算法 8.2 中，low 和 high 分别表示当前查找区间的下界和上界，当前查找区间的中值设为 mid=$\lfloor(low+high)/2\rfloor$。如果关键字 k 与中值不相等，则将查找区间缩小为上一次的一半。那么在第 i 次比较时，最多只剩下$\lceil n/2^i \rceil$个记录，故折半查找又称为二分查找。

下面举例说明。已知有序表中关键字序列为：9, 15, 21, 33, 47, 59, 64, 77, 84, 91，现要查找关键字为 15 及 80 的记录，其查找过程如下：

(1) 查找 k=15 的记录。

初始查找区间为 R[1]～R[10]。

```
下标：  1    2    3    4    5    6    7    8    9    10
        9   15   21   33   47   59   64   77   84   91
        ↑                   ↑                        ↑
       low                 mid                      high
```

首先取 mid=$\lfloor(low+high)/2\rfloor$=5，由于 k=15<R[5].key，则查找区间缩小为 R[1]～R[4]。

```
        9   15   21   33   47   59   64   77   84   91
        ↑    ↑         ↑
       low  mid       high
```

取 mid=$\lfloor(low+high)/2\rfloor$=2，由于 k=15== R[2].key，查找成功。

(2) 查找 k=80 的记录。

初始查找区间为 R[1]～R[10]

```
下标：  1    2    3    4    5    6    7    8    9    10
        9   15   21   33   47   59   64   77   84   91
        ↑                   ↑                        ↑
       low                 mid                      high
```

首先取 mid=$\lfloor(low+high)/2\rfloor$=5，由于 k=80>R[5].key，则查找区间缩小为 R[6]~R[10]。

```
        9   15   21   33   47   59   64   77   84   91
                                 ↑         ↑         ↑
                                low       mid       high
```

取 mid=$\lfloor(low+high)/2\rfloor$=8，由于 k=80>R[8].key，则查找区间缩小为 R[9]～R[10]。

```
        9   15   21   33   47   59   64   77   84   91
                                               ↗↖    ↑
                                           low mid  high
```

再取 $mid=\lfloor (low+high)/2 \rfloor=9$，由于 $k=80<R[9].key$，取 $high=mid-1=8$，由于 $low>high$，因此查找区间不存在，查找失败。

折半查找的性能分析可通过折半查找判定树来描述。

折半查找判定树定义如下：利用当前查找区间的中值记录作为根，将有序表的左子表和右子表的记录分别作为根的左子树和右子树，由此得到的二叉树称为折半查找判定树。上例有序表的折半查找判定树如图 8.1 所示。树中的圆形结点称为内部结点，结点内的数字表示该结点在有序表中的位置。所有内部结点的空指针域相当于指向一个方形结点，称为外部结点，可用于表示两个内部结点之间的有效关键字区间。

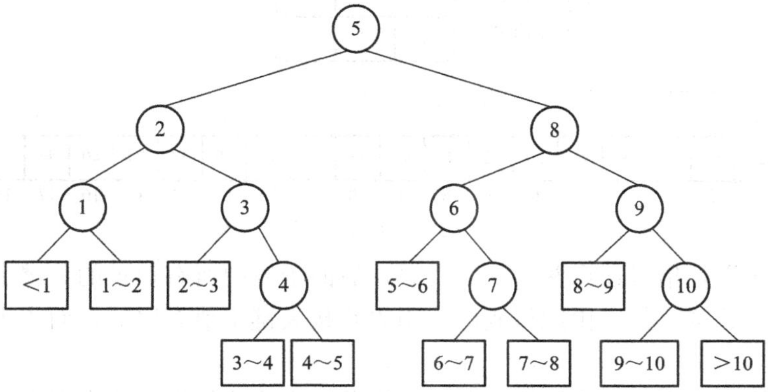

图 8.1　具有 10 个结点的折半查找判定树

利用图 8.1 可以看出，查找关键字为 15 的记录，也即第二个记录，只需比较 2 次；关键字值 80 处于第 8、9 个记录的关键字之间，其关键字的比较次数为 3，查找到最后落在外部结点 8~9，此时该区间不存在，即查找失败。由此可见，成功的查找过程恰好走了一条由根结点到被查结点的路径，与关键字进行比较的次数即为被查结点在树中的层数；而查找失败的过程是一条从根结点到外部结点的路径，所需的关键字比较次数是该路径上内部结点的总数。因此，在最好情况下，折半查找成功仅需 1 次关键字的比较；在最坏情况下，折半查找进行的关键字比较次数最多不超过树的深度，即 $\lfloor \mathrm{lb}\, n \rfloor+1$。

那么，折半查找的平均查找长度是多少呢？为讨论方便，不妨设结点总数 $n=2^h-1$，则判定树是满二叉树，其深度为 $h=\mathrm{lb}(n+1)$。在等概率条件下，折半查找的平均查找长度为

$$ASL_{bin}=\sum_{i=1}^{n} p_i c_i=\frac{1}{n}\sum_{j=1}^{h} j\cdot 2^{i-1}=\frac{n+1}{n}(\mathrm{lb}(n+1)-1) \tag{8-2}$$

当 n 较大时，可以用近似公式：

$$ASL_{bin}\approx \mathrm{lb}(n+1)-1 \tag{8-3}$$

对于有序表，折半查找的效率显然高于顺序查找。但是，为得到有序表，必须进行排序，而排序本身是一种很费时的运算，其时间复杂度至少是 O(lb n)。因此，折半查找只适用于顺序存储结构，且表不易变动而又经常查找的情况。对那些查找少、经常进行插入或删除操作的线性表，宜采用链表作为存储结构。

8.1.3 分块查找

分块查找(Blocking Search)又称索引顺序查找，是顺序查找的一种改进方法。分块查找的对象是分块有序表及其索引表，如图 8.2 所示。其中线性表含有 18 个记录，被分为三个子表($R_1, R_2, \cdots, R_6$)、($R_7, R_8, \cdots, R_{12}$)、($R_{13}, R_{14}, \cdots, R_{18}$)。对每个子表(或称块)建立一个索引项，其中包含两项内容：关键字值项(为该子表内的最大关键字值)和指针项(指示该子表的第一个记录在表中的位置)。

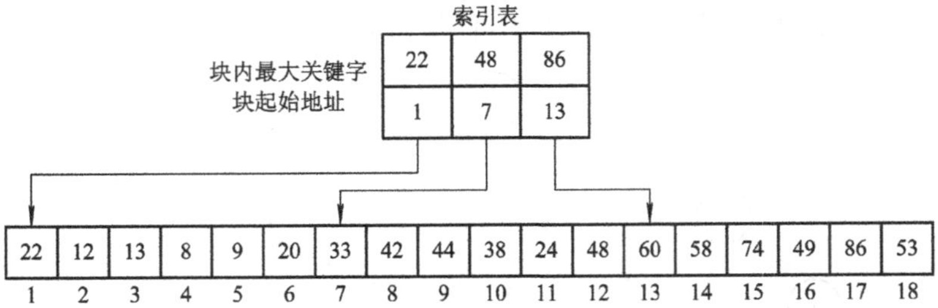

图 8.2　分块有序表及其索引表

“分块有序”是指对任意两个相邻子表，后面子表中所有记录的关键字值均大于前一个子表中的最大关键字值。由此得到的索引表是按关键字值有序的，而子表内的关键字不一定有序。

因此，分块查找需分两步进行：首先可用顺序查找或折半查找索引表，确定待查记录所在的块，然后在块中顺序查找所需的记录。例如在图 8.2 所示的存储结构中，查找关键字值为 k=44 的结点，由于索引表小，因此可用顺序查找法查找索引表，直至找到第一个关键字大于等于 k 的结点，即关键字为 48 的结点。由于 $22<k<48$，关键字为 44 的结点若存在的话，则必定在第二个子表中，因此根据同一索引项中的指针指示，从第二个子表中的第一个记录，也即分块有序表中的第 7 个记录起进行顺序查找，直到 R[9].key=k 为止。若此子表中没有关键字值等于 k 的记录，即在第 7～12 个记录这段区间没有关键字和 k 相等，则查找不成功。

当索引表较长时，亦可用折半查找来确定关键字所在的块。块中记录可以是任意排列的，因此在块中只能进行顺序查找。由此，分块查找的算法即为这两种算法的简单合成。

分块查找的平均查找长度为

$$ASL_{bs} = L_b + L_s \tag{8-4}$$

其中：L_b 为查找索引表确定所在块的平均查找长度；L_s 为在块中查找元素的平均查找长度。

一般情况下，为进行分块查找，可将长度为 n 的表均匀地分成 b 块，每块含有 s 个记录，即 b=n/s；又假定表中的每个记录的查找概率相等，则每块查找的概率为 1/b，块中每个记录的查找概率为 1/s。

若用顺序查找法确定所在块，则分块查找的平均查找长度为

$$\begin{aligned} ASL_{bs} &= L_b + L_s = \frac{1}{b}\sum_{j=1}^{b} j + \frac{1}{s}\sum_{i=1}^{s} i = \frac{b+1}{2} + \frac{s+1}{2} \\ &= \frac{1}{2}\left(\frac{n}{s} + s\right) + 1 \end{aligned} \tag{8-5}$$

可见，此时的 ASL 不仅和表长 n 有关，而且和每一块中的记录个数 s 有关。容易证明，当 s 取 $\sqrt{n}$ 时，ASL_{bs} 取最小值 $\sqrt{n}+1$。这个值比顺序查找有了很大改进，但远不及折半查找。

若用折半查找确定所在块，则分块查找的平均查找长度为

$$ASL'_{bs}=lb\left(\frac{n}{s}+1\right)-1+\frac{s+1}{2}\approx lb\left(\frac{n}{s}+1\right)+\frac{s}{2} \tag{8-6}$$

在实际应用中，线性表不一定要均匀分块，而应该根据表的实际特征进行分块。例如学校的学生登记表，不同院系、班级的人数可能不一样。另外，所有子块的结点可以存放在一个向量中，也可单独存放，例如每一块用不同的向量或单链表来存放。

8.2 散列技术

散列(Hash)是一种重要的存储方法。与前面讨论的各种结构相比，散列结构最大的特点是：记录在表中的存储位置与其关键字是相关的。换句话说，我们可以根据关键字直接计算得到该记录的存储地址。因此，在散列结构中进行查找可以省去大量的关键字比较操作，从而提高查找效率。

8.2.1 散列表的概念

散列表的理想情况是：不经过任何比较而一次就能直接存取所查的记录。其基本思想是：在记录的关键字 k 和结点的存储地址 d 之间，建立一个确定的函数映射关系 H，即 d=H(k)，那么查找时利用该函数 H，就可以根据要查找的关键字直接计算记录所在的单元。因此，散列法又称为关键字—地址转换法。这个函数 H 就称为散列函数，H(k)则称为散列地址。用散列法存储的线性表叫散列表或哈希表。

下面举一个简单的例子。假设要建立一张 30 个地区民族人口统计表，每个地区为一个记录，记录的各数据项为：

编号	地区	总人口	汉族	回族	…

如果以一维数组 R[30]作为散列表的存储空间，那么散列地址就是数组的下标。假设以地区编号作为该记录的关键字，i＝0～29，则很容易得到散列函数为 H(i)=i，由散列函数值可以唯一地确定记录 R[i]，从而查找到编号为 i 的地区的人口情况。例如，要查看编号 3 的地区记录，利用散列函数可知，其数组单元的下标为 3。

在很多情况下，散列函数并不容易得到。上例中，如果选取总人口、汉族人口等其他数据项作为关键字，或者将地区编号改为该地区的汉语拼音，则散列函数就会比较复杂。在 8.2.2 节中将介绍常用散列函数的构造方法。

从上面的例子可知：

(1) 对任意数据类型的关键字，总可以灵活地设计散列函数将得到的散列地址控制在表长允许的范围内。设计散列函数时，应使其尽可能简单。

(2) 若散列函数是一对一映射函数，则在查找时只需根据给定关键字计算散列地址，即可得到待查记录的存储位置，查找过程无须进行关键字比较。若该地址非空，则查找成功；

否则该记录不存在。

(3) 大多数情况下，散列函数并非一对一映射函数，即对于不相等的关键字 k1 和 k2，有可能计算得到相同的散列地址。该现象称为冲突(Collision)，发生冲突的这两个关键字称为该散列函数的同义词(Synonym)。例如，对于关键字序列{at,as,be,can,cat,for,face,force}，如果取散列函数为 H(key)=key[0]– 'a'，其中 key[0]存放关键字的第一个字母，可见关键字 at、as 互为同义词，它们的散列地址都是 0，即产生冲突。

对于上例我们应重新构造一个散列函数。但在实际应用中，关键字的取值集合远远大于表空间的地址集，因此理想化的、不产生冲突的散列函数极少存在。例如，我们要为 1000 个人设置个人标识符，要求标识符的长度为 8、以字母打头(区分大小写)的字母数字串，因此关键字(即标识符)取值的集合大小为

$$C_{52}^{1}\times C_{62}^{7}\times 7!=1.09388\times 10^{12}$$

可见，设表长为 1000 即可满足需要。但是要将 1.09388×10^{12} 个可能的标识符映射到这 1000 个地址上，难免产生冲突。因此，通常的散列函数是一个多对一的映射函数，散列法查找时的冲突现象也是不可避免的。一旦发生冲突，就必须采取相应措施及时予以解决。

发生冲突的频繁程度除了与散列函数 H 相关外，还与表的填满程度相关。为了减少冲突，散列表的空间一般大于所有记录所需的容量，此时虽然浪费了一定空间，但换取的是查找效率。设散列表空间大小为 m，表中存储的记录个数是 n，则称 $\alpha=n/m$ 为散列表的装填因子(Load Factor)。α 的取值区间一般设为[0.65, 0.9]。

下面主要讨论散列法查找时的两个主要问题：

(1) 设计一个计算简单且冲突尽量少的“均匀”的散列函数；

(2) 寻求解决冲突的方法，即如何存储产生冲突的同义词。

8.2.2 散列函数的构造方法

如何设计一个计算简单且冲突尽量少的“均匀”的散列函数呢？

前面已经介绍，散列函数的运算应尽可能简单，且任何关键字的散列函数值都出现在表长允许的范围内。这里要重点理解“均匀”的概念。所谓均匀，是指任意给定一个关键字，散列函数将其映射到任何一个存储地址的概率是相等的。换句话说，经散列函数映射得到的存储地址越随机越好。这样，一组不同的关键字就能够均匀地存储到表中，从而减少相互之间的冲突。为此有下面常用的构造散列函数的方法。

1. 直接定址法

直接选取某个关键字或关键字的某个函数值作为散列地址，如下所示：

$$H(k)=a\cdot k+b$$

其中 a 和 b 为常数。当 a=1, b=0 时，散列函数值为关键字本身。

表 8.1 中给出了直接定址法的示例。取学号作为关键字 k，散列函数 H(k)=k+(–206000)。

表 8.1 直接定址法示例

地址	001	002	003	…	074	…
学号	206001	206002	206003	…	0206074	…
姓名	…	…	…	…	…	…
⋮	…	…	…	…	…	…

若要查找学号是 206056 的记录，只需查第 206056−206000=56 项即可。

直接定址法比较简单，而且所得到的地址集合与关键字集合的大小相同，所以不会发生冲突，但实际场合中适用的情况较少。

2．数字选择法

若关键字为数字且已知散列表中可能出现的关键字集合，则可选取其中数字分布比较均匀的若干位作为散列地址。

例如，有一组由 7 位数字组成的关键字，如表 8.2 第一列所示。

表 8.2 数字选择法示例

关键字	散列地址 A(0～99)	散列地址 B(0～999)
0 2 0 1 1 2 1	3 2	1 2 1
0 2 0 0 0 3 3	3 3	0 3 3
0 2 0 2 2 3 5	5 7	2 3 5
0 2 0 1 3 5 4	6 7	3 5 4
0 2 0 3 5 1 5	5 0	5 1 5
0 2 0 2 0 7 6	9 6	0 7 6
0 2 0 3 1 1 8	4 9	1 1 8
0 2 0 6 0 6 9	2 9	0 6 9
①②③④⑤⑥⑦	④⑤+⑥⑦	⑤⑥⑦

分析这 8 个关键字就会发现：第①②③位都是 020，显然不均匀；第④⑤⑥⑦位的取值范围较大，有一定的均匀性。因此，可根据散列表的长度取其中几位或它们的组合作为散列地址。若表长为 100(即地址为 0～99)，则可取④⑤⑥⑦中的任意两位数字作为散列地址；若表长为 1000(即地址为 0～999)，则可取④⑤⑥⑦中的任意三位作为散列地址等。为了增加随机性，还可以取散列地址中的若干位分成多组，取其和并舍去进位作为散列地址。表 8.2 中给出了一种选取方式，散列函数的实现如下：

```
int Hash(long key)
{   int d1,d2;
    d1=key/100%100;              //取 key 中的第 4 和第 5 位
    d2=key%100;                  //取 key 中的第 6 和第 7 位
    return (d1+d2)%100;          //叠加舍去进位作为散列地址返回
}
```

可见看出，这种方法必须对关键字每一位上的数字分布情况进行较好的估计。

3．平方取中法

通常情况下，关键字的数字分布未知或很难准确估计，因此要找到若干位均匀分布的数字并不容易。平方取中法的思路是通过关键字的平方来扩大差别。因为一个数的平方值与关键字的每一位都相关，由此使得产生的散列地址随机性增加，从而较为均匀。然后，可以用数字选择法来选取散列地址。

例如，给定一组关键字如表 8.3 所示，可见无法直接选取三位数字作为散列地址。取平方后，关键字的差别扩大，当表长为 1000 时，可取其中间三位作为散列地址。相应的散列函数如下：

```
int Hash(long key)
{    key*=key;   key/=1000;           //先求平方，然后去掉末尾的3位数
     return   key%1000;               //取中间的3位数作为散列地址返回
}
```

表 8.3 平方取中法示例

关键字	0100	0110	3100	0106	0200
$(关键字)^2$	0010000	0012100	9610000	0011236	0040000
散列地址(0～999)	010	012	610	011	040

4. 折叠法

折叠法是指将关键字分割成位数相同的几段(最后一段的位数可以不同)，将各段的叠加和(舍去进位)作为散列地址。其中段的长度取决于散列表的地址位数。当关键字位数较多且数字分布较均匀时，可采用此方法。

折叠法又分移位叠加和边界叠加两种。移位叠加是指将各段的最低位对齐，然后相加；边界叠加是指将相邻的段沿边界来回折叠，然后对齐相加。例如关键字 key=35726，散列表长度为 100，可将关键字每两位分成一段，两种叠加结果如下：

```
        移位叠加                  边界叠加

              35                        35
              72                        27
     +)        6                 +)      6
    -------------              -----------
           (1)13                        68
 H(key)=      13             H(key)=    68
```

5. 除留余数法

在除留余数法中，假设散列表长为 m，选取适当的正整数 p 去除关键字，将所得余数作为散列地址，即

$$H(key)=key\ \%\ p \qquad (p \leqslant m)$$

这是一种最简单、最常用的散列函数构造方法。它可以直接对关键字取模，也可以对折叠、平方取中等运算的结果进行操作。该方法的关键是取适当的 p。

举几个简单的例子。例如取 p 为偶数，则它奇数的关键字经转换后的地址仍为奇数，而偶数的关键字也只能转换到偶数地址，这当然不好。又如，取 p 为关键字的基数的幂次，若关键字是十进制整数，其基数为 10，取 p=100，则关键字 159，259，359…均互为同义词。

一般情况下，p 应该选为小于或等于散列表长度 m 的某个最大素数。下面给出一些常用取值：

m=8, 16, 32, 64, 128, 256, 512, 1024

p= 7, 13, 31, 61, 127, 251, 503, 1019

除留余数法较为简单，我们无需将它定义为一个 C 的函数，而是将它直接写到相应的程序里。除留余数法也可以与其他散列方法组合在一起使用，例如设关键字是字符串，散列函数是通过将字符串的首、尾两个字符相加之和转换为整数，然后用除留余数法求散列地址。该散列函数的定义如下：

```
int Hash(char *key)
{    int    len=strlen(key), k;
     k=(len==1)?key[0]:key[0]+key[len-1];
     return   k%p;      //不妨设 p 已定义
}
```

6. 基数转换法

基数转换法的思路是把某一进制的关键字看成是另一个进制上的数，再把它转换成原来进制上的数，取其中的若干位作为散列地址。一般要求两个基数互素，其所取的基数大于原基数。进制转换后，关键字的随机性一般会增大，从而减少冲突。

例如，把一个十进制数的关键字$(360495)_{10}$看做十六进制数$(360495)_{16}$，再把它转换为十进制数，$(360495)_{16}=(3540117)_{10}$，此时可根据散列表的长度选取若干位数字作为散列地址，也可应用其他方法。

7. 随机数法

随机数法取决于随机函数 random 的构造，即

$$H(key)=random(key)$$

其中 random 为伪随机函数。若产生的是一个随机整数，则通常采用以下方法保证函数值在 0～m −1 之间：

$$H(key)=random(key)\%m$$

实际上，上述各种方法都具有一定的随机性。随机性的强弱直接决定散列函数的均匀性。通常，当关键字长度不等时，采用随机数法构造散列函数较合适。

8.2.3 处理冲突的方法

构造合适的散列函数只能够减少冲突，不可能避免冲突，因此，如何处理冲突问题是构造散列表的另一个重要方面。通常有两种方法处理冲突：开放地址法和拉链法。前者是将所有记录均匀地存放在散列表 HT[m]中；后者是将互为同义词的记录链接成一个单链表，而把单链表的头指针存放在散列表 HT[m]中。

1. 开放地址法

开放地址法又称为开放定址法，其基本思路是：首先将表置空，并根据某种方法在散列表中定义一个探查序列，当发生冲突时，沿此序列逐个单元查找空单元，一旦找到，则将新记录放入。好的探查序列能够保证所有冲突的记录都能迅速地找到相应的空单元。

设表长为 m，关键字个数为 n，探查序列设为 d_i, i=1~m−1，则开放地址的公式为

$$h_i = (H(key) + d_i)\%m \tag{8-7}$$

其中 H(key)为散列函数。那么如何形成探查序列呢？

1) 线性探查法

线性探查法的基本思想是：将散列表看成是一个环形表，若发生冲突的单元地址为 d，则依次探查 d+1, d+2, …, m−1, 0, 1, …, d−1，直至找到一个空单元为止。

例如，已知一组关键字集(21, 32, 11, 43, 35, 05, 51, 12, 07)，用线性探查法解决冲突，试构造这组关键字的散列表。

通常令装填因子 $\alpha<1$，这里取 $\alpha=0.75$。由于关键字个数为 n=9，可以确定散列表长 $m=\lceil n/\alpha \rceil=12$，因此可以设置一维数组 HT[12]为散列表。我们采用除留余数法构造散列函数，并选 p=11，则开放地址为

$$h_i = (H(key) + d_i)\%m = (key\%11 + i)\%12$$

其中 i=1～m−1。由此可以计算关键字的散列地址及开放地址。如果散列地址为空，则散列地址即为开放地址，记录可直接存入；否则根据 d_i 查找下一个开放地址。结果如表 8.4 所示。

表 8.4 用线性探查法构造散列表示例

散列表 HT	0	1	2	3	4	5	6	7	8	9	10	11
关键字	11	43	35	12		05		51	07		21	32
H(key)	0	10	2	1		5		7	7		10	10
比较次数	1	4	1	3		1		1	2		1	2

插入第二个关键字 32 时，散列地址 d=H(21)=10 已被关键字 21 占用(即发生冲突)，利用探查序列得到 $h_1=(10+1)\%12=11$ 为开放地址，因此可将 32 插入 HT[11]中。与此类似，关键字 43 的散列地址也为 10，经过三次探查后，找到开放地址 $h_3=(10+3)\%12=1$。依次类推，可以插入所有关键字。表 8.4 中最末一行的数字表示查找该记录时所需进行的关键字比较次数。

可见，只要散列表仍有空单元，线性探查法就总能找到一个不发生冲突的地址。表 8.4 中还出现了一种现象。虽然关键字 12 和 43 并非同义词，但是散列地址 H(12)=1 却被关键字 43 占用，也即发生了冲突。一般地，用线性探查法解决冲突时，当表中 i, i+1, …, i+k 位置上非空时，散列地址为 i, i+1, …, i+k+1 的记录都将插入在位置 i+k+1 上，我们把这种散列地址不同的结点争夺同一个后继散列地址的现象称为“堆积”。这种现象的后果是，不是同义词的结点处在同一个探查序列之中，从而增加了探查序列的长度。若装填因子过大或散列函数选择不当，都可能使堆积的机会增加。后面的两种方法可解决这一问题。

2) 二次探查法

二次探查法的探查序列依次是：$1^2, -1^2, 2^2, -2^2$, …。发生冲突时，求下一个开放地址的公式为

$$h_{2i-1} = (H(key) + i^2)\%m$$
$$h_{2i} = (H(key) - i^2)\%m \tag{8-8}$$

其中 $1\leqslant i\leqslant (m-1)/2$。分析式(8-8)可知，发生冲突时，同义词将来回在其散列地址 H(key)的两端寻找开放地址。

二次探查法可以减少堆积现象，但是不容易探查到整个散列表空间。仅当表长 m 为 4j+3(j 为正整数)的素数时，才能探查到整个表空间。

3) 随机探查法

随机探查法的探查序列将随机产生，求下一个开放地址的公式可以表示为

$$h_i = (H(key) + R_i)\%m \tag{8-9}$$

其中 $1\leqslant i\leqslant m-1$，$R_1, R_2$, …, R_{m-1} 是 1, 2, …, m−1 的一个随机排列。随机排列的产生有很多种方法，实用中常用移位寄存器序列代替随机数序列。

2. 拉链法

拉链法也称为链地址法，假设散列函数的值域为 0～m−1，则可将散列表定义为一个指针数组 HTP[m]，凡是散列地址为 i 的结点，均插入到以 HTP[i]为头指针的单链表中。可见，拉链法解决冲突的思路是：将所有关键字为同义词的结点链接到同一个单链表中。

以表 8.4 中的关键字集(21, 32, 11, 43, 35, 05, 51, 12, 07)为例，用拉链法解决冲突以构造这组关键字的散列表。首先，这里设置散列函数为 H(key)=key%11，其值域为 0～10，则散列表为 HTP[11]。对于所有散列地址为 H(key)=i 的关键字，都要接到第 i 个单链表中。我们采用尾插法建立单链表，则可得到如图 8.3 所示的散列表。

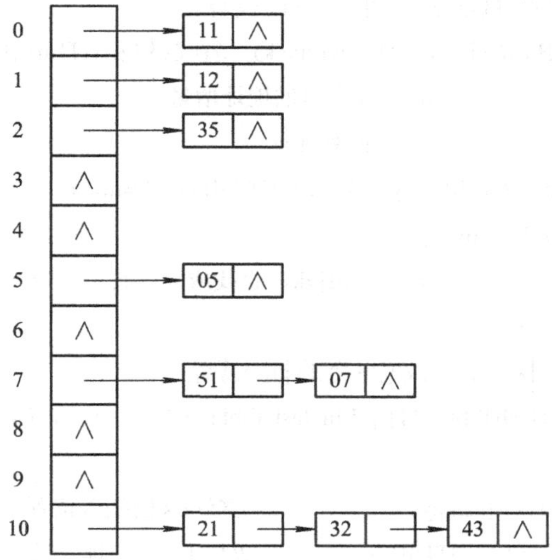

图 8.3 拉链法构造散列表示例

当装填因子 α 较大时，开放地址法所需的探查次数比较多。虽然拉链法所用的空间比开放地址法多，但是不会产生堆积现象，其平均查找长度也较短。所以，拉链法所增加的空间开销是合算的。利用单链表结点的动态申请特点，拉链法还适合于无法确定表长的情况。

另一方面，对于用拉链法构造的散列表，简单地在链表上删除结点即可实现散列表的删除操作。而在开放地址法构造的散列表中，不能简单地将被删结点的空间置空来删除结点，因为空地址单元(即开放地址)都是查找失败的条件，这样做会截断在它之后填入散列表的同义词结点的查找路径。正确的做法是在被删结点上做删除标记，而不能真正删除结点。

8.2.4 散列表的查找及分析

散列表的查找过程和建表过程基本一致。假设给定值为 k，根据建表时设定的散列函数 H 可计算得到散列地址 H(k)。若表中该地址空间未被占用，则查找失败；否则，进行关键字值的比较。若相等，则查找成功；否则，根据建表时处理冲突的方法查找下一个地址，直至某个地址空间为空(查找失败)或者关键字比较相等(查找成功)为止。

下面以线性探查法和拉链法为例，给出相应的散列表查找和插入算法。利用线性探查法解决冲突的有关说明及查找和插入操作如算法 8.3 及算法 8.4 所示，利用拉链法解决冲突的有关说明及查找和插入操作如算法 8.5 和算法 8.6 所示。

```
// 基于线性探查法的散列表存储结构
# define nil   0               //nil 为空结点标记
typedef struct                 //散列表结点结构
{   keytype key;
    datatype other;
} LinHashTable;
LinHashTable HT[m];            //散列表长为 m
```

算法 8.3 利用线性探查法解决冲突的查找算法。

```
int LinSearch(LinHashTable HT[ ], keytype k)  //在散列表 HT[m]中查找关键字为 k 的结点
{   int d, i=0;                //i 为冲突时的地址增量
    d=H(k);                    //d 为散列地址
    while ( (i<m) && (HT[d].key ! =k) && (HT[d].key ! =nil) )
    {   i++;   d=(d+i) % m;  }
    return (d);                //若 HT[d]=k，查找成功，否则失败
}    //  LinSearch
```

算法 8.4 利用线性探查法解决冲突的插入算法。

```
void   LInsert(LinHashTable HT[ ], LinHashTable s)       //将结点 s 插入散列表 HT[m]中
{   int d;
    d= LinSearch (HT[ ], s.key)             //查找 s 的插入位置
    if (HT[d].key==nil)     HT[d]=s;        //d 为开放地址，插入 s
    else    printf("ERROR");                //记录存在或表满
}    //  LInsert

// 基于拉链法的散列表存储结构
typedef struct nodetype
{   keytype key;
    datatype other;
    struct nodetype    *next;
} ChnHashTable;
ChnHashTable    *HTC[m];
```

算法 8.5 利用拉链法解决冲突的查找算法。

```
chainhash *ChnSearch(ChnHashTable *HTC[ ], keytype k)
// 在散列表 HTC[m]中查找关键字为 k 的结点
{   ChnHashTable    *p;
    p=HTC[H(k)];               //取 k 所在链表的头指针
    while (p && (p->key ! =k))   p=p->next;        //顺序查找
    return p;                  //查找成功，返回结点指针，否则返回空指针
}    // ChnSearch
```

算法 8.6 利用拉链法解决冲突的插入算法。

```
void  CInsert(ChnHashTable*HTC[ ], ChnHashTable*s)
// 采用头插法将结点*s 插入散列表 HTC[m]中
{  int d ;
   ChnHashTable   *p;
   p= ChnSearch (HTC, s－>key);        //查看表中有无待插结点
   if (p)   printf("ERROR");            //表中已有该结点
   else         //插入*s
   {   d=H(s－>key);
       s－>next=HTC[d];
       HTC[d]=s;
   }
}      // CInsert
```

由于冲突和堆积现象的存在，在记录及其存储位置之间建立相应的映射关系仍然需要关键字的比较操作，这可以从散列表的查找和插入算法中看出。但是，散列表的平均查找长度比顺序查找要小，甚至比折半查找也要小。下面以表 8.4 和图 8.3 的散列表为例分析散列表的平均查找长度。

1) 等概率情况下查找成功时的平均查找长度

线性探查法：

$$ASL=(1+4+1+3+1+1+2+1+2)/9=16/9\approx1.78$$

拉链法：

$$ASL=(1\times6+2\times2+3\times1)/9=13/9\approx1.44$$

而当 n=9 时，顺序查找和折半查找的平均查找长度为

$$ASL_{sq}(9)=(9+1)/2=5$$

$$ASL_{bn}(9)=(1\times1+2\times2+3\times4+4\times2/9=25/9\approx2.78$$

2) 等概率情况下查找不成功时的平均查找长度

顺序查找和折半查找所需进行的关键字比较次数仅取决于表长，而散列表查找所需进行的关键字比较次数和待查结点有关，因此可将散列表在等概率情况下查找不成功时的平均查找长度定义为查找不成功时对关键字需要执行的平均比较次数。

线性探查法：假设待查关键字 k 不在表 8.4 中，若 H(k)=0，则必须依次将 HT[0]～HT[4]中的关键字与 k 进行比较，经过 5 次比较后才能发现 HT[7]为空；若 H(k)=1，则需比较 4 次才能确定查找不成功。依次类推，由于散列函数 H(key)%11 的值域为 0～10，可得查找不成功时的平均查找长度为

$$ASL_{unsucc}=(5+4+3+2+1+2+1+3+2+1+7)/11=31/11\approx2.82$$

拉链法：设待查关键字 k 的散列地址为 d=H(k)，在图 8.3 所示的链地址法中，若第 d 个链表上具有 t 个结点，则需经过 t 次关键字比较(不包括空指针判定)才能确定查找不成功。因此，查找不成功时的平均查找长度为

$$ASL_{unsucc}=(1+1+1+0+0+1+0+2+0+0+3)/11=9/11\approx0.82$$

综上可知，由同一个散列函数、不同解决冲突方法构成的散列表，其平均查找长度是

不相同的。假设散列函数是均匀的，可以证明在一般情况下这一结论是成立的。表 8.5 给出了几种不同的冲突处理方法在等概率情况下得到的散列表的平均查找长度。

由表 8.5 可见，散列表的平均查找长度是装填因子 α 的函数，与记录个数 n 无关。因此，通过选择合适的 α 可以将散列表的查找长度限定于某个范围。显然，α 越小产生冲突的机会就越小，但过小的 α 会造成较大的空间浪费。例如，当 α=0.9 时，对于成功的查找，线性探查法的平均查找长度是 5.5，二次探查、随机探查及双散列函数探查法的平均查找长度是 2.56，拉链法的平均查找长度为 1.45。

表 8.5　用几种不同方法解决冲突时散列表的平均查找长度

解决冲突的方法	平均查找长度	
	成功的查找	不成功的查找
线性探查法	$(1+1/(1-\alpha))/2$	$(1+1/(1-\alpha)^2)/2$
二次探查，随机探查或双散列函数探查法	$-\ln(1-\alpha)/\alpha$	$1/(1-\alpha)$
拉链法	$1+\alpha/2$	$\alpha+\exp(-\alpha)$

习　题　8

一、名词解释

查找表，查找长度，有序表，散列表，散列函数，同义词，冲突，拉链法，堆积

二、填空题

1．查找表中主关键字指的是________，次关键字指的是_______。

2．二分查找在查找成功时的查找长度不超过______，其平均查找长度为______，当 n 较大时约等于________。

3．在散列存储中，装填因子 α 的值越大，则______。

4．二分查找法仅适用于这样的表：表中的记录必须______，其存储结构必须是______。

5．静态查找表的三种不同实现各有优缺点。其中，_________查找效率最低但限制最少，__________查找效率最高但限制最强，而__________查找则介于上述二者之间。

6．设有一个已按各元素的值排好序的线性表，长度为 125，对给定的 k 值，用二分法查找与 k 相等的元素，若查找成功，则至少需比较_______次，至多需比较______次。

7．在采用开放地址法解决冲突的散列表中删除一个记录，则对该元素所在存储单元的操作是__________。

8．以下算法在散列表 HP 中查找键值等于 K 的结点，成功时返回指向该结点的指针，不成功时返回空指针。请分析程序，并在______上填充合适的语句。

```
pointer research_openhash(keytype K,openhash HP)
{   i=H(K);   //   计算 K 的散列地址
```

```
        p=HP[i]; //   i 的同义词子表表头指针传给 p
        while(__________)p=p->next; // 未达表尾且未找到时，继续扫描
        __________;
    }
```

9．以下算法假定以线性探测法解决冲突，在散列表 HL 中查找键值为 K 的结点，成功时回送该位置，不成功时回送标志 −1。请分析程序，并在______上填充合适的语句。

```
int search_cloxehash(keytype K,closehash HL)
{   d=H(K);       // 计算散列地址
    i=d;
    while(HL[i].key!=K&&(i!=d-1)i=______; //未成功且未查遍整个 HL 时继续扫描
    if(________)reurn(i);                 //查找成功
    else return(-1);                      //查找失败
}
```

三、选择题

1．顺序查找法适合于(　　)存储结构的查找表。

A．压缩　　B．散列　　C．索引　　D．顺序或链式

2．对采用折半查找法进行查找运算的查找表，要求按(　　)方式进行存储。

A．顺序存储　　B．链式存储

C．顺序存储且结点按关键字有序　　D．链式存储且结点按关键字有序

3．设顺序表的长为 n，则其每个元素的平均查找长度是(　　)。

A．n　　B．(n−1)/2　　C．n/2　　D．(n+1)/2

4．分块查找的时间性能(　　)。

A．低于二分查找　　B．高于顺序查找而低于二分查找

C．高于顺序查找　　D．低于顺序查找而高于二分查找

5．设有序表的关键字序列为{1，4，6，10，18，35，42，53，67，71，78，84，92，99}，当用折半查找法查找键值为 84 的结点时，经(　　)次比较后查找成功。

A．2　　B．3　　C．4　　D．12

6．用二分查找法对具有 n 个结点的线性表查找的时间复杂性量级为(　　)。

A．$O(n^2)$　　B．O(n lb n)　　C．O(n)　　D．O(lb n)

7．与其他查找方法相比，散列查找法的特点是(　　)。

A．通过关键字比较进行查找

B．通过关键字计算记录存储地址进行查找

C．通过关键字比较或通过关键字计算记录存储地址进行查找

D．通过关键字计算记录存储地址，并进行一定的比较进行查找

8．在采用线性探测法处理冲突所构成的散列表上进行查找，可能要探测多个位置，在查找成功的情况下，所探测的这些位置上的键值(　　)。

A．一定都是同义词　　B．一定都不是同义词

C. 都相同　　D. 不一定都是同义词

9．以下说法中错误的是(　　)。

A. 散列法存储的基本思想是由关键码的值决定数据的存储地址

B. 散列表的结点中只包含数据元素自身的信息，不包含任何指针

C. 装填因子是散列法的一个重要参数，它反映散列表的装填程度

D. 散列表的查找效率主要取决于散列表造表时选取的散列函数和处理冲突的方法

四、简答及算法设计

1．假设线性表中结点是按键值递增的顺序存放的。试写一顺序查找法，将岗哨设在高下标端，然后分别求出等概率情况下查找成功和不成功时的平均查找长度。

2．若线性表中各结点的查找概率不等，则可用如下策略提高顺序查找的效率：若找到指定的结点，则将该结点和其前趋(若存在)结点交换，使得经常被查找的结点尽量位于表的前端。试对线性表的顺序存储结构和链式存储结构写出实现上述策略的顺序查找算法(注意，查找时必须从表头开始向后扫描)。

3．试写出折半查找的递归算法。

4．给定有序表：

D={006,087,155,188,220,465,505,508,511,586,656,670,700,766,897,908}

用折半查找法在 D 中查找 586，试用图示法表示出查找过程。

5．已知散列函数为 H(K)=K mod 13，关键字序列为 25，37，52，43，84，99，120，15，26，11，70，82，试分别画出采用线性探查法和拉链法处理冲突时的散列表，并计算查找成功的平均查找长度。

6．顺序查找时间为 O(n),二分查找时间为 O(lb n),散列查找时间为 O(1)，为什么在已有高效率的查找方法时仍不放弃低效率的方法？

第 9 章　排　　序

排序(Sorting)也是软件技术中常用的一种操作。高效率的排序是计算机程序设计中的一项重要课题。本章按照排序算法的基本思路，主要介绍几种常用的内部排序算法，包括插入排序、交换排序、选择排序和归并排序等，并对它们进行分析和比较。

9.1　排序的基本概念

排序的定义如下：

假设序列包含 n 个记录{$R_1, R_2, \cdots, R_n$}，其对应的关键字值序列为{$k_1, k_2, \cdots, k_n$}，根据 1, 2, …, n 的一种排列 p1, p2, …, pn，将这 n 个记录重排为有序序列{$R_{p1}, R_{p2}, \cdots, R_{pn}$}，满足 $k_{p1} \leqslant k_{p2} \leqslant \cdots \leqslant k_{pn}$(或 $k_{p1} \geqslant k_{p2} \geqslant \cdots \geqslant k_{pn}$)。

上述定义中，如果 k_i 是主关键字，则排序结果是唯一的；如果 k_i 是次关键字，则两个关键字值可能相等，此时排序结果就不是唯一的。假设记录 R_i 和 R_j 的关键字 $k_i=k_j$，如果在原始序列中 R_i 排在 R_j 之前，而排序后的序列中 R_i 仍然排在 R_j 之前，则称此排序是稳定的；反之，如果排序后变成 R_i 排在 R_j 之后，则称此排序是不稳定的。

根据排序过程中需要涉及的存储器不同，可将排序分为内部排序和外部排序。内部排序是指整个排序过程都在内存中进行的排序；外部排序是指待排序记录的数量很大，在排序过程中，除使用内存外，还需对外存进行访问。显然，内部排序适用于记录个数较少的序列，外部排序则适用于记录个数太多、需同时使用内存和外存的长序列。

本章只介绍内部排序。根据不同算法所用的策略，内部排序方法可分为插入排序、选择排序、交换排序、归并排序及基数排序等几大类。每一种方法各有优缺点，适合于不同的应用场合。因此，要想简单地评价哪种方法最好且能够普遍适用是很困难的。判断排序算法好坏的标准主要有两条：(1) 算法执行所需要的时间；(2) 算法执行所需要的附加空间。另外要考虑的一个因素是算法本身的复杂程度。排序算法所需的附加空间量一般都不大，所以排序算法的时间复杂度是衡量算法好坏的最重要的标志。排序所需的时间主要是指算法执行中关键字的比较次数和记录的移动次数。因此，后面的章节将会详细讨论排序算法中的比较次数和移动次数。

待排序的记录可有下列三种存储结构：

(1) 以一组连续的地址单元(如一维数组)作为存储结构，待排序记录的次序由其物理位置决定。在排序过程中，必须移动记录来进行物理位置上的重排，即通过比较和判定把记录移到合适的位置。

(2) 以链表作为存储结构，记录之间的次序由指针决定。因此，在排序过程中仅需修改指针。

(3) 待排序记录存储在一组连续的地址单元内，此时若要避免排序过程中记录的移动，可以为该序列建立一个辅助表(如索引表)，在排序过程中只需对这个辅助的表目进行物理重排，而不移动记录本身。

为方便起见，本章假设记录序列的存储结构为一维数组，关键字为整数。待排序记录的数据类型说明如下：

```
typedef struct                    //定义记录为结构类型
{   int   key;                    //关键字域
    datatype other;               //其他数据域
} rectype;
rectype R[n+1];                   //n 为记录总数，R[0]闲置或作为哨兵单元
```

9.2 插入排序

插入排序的基本策略是，将待排序记录分为有序区和无序区，每次将无序区中的第一个记录插入到有序区中的适当位置，使有序区保持有序；重复操作直至排序完成。本节介绍直接插入排序和希尔排序。

9.2.1 直接插入排序

直接插入排序(Straight Insertion Sort)是一种最简单的排序方法。其基本思路是把关键字 k_i 依次与有序区的关键字 k_{i-1}, k_{i-2}, …, k_1 进行比较，找到应该插入的位置，然后将 k_i 插入。给定待排序的记录序列为 R[1]～R[n]，则初始有序区为{R[1]}，直接插入排序可以从 i=2 开始，如算法 9.1 所示。

算法 9.1 中的基本操作是关键字比较和记录移动。记录 R[1]作为最初的有序区，从 i=2 开始不断将待插入记录 R[i]的关键字依次与有序区中记录 R[j](j=i−1, i−2, …, 1)的关键字进行比较。若 R[j]的关键字大于 R[i]的关键字，则将 R[j]后移一个位置；若 R[j]的关键字小于或等于 R[i]的关键字，则查找过程结束，j+1 即为 R[i]的插入位置。数组单元 R[0]预先对记录 R[i]进行备份，使得在后移关键字比 R[i]大的记录时不致丢失 R[i]中的内容；R[0]在 while 循环中还可以作为“监视哨”，以防下标变量 j 越界。由于避免了每次 while 循环都要检测 j 是否越界，测试循环条件的时间可以减少约一半。

算法 9.1　直接插入排序。

```
void InsertSort(rectype R[ ])     //对数组 R 按升序进行插入排序，R[0]是监视哨
{ int i, j;
  for (i=2; i<=n; i++)            //依次插入 R[2], …, R[n]
  { if(R[i].key<R[i-1].key)       //若 R[i]不小于有序区的最后一个记录的键值，直接扩大有序区
      {   R[0]=R[i];              //R[0]作为监视哨，并且是 R[i]的副本
```

```
            j=i−1;
            while (R[0].key<R[j].key)    //查找 R[i]的插入位置
                R[j+1]=R[j--];           //将关键字大于 R[i].key 的记录后移
            R[j+1]=R[0];                 //插入 R[i]
        }  //  endif
    }  //endfor
}  // InsertSort
```

根据算法 9.1 对待排序的一组记录进行排序，记录的关键字分别为 49, 31, 63, 85, 75, 15, 26, 49′，直接插入排序过程如图 9.1 所示。

初始关键字		[49]	31	63	85	75	15	26	49'
i=2	(31)	[31	49]	63	85	75	15	26	49'
i=3	(63)	[31	49	63]	85	75	15	26	49'
i=4	(85)	[31	49	63	85]	75	15	26	49'
i=5	(75)	[31	49	63	75	85]	15	26	49'
i=6	(15)	[15	31	49	63	75	85]	26	49'
i=7	(26)	[15	26	31	49	63	75	85]	49'
i=8	(49')	[15	26	31	49	49'	63	75	85]

图 9.1　直接插入排序示例

直接插入排序的算法 9.1 非常简洁，容易实现，下面来分析它的效率。

从时间上看，整个排序过程只有两种运算，即比较关键字和移动记录。算法中的外循环表示要进行 n−1 趟插入排序，内循环的次数则取决于待排序关键字与有序区中 i 个关键字的关系。

可以按两种情况来考虑。当一组记录为正序时(这里按递增有序)，每趟排序的关键字比较次数为 1，记录移动次数是 2 次，即总的比较次数 $C_{min}=n-1$，总的移动次数 $M_{min}=2(n-1)$；当文件逆序时，要插入的第 i 个记录均要与前 i−1 个记录及“监视哨”的关键字进行比较，即每趟要进行 i 次比较；从记录移动的次数来说，每趟排序中除了上面提到的两次移动外，还需将关键字大于 R[i]的记录后移一个位置。这时关键字的比较次数和记录的移动次数均取最大值，总的比较次数和记录的移动次数为：

$$C_{max}=\sum_{i=2}^{n} i=\frac{(2+n)(n-1)}{2}=O(n^2)$$

$$M_{max}=\sum_{i=2}^{n}(i-1+2)=\frac{(4+n)(n-1)}{2}=O(n^2)$$

综上可知，记录关键字的分布对算法执行过程中的时间消耗是有影响的。若在随机情况下，即关键字各种排列出现的概率相同，则可取上述两种情况的平均值作为比较和记录移动的平均次数，约为 $n^2/4$。由此，直接插入排序的时间复杂度为 $O(n^2)$。

从空间上看，直接插入排序只需要一个记录的辅助空间 R[0]，空间复杂度即为 O(1)。

直接插入排序是稳定的排序方法。

9.2.2　希尔排序

希尔排序(Shell's Sort)又称为“缩小增量排序”(Diminishing Increment Sort)，是一种改进的插入排序方法。该方法是 D.L.Shell 于 1959 年提出的，故用他的名字命名。我们知道，直接插入排序算法的平均时间复杂度为 $O(n^2)$。但是，由于其算法简单，当 n 较小时效率较高；另外，当一组记录有序时，其算法复杂度可以达到最优，即 O(n)。希尔排序正是基于这两点来对直接插入排序进行改进的。

希尔排序的基本思想是：设置 t 个整数增量($d_1>d_2>\cdots>d_{t-1}>d_t$)，其中 $d_1<n$，$d_t=1$；首先以 d_1 为增量，将所有距离为 d_1 倍数的记录放在同一组中，可以得到 d_1 个组，在各组内进行直接插入排序；然后取第二个增量 d_2，重复上述的分组和排序，直至增量 $d_t=1$。

设置增量序列时，要使得增量值没有除 1 之外的公因子，而且最后一个增量值必须为 1。下面先看一个具体例子。设待排序文件共有 10 个记录，其关键字分别为 49, 31, 63, 85, 75, 15, 26, 49′, 53, 03，增量序列取值依次为 5, 3, 1。排序过程如图 9.2 所示。

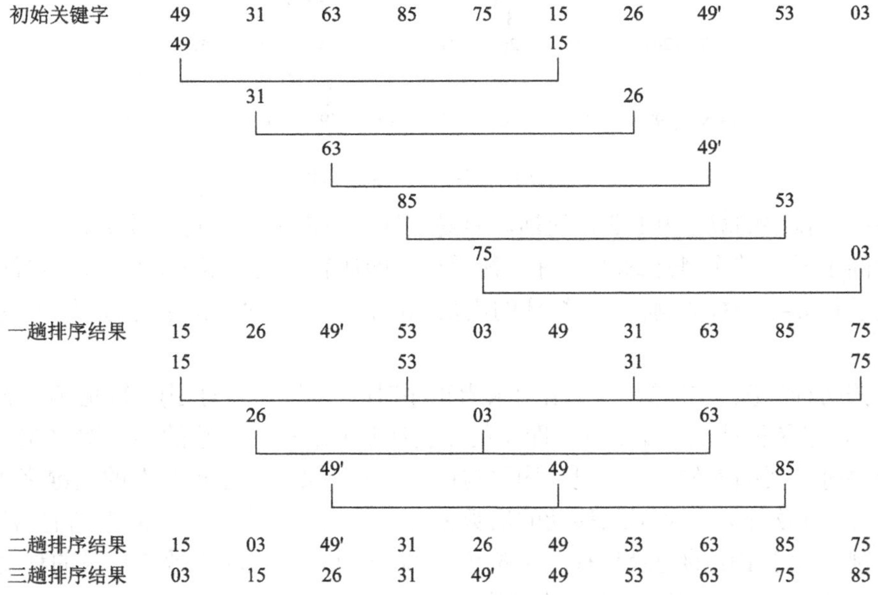

图 9.2　希尔排序示例

由图 9.2 可见，希尔排序的每一趟就是直接插入排序。增量越大，则得到的子序列越短，此时直接插入排序效率很高；而当增量逐渐减小时，序列已逐渐有序，因此直接插入排序仍然很有效。当增量为 1 时，此时所有的记录已经基本有序，并放在同一组中进行直接插入排序。由此，希尔排序的速度较直接插入排序有很大的提高。

要注意的是，希尔排序中的子序列不是逐段选取的，而是根据增量值跳跃性的抽取。这样可以实现排序记录在较大范围内进行移动，从而提高了排序速度。但是由此导致了希尔排序是不稳定的。

希尔排序的具体算法描述如算法 9.2 所示。

算法 9.2 希尔排序。

```
void ShellSort(rectype R[ ], int d[ ], int t)      //对数组 R 进行排序, d 为增量序列, t 为增量个数
{   int i, j, k;
    for (k=0; k<t; k++)                            //依次取增量 d[k]
      for (i=d[k]+1; i<=n; i++)                    //以 d[k]为增量进行简单插入排序
        if(R[i].key<R[i-d[k]].key)
      {     R[0]=R[i];                             //R[0]仅为暂存单元，不是监视哨
            j=i−d[k];
            while (j>0&&R[0].key<R[j].key)  //查找 R[i]的插入位置
            {   R[j+d[k]]=R[j];                    //将关键字大于 R[i].key 的记录后移
              j=j-d[k];                            //查找前一个记录
                R[j+d[k]]=R[0];                    //插入 R[i] 到正确的位置
          }  // endwhile
      }  //endif
} // ShellSort
```

算法 9.2 中没有设置“监视哨”，单元 R[0]仅作为暂存单元，在内循环中增加了一个循环判定条件“j>0”，以防下标越界。若要设置监视哨，需要利用数组 R 的前 t 个单元作为监视哨，待排序记录则要从第 t 个单元开始存储。读者可以自行完成。

希尔排序的时间复杂度取决于增量序列的选取，但是如何选取增量序列才能产生最好的排序效果，这一问题至今没有得到解决。希尔本人最初提出取 $d_1=\lfloor n/2\rfloor$，$d_{i+1}=\lfloor d_i/2\rfloor$，$d_t=1$，$t=\lfloor \text{lb}\ n\rfloor$，后来又有人提出其他选择增量序列的方法，如 $d_{i+1}=\lfloor(d_i-1)/3\rfloor$，$d_t=1$，$t=\lfloor\log_3 n-1\rfloor$ 以及 $d_{i+1}=\lfloor(d_i-1)/2\rfloor$，$d_t=1$，$t=\lfloor \text{lb}\ n-1\rfloor$。大量实验表明，希尔排序所需的比较和移动次数约为 $n^{1.3}$。

9.3 交换排序

本节讨论两种利用“交换”进行排序的方法：起泡排序和快速排序。交换排序的基本思想是：通过关键字的两两比较和交换，最终使全部记录排列有序。

9.3.1 起泡排序

起泡排序(Bubble Sort)是最为人们所熟知的交换排序方法。它的过程非常简单：对纵向排列的关键字序列，按照自下而上的扫描方向对两两相邻的关键字进行比较，若为逆序(即 $k_{j-1}>k_j$)，则将两个记录交换位置；重复上述扫描排序过程，直至没有记录需要交换为止。

第一趟扫描后，关键字最小的记录将上升到第一个记录的位置上；第二趟对后面的 n−1 个记录重复同样操作，把次小关键字的记录安排在第二个记录的位置上；重复上述过程，分析可知，在第 n−1 趟后，全部记录都按关键字由小到大的顺序排列完毕。在每一趟排序过程中，关键字最小的记录通过比较和交换，会像气泡一样上浮至顶，而关键字较大的记录则逐渐下沉，“起泡排序”的名称由此而来。起泡排序的过程如图 9.3 所示。

初始关键字	第一趟结果	第二趟结果	第三趟结果	第四趟结果	第五趟结果	第六趟结果	第七趟结果
49	15	15	15	15	15	15	15
31	49	26	26	26	26	26	26
63	31	49	31	31	31	31	31
85	63	31	49	49	49	49	49
75	85	63	49'	49'	49'	49'	49'
15	75	85	63	63	63	63	63
26	26	75	85	75	75	75	75
49'	49'	49'	75	85	85	85	85

图 9.3　从下向上扫描的起泡排序示例(实际只扫描了 5 趟)

对任一组记录进行起泡排序时，至多需要进行 n−1 趟排序。但是，如果在排序过程中的某一趟扫描后，例如图 9.3 中的第四趟排序后，待排序记录已按关键字有序，因此起泡排序便可在此趟排序后终止。为了实现这一点，可以在起泡排序算法(算法 9.3)中引入一个布尔量 swap，在每趟排序开始前，先将其置为 FALSE，若排序过程中发生了交换，则将其置为 TRUE。在一趟排序之后，如果 swap 仍为 FALSE，则表示本趟未曾交换过记录，此时可以终止算法。

算法 9.3　起泡排序。

```
void BubbleSort (rectype R[ ])              //扫描方向为从下往上
{  int i, j, swap;
   for (i=1; i<n; i++);                     //最多进行 n−1 趟排序
   {    swap=0;                             //交换标志置为假
        for (j=n; j>i; j−−)                 //从下往上扫描, i+1 为扫描下界
          if (R[j−1].key>R[j].key)          //交换记录
          {    R[0]=R[j−1];                 //R[0]作为交换记录的暂存单元
               R[j−1]=R[j];
               R[j]=R[0];
               swap=1;
          }  //endif
        if (!swap)   break;                 //本趟排序中未发生交换，则终止算法
   }  //endfor
}  // BubbleSort
```

下面分析起泡排序的性能。若记录已按关键字有序排列，则只需进行一趟扫描，而且比较次数和记录移动次数均为最小值：比较次数为 n–1，记录移动次数为 0。若记录逆序排列，即按关键字递减排列，则一共需进行 n–1 趟扫描，比较次数和记录移动次数均达到最大值，分别为：

$$C_{max} = \sum_{i=1}^{n-1}(n-i) = \frac{n(n-1)}{2} = O(n^2)$$

$$M_{max} = \sum_{i=1}^{n-1}3(n-i) = \frac{3n(n-1)}{2} = O(n^2)$$

由此可知起泡排序的时间复杂度为 $O(n^2)$。

为提高起泡排序算法的效率，必须减少算法 9.3 中的比较和交换次数。除了设置交换标志外，我们还可做如下的两种改进：

(1) 在算法 9.3 中，一次扫描可以把最轻的气泡上升至顶，而最重的气泡仅能“下沉”一个位置。由此分析可知，对于关键字序列 2, 3, 7, 8, 9, 1，仅需一趟扫描就可以完成排序；但是对于关键字序列 9, 1, 2, 3, 7, 8，却需要从下到上扫描五趟才能完成排序。这两个序列都是仅有一个元素需要重排，但是产生了完全不同的结果。究其原因，正是扫描的方向导致了两种情况下的不对称性。如果改变扫描方向为从上到下，则序列 9, 1, 2, 3, 7, 8 也仅需一趟扫描。基于上述分析，我们可在排序过程中交替改变扫描方向，形成双向起泡算法。该算法的实现留做习题。

(2) 在每趟扫描中，记住最后一次交换发生的位置 k，因为该位置之前的记录都已有序，即 R[1..k–1]是有序区，R[k..n]是无序区，所以下一趟沿该方向扫描时可提前终止于位置 k+1，而不必进行到预定的下界 i+1，从而减少排序的趟数。例如，第一趟排序后的序列为 1，2，3，9，8，7，最后一次交换的位置为 k=4，那么下一趟扫描的下界可设为 5，而不是 3。改进的算法见本章习题第四大题的第 14 小题。

9.3.2　快速排序

快速排序是对起泡排序的一种改进，其基本思想是：通过一趟排序将记录序列分成两个子序列，然后分别对这两个子序列进行排序以达到整个序列有序。

假设待排序记录为 R[s]～R[t]，任取其中一个记录 R[p]作为比较的“基准”(pivot)，一般取 p=s。用此基准将当前序列划分为左、右两个子序列：R[s]～R[i–1]和 R[i+1]～R[t]，使得左边子序列的关键字均小于或等于基准的关键字，右边子序列的关键字均大于或等于基准的关键字，即：

R[s]～R[i–1].key≤R[i].key≤R[i+1]～R[t].key (s≤i≤t)

此时基准所处的位置为 R[i]，也即该记录的最终排序位置。这是一趟快速排序的过程。

可以看出，快速排序中的比较都是与基准进行的，发生交换时记录移动的距离较大；而在起泡排序中，比较和交换是在相邻两记录之间进行的，每次交换记录只能前移或后移一个位置，因此快速排序的效率得到提高。

快速排序是一种缩小规模算法。当 R[s]～R[i–1]和 R[i+1]～R[t]均非空时，还应分别对它们进行上述的划分过程，直至所有记录均已排好序为止。

下面给出对序列 R[s]～R[t]进行划分的具体做法：基准设置为序列中的第一个记录 R[s]，并将它保存在 pivot 中；设置两个指针 low 和 high，它们的初值分别取为 low=s 和 high=t。首先，令 high 自 t 起向左扫描，当找到第一个关键字小于 pivot.key 的记录 R[high]时，将记录 R[high]移至 R[low](即空出数组单元 R[high])；然后，令 low=low+1 并自左向右扫描，当找到第一个关键字大于 pivot.key 的记录 R[low]时，将记录 R[low]移至 R[high] (即空出数组单元 R[low])；接着令 high=high–1 并从右向左扫描，如此交替改变扫描方向，从两端各自往中间靠拢，直至 low=high。此时 low 便是基准的最终位置，最后将 pivot 放在此位置上就完成了一次划分。

算法 9.4 和算法 9.5 分别给出了一次划分算法及快速排序的主算法。

算法 9.4　一次划分算法。

```
int Partition(rectype R[ ], int low, high)        //返回划分后被定位的基准记录的位置
// 对序列 R[s]～R[t]进行划分
{   rectype pivot=R[low];                          //子表的第一个记录作为基准，用 pivot 存放
    while (low<high)
    {   while (low<high && R[high].key>= pivot.key)
            high--;                   //自右向左扫描，查找第一个关键字小于 pivot.key 的记录
        if (low<high)   R[low++]=R[high];          //移动 R[high]至 R[low]
        while (low<high && R[low].key<= pivot.key)
            low++;                    //自左向右扫描，查找第一个关键字大于 R[0].key 的记录
        if (low<high)   R[high--]=R[low];          //移动 R[low]至 R[high]
    }   //endwhile
   R[low]= pivot;                     //基准记录已被最后定位
   return low;
}     // Partition
```

算法 9.5　快速排序。

```
void   QuickSort(rectype R[ ], int s, int t)     //对 R[s]～R[t]做快速排序
{   int i;
    if (s<t)                          //只有一个记录或无记录时无须排序
    {   i=Partition(R, s, t);         //对 R[s]～R[t]进行划分
        QuickSort(R, s, i–1);         //递归处理左序列
        QuickSort (R, i+1, t);        //递归处理右序列
    }
}    // QuickSort
```

算法 9.5 中，数组 R 的下界 s 和上界 t 确定了待排序记录的范围。对整个序列进行排序时，则调用 QuickSort (R, 1, n)。

图 9.4 给出了一次划分的过程及整个快速排序的过程。

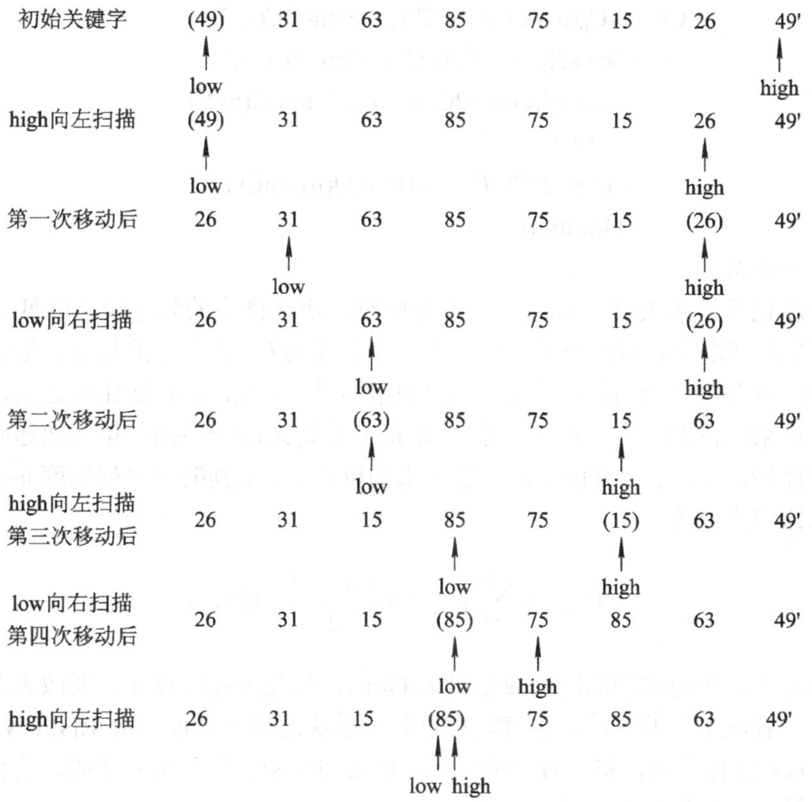

(a) 一次划分过程

初始关键字	[49	31	63	85	75	15	26	49']
一趟排序后	[26	31	15]	49	[75	85	63	49']
二趟排序后	[15]	26	[31]	49	[49'	63]	75	[85]
三趟排序后	15	26	31	49	49'	63	75	85

(b) 每一趟的排序结果

图 9.4 快速排序示例

下面分析快速排序算法的性能。可以证明，对 n 个记录进行快速排序的平均时间复杂度为 O(n lb n)。在时间复杂度量级相同的算法中，快速排序也被公认是最好的。假设对长度为 n 的序列进行快速排序所需的比较次数为 C(n)，则

$$C(n)=C_p(n)+C(m)+C(n-m-1)$$

其中 $C_p(n)$是进行一次划分所需的比较次数，m 为一个子序列的长度。显然，$C_p(n)$与序列长度 n 有关，设 $C_p(n)=cn$，c 为常数，C(m)和 C(n −m −1)分别是左、右两个子序列进行排序所需的比较次数。根据算法 9.5，递归地对左、右两个子序列进行排序即可得到总的比较次数。

在最好情况下，快速排序的每次划分后基准的左、右两个子序列的长度大致相等，也即所取的基准正好是待划分序列的“中值”。这样总的划分结果类似于一棵左、右子树结点个数基本相等的二叉树。假设序列长度 $n=2^k$，那么总的比较次数为

$$
\begin{aligned}
C(n) &\leqslant C_p(n)+C(n/2)+C(n/2)=cn+2C(n/2) \\
&\leqslant cn+2[cn/2+2C(n/2^2)]=2cn+4C(n/2^2) \\
&\leqslant 2cn+4[cn/4+2C(n/2^3)]=3cn+8C(n/2^3) \\
&\leqslant \cdots\cdots \\
&\leqslant ckn+2^kC(n/2^k)=c(\text{lb } n)O(n)+nC(1) \\
&=O(n \text{ lb } n)
\end{aligned}
$$

式中 C(1)是一常数。

当待排序记录已按关键字有序或基本有序时，快速排序的效率反而降低。在最坏情况下，每次划分后基准左、右两个子序列中有一个长度为 0，这样总的划分结果类似于一棵单支的二叉树。以有序序列为例，在第一趟快速排序中，经过 n–1 次比较之后，第一个记录仍定位在它原来的位置上，并得到一个包括 n–1 个记录的子序列；第二次递归调用中，需经过 n–2 次比较，第二个记录仍定位在它原来的位置上，得到的子序列长度 n–2；依次类推，最后得到总比较次数为

$$
C_{max}=\sum_{i=1}^{n-1}(n-i)=\frac{n(n-1)}{2}=O(n^2)
$$

这种情况下，快速排序的时间复杂度为 $O(n^2)$，蜕化为起泡排序。要改善此时的性能，通常采用“三者取中”的方法。也就是在进行一趟快速排序之前，对 R[s].key、R[t].key 和 $R[\lfloor (s+t)/2 \rfloor]$.key 进行比较，将三者中的“中值”记录与 R[s]交换。实验证明，这种方法可以大大改善快速排序在最坏情况下的性能。

综上所述，快速排序的最坏时间复杂度为 $O(n^2)$，最好时间复杂度为 O(n lb n)。注意到，快速排序的记录移动次数不大于比较的次数。可以证明：平均情况下快速排序的时间复杂度也是 O(n lb n)。从时间上看，它是目前基于比较的内部排序方法中平均性能最好的，因而称为快速排序。

从空间上看，快速排序算法虽然只需要一个临时单元存放基准记录，但是其递归特性需要一个栈空间来实现。栈空间的大小取决于每次划分后序列的长度。最好情况下，栈的最大深度为$\lfloor \text{lb } n \rfloor+1$，所需栈空间为 O(lb n)；最坏情况下，栈的最大深度为 n，所需栈空间为 O(n)。

快速排序是不稳定的。

9.4　直接选择排序

选择排序(Select Sort)的基本思想是：每一趟从待排序记录中选出关键字最小的记录，依次放在已排序记录的最后，直至全部记录有序。直接选择排序是其中最为简单的一种方法。

直接选择排序的具体做法是：第一趟排序将待排序记录 R[1]～R[n]作为无序区，从中选出关键字最小的记录并与无序区中第 1 个记录 R[1]交换，此时得到有序区为 R[1]，无序区缩小为 R[2]～R[n]；第二趟排序则在无序区 R[2]～R[n]中选关键字最小的记录，将它与 R[2]交换；第 i 趟排序时，在当前的无序区 R[i]～R[n]中选出关键字最小的记录 R[k]，并与无序

区中第 1 个记录 R[i]交换，得到新的有序区 R[1]～R[i]。注意到，每趟排序从无序区中选择的记录其关键字是有序区中的最大值。根据上述过程类推，进行 n–1 趟排序后，无序区中只剩一个记录，此时整个序列就是递增有序的。其排序过程如图 9.5 所示，相应过程的 c 语言描述详见算法 9.6。

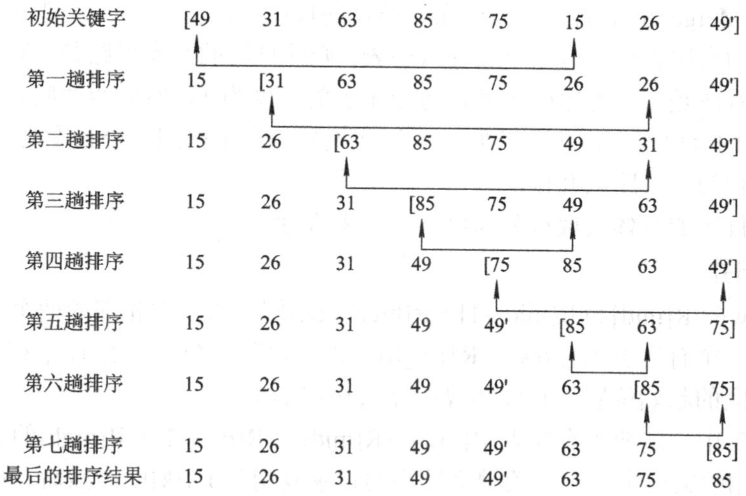

图 9.5 直接选择排序示例

算法 9.6 直接选择排序。

```
void  SelectSort(rectype R[ ],  int n)  //  对 R[1]～R[n]进行直接选择排序
{ int i, j, k;
  rectype temp;
  for (i=1; i<n; i++)              //进行 n–1 趟选择排序
  { k=i;
   for (j=i+1; j<=n; j++)          //选择关键字最小的记录 R[k]
      if (R[j].key<R[k].key)   k=j;
   if (k!=i)                       //交换 R[i]和 R[k]
   { temp=R[i];   R[i]=R[k];   R[k]=temp; }
  }
}      // SelectSort
```

分析算法 9.6 可知，直接选择排序需 n–1 趟排序，每一趟的比较次数与关键字的排列状态无关。第一趟找出最小关键字需要进行 n–1 次比较，第二趟找出次小关键字需要进行 n–2 次比较，由此类推，总的比较次数为

$$\sum_{i=1}^{n-1}(n-i)=\frac{n(n-1)}{2}=O(n^2)$$

每趟比较后要判断是否进行两个记录的交换，如要交换，则进行三次记录的移动。因此直接选择排序在最好情况下，记录移动次数的最小值为 0，而在最坏情况下的最大值为 3(n–1)。

综上所述，直接选择排序的时间复杂度为 $O(n^2)$。这种排序方法是不稳定的。

9.5 归并排序

归并排序(Merge Sort)的思路与前面介绍过的排序方法都不一样。“归并”的含义是将两个或两个以上的有序表合并成一个新的有序表。归并排序的基本思路是：假设初始表含有n个记录，则可看成是n个有序的子表，每个子表的长度为1，然后两两归并，得到⌈n/2⌉个长度为2或1的有序子表；再两两归并，如此重复，直至得到一个长度为n的有序子表为止。这种方法称为“二路归并排序”。

二路归并排序的具体实现可分为以下三步来进行。

1. 二路归并

假设R[low]～R[mid]和R[mid +1]～R[high]表示同一数组中相邻的两个有序表，现在要将它们合并为一个有序表R1[low]～R1[high]，需要设置三个指示器i、j和k，其初值分别为这三个记录区的起始位置。具体实现如算法9.7所示。

在算法9.7中，从两个有序表R[low]～R[mid]和R[mid+1]～R[high]的左端开始，依次比较R[i]和R[j]的关键字，并将关键字较小的记录复制到R1[k]中；然后，指向被复制记录的指示器和指向复制位置的指示器k右移，重复这一过程，直至其中一个有序表中的全部记录复制完毕；最后将另一个有序表的剩余记录直接复制到数组R1[low]～R1[high]中。

算法9.7　归并算法。

```
void Merge(rectype R[ ],  int low,  int mid,  int high)
  // 将R[low]～R[mid]与R[mid+1]～R[high]合并为有序表R1[low]～R1[high]
{ int i, j, k;
  i=low; j=mid+1; k=0;
  rectype*R1=(rectype*)malloc((high-low+1)*sizeof(rectype));  //分配辅助存储空间
  if(!R1){ printf("申请空间不成功");  exit(0); }
  while ((i<=mid) && (j<=high))        // 复制关键字较小的记录到R1[k]中
  { if (R[i].key<=R[j].key)     R1[k++]=R[i++];
    else        R1[k++]=R[j++];
  }
  while (i<=mid)   R1[k++]=R[i++];    //复制R[low]～R[mid]的剩余记录
  while (j<=high)   R1[k++]=R[j++];   //复制R[mid+1]～R[high]的剩余记录
  for(k=0, i=low; i<high; k++; i++)
    R[i]=R1[k];                      //归并完成后将结果再复制到R[low..high]
}     // Merge
```

2. 一趟归并

假设在待排序序列中，每个有序表的长度均为length(最后一个有序表的长度可能小于length)，那么在归并前R[1]～R[n]中共有⌈n/length⌉个有序的子文件：R[1]～R[length]，R[length+1]～R[2*length]，…，R[(⌈n/length⌉-1)*length+1]～R[n]。一趟归并所解决的问题是，调用二路归并算法将相邻的一对有序表进行归并。具体算法见算法9.8。

在算法 9.8 中要考虑三种情况：有序表的个数为偶数且长度均为 length，有序表的个数为偶数但最后一个有序表的长度小于 length，有序表的个数为奇数。

算法 9.8　一趟归并。

```
void  MergePass(rectype R[ ],  int length)
  // 对 R 做一趟归并，结果放在 R1 中；  length 是本趟归并的有序表的长度
{  int i=1, j;                          //i 指向第一对有序表的起点坐标
   while (i+2*length-1<=n);             //归并长度为 length 的两个有序表
   {  Merge(R, i, i+length-1, i+2*length-1);
      i=i+2*length;                     // i 指向下一对有序表的起始点
   }
   if (i+length-1)<n)                   //有序表个数为偶数，其中后一个长度小于 length
      Merge(R, i, i+length-1, n);
   // 注意：若 i≤n 且 i+length-1≥n，则剩余一个子表轮空，无须归并
}    //  MergePass
```

3. 二路归并排序

二路归并排序如算法 9.9 所示，实际上就是对“一趟归并”的重复调用过程。有序表的初始长度为 1，每趟归并后有序表长度增大一倍；若干趟归并后，当有序表的长度大于或等于 n 时，排序结束。

要注意的是，算法 9.9 中每次循环调用函数 MergePass 两次。若第一次调用后，条件 length<n 成立，则第二次调用 MergePass 仍实现排序功能，否则排序已完成，此时第二次调用 MergePass 的作用仅仅是把排序结果从 R1 复制到 R 中。

算法 9.9　二路归并排序。

```
void  MergeSort(rectype R[ ])              //对 R 进行二路归并排序
{  int length;
   for(length=1; length<n; length*=2)
      MergePass(R, length);                //做⌈lb n⌉趟归并
}   // MergeSort
```

图 9.6 所示为归并排序的示例。对于一组待排序的记录，其关键字分别为 49, 31, 63, 85, 75, 15, 26, 49′。根据算法 9.9，首先将这 8 个记录看做是长度为 1 的 8 个有序表，然后两两归并，直至有序表的长度不小于 8。

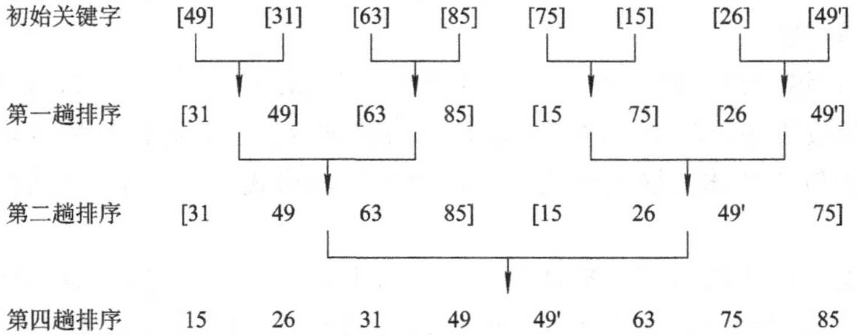

图 9.6　二路归关排序示例

分析算法 9.9 以及图 9.6 可知，第 i 趟归并后，有序表长度为 2i。因此，对于长度为 n 的无序表，必须执行⌈lb n⌉趟归并。由于每趟归并的时间复杂度是 O(n)，二路归并排序算法的时间复杂度为 O(n lb n)，算法中辅助空间即数组 R1 的最大长度为 n，因此空间复杂度是 O(n)。

与快速排序算法相比，二路归并排序的最大特点是它是稳定的。

实际应用中并不提倡从长度为 1 的序列开始进行二路归并。可以先利用直接插入排序得到较长的有序表，然后再进行两两归并。二者的混合排序仍然是稳定的。

9.6　各种内部排序方法的比较和选择

内部排序方法还有堆排序、分配排序、基数排序等多种，本章不做一一介绍。各种排序方法中没有哪一种是绝对最优的，不同排序方法各有其优缺点，因此，在不同的场合根据需要选择适当的排序方法是十分重要的。综合比较本章所讨论的各种排序方法，大致有如表 9.1 所示的结果，其中简单排序包括除希尔排序之外的所有插入排序、起泡排序和简单选择排序。

表 9.1　各种排序方法的综合比较

排序方法	平均时间	最坏情况	辅助存储
简单排序	$O(n^2)$	$O(n^2)$	O(1)
快速排序	O(n lb n)	$O(n^2)$	O(lb n)
归并排序	O(n lb n)	O(n lb n)	O(n)

具体选择排序方法时，应考虑以下因素：

(1) 平均时间：平均时间主要取决于算法的时间复杂度以及关键字的分布情况。一般应采用时间复杂度为 O(n lb n)的排序方法，例如快速排序、归并排序。当待排序的关键字随机分布时，快速排序所需运行时间最短，但是在最坏情况下性能较差。归并排序没有所谓的最坏情况，当 n 较大时可作为另一种较好的选择。

(2) 记录数目 n：若 n 比较小(如 $n \leqslant 50$)，则可采用简单的排序方法，而直接插入排序最为简单。当序列中的记录基本有序时，直接插入排序或起泡排序是较好的选择。当 n 较大时，可根据平均时间来考虑。

(3) 记录大小：排序算法中的主要操作是关键字的比较和记录的移动。当记录本身数据量较大时，应采用记录移动次数较少的排序方法，例如直接插入排序所需的记录移动次数要多于直接选择排序。

(4) 稳定性：这一点取决于不同的应用场合。当稳定性比较重要时，较快的算法可以选择归并排序或基数排序，简单排序中可以选择直接插入排序、起泡排序等。必须注意的是，稳定的排序方法与其具体的描述形式有关，改变描述形式后，原本稳定的排序方法也会变得不稳定。

本章所讨论的内部排序算法都是在一维数组上实现的。当记录本身的信息量较大时，采用链表结构可以节约因大量移动记录所耗费的时间。当记录很大时，可以采用静态链表作为存储结构，以指针的修改替代记录的移动。另外，对于任何链表结构，我们还可以提取结点的地址信息存储为地址向量，然后按照一位数组的方式对该地址向量进行排序。

习 题 9

一、名词解释

排序，稳定的排序，不稳定的排序，内部排序，外部排序

二、填空题

1. 按照排序过程涉及的存储设备的不同，排序可分为______排序和______排序。

2. 在排序算法中，分析算法的时间复杂性时，通常以_______和______为标准操作。评价排序的另一个主要标准是执行算法所需要的________。

3. 直接插入排序是稳定的，它的时间复杂性为______，空间复杂度为______。

4. 对于 n 个记录的集合进行起泡排序，其最坏情况下所需的时间复杂度为______。

5. 对于 n 个记录的集合进行归并排序，所需的附加空间消耗是______。

6. 以下为起泡排序的算法。请分析算法，并在______上填充适当的语句。

```
void bulbblesort(int n,list r)   /*flag 为特征位，定义为布尔型*/
{for(i=1;i<=________; i++)
    {______________;
    for(j=1;j<=____________; j++)
        if(r[j+1].key<r[j].key){flag=0;p=r[j];r[j]=r[j+1];r[j+1]=p;}
        if(flag) return;
    }
}
```

7. 对快速排序来讲，其最好情况下的时间复杂度是______，其最坏情况下的时间复杂度是_______。

8. 归并排序要求待排序列由若干个_______的子序列组成。

三、选择题

1. 以下不稳定的排序方法是(　　)。

A. 直接插入排序　　B. 起泡排序

D. 直接选择排序　　D. 二路归并排序

2. 以下时间复杂性不是 $O(n^2)$的排序方法是(　　)。

A. 直接插入排序　　B. 二路归并排序

C. 起泡排序　　D. 直接选择排序

3. 排序的目的是为了以后对已排序的数据元数进行(　　)操作。

A. 打印输出　　B. 分类　　C. 合并　　D. 查找

4. 具有 24 个记录的序列，采用起泡排序至少的比较次数是(　　)。

A. 1　　B. 23　　C. 24　　D. 529

5. 用某种排序方法对序列(25，84，21，47，15，27，68，35，20)进行排序，记录序列的变化情况如下：

25	84	21	47	15	27	68	35	20
15	20	21	25	47	27	68	35	84
15	20	21	25	35	27	47	68	84
15	20	21	25	27	35	47	68	84

则采取的排序方法是(　　)。

A. 直接选择排序　　B. 起泡排序

C. 快速排序　　D. 二路归并排序

6. (　　)方法是从未排序序列中依次取出元素与已排序序列中的元素作比较，将其放入已排序序列的正确位置上。

A. 归并排序　　B. 插入排序　　C. 快速排序　　D. 选择排序

7. (　　)方法是对序列中的元素通过适当的位置交换，将有关元素一次性地放置在其最终位置上。

A. 归并排序　　B. 插入排序　　C. 快速排序　　D. 选择排序

8. 将上万个一组无序并且互不相等的正整数序列，存放于顺序存储结构中，采用(　　)方法能够最快地找出其中最大的正整数。

A. 快速排序　　B. 插入排序　　C. 选择排序　　D. 归并排序

四、简答及算法设计

1. 给定关键字序列：105，50，30，25，85，40，100，12，10，28，分别写出直接插入排序、希尔排序、起泡排序、直接选择排序、快速排序和归并排序的每一趟运行结果。

2. 试给出上题中直接插入排序、希尔排序、起泡排序、直接选择排序、快速排序和归并排序在最好和最坏时的关键字序列，指出比较和移动次数，以及相应的时间复杂度。

3. 举例说明本章介绍的各排序方法中哪些是不稳定的。

4. 已知数组 A[n]中的元素为整型，设计算法将其中所有的奇数调整到数组的左边，而将所有的偶数调整到数组的右边，并要求时间复杂度为 O(n)。

5. 试在单链表上实现起泡排序。

6. 试在单链表上实现直接插入排序。

7. 试在单链表上实现直接选择排序。

8. 一个线性表中的元素为正整数或负整数。设计一个算法，将正整数和负整数分开，使线性表前一半为负整数，后一半为正整数。不要求对这些元素排序，但要求尽量减少交换次数。

9. 设计算法以实现以下功能：不用完整排序，找出按增序关系为第 k 位的元素。

10. 设计算法以实现以下功能：不用完整排序，要求找出其中最大的 10 个数，并回答选用何种排序算法最节省时间？

11. 试写出递归形式的归并排序算法。

12. 采用希尔排序方法对顺序表中的整型数据进行排序，设计希尔排序算法并显示每趟排序的结果。

13．编写一个双向起泡的排序算法，即在排序过程中交替改变扫描方向，同时显示各趟排序的结果。

14．下面是一个自下往上扫描的改进的起泡排序算法，按照给定的关键字序列：49，31，63，85，75，15，26，49'。试分析共排序了几趟，并写出各趟排序的结果。

```
void  BubbleSort(rectype R[ ], int n)
{  int i=1, j, k;
   while(i<n)
   {   k=n;
       for(j=n; j>i; j--)
         if(R[j-1].key>R[j].key)   swap(R[j-1],R[j]);
       k=j;
   }
   i=k;        //将 i 置为最后交换的位置
}
```

第10章　操作系统

操作系统是最主要的系统软件，作为计算机系统接口，它支持其他软件，为用户提供简单、方便、高效的使用环境。操作系统在计算机系统中的地位决定了它的重要性，操作系统所承担的任务又决定了它是一个庞大的、结构复杂的系统。学习操作系统管理计算机硬件、软件资源的方法，不仅有助于使用计算机，更有助于开发一些应用软件。

10.1　操作系统概述

10.1.1　操作系统的地位

操作系统是最基本的系统软件，它直接运行在裸机之上，是计算机硬件之外的第一次扩充。在操作系统的支持下，计算机才能够运行其他软件，所以，操作系统是计算机系统的一个重要组成部分。我们可以将操作系统在计算机系统中所起的作用描述为：管理计算机系统中的硬件和软件资源，合理地组织计算机的工作流程，方便用户使用计算机。

10.1.2　操作系统的类型

几十年以来，计算机在各个领域得到了广泛的应用。由于使用的目的和场合不同，对操作系统也就提出了不同的要求，从而决定了操作系统具有多种类型，不同类型的操作系统，其设计目标各有侧重。我们先来了解批处理操作系统、分时操作系统和实时操作系统的概念。

1．批处理操作系统

批处理操作系统分为单道和多道批处理系统，分别属于单道程序系统和多道程序系统。单道程序系统是指计算机的内存中只存放一个程序，CPU 在一段时间内只运行一个程序，一个程序执行完后，再将另一个程序装入内存执行。在多道程序系统中，为了提高计算机的CPU和外部设备的使用效率，在内存中同时存放多个程序，而这些程序可以交替占用CPU和外部设备。这样，从宏观上看，一台计算机同时运行多道程序；而从微观上看，CPU 在某一时刻只执行一道程序中的一条指令。

批处理操作系统在运行作业的过程中不允许用户与计算机系统进行交互，也就是说，用户不能直接控制作业的运行，而是由用户事先设计好运行作业的步骤和作业运行过程中可能出现的问题及相应的解决方法并以作业控制说明书的形式描述出来，与运行的作业一同提交给系统。我们把用户为完成某一计算任务或一个事务处理任务，在计算机系统中所做工作的总和称为一个作业。

实际使用的批处理操作系统主要是多道批处理操作系统，它所追求的目标是系统的资源利用率高和作业的吞吐量大，但其交互性差。因此，它比较适合那些对处理时间要求不太严格、作业运行步骤比较规范、程序已经过考验的作业。

2. 分时操作系统

在分时操作系统中，多个用户在各自的终端上分别与计算机进行交互，控制自己的作业运行。用户在终端上键入命令，命令执行的结果通过终端显示出来，也可以对程序进行修改和补充。分时操作系统以时间片为单位将CPU轮流分配给各终端用户，处理各个用户从终端输入的命令。如果用户的某个处理要求时间较长，在一个时间片不能够处理完，则需要暂停下来，等待下一次时间片轮到时再继续处理。

分时操作系统的特点如下：

- 同时性，多个用户可以同时使用一台计算机；
- 独立性，各个用户可以彼此独立地使用计算机；
- 及时性，用户提出的请求可以在较短的时间内得到响应；
- 交互性，用户以人机交互的方式控制作业的运行。

分时系统适合处理需要频繁交互的作业，如程序调试、软件开发等。

3. 实时操作系统

实时操作系统主要用于过程控制、事务处理等具有实时要求的领域，其主要特征是实时性和高可靠性。

实时系统通常分为以下两类：

(1) 实时控制系统：要求与被控制对象的变化速度相比，其反应速度足够快，工作安全可靠，需要人工干预时，操作简便，如生产过程控制，宇航自动控制等。

(2) 实时信息处理系统：要求计算机能够在允许的延迟时间内，响应外部的事件请求，完成对该事件的处理，并控制所有的实时设备和实时任务协调运行，如飞机订票系统，期货、股票交易系统等。

多道批处理系统、分时操作系统和实时操作系统是操作系统的三种基本类型，它们是按照系统的功能进行划分的。实际使用的操作系统可能兼有批处理、分时处理和实时处理中的三者或两者的功能。例如，把分时处理和批处理相结合，系统中就具有交互式作业和批处理作业，前者称为前台作业或联机作业，后者称为后台作业或脱机作业。前台作业提出的请求应当及时响应，当系统中暂时没有前台作业提出请求时，才去处理后台作业。

如果按同时使用计算机的用户个数和同时处理的任务数量来对操作系统进行分类，则有单用户与多用户、单任务与多任务操作系统之分。DOS属于单用户单任务操作系统，而Windows属于单用户多任务操作系统。

如果按计算机的资源来对操作系统进行分类，则有单机配置的大型机、小型机和微型机操作系统，多机配置的网络操作系统和分布式操作系统。

10.1.3 操作系统的功能

操作系统是计算机资源的管理者。从资源管理的角度来描述操作系统的功能，可以分为处理机管理、存储管理、文件管理、设备管理和作业管理等五个方面。设置操作系统的目的就是为了最大限度的提高计算机系统资源的使用效率，同时为用户使用计算机提供一个良好的工作环境和友好的界面。

1．处理机管理

在多道程序系统中，处理机管理的功能在于将CPU的工作时间合理地分配给要执行的各道程序，具体归结为对进程的管理，包括以下几个方面：

(1) 进程控制：创建、撤销进程，控制进程的状态转换。

(2) 进程同步：设置进程同步信息，以协调系统中各进程的运行。

(3) 进程通信：负责进程间的信息交换。

(4) 进程调度：按照某种进程调度策略，将处理机分配给某个进程。

2．存储管理

在多道程序系统中，如何利用有限的内存资源存储多个作业，是存储管理所要解决的问题。存储管理的功能如下：

(1) 地址重定位：实现逻辑地址到物理地址的转换。

(2) 存储分配：为每道程序分配内存空间，并在作业结束后收回其所占用的内存。

(3) 存储保护：保证每道程序之间不能互相侵犯，尤其不能侵犯操作系统所占用的内存系统区域。

(4) 存储扩充：通过建立虚拟存储系统来实现外存储器对内存逻辑上的扩充。

3．文件管理

文件管理的功能是对用户文件和系统文件进行管理，解决文件资源的存储、共享、保密和保护。文件管理包括以下方面：

(1) 文件存储空间管理：如何分配和回收文件的存储空间，提高外存储器的利用率和读写性能。

(2) 目录管理：为每个文件建立目录项，并对目录实施有效的组织与管理，实现用户对文件按名存取和多个用户对文件的共享。

(3) 文件的读写管理和存取控制：设置用户对文件的访问权限，设置口令和加密等方法，解决信息安全问题。

4．设备管理

设备管理用于管理计算机的外围设备，其主要目标是方便用户对设备的使用，提高I/O速度以及I/O设备与CPU并行工作的能力。设备管理主要包括：

(1) 缓冲管理：设立I/O缓冲区，并对缓冲区进行有效管理。

(2) 设备分配：按照一定的设备分配策略，并根据设备的使用情况，分配和回收设备。

(3) 设备处理：实现CPU和设备控制器之间的通信，控制I/O操作。

(4) 设备独立性和虚拟设备：独立性是指应用程序独立于物理设备，用户在程序中以逻辑设备的形式提出对设备的请求，与实际使用的物理设备无关，增强了程序的可移植性；虚拟设备是指将低速的独占设备改造为高速的共享设备，提高独占设备的利用率。

5．作业管理

作业管理的功能是按照作业调度策略组织系统中各作业的执行，提高整个系统的运行效率，并为用户提供访问操作系统的接口。操作系统提供以下三种接口：

(1) 命令接口：用户通过操作系统的命令来组织、控制作业的运行。

(2) 图形接口：如窗口、菜单和对话框等，图形接口与命令接口相比，更便于用户使用操作系统，控制作业的运行。

(3) 程序接口：供用户在程序中调用操作系统功能。

10.2 处理机管理

10.2.1 进程的概念

进程是在多道程序系统中所具有的概念。多个程序并发执行，对于单处理机系统而言，应当看做宏观上是同时执行，而微观上则是交替执行。也就是说，某个程序可能正在占用处理机运行，而另一些程序可能正在占用外设 I/O。为了描述程序执行的活动和所处的状态，需要引入进程的概念。

在多道程序系统中，进程是资源分配和运行的独立单位。我们可以给出进程的定义：进程是程序在一个数据集合上的一次执行。下面我们来进一步理解进程与程序之间的区别：

(1) 进程是动态的，它是程序的一次执行过程。进程具有生命，即存在进程的创建和撤销；程序是静态的，它是一组有序的指令集合，程序可以长期保存在某种存储介质上。

(2) 进程具有并发性，即在一段时间内多个进程可以同时执行；而程序并不具有并发性。

(3) 进程的组成包含了程序、数据和进程控制块(PCB)，但进程和程序并非是一一对应的，同一个程序运行在不同的数据集合上就构成了不同的进程。例如在一个分时系统中，多个用户同时调用编译程序编译各自的源程序，则形成了多个编译进程，每个编译进程编译一个源程序，而每个源程序可以看做是一个数据集合。反之，一个进程也可以包含多个程序，因为一个程序在执行过程中可以调用其他的程序，共同组成一次在某个数据集合上的执行活动。

10.2.2 进程的状态

进程在执行过程中可以处于不同的状态。也就是说，一个进程在其生存期内可以处于以下三种基本状态之一。

(1) 就绪状态：进程已获得了除处理机之外的一切所需的资源，一旦把处理机分配给它，便可以立即运行。处于就绪状态的进程可以有多个，构成就绪队列。

(2) 运行状态：进程已获得处理机，其程序正在运行。在单处理机系统中，某一时刻最多只有一个进程处于运行状态。

(3) 等待状态：又称阻塞状态，是指由于等待 I/O 完成或某个事件的发生，使进程当前不具备运行条件而被阻塞。处于等待状态的进程可以不止一个，通常会根据不同的等待原因形成多个等待队列。

图 10.1 反映了进程的状态和进程状态转换的原因。

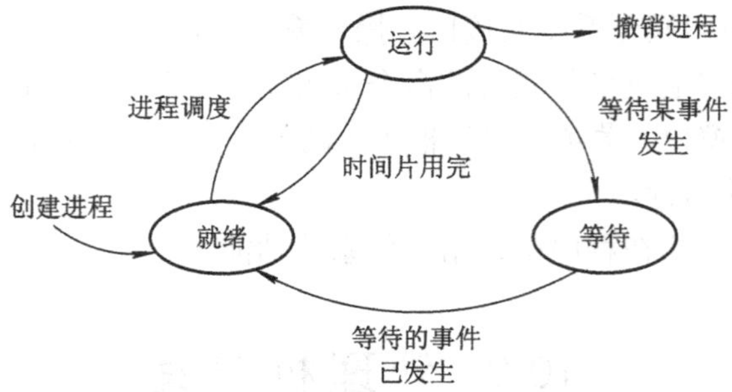

图 10.1　进程的状态转换

当进程被创建时，它便处于就绪状态，而进程运行结束后，则被撤销。在进程执行过程中，由于进程自身的进展情况及外界环境的变化，进程的状态会依据一定的条件在三种基本状态下进行转换。

(1) 就绪→运行。进程调度程序按照进程调度算法为某个就绪进程分配处理机，使其运行。

(2) 运行→就绪。当前运行的进程因时间片用完而被中断，或者在抢占调度方式中, 因为某个优先级更高的进程处于就绪状态，而使当前运行的进程让出处理机。

(3) 运行→等待。当前运行的进程提出 I/O 请求或等待某事件发生时，当前运行的进程不具备运行条件，转为等待状态。

(4) 等待→就绪。当 I/O 完成或所等待的事件已发生，进程又具备了运行的条件，而转为就绪状态。

上述三种进程的状态是最基本的状态，在实际操作系统中往往不止这三种，这要视具体系统而定。

10.2.3　进程的控制

1．进程控制块

为了对进程进行有效的管理和控制，系统为每一进程设置了一个进程控制块(PCB，Process Control Block)，在创建进程时建立 PCB，撤销进程时删除 PCB，因此，PCB 是进程存在的唯一标志。通常 PCB 包含以下几类信息：

(1) 标识信息：系统中的每个进程具有一个唯一的进程名或进程号，用于标识一个进程。

(2) 说明信息：包括进程当前所处的状态、进程的优先级、进程中的程序和数据的存储地址，用来构成进程队列的指针等。

(3) 资源信息：进程执行时除处理机之外的资源需求、分配信息。

(4) CPU 现场保护区：当进程让出处理机时，需要将各种寄存器(通用寄存器、指令计数器、程序状态字 PSW 寄存器、用户栈指针等)的内容保存起来，以便使进程被中断后再重新执行时能恢复现场，从断点处继续运行。

(5) 链接指针：用于构成进程的队列。

2．进程队列

在多道程序系统中，往往有很多进程，它们分别处于运行、就绪和等待状态。为了有效管理和调度这些进程，需要以链接的形式将处于同一种状态的进程的 PCB 组织起来，形成进程队列。

在单处理机系统中，由于只允许一个进程处于运行状态，因此不需要构成运行队列。等待队列可以有多列，分别对应不同的等待原因。就绪队列通常只有一列，其排队顺序与进程的调度策略有关。

3. 进程调度

当处理机空闲时，由进程调度程序按照某种进程调度算法从就绪队列中选取一个进程，并把处理机分配给该进程。在进程运行之前，首先要将进程的PCB中的现场信息装入处理机有关的寄存器中，即恢复进程的现场信息。

下面介绍几种常用的进程调度算法。

1) 先来先服务调度算法

该算法按照进程进入就绪队列的先后次序分配处理机。当有进程转为就绪状态时，总是排在就绪队列的队尾，进程调度算法总是把处理机分配给处在队头的进程。某个进程一旦占有了处理机，它将一直运行到该进程完成或者因等待某事件的发生而不能继续运行才让出处理机。因此，先来先服务调度算法属于非抢占式的分配处理机方式。

2) 时间片轮转调度算法

时间片轮转调度算法主要应用于分时操作系统中的进程调度。进程调度程序将处理机以时间片为单位轮流分配给就绪队列中的进程，如果在时间片用完时进程还没有运行完成，则它必须将处理机让给就绪队列中的下一个进程使用，让出处理机的进程进入就绪队列的队尾，等待下一次的调度。如果当前运行的进程在时间片内等待某事件的发生，则该进程进入等待队列，进程调度程序将处理机分配给就绪队列中的下一个进程。

时间片的长度直接关系到分时系统的响应时间。如果时间片过长，则会使用户的请求得不到及时的响应；反之，如果时间片过短，则会使进程切换的频度较高，造成进程频繁地得到和让出处理机，也会影响系统的效率。有些系统将时间片的长度设计成可调的，占用处理机时间越短的进程所获得的时间片越短，而占用处理机时间较长的进程，在不影响系统响应时间的前提下获得较长的时间片，这样可以减少系统调度的次数，提高系统的效率。

3) 优先级调度算法

该算法的原理是，每个进程具有一个优先数，在进程调度时总是选择就绪队列中当前优先级最高的进程分配处理机。如果一个进程占有处理机后，就绪队列中又出现了优先级更高的进程，则通常有两种处理方法。一种是采用非抢占方式，允许已占有处理机的进程继续运行下去，直到它运行完成或者因等待某种事件的发生而让出处理机；另一种是采用抢占方式，当前正在运行的进程应当让出处理机，将处理机分配给优先级更高的进程。这种抢占方式的优先级调度算法很适合于实时操作系统，可以保证实时信息得到及时的处理。

优先级调度算法又分为静态优先级法和动态优先级法。在进程被创建时会给出进程的优先级，如果在进程的生存期内它的优先级不再改变，则称为静态优先级法。如果进程的优先级会随着其他因素经常改变，则称为动态优先级法。例如采用时间片轮转和优先级相结合的进程调度算法，在进程最初运行时分配给它较短的时间片和较高的优先级，在时间片轮转的过程中，占用处理机时间较长的进程下一次获得的时间片就较长，而它的优先级会变得较低。

10.2.4 进程的通信

在一个系统中多个进程并发执行时，它们之间可能是彼此无关的，也可能存在着某种直接或间接的联系。如果并发进程之间存在相互依赖的直接联系，那么进程之间具有同步的关系；如果并发进程之间存在竞争互斥资源的间接联系，则进程之间具有互斥的关系。因此，并发进程之间就有可能需要进行通信，通常可以采用信号量及PV操作、信箱方式、管道方式和消息缓冲方式实现进程之间的通信。下面我们介绍利用信号量及PV操作来实现并发进程之间的同步和互斥。

1. 进程的同步和互斥

1) 进程的互斥

在计算机系统中为了提高系统资源的使用效率，往往把某些资源归各进程共同使用，打印机、磁带机等设备就属于此类设备。但是，有一些资源必须互斥地使用，例如当系统只有一台打印机，有两个并发进程都提出打印输出的要求时，如不加以协调，就会出现两个进程的运行结果交叉地打印在同一张打印清单上的情况，显然不应当出现这种情况。一个进程在打印过程中不允许另一个进程打印，直到打印完毕才允许另一个进程打印，就可以避免打印输出的混乱局面。这样的控制方式称为进程的互斥。

软件的一些共享变量、文件等也可能必须互斥地访问。例如一个商场内的人数自动统计系统，系统中的进程Pin、Pout分别统计进入和出去的人数，对共享变量count加一和减一。进程Pin和Pout的描述如下：

```
Process Pin                    Process Pout
  r1:integer;                    r2:integer;
begin                          begin
  r1:=count;                     r2:=count;
  r1:=r1+1;                      r2:=r2-1;
  count:=r1;                     count:=r2;
end;                           end;
```

若同时有两个人分别出入商场，则可能具有不同的执行序列，得到不同的结果(设count的当前值为n)。我们分析下面两种不同的执行序列：

```
Pin: r1:=count;                Pin: r1:=count;
Pin: r1:=r1+1;                 Pin: r1:=r1+1;
Pout: r2:=count;               Pout: r2:=count;
Pout: r2:=r2-1;                Pout: r2:=r2-1;
Pout: count:=r2;               Pin: count:=r1;
Pin: count:=r1;                Pout: count:=r2;
结果count的值为n+1              结果count的值为n-1
```

上述错误称之为发生了与时间有关的错误，这是由于共享变量count没有互斥地使用而引起的。

在计算机系统中，一次只允许一个进程使用的资源称为临界资源。进程中访问临界资源的代码段称为临界区。

若几个进程共享同一临界资源，则它们必须以互斥的方式使用这个临界资源。因此，与临界资源有关的各临界区必须互斥地执行。

系统对临界区的管理有三个原则：

(1) 当没有进程处于临界区执行时，允许一个进程进入临界区；

(2) 在临界区执行的进程，必须在有限的时间内退出临界区；

(3) 进程提出进入临界区的请求必须在有限的时间内得到满足。

2) 进程的同步

进程的同步是指并发进程之间存在直接制约的关系，一个进程的执行依赖于另一个进程的消息，在一个进程没有得到另一个进程的消息时，必须等待，直到消息到达后才能够执行。

例如两个进程R和W共享同一个缓冲区，而缓冲区的容量只能容纳一个记录。进程R的工作是反复从输入设备读取记录并放入缓冲区，进程W的工作是从缓冲区取出记录并打印输出。正确的运行过程应当是，进程R在把一个记录送入缓冲区后，应等待进程W发出消息，表示进程W已取出记录，才能将下一个记录再送入缓冲区。进程W等待进程R发出消息，表示缓冲区中已存入一个记录，才能从缓冲区中取出记录。

如果进程R和进程W的运行不相互制约，则进程R有可能在向缓冲区送入一个新记录而覆盖尚未被取出的上一个记录，进程W有可能在下一个记录送入缓冲区之前又去取出缓冲区中原先的记录，造成重复打印同一个记录。这些错误的出现是由于两个进程的并发执行没有同步，这也是一种与时间有关的错误。

2. 互斥和同步控制

1) 信号量及PV操作的定义

PV 操作是一对原语，通过对信号量的操作来实现进程的同步和互斥。原语是由若干条指令构成的、具有特定功能的程序段。原语在执行过程中不可被中断，因此执行的效率高。

信号量 S 是整型变量，一个信号量对应一类互斥资源或者一个消息，信号量值的物理意义如下：

(1) S的初值表示资源的原始个数。

(2) 若S当前的值大于0，则表示有资源可用；若S当前的值小于等于0，则表示没有资源可用，并且|S|表示等待资源的进程个数。

P操作的定义如下：

```
procedure  P(var S:semaphore)
  begin
     S:=S -1;
     if S <0 then W(S)
  end;
```

S的值减1之后，若 $S\geq0$，则表示当前有资源可用，调用P操作的进程继续运行；若 $S<0$，则表示当前没有资源可用，调用P操作的进程进入等待队列。

V 操作的定义如下：

```
procedure  V(var S:semaphore)
  begin
    S:=S+1;
    if S≤0 then R(S)
  end;
```

S 的值加 1 之后，若 S≤0，则表示当前有进程在等待资源，唤醒等待队列中的一个进程，然后调用 V 操作的进程继续运行；若 S>0，则表示没有进程在等待资源，调用 V 操作的进程继续运行。

2) 用 PV 操作实现进程的互斥

用 PV 操作实现进程的互斥时，只需设置一个公用信号量 S，信号量的初值通常为 1。进程在进入临界区之前先调用 P 操作，退出临界区时调用 V 操作。现将商场内人数自动统计系统的例子用 PV 操作加以控制，实现 Pin 和 Pout 之间的互斥。

```
begin
  S: semaphore;
  S:=1;
  cobegin
    process Pin
      r1: integer;
      begin
        ...
        P(S);
        r1 := count;   ┐
        r1 := r1+1;    ├临界区1
        count := r1    ┘
        V(S);
        ...
      end;
    process Pout
      r2: integer;
      begin
        ...
        P(S);
        r2 := count;   ┐
        r2 := r2-1;    ├临界区2
        count := r2    ┘
        V(S);
        ...
      end;
  coend;
end;
```

下面我们再看一个互斥控制的例子。

图书馆阅览室共有50个座位，一个管理员。有空座位时，读者才能进入阅览室，进入阅览室后，先在登记簿上登记，然后入座阅读；阅读完后，先在登记簿上注销，再出阅览室。每个读者相当于一个进程，读者之间属于互斥的关系，用信号量及PV操作控制流程，信号量S1、S2的初值分别是50和1。

读者 i(i=1，2，…)

P(S1)；

进入阅览室；

P(S2)；

在登记簿上登记；

V(S2)；

阅读；

P(S2)；

在登记簿上注销；

V(S2)；

出阅览室；

V(S1)；

3) 用PV操作实现进程的同步

前面的同步例子可以归结为生产者—消费者问题，是典型的同步关系。我们不妨把记录作为产品，进程R和W分别看做生产者和消费者。生产者和消费者之间存在着同步的关系，生产者生产一个产品并放入缓冲区，消费者从缓冲区取出产品进行消费。注意：既不允许生产者将产品放入已满的缓冲区，也不允许消费者从空缓冲区中取产品。

用PV操作控制生产者和消费者之间的同步，需要定义两个私有信号量，用于表示两个消息。

SP表示缓冲区是否可以接受产品。SP的初值为1，表示缓冲区初始状态为空；SP的值为0，表示缓冲区已满。

SG表示缓冲区中是否有产品。SG的初值为0，表示缓冲区中最初没有产品：SG的值为1，表示缓冲区中有产品。

```
begin
 Buffer: record;
 SP,SG: semaphore;
 SP:=1; SG:=0;
 cobegin
   process R
     r1: record;
     begin
       Loop1: r1:=Read a Record;
              P(SP);
              Buffer:=r1;
```

```
                V(SG);
                goto Loop1
        end;
        process W
          r2: record;
          begin
            Loop2: P(SG);
                r2:=Buffer;
                V(SP);
                print r2;
                goto Loop2
          end;
        coend;
      end;
```

下面我们再看一个同步和互斥混合的问题。

多个生产者与多个消费者共享一个环形缓冲池。环形缓冲池由 n 个大小相等的缓冲块组成，每个缓冲块容纳一个产品。每个生产者可不断地每次往缓冲池中送入一个生产产品，而每个消费者则可不断地每次从缓冲池中取出一个产品。缓冲池设有生产者指针 in 和消费者指针 out，分别指示当前放入产品和取出产品的位置，如图 10.2 所示。

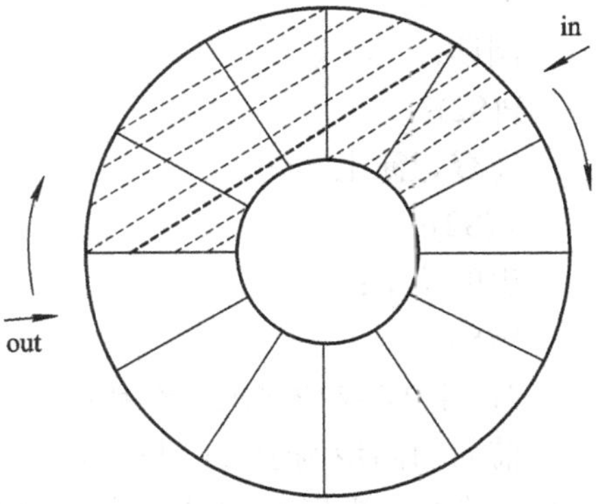

图 10.2　缓冲池示意图

分析：生产者与消费者之间是同步的关系，生产者与生产者之间是互斥的关系，消费者与消费者之间也是互斥的关系。

所使用的信号量和整型量的说明如下：

(1) 公用信号量 S1：初值为 1，用于实现生产者之间互斥的使用生产者指针 in。

(2) 公用信号量 S2：初值为 1，用于实现消费者之间互斥的使用消费者指针 out。

(3) 生产者私用信号量 SP：初值为 n，指示缓冲池中空缓冲块的初始数目。

(4) 消费者私用信号量 SG：初值为 0，指示缓冲池中满缓冲块的初始数目。

(5) 用循环队列实现环形缓冲池，整型量 in 和 out 分别作为队尾指针和队头指针，初值均为 0。in 指向队尾的位置，out 指向队头的前一个位置。

```
begin
  B: array[0..n−1] of record;
  in,out: integer;
  SP,SG,s1,s2: semaphore;
  in=0; out=0;
  SP:=n; SG:=0; s1=1; s2=1;
  cobegin
    process procedure(i) ( i=1,2, … )
      rp: record;
```

```
            begin
               Loop1: rp:=produce a product;
                    P(SP);
                    P(s1);
                    in:=(in+1) mod n;
                    B[in]:=rp;
                    V(s1);
                    V(SG);
                    goto Loop1
            end;
          process consumer(j) ( j=1,2, …)
             rc: record;
             begin
               Loop2: P(SG);
                  P(S2);
                    out:=(out+1) mod n;
                    r2:=B[out];
                    V(S2);
                    V(SP);
                    consume;
                    goto Loop2
             end;
        coend;
      end;
```

10.2.5 线程的基本概念

在多道程序系统中，引入进程可以使多个程序并发执行，以提高系统资源的利用率和系统的吞吐量，而在操作系统中引入线程的目的是为了减少程序并发执行时的时间和空间开销。

在多进程的系统中，是将资源分配给进程，以进程为单位运行，系统必须进行一系列创建进程、撤销进程、进程切换等操作，需要占用较多的存储资源和处理机的时间。在多进程、多线程的系统中，以进程为单位分配存储资源，而线程是能够独立运行的基本单位，也就是说，以线程为单位分配处理机运行。系统中存在多个进程，一个进程又可以有多个线程，这些线程共享该进程的资源，一个进程中的多个线程之间可以并发执行，不同进程中的线程之间也可以并发执行。

10.2.6 死锁

1．死锁的形成

我们先给出死锁的定义：当某个进程提出资源请求后，使得有关进程在无外力协助下，永远得不到所需的资源而无法继续运行，这种现象称为死锁。

在多道程序系统中，多个进程并发执行，如果为进程分配资源不当，或者进程之间推进的顺序不当，都有可能形成死锁。

产生死锁时，一组进程和一组资源之间会出现循环等待的情况，如图 10.3 所示。

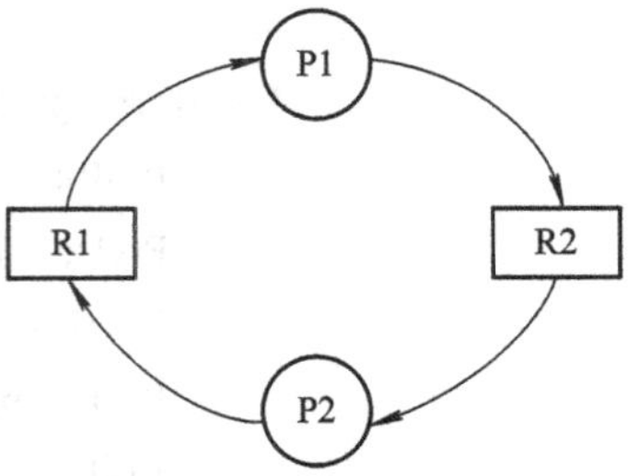

图 10.3　死锁

2. 产生死锁的必要条件

在多道程序系统中有可能出现死锁的情况。死锁的发生必须具备以下四个必要条件：

(1) 互斥条件。进程互斥地使用资源，对于互斥资源，任何时刻只能被一个进程独占，其他进程若请求一个已被占用的资源，则必须等待占用者释放资源后才能使用。

(2) 不可剥夺条件。进程所占有的资源在未使用完毕之前，不允许被其他进程强行剥夺。

(3) 部分请求分配条件。一个进程已占有分配给它的一些资源，又申请其他资源。

(4) 循环等待条件。系统中存在一组进程和一组资源，在进程资源图中进程对资源的请求和分配构成了闭合的环路。

上述四个必要条件与死锁的关系是：若四个必要条件同时满足，则系统可能死锁；反之，若系统发生了死锁，则这四个必要条件一定同时满足。

3. 死锁的预防

死锁的预防策略就是使系统不可能发生死锁，显然，破坏了产生死锁的四个必要条件中的一个或几个，那么系统就不可能发生死锁。互斥条件是资源本身的固有属性，不能够破坏，而其他条件都能够破坏，具体方法如下：

(1) 静态资源分配。在进程开始运行之前分配给它所需的全部资源，直到它运行结束时才释放所占有的资源。这种方法破坏了部分请求分配条件和循环等待条件，实现起来简单，但资源利用率较低，并且影响系统的效率，进程如果得不到所需要的全部资源，则只能延迟运行。

(2) 按序分配资源。对系统中的资源按类型排序，并赋予编号，任何进程申请多个资源时，必须按编号从小到大的顺序申请资源，只有得到了编号较小的资源之后，才能再申请编号较大的资源。各进程都是这样有序地使用资源，从而避免在进程资源图中出现环路，破坏了循环等待的条件。这种方法在实际应用当中不容易实现，因为对资源分类编号有一定的困难，而且用户在编程时必须按照一定的顺序申请资源，受到的限制过多。

(3) 抢夺式分配资源。当一个运行的进程所提出的资源请求不能得到满足时，允许其他进程抢夺该进程已经占有的资源。这种分配策略只适合于处理机和存储器资源的分配，破坏了死锁必要条件中的不可剥夺条件。抢夺式分配资源方式会延长被剥夺资源的进程的周转时间，并且增加系统的开销，降低系统的吞吐量。

4. 死锁的避免

采用预防死锁的策略虽然可以严格地防止死锁的发生，但正如我们上面所分析的那样，这种策略有着很多缺点和不足。

避免死锁的策略并不是那么严格地限制产生死锁的必要条件的存在，其原则是系统存在死锁的可能，但在系统运行过程中设法使死锁的现象不发生。

这种策略是采用银行家算法进行动态资源分配的。在分配资源时，先测试进程对资源的最大需求，如果系统当前的剩余资源可以满足它的最大需求，则满足进程当前的申请，否则就推迟分配。这样做能保证至少有一个进程获得了资源的最大需求而运行结束，然后释放出资源供其他进程使用，最终使所有的进程都能够运行结束。

如果操作系统能保证所有进程在有限的时间内获得所需要的全部资源并且运行结束，则称系统处于安全状态，否则可以说系统处于不安全状态。采用银行家算法分配资源，就是使系统始终处于安全状态，则可以避免死锁；若系统处于不安全状态，则系统将会出现死锁。

例如，系统中某类互斥资源的原始个数为 12 个，目前的分配情况以及剩余资源的情况如下：

进程	资源的最大需求	已分配资源	尚需分配资源
P1	10	5	5
P2	4	2	2
P3	9	2	7

目前剩余的资源个数为

$$12-(5+2+2)=3$$

(1) 若按照 P2、P1、P3 的顺序为进程分配资源，则系统始终处于安全状态，3 个进程都可以运行结束。

(2) 若按照 P1、P2、P3 或 P2、P3、P1 的顺序为进程分配资源，则系统会处于不安全状态，3 个进程不能全部运行结束，从而系统发生死锁。

5．死锁的检测和解除

当系统为进程分配资源时，并不采取任何限制性措施，一旦出现死锁现象，系统应能够及时检测出死锁，并且解除死锁。

1) 死锁的检测

通常采用定时运行死锁检测程序的方法来检测系统当前是否存在死锁。实现死锁检测的一种方法是对系统中的进程资源图进行化简，如果进程资源图不能够完全化简，则表示系统已经发生了死锁。

化简如图 10.4 所示的进程资源图，可以判断系统处于非死锁状态。

在图 10.4 中，由于进程 P1 对资源 R2 的请求能够得到满足，进程 P2 对资源 R1 的请求不能够得到满足，因此 P1 能够运行结束，得到图 10.5。在图 10.5 中，由于进程 P1 释放了资源，进程 P2 对资源 R1 的请求能够得到满足，P2 可以运行结束，得到可以完全化简的进程资源图(图 10.6)。

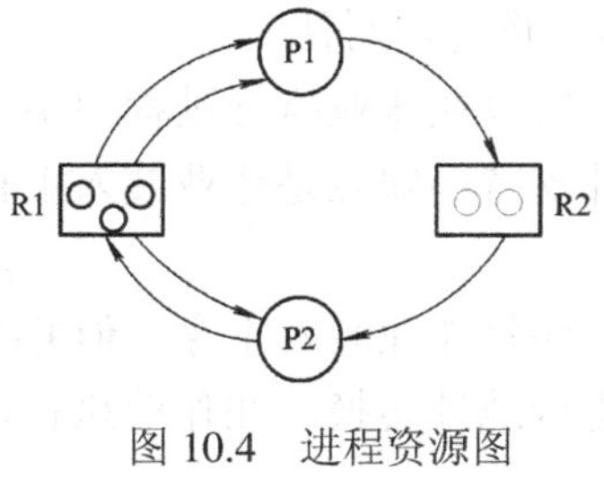

图 10.4　进程资源图

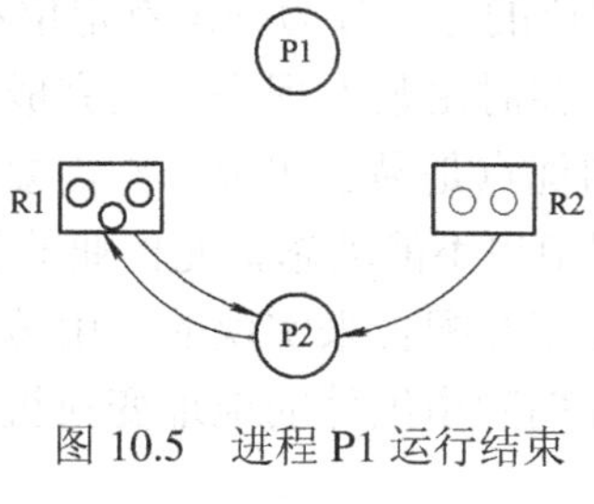

图 10.5　进程 P1 运行结束

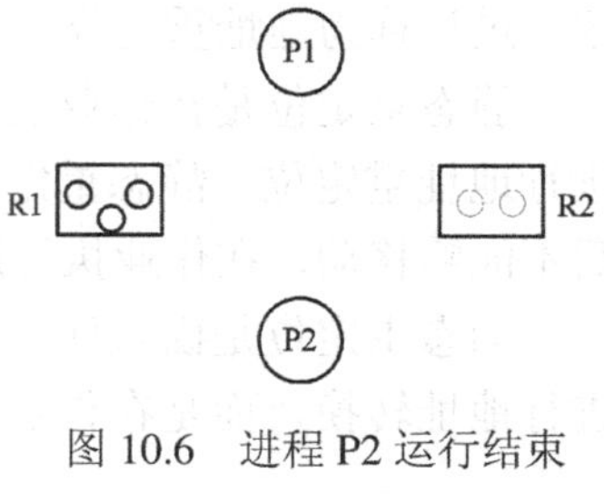

图 10.6　进程 P2 运行结束

2) 死锁的解除

可以采用抢夺某些死锁进程所占用的资源或者强迫一些死锁进程结束，从而使其他死锁进程获得资源而解除死锁。也可以采用重新启动操作系统等方法来消除死锁。

在一个实际操作系统中，既要考虑安全、可靠，又要考虑资源的使用效率，则往往综合采用死锁的预防、死锁的避免以及死锁的检测的混合策略，来解决系统死锁的问题。

10.3 存储管理

存储管理的主要对象是主存储器(又称为内存)，处理机可以直接访问主存中的指令和数据。主存与外存相比较，它的容量较小，但存取速度较快。操作系统如何充分地利用主存，对于提高计算机系统的性能至关重要。

10.3.1 存储管理的功能

1. 主存空间的分配和回收

在多道程序系统中，主存中除了存放操作系统等系统软件之外，还要存放若干个作业，操作系统中的存储管理程序必须有效地管理主存空间，当需要将作业装入主存时，为作业分配存储空间；当作业执行结束时，回收作业所占用的存储空间。

2. 存储保护

主存空间一般分为系统区和用户区两部分，系统区存放操作系统程序，而用户区存放用户的作业。由于多个作业共享主存用户区，需要防止各作业程序之间的相互干扰和破坏，因此特别要防止用户程序侵犯系统区。存储保护通常由硬件和软件配合实现。

例如计算出某个操作数的地址后，首先要检查该地址是否在允许访问的范围内，如果超出范围，则拒绝访问，并把出错的信息通知用户和系统。

3. 地址转换

主存空间以字节为单位进行编址，假设主存空间有 n 个存储单元(n 个字节)，其地址编号为：0，1，2，…，n−1。主存空间的地址编号称为主存地址(或物理地址、绝对地址)。

在源程序中采用符号来代替地址，称为符号地址。编译程序或者汇编程序将源程序翻译成目标程序，每个目标程序都是以 0 为基址顺序进行编址的，称为作业的逻辑地址空间。在逻辑地址空间中每条指令的地址和指令中所要访问的操作数地址统称为逻辑地址(相对地址)。

目标程序是不能执行的，还必须将其中的逻辑地址变为物理地址后，程序才能执行，这一过程称为地址重定位。重定位的方式分为静态重定位和动态重定位两种。

静态重定位是在作业装入主存时由装入程序一次完成的，所以在作业执行过程中不再进行地址重定位。静态重定位的优点是易于实现，不需要硬件支持；缺点是作业装入主存后不能够移动，在作业执行过程中也不能动态扩充作业的长度。

动态重定位是由软件和硬件相互配合来实现的。由装入程序将作业装入主存，但并不进行地址转换，而是在作业执行期间由硬件的地址变换机构进行地址转换。在作业执行过程中，允许作业申请附加的主存空间，还允许作业在主存中移动。

4．存储扩充

通常情况下，如果分配给一个作业的主存容量小于该作业的长度，则作业无法装入主存，也就无法运行。

在虚拟存储管理中，允许分配给一个作业的主存容量小于该作业的长度，在作业执行之前只是将作业的部分程序和数据由外存装入主存，在作业执行过程中，如果所访问的部分不在主存中，则再把它调入主存并且把暂时不用的部分调出主存。

要实现虚拟存储器，在计算机硬件方面应当具有地址变换机构和大容量的磁盘，而虚拟存储的容量由地址变换机构的地址位数及磁盘的容量决定。

10.3.2 连续分配方式

连续分配方式有多种实现方式，其共同的特点是一个作业在主存中占用一段连续的存储区域，不能够实现存储扩充。

1．单一连续分配

主存空间分系统区和用户区两部分，系统区归操作系统使用，用户区只允许存放一个作业，剩余的部分为空闲区。图 10.7 是单一连续分配的示意图。单一连续分配适用于单用户单任务操作系统。

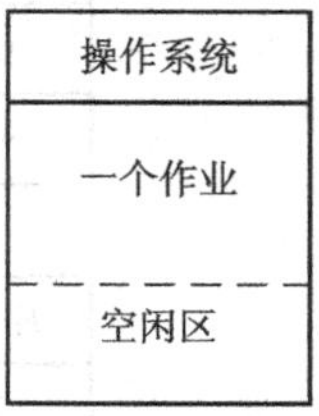

图 10.7 单一连续分配

2．固定分区

在系统初始化时，将主存用户区分为若干个大小不等的分区。系统需设置一张分区分配表管理所有的分区，每个表目记录了分区的大小、起始地址和当前使用状态。图 10.8 给出了固定分区中分区分配表的一个具体例子。

分区号	容量	起始地址	状态
1	64 KB	1024K	已分配
2	128 KB	1088K	未分配
3	256 KB	1216K	已分配
4	512 KB	1472K	未分配

(a) 分区分配表

(b) 主存分配图

图 10.8 固定分区

固定分区采用静态地址重定位，当一个作业在运行之前申请主存时，系统查找分区分配表，找出一个能够满足作业容量需求的空闲区分配给作业，并将分区的状态置为“已分配”。当一个作业运行结束时，系统将它所占分区对应的表目中的状态改为“未分配”。

由于分区的大小是固定的，每个分区只能够存放一个作业，分区的大小应当大于等于作业的长度，因此每个已分配的分区可能会有一部分剩余的区域，而这部分区域是不允许分配给其他作业的，也就是说存在分区之内的碎片。但这种分区方法管理简单。

3. 可变分区

在系统初始化时，整个用户区作为一个空闲区。所谓空闲区，是指主存中一段连续的未分配区域。将一个作业装入主存时，首先按照作业的大小查找空闲区表，找到一个在容量上能够满足作业需求的空闲区，划分一个与作业长度相等的分区分配给作业，剩余部分仍然作为空闲区。当作业运行结束时，将作业所占分区变为空闲区，如果有相邻的空闲区还要进行合并，成为一个较大的空闲区。随着各道作业分配和释放主存，分区的大小和分区的个数都是不断变化的。系统采用已分配表和空闲区表管理主存空间，如图 10.9 所示。

已分配表

作业	容量	起始地址	状态
A	64 KB	1024K	已分配
B	128 KB	1152K	未分配
C	192 KB	1408K	已分配
…	…	…	…

空闲区表

序号	容量	起始地址
1	64 KB	1088K
2	128 KB	1280K
…	…	…

图 10.9　可变分区

采用可变分区方式管理主存空间时，可能会出现一些容量过小的空闲区无法满足作业的需求，这样的空闲区我们称之为碎片。但是可变分区采用动态重定位方式，作业装入主存后可以移动，通过移动主存中的作业，将一些碎片合并为一个较大的空闲区，从而可以满足作业的需求。例如在图 10.9 所示的情况下，某个作业要求 160 KB 的主存空间，用户区当前有两个空闲区，容量分别是 64 KB 和 128 KB，显然都不能满足该作业的需求。如果将这两个空闲区合并为一个空闲区，其容量就是 192 KB，能够满足该作业的需求，分配 160 KB 之后，剩余的 32 KB 仍作为空闲区。通过移动主存中的作业来消除碎片，会增加处理机的一些开销。

空闲区在空闲区表中的排列顺序有多种算法，例如，有按空闲区地址递增的顺序排列的最先适应算法，按空闲区容量递增的顺序排列的最佳适应算法，按空闲区容量递减的顺序排列的最差适应算法。不同的算法会影响到对空闲区表的查找比较次数、碎片的数量以及在主存空间上是否可以保留较大的空闲区等方面。

10.3.3　页式存储管理

在页式存储管理中，主存空间划分为若干个大小相等的区域，每个区域称为一块。作业的逻辑地址空间按容量分页，页与块的长度一致。一个作业以页面为单位装入主存，每页占主存的一块，但不要求这些块之间是相互邻接的。

实质上页和块的长度是由计算机的地址结构所决定的。假定作业的逻辑地址为 n 位，系统将其分为两部分，一部分作为页号处理，另一部分作为页内的相对地址。逻辑地址的形式如下：

页号	页内相对地址

例如，逻辑地址的长度为 16 位，按照地址结构将逻辑地址的高 6 位作为页号，其余的低 10 位就是页内相对地址。每页的长度是 2^{10}=1024 个字节，每个作业最多可以有 2^6=64 个页面。用户目标程序的逻辑地址空间是连续的，页面是由系统自动划分的，如果逻辑地址在 0~1023 范围内，则页号是 0，页内地址是 0~1023；如果逻辑地址在 1024~2047 范围内，则页号是 1，页内地址仍是 0~1023。

1. 基本页式存储管理

基本页式存储管理要求在一个作业执行之前将其全部页面装入主存，作业的每个页面装入主存中的一块，一个作业所占主存的各块之间并不一定是相邻的。为确定某个页面处于主存的哪一块中，系统需为每个作业建立一个页表 PMT，给出每一页所对应的块号，如图 10.10 所示。页表的长度由作业的页面个数确定。

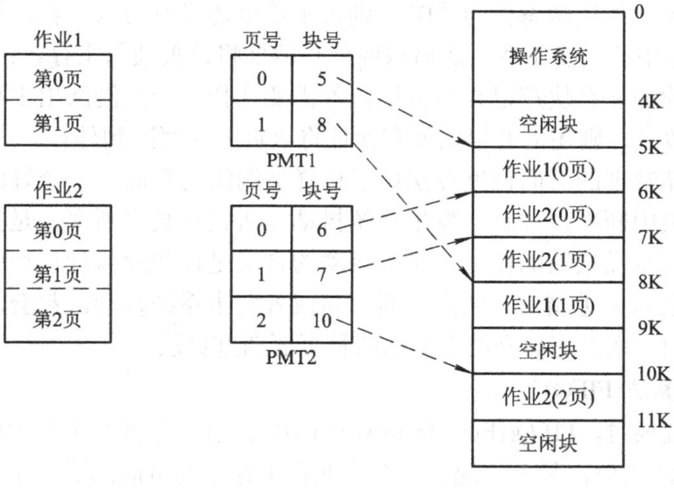

图 10.10　页表的作用

页式存储管理采用动态重定位方式，每执行一条指令时，先按逻辑地址中的页号查找页表，得到该页所对应的主存块号，按照以下公式计算出逻辑地址所对应的绝对地址：

$$\text{绝对地址} = \text{块号} \times \text{块长} + \text{页内相对地址}$$

如果某个操作数的地址是 08A6H，其中页号占 6 位，页内地址占 10 位，那么页号是 2，页内地址是 166(A6H)。若第 2 页装入主存的第 6 块，则绝对地址就是 6310(18A6H)

为了实现页式存储管理，整个系统还要设置一个作业表和一个主存分块表。作业表用于管理系统中的作业，通过作业表可以找到某个作业。主存分块表用于管理主存中的所有块，记录主存块的状态是已分配还是空闲，通常可以用位示图的形式来实现主存分块表。

页式存储管理的优点是主存空间分配灵活，不存在碎片问题，并且能够实现虚拟存储管理。

2. 页式虚拟存储管理

页式虚拟存储管理实现了存储扩充。它的基本思想是：在作业执行之前只是将部分页面装入主存，在作业执行过程中，如果所访问的页面不在主存，则产生一次缺页中断，将其调入主存，同时可以将当前暂时不使用的页面从主存调出到外存。

页表中至少要增加两个标志位和页面在外存的位置信息，如图 10.11 所示。状态位用于区分某个页面当前是否已装入主存，修改位反映页面在主存中是否被修改过，外存地址是页面在外存储器中的存储位置。

页号	状态位	块号	修改位	外存地址

图 10.11　页式虚拟存储管理的页表

作业执行中所访问页面的状态位为“1”，表示该页已装入主存，可以直接进行地址转换，得到绝对地址。如果状态位为“0”，则表示该页还没有装入主存，这时产生一次缺页中断，首先在主存中找到空闲块，然后按照外存地址将该页装入主存。在页面置换过程中，如果分配给该作业的主存块都已经被占用，就需要选择某一页淘汰出主存，被淘汰的页面若在主存中被修改过，则还需要根据外存地址将该页重新写回到外存。

页式虚拟存储管理的页面调度算法用于选择被淘汰的页面，一个好的页面置换算法应当具有较低的缺页中断率，并且不发生系统抖动。所谓缺页中断率，是指在一段时间内缺页中断次数与访问页面次数的比值。系统抖动的含义是在作业执行过程中，某一页面频繁地在主存与外存之间调进调出。缺页中断率高或者发生系统抖动，都会占用处理机的大量时间，降低系统的效率。下面介绍常见的两种页面调度算法。

1) 先进先出算法(FIFO)

在进行页面置换时，FIFO((First In First Out))算法总是选择在主存中驻留时间最长的页面出页。FIFO 算法简单，易于实现。一个作业在主存中的页面形成一个队列，总是在队尾入队，队头出队。

这种算法的思想是：最早进入主存的页面与最近进入主存的页面相比，前者不再被使用的可能性要大。但如果某一页在作业执行过程中要经常地被访问，则可能会使系统出现抖动现象。例如，作业中的数据页面可能在作业执行中始终被访问。

假定系统为某作业分配了三个主存物理块，对页面的访问次序为：7，0，1，2，0，3，0，4，2，3，0，3，2，1，2，0，1，7，0，1 (在作业执行之前已将 7，0，1 三个页面装入内存)。采用先进先出页面置换算法，计算缺页中断率。

页面访问次序	7	0	1	2	0	3	0	4	2	3	0	3	2	1	2	0	1	7	0	1
主存中的页面	7	0	1	2	2	3	0	4	2	3	0	0	0	1	2	2	2	7	0	1
		7	0	1	1	2	3	0	4	2	3	3	3	0	1	1	1	2	7	0
			7	0	0	1	2	3	0	4	2	2	2	3	0	0	0	1	2	7
缺页中断				+		+	+	+	+	+	+			+	+			+	+	+

在作业执行过程中共访问了 20 次页面，产生了 12 次缺页中断，缺页中断率为 12/20=60%。

2) 最近最久未用算法(LRU)

在需要淘汰页面时，LRU(Least Recently Used)算法选择最近一段时间内最久未被访问的页面出页。

最近最久未用算法认为：最近经常被访问的页面，很可能还要被访问，因此不能把它调出主存；相反，若一页在过去的一段时间内没有被访问，则再被访问的可能性也不大，可以将其调出主存。

实现这种算法的方法是：还要在页表中增加一个引用位，记录主存中的页面在最近一段时间内是否被访问过。对某个页面进行访问时，将该页面的访问位置“1”，并且周期性地对访问位清“0”。产生缺页中断时，选择访问位为“0”的页面淘汰出主存。

实践证明，LRU 算法要比 FIFO 算法的性能好一些。按照 LRU 算法分析上述例子的缺页中断率为 9/20=45%。

页面访问次序	7	0	1	2	0	3	0	4	2	3	0	3	2	1	2	0	1	7	0	1
主存中的页面	7	0	1	2	0	3	0	4	2	3	0	3	2	1	2	0	1	7	0	1
		7	0	1	2	0	3	0	4	2	3	0	3	2	1	2	0	1	7	0
			7	0	1	2	2	3	0	4	2	2	0	3	3	1	2	0	1	7
缺页中断				+		+		+	+	+	+			+		+		+		

10.3.4　段式存储管理

在段式存储管理方式中，作业的逻辑地址空间按作业中的逻辑关系分段，例如主程序段、子程序段和数据段等。每段的逻辑地址都是从 0 开始，可以认为段与段之间并不连续，但段内连续。采用可变分区的方式管理主存空间，作业以段为单位装入主存的一个连续区域内，一个作业所占用的主存空间也是不要求连续的(在主存中，段之间不要求连续、段内连续)。段式存储管理的逻辑地址结构如下：

段号	段内地址

段内地址的位数决定了每段的最大长度，而段号的位数决定了每个作业中最多允许的段数。

与页式存储管理类似，系统中每个作业有一个段表 SMT，段表中的每个表目包含段号、段在主存中的起始地址、段长度等信息。图 10.12 给出了作业的逻辑地址空间到作业的主存空间之间的映射关系。

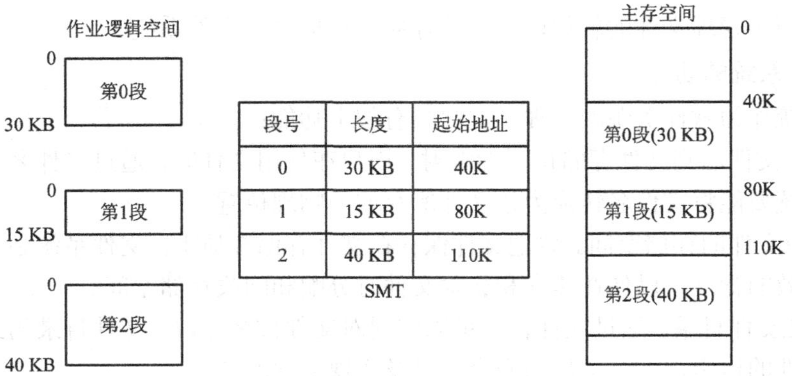

图 10.12　利用段表实现地址映射

段式存储管理也采用动态重定位，在作业执行时，每执行一条指令，先按逻辑地址中的段号查找段表，得到该段在主存中的存储位置，然后计算出逻辑地址所对应的绝对地址，

绝对地址=段起始地址+段内地址

段式存储管理通过段表可以很方便地实现多个作业对程序段或数据段的共享，也很容易实现段的存储保护。

如果采用段式虚拟存储管理，在一个作业执行之前将部分段装入主存，在作业执行过程中，如果所访问的段不处在主存中，则产生一次缺段中断，在主存与外存储器之间进行段的置换，从而可以实现存储扩充。

10.3.5 段页式存储管理

在段页式存储管理系统中，作业的逻辑地址空间分段，段内按容量划分页面，主存空间分块，以页为单位装入主存。这种存储管理方式不仅具有段式管理在共享和保护方面的优点，而且具有页式管理主存分配灵活的优点，同样也可以实现存储扩充。这种存储管理方式在实际的操作系统中被广泛采用。

段页式存储管理的逻辑地址包括段号、页号和页内地址三部分。每个作业一个段表，每个段一个页表。

10.4 文件管理

计算机系统中的软件资源主要指的是文件，因此文件管理就是对软件资源的管理。操作系统中的文件管理主要涉及对文件进行存储和检索，以及文件的共享和保护等方面。

10.4.1 文件和文件系统

文件具有文件名，其内容是逻辑上具有完整意义的信息集合，例如源程序文件、目标文件、可执行文件、数据文件等。

整个文件存储空间称为文件存储介质，磁盘、磁带、光盘等都属于文件存储介质。文件存储介质的单位是卷，一张软盘、一盘磁带、硬盘中的一个逻辑硬盘都可以称为卷。每个卷又划分为若干个物理块，在文件存储空间上是以块为单位进行分配和读写的。

文件、用于管理文件的软件以及文件存储介质构成了文件系统。

1. 文件系统的功能

文件系统作为软件资源的管理者，应具有如下功能：

(1) 实现文件名到文件存储位置的映射。用户在使用文件时，通过文件名对文件进行存取，文件系统要能将文件名转换为该文件所存放的物理位置。

(2) 管理文件的存储空间。要把文件保存在文件存储介质上，文件系统必须对文件存储空间进行有效的管理，以便在建立和删除文件时分配和回收存储空间。

(3) 建立文件目录。通过文件目录可以实现对文件按名存取，文件目录的结构应当有利于用户对文件的检索，保证文件的安全，以及实现文件的共享。

(4) 实现文件的共享、保护和保密。实现多个用户对文件的共享可以提高文件存储空间的利用率，但是对文件必须有安全保护措施。

(5) 提供一组文件操作。文件的操作包括文件的建立、删除、打开和关闭，以及对文件的读写等。

2. 文件的分类

在操作系统中，通常采用文件名的后缀的方法来区分文件的类别。从用户使用文件的角度，文件可以有以下分类方法：

(1) 按文件的性质和用途进行如下分类：

系统文件：由系统软件构成的文件。用户通常可以执行系统文件，但不能读写。

库文件：是系统为用户提供的文件，包括标准子程序和程序包。用户可以执行和读库文件，但不能修改。

用户文件：由用户建立的文件，如源程序、目标程序、可执行程序或数据等文件。一般来说，用户对用户文件可以进行各种操作。

(2) 按文件的保护级别分类。针对文件主或被核准的用户对文件的使用，文件可以分为以下三类：

仅执行文件：只允许用户调用执行文件，不允许读、修改和删除。

只读文件：允许用户对文件进行读操作，不允许修改和删除。

读写文件：允许用户对文件进行读、写操作。

(3) 按文件的保存期限进行如下分类：

永久文件：信息需要长期保存的文件。

临时文件：记有临时信息的文件，退出系统时自动被删除。

档案文件：存储系统管理信息和备份信息的文件。

10.4.2　文件的结构

文件的结构涉及到文件的逻辑结构和文件的物理结构。

文件的逻辑结构是呈现在用户面前的文件的逻辑组织结构，简称逻辑文件；文件的物理结构是文件中的信息在文件存储介质上的存储结构，简称物理文件。文件系统的主要任务之一就是在逻辑文件和物理文件之间建立映像关系，实现二者之间的转换。

1. 文件的逻辑结构

(1) 有结构的记录式文件。文件是由一组逻辑记录组成的，每个记录含有一组相关的数据项。例如，把一个学生的信息作为一个记录，学生信息中的学号、姓名、出生日期、所在班级等都是数据项，若干个学生的信息构成一个记录式文件。若记录式文件中的各个记录长度都相等，则称为定长记录文件；否则称为不定长记录文件。

(2) 无结构的流式文件。源程序文件、目标文件等所采用的是无结构的文件形式，文件的本身是有序的字符序列或字节序列。

2. 文件的存取方法

文件的存取方法有两类：顺序存取和随机存取。

记录式文件可以顺序存取，也可以随机存取；流式文件只能够顺序存取。所谓顺序存取，是指按照文件的逻辑顺序或记录顺序依次进行读/写的方式，而随机存取可以直接对文件中的某个记录进行存取。

3. 文件的物理结构

1) 连续结构

连续结构又称为顺序结构，它把逻辑上连续的文件信息依次存放在磁盘上相邻的物理块中，显然文件中信息的物理顺序和逻辑顺序是一致的。图 10.13 是连续结构文件的示意图。

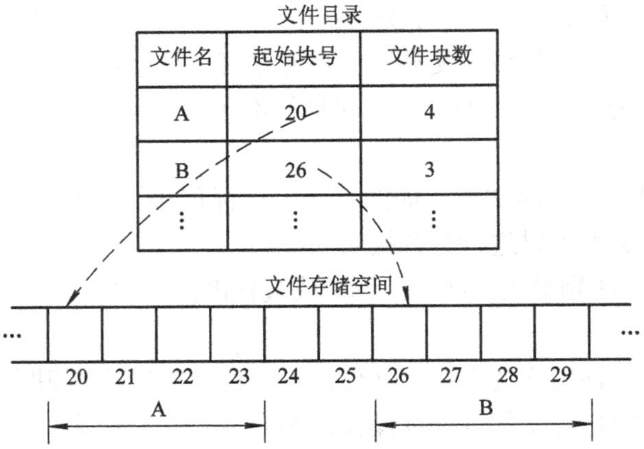

图 10.13　连续结构文件

连续结构的优点是结构简单，检索文件中的某个记录时，可以采用检索效率较高的查找算法。它的不足之处是插入删除记录需要移动大量的记录，为文件分配的存储空间必须是若干个相邻的物理块，不利于文件存储空间的充分利用。

2) 链接结构

链接结构的文件所占的各块不要求物理位置上是相邻的，而是通过链接指针将各块链接起来，实现与逻辑顺序一致的连续性。图 10.14 是链接结构文件的示意图。

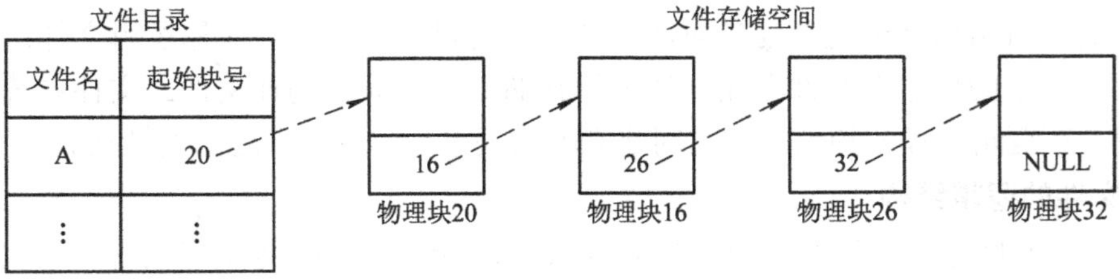

图 10.14　链接结构文件

在链接结构的文件中插入删除记录，只需要调整链接指针即可，扩充文件长度也容易实现。它的缺点是只能够顺序存取记录，不能够随机存取记录。

3) 索引结构

索引结构是另一种实现非连续结构的方式。每个索引结构的文件具有一个索引表，文件中的每个逻辑块具有一个索引项，指示该逻辑块所对应的物理块。索引表也存放在文件存储空间的物理块中，通过文件的目录项查找到索引表。图 10.15 给出了索引结构的示意图。

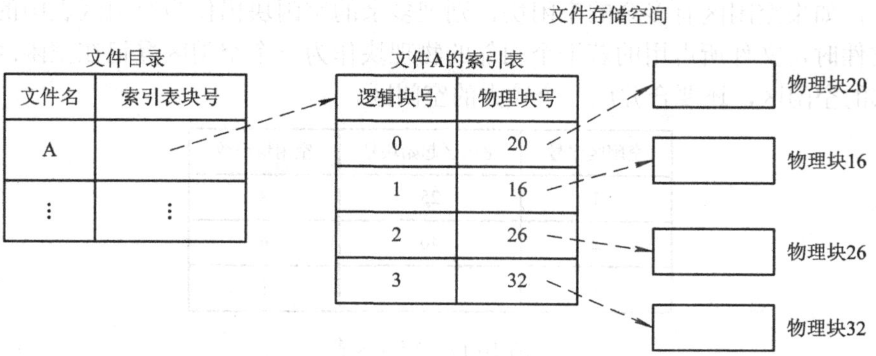

图 10.15 索引结构文件

索引结构除了具有链接结构的优点之外，还能够对索引结构的文件随机地存取记录。它的缺点是索引表需要占用文件存储空间；另外，在对文件存取之前，先要将文件的索引表调入主存。

10.4.3 文件存储空间的管理

文件管理的功能之一是对文件存储空间的管理。在创建文件时，要找出可供使用的空闲块分配给文件；文件被删除时，需要收回文件所占用的物理块。文件存储空间的管理方法与主存空间的分块管理是类似的。

1. 位示图

如图 10.16 所示，位示图是由若干个字节组成的一个表，字节中的每一位表示一个物理块的使用状况，“1”表示块已分配，“0”表示空闲。

	0	1	2	3	4	5	6	7
0	1	1	1	1	0	1	0	1
1	1	1	0	0	1	0	1	1
2	1	0	1	1	1	0	0	0
⋮								

图 10.16 位示图

建立文件时，根据文件所需要的块数，在位示图中找出一组值为“0”的位，由位示图中的字号和位号转换成与之对应的块号，然后将块分配给文件，并修改位示图。假定找到为“0”的位在位示图中的字号是 i，位号是 j，则块号就是 $n=i\times 8+j$，然后修改位示图，将 map[i,j]置“1”。

删除文件时，应当释放文件占用的物理块，由块号计算出字号和位号，然后将 map[i,j]置“0”。字号 $i=\left\lfloor \frac{n}{8} \right\rfloor$，位号 $j=n \bmod 8$

链接结构和索引结构的文件适合采用位示图的方法来管理文件存储空间。

2. 空闲区表

若干个相邻的物理块构成一个空闲区。如图 10.17 所示，空闲区表中给出了空闲区的起始块号、空闲块个数。为文件分配物理块时，应当在空闲区表中查找到能够满足文件需求的空闲区，如果空闲区有多余的空闲块，则把多余的空闲块仍作为空闲区表中的一项。删除一个文件时，文件所占用的若干个相邻的物理块作为一个空闲区登记在空闲区表中，如果有相邻的空闲区，还要合并成一个较大的空闲区。

空闲区序号	空闲区起始块号	空闲块个数
1	25	8
2	40	6
⋮	⋮	⋮

图 10.17　空闲区表

采用空闲区表管理文件存储空间，通常用于连续结构的文件。

3．空闲块链表

空闲块链表分为单块链接和成组链接两种方法。单块链接是将所有的空闲块构成一个链表，每个空闲块是链表中的一个结点。成组链接是把若干个空闲块作为一组，每组的最后一个空闲块中存放下一组的空闲块个数、各空闲块的块号等信息。UNIX 操作系统采用的是空闲块成组链接的方法。

空闲块链表可以用于链接结构和索引结构的文件存储空间管理。

10.4.4　文件目录

文件目录是实现用户对文件按名存取的重要手段，通过文件目录可以实现文件名到文件存储位置的映射。一个文件目录含有若干个目录项，每个文件具有一个目录项，目录项中的信息至少包括文件名、文件类型、文件的物理位置、文件的字节数、文件的属性和各类用户对文件的存取控制权限等内容。

建立一个新文件时，将在文件目录中增加一个目录项；删除文件时，将在文件目录中去掉该文件的目录项。文件系统通过文件目录实现对文件的检索、共享和访问控制。

文件的目录结构应当有利于文件的共享、文件的保护和对文件的分类管理，还要有利于解决文件命名冲突问题。所谓命名冲突，是指在一个目录中不允许两个文件同名。上述要求在计算机系统中需要通过文件目录结构来实现。下面介绍几种目录结构。

1．一级目录结构

一级目录结构是最简单的目录结构，它把一个文件卷中的所有文件都登记在一个目录中，如图 10.18 所示。

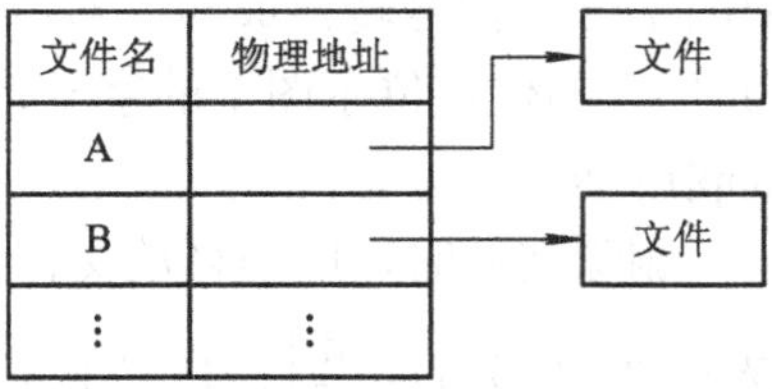

图 10.18　一级目录结构

一级目录不允许文件同名，为文件命名时要求用户必须考虑到现已使用的所有文件名，否则将在一个目录中出现两个文件名相同的文件，这样苛刻的要求对于用户使用计算机是很不方便的。一级目录结构在早期的微型计算机操作系统中曾经使用过。

2．二级目录结构

二级目录结构为每个用户设置一个用户文件目录，一个文件卷具有一个主文件目录。如图 10.19 所示，每个用户在主文件目录中占有一个目录项，一个用户的所有文件登录在他自己的用户目录中。

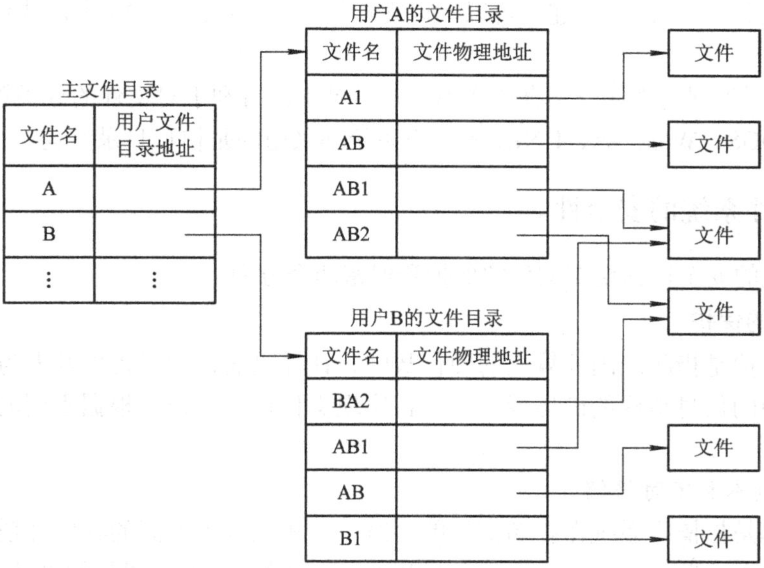

图 10.19 二级目录结构

二级目录可以较好地解决用户之间的文件命名冲突问题，也可以实现多个用户以相同或者不同的文件名共享每个文件。例如在图 10.18 中，虽然用户 A 和用户 B 都把各自的某个文件命名为 AB，但因它们处在不同的目录中，故这是允许的。用户 A 和用户 B 都以相同的文件名 AB1 访问同一个共享文件；又采用不同的文件名 AB2 和 BA2 访问同一个共享文件。

3. 树形目录结构

树形目录属于多级目录结构，每个文件卷有一个根目录，根目录下可以有若干级子目录。图 10.20 给出了一个树形目录结构，其中每个目录是分支结点，文件作为叶子结点。

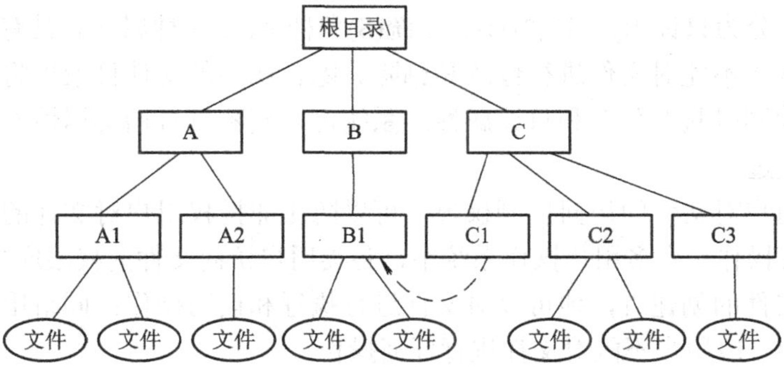

图 10.20 树形目录结构

在树形目录结构中要访问某一个文件时，必须通过路径给出文件在目录结构中的位置。如果是从根目录开始到文件所在目录的路径，则称为绝对路径。如果是从当前目录开始到文件所在的目录，则称为相对路径。

树形目录结构具有以下的优点：

(1) 使用相对路径可以提高对文件的检索速度。

(2) 允许不同的文件在不同的目录中出现同名的情况。

(3) 通过目录之间的“勾连”可以实现文件的共享。在图 10.20 中，从目录 C1 到目录 B1 具有勾连。

(4) 将不同类别的文件分别存放在不同的目录中，有利于对文件的分类管理。

常见的 DOS、Windows、UNIX 等操作系统都采用的是树形目录结构。

10.4.5　文件系统的安全性

文件系统的安全性体现在文件的保护和保密两个方面。

1. 文件的保护

文件的保护是指防止因计算机的硬件故障、计算机病毒的侵害以及人为的误操作而对计算机系统中的信息造成的破坏或丢失。在实现文件保护时，应根据不同的情况采取不同的保护措施。

1) 建立副本和定时转储

建立副本是指操作系统在存储信息的同时，在相同或者不同的存储介质上再存储一个内容相同的副本。当文件被破坏时，可以用副本中的文件更换，以增强文件系统的安全性。这种方法简单易行，但会增加系统的开销，例如在更新文件时必须同时对文件的副本进行修改。

定时转储是周期性地将新建立的文件和被修改过的文件转储到其他存储介质上。当文件发生故障时，通过转储的文件进行恢复，损失的只是上次转储以后新建和修改的信息，从而达到减少损失的目的。

2) 访问控制权限

通常可以采用设置文件属性和设置用户对文件的操作权限两种方法达到保护文件的目的。

对文件设置属性，就是规定文件是属于哪些类型，这种保护文件的方法通常用于单用户操作系统。例如 DOS、Windows 系统在文件的目录项中用一个字节表示文件或者子目录所具有的属性，分为只读(R)、隐含(H)、系统(S)和档案(A)四种属性。具有只读属性的文件只能查看其内容，不能对文件进行修改和删除。隐含属性的文件目录项将不被显示出来。系统属性的文件同时具有隐含和只读属性。系统可以判断具有档案属性的文件自上次备份以来是否被修改过。

通过设置用户对文件的访问控制权限，可以防止非授权用户对文件的越权访问和授权用户对文件的误操作。在多用户操作系统中，各类用户访问文件的权限应当是有所区别的。例如文件主是文件的创建者，他可以对文件进行执行和读写操作；同组用户对文件只有执行和读的权利；一般用户不能对文件进行任何操作。

2. 文件的保密

1) 口令

用户在建立文件时为自己的文件加一个口令，在使用文件时需进行口令核对，这样可以防止非法用户访问该文件。

2) 加密解密

在文件的内容中插入密码，可使其成为加密文件。用户如果不知道密码，就不能解密，也就不能正常使用文件。

10.4.6　文件系统为用户提供的接口

为了方便用户使用文件，文件系统应当为用户提供一组对文件的基本操作，每一种操作实质上就是一个系统功能调用，完成对文件的特定操作。

基本的文件操作有建立、打开、关闭、删除、读、写等，这些操作的基本功能如下：

(1) 建立：在文件目录中添加目录项，为文件分配存储空间以及在主存中分配文件缓冲区。建立文件后，可以对文件进行写操作。

(2) 打开：打开一个已存在的文件，将文件目录项读入主存，为文件分配主存缓冲区。打开文件后，可以对文件进行读操作，也可以对文件进行修改、添加等写操作。

(3) 读操作：是经过文件缓冲区将文件的内容从文件存储空间传送到主存。

(4) 写操作：是将主存中文件的内容经过文件缓冲区传送到文件存储空间。

(5) 关闭：在对文件执行读或写操作结束之后，应当关闭文件，执行关闭操作意味着释放文件缓冲区。

(6) 删除操作：将文件的目录项从文件目录中删除掉，释放文件所占用的存储空间。注意，删除一个文件时，该文件必须处于关闭状态，否则系统是不允许删除的。

10.5　设备管理

计算机系统中的外部设备包括 I/O 设备和外部存储设备，在 CPU 的控制下主存与外设之间进行信息传送。操作系统对设备的管理要达到提高外部设备的使用效率，控制设备工作和方便用户使用的目的。

打印机、显示器、键盘、卡片输入机等设备以字符为单位进行信息传送，这一类设备称为字符设备；磁盘机等设备以块为单位传送信息，称为块设备。

系统中各个外部设备的硬件特性差异很大，要求用户掌握所有设备的物理特性是不现实的。在系统中将同一类物理设备定义为一台逻辑设备，用户使用设备时，只需要知道设备的逻辑性能，并不需要掌握设备的物理特性。另一方面，系统中同一类设备可能有多台，为了增加操作系统对设备进行分配的灵活性，用户以逻辑设备的形式提出 I/O 请求，由操作系统分配此类设备中的某一台物理设备。

10.5.1　设备管理的功能

1. 设备的分配和回收

在多道程序系统中，操作系统必须掌握各类设备当前的使用情况，对多个用户作业或进程所提出的请求，采用一定的分配策略来合理地分配设备，既要提高设备的使用效率，又要满足用户的需求。当用户作业或进程不再使用设备时，应当及时收回。

2. 实现设备的启动

为了保证系统的安全性，防止用户对设备的错误使用，操作系统规定计算机中所有的外部设备都属于系统设备，用户只是提出对设备的申请，并不直接启动设备，而是由操作系统启动设备。

3. 处理输入输出中断事件

在现代计算机系统中并不是由CPU直接控制外部设备的I/O操作，而是由称为通道的I/O处理机来控制的。CPU启动通道，通道执行通道程序控制I/O操作，当I/O操作完成或者出现错误异常结束时，由通道向CPU发出中断请求，再由CPU进行中断处理。在I/O过程中，CPU又执行其他程序，因此CPU与外设是并行工作的。

4. 实现虚拟设备

在操作系统中采用虚拟设备技术是解决独占设备的利用率较低的有效手段，虚拟设备就是用共享设备来模拟独占设备的输入输出。

10.5.2　设备分配

对于作业所提出的I/O请求，设备分配程序应当分配设备、设备控制器和通道，建立一条主存与设备之间的I/O通路。按照设备分配方式的不同，设备分为独占设备、共享设备和虚拟设备三种类型。

1. 独占设备的分配

独占设备必须互斥地使用，可以采用静态分配方式，在作业执行之前分配，作业结束时释放，在一段时间内只能分配给一个作业使用。这样在作业的整个执行阶段始终占据分配给它的设备，影响到设备的利用率。例如，打印机只是在作业执行的最后阶段使用，而在作业的输入和计算过程中打印机并没有工作。

2. 共享设备的分配

共享设备可以由多个作业同时使同，也就是说，在一段时间内可以将一台设备分配给多个作业，各作业交替地使用，例如磁盘机是一种共享设备。共享设备采用动态分配方式，在作业执行过程中随时分配和释放。

3. 虚拟设备及SPOOLing系统

在联机同时外围设备操作(Simultaneous Peripheral Operation On Line，缩写为SPOOLing)的系统中，引入了虚拟设备的概念，即将独占设备改造为共享设备，供若干个用户同时使用，以达到提高独占设备的使用效率的目的。SPOOLing系统又称为假脱机输入输出系统。

如图10.21所示，SPOOLing系统的硬件方面需要具有大容量的磁盘以及通道装置和中断技术；软件方面应具有预输入程序、井管理程序和缓输出程序。

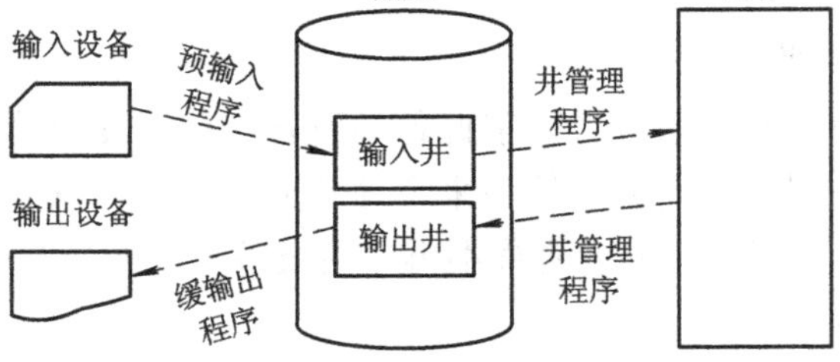

图10.21　SPOOLing系统的组成

SPOOLing 系统的输入输出过程如下：

输入过程分为两步。第一步将若干个作业通过输入设备输入，并在预输入程序的控制下放入称为输入井的磁盘中的某个区域，第二步由井管理程序将作业装入主存。

输出过程也分为两步。首先井管理程序将作业的执行结果从主存输出到输出井，然后通过缓输出程序将结果信息传送到输出设备。

对于主存而言，是与共享设备磁盘进行输入输出的，并且多个作业可以同时输入输出，大大提高了输入输出的效率。作为输入输出设备，可以不断地将若干个作业的初始信息和结果输入和输出，解决了这一类设备必须独占使用的问题。

采用 SPOOLing 系统后，在整个系统中可以使 CPU 与设备、设备与设备并行工作，充分提高了设备的利用率和系统的吞吐量。

10.5.3　设备缓冲技术

为了缓和 CPU 与外部设备的速度不匹配，以及主存的读写速度与外部设备的速度不匹配的矛盾，提高 CPU 与设备的并行性，在计算机系统中，主存与块设备以及几乎所有的字符设备之间都通过缓冲区进行信息传送。

缓冲区可以是在主存系统区内开辟的一个区域，也可以是设备或者设备控制器自带的缓冲区。缓冲技术包括单缓冲区、双缓冲区和多缓冲区构成的缓冲池。

1．单缓冲区

这是一种最简单的缓冲技术，当作业进程发出一 I/O 请求时，操作系统为其分配缓冲区。

对于块设备的存取，在主存用户区—缓冲区—磁盘之间进行信息传送，也就是说，在主存用户区与缓冲区之间逐个信息进行传送，而在缓冲区与磁盘之间以块为单位传送信息，这样可以减少启动磁盘的次数，加快存取速度。对于字符设备，采用缓冲区同样可以提高输入输出速度，例如在打印机输出时，将一批字符送到缓冲区内，在通道的控制下传送到打印机打印输出。

假定一个作业进程处理某个磁盘文件，操作系统在磁盘上找到该文件并打开后，先把文件的第一块信息读到缓冲区，接着把缓冲区中的内容传送到主存用户区，这时缓冲区已腾空，在处理第一块信息的过程中又可以将第二块的信息读到缓冲区。依次重复，直到整个文件全部处理完毕。

假设从磁盘上读一块信息到缓冲区的时间为 T，将缓冲区中的全部信息传送到用户区所需时间为 t，作业进程处理的时间为 p。显然，$t<T$，$t<p$，并且 T 与 p 是可以并行的，系统处理一块的总时间可以表示为 $\max(T, p)+t$。

如果不采用缓冲区技术，而是直接将磁盘上的一块信息读到用户区，则系统处理一块的总时间应当是 $T+p$。如果 $p<T$，则作业进程处理完一块信息后，下一块信息还没有全部读到缓冲区中，这时作业进程处于等待状态。

2．双缓冲区

双缓冲技术是利用两个缓冲区来完成输入输出操作的工作。两个缓冲区交替使用，可以加速输入输出速度，提高设备的利用率。

在上面的例子中如果采用双缓冲技术，则在一个缓冲区中的信息传送到用户区的过程中，可以将下一块的信息读到另一个缓冲区，时间 t 与 T 是重叠的。对于处理一块的总时间应当减少为 max((T−t)，p)+t。

双缓冲技术还可以实现两台设备并行工作。例如打印输出磁盘上某个文件的内容，将一块的信息送入缓冲区 1 后，在把缓冲区 1 中的信息打印输出过程中，同时将下一块的信息放入缓冲区 2；缓冲区 1 中的信息打印完后，缓冲区 2 已存入信息。接下来打印机输出缓冲区 2 中的信息，磁盘又向缓冲区 1 传送信息。如此重复，直到整个文件全部打印输出。显然，磁盘与打印机是同时并行工作的。

3．缓冲池

为了解决单缓冲、双缓冲不够使用的问题，可以采用多缓冲技术，如果把它定义为专用缓冲区，仅适合于特定的 I/O 进程和计算进程，不仅占用大量的主存空间，而且利用率不高。操作系统通常在主存中设置由多个缓冲区组成的公用缓冲池，并且由操作系统分配和管理，若干个进程都可以共享。

公用缓冲池是由多个缓冲区构成的一个循环队列，在队头分配空缓冲区，释放的缓冲区加入到队尾。缓冲池中的缓冲区有三种类型：空闲缓冲区、装载输入数据的缓冲区和装载输出数据的缓冲区。

当用户第一次请求读磁盘上的某个文件时，操作系统为其分配一个或多个空缓冲区作为装载输入数据的缓冲区，然后启动磁盘，将文件读到缓冲区中。当文件信息传送到用户区后，装载读数据的缓冲区并不释放，以后该进程或者其他进程读这个文件时，首先检查文件信息是否处于缓冲区中，若在，则不必启动磁盘，直接从缓冲区中将文件信息传送到用户区，加快了文件的读取速度。只有当缓冲池中的空缓冲区不够分配时，才会将缓冲区收回重新分配。

装载输出数据的缓冲区的使用方法也是类似的。

10.6 作业管理

10.6.1 操作系统与用户之间的接口

用户通过操作系统提供的两类接口来使用计算机系统，这两类接口是程序级接口和作业控制级接口。

1．程序级接口

用户在程序中通过指令调用系统功能，称为程序级接口。例如在 DOS 操作系统中，用户使用软中断指令 INT 21H 调用系统功能。

在计算机系统中，程序分为系统程序和用户程序，处理机的运行状态分为系统态和用户态，系统程序必须在系统态下运行，用户程序只能在用户态下运行。系统功能是一组机器语言的子程序，每个子程序用于实现某一系统功能，与一般程序不同的是，系统功能子程序只能在系统态下运行。

如图 10.22 所示，用户通过程序级接口调用系统功能的过程是：用户在程序中需要调用系统功能，则安排一条访管指令，执行访管指令会产生一次访管中断，使处理机的状态由用户态转为系统态，执行系统功能子程序。系统功能调用结束后，处理机的状态又由系统态转为用户态，继续执行用户程序。

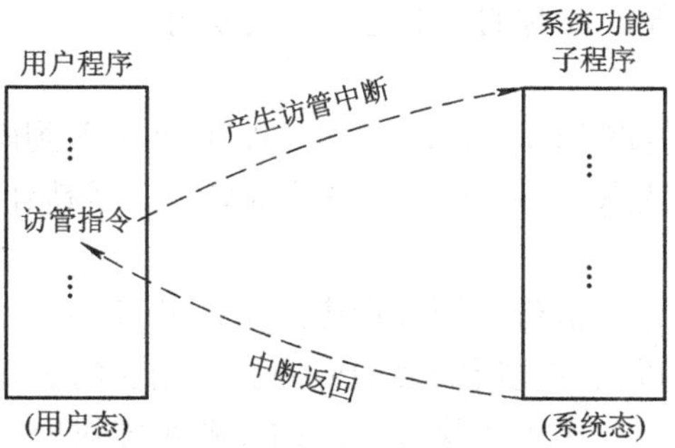

图 10.22 系统功能调用的过程

2. 作业控制级接口

用户在一次算题过程中或一个事务处理过程中要求计算机系统所做工作的总和，称为一个作业，它是用户向计算机系统提交一项工作的基本单位。例如，用户用 C 语言编写了一个源程序之后，需要在计算机上经历编辑、编译、连接和运行这几个步骤，这些步骤的集合就是一个作业，每个步骤是一个作业步。

作业控制级接口就是用户向操作系统提供作业加工步骤的方式，控制作业加工步骤的方式称为作业控制级接口。根据作业的类型不同，作业控制级接口又分为联机接口和脱机接口。联机接口控制的作业称为联机作业或交互式作业，脱机接口控制的作业称为脱机作业或批处理作业。

联机接口通常由操作系统命令组成，用户以人机交互的方式控制联机作业的执行。用户在终端或控制台上执行一条命令，控制一个作业步的执行，命令执行的结果在终端或控制台上显示出来，用户再执行下一条命令。如此反复，直到完成一个作业为止。

在脱机接口下，用户不能直接干预作业的执行。用户利用作业控制语言把他对作业执行的控制意图事先编写成一份作业说明书，连同该作业的源程序和初始数据形成一个作业提交给计算机系统。当系统调度到该作业时，操作系统按照作业说明书控制作业的执行，在作业执行过程中，用户不必在计算机上进行干预。

10.6.2 作业的状态及其转换

在批处理系统中作业的状态及其转换较复杂，作业在系统中所处的状态经历提交、后备、执行和完成四种状态，如图 10.23 所示。

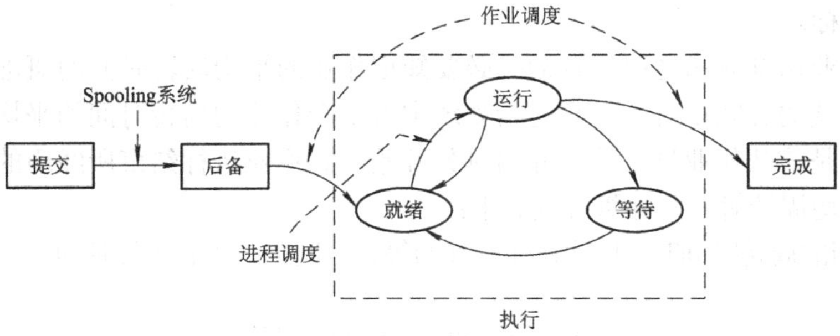

图 10.23 作业的状态转换

1．提交状态

用户将作业提交给系统，此时的作业进入提交状态。

2．后备状态

在 SPOOLing 系统的控制下，通过输入设备将作业装入到磁盘的输入井中，作业处于后备状态。所有处于后备状态的作业形成后备作业队列，等待作业调度程序的调度。

3．执行状态

一个处于后备状态的作业被作业调度程序选中，并且装入主存执行，同时作业调度程序为其创建相应的进程，以及分配所需要的资源。所创建的进程处于就绪状态，由进程调度程序来分配处理机运行。一个处于执行状态的作业可能对应多个进程，这些进程的状态处于就绪、运行和等待三种状态之一。在多道系统中，可以有多个作业处于执行状态，也就是说，宏观上多个作业同时执行。

一个处于执行状态的作业，需逐个执行其各作业步进程。如果一个作业的某个作业步进程在执行过程中由于某种错误而不能结束，则停止该作业的执行，收回该作业所占有的资源，并给出出错信息。

4．完成状态

一个作业的所有作业步都能够执行结束，称为作业的正常结束。此时作业进入完成状态，由作业调度程序收回该作业所占用的资源，系统将该作业的执行结果送入磁盘的输出井中，再由 SPOOLing 系统控制传送到输出设备输出。

10.6.3 作业调度

作业管理的主要任务之一是对作业的调度。作业调度分批处理作业的调度和终端作业的调度两种不同的方式。

1．批处理作业的调度

我们这里以多道系统来讲述批处理系统的作业调度。作业调度按照一定的作业调度算法，以及当前系统可分配的资源情况，从后备状态的作业中选取若干个作业装入主存，使它们有机会占用处理机运行。实现作业调度的程序称为作业调度程序。

批处理系统可以采用的作业调度算法有多种，通常考虑的三个基本目标是：提高系统的吞吐量，即提高单位时间内完成作业的数量；提高系统资源的利用率，使各类资源都得到充分的利用；对各类作业公平合理，使所有用户都感到满意。以上三个目标在实际使用中可能会出现一定的矛盾，不同的算法其侧重点不同，但是所采用的算法应当符合计算机系统的设计目标。

在讲述作业调度算法之前，我们有必要知道作业的平均周转时间的概念。作业的平均周转时间与系统的吞吐量有关，它是指系统中若干个作业的周转时间的平均值，而一个作业的周转时间是该从作业进入输入井的时刻开始，到作业执行结束所经历的时间。作业的周转时间和平均周转时间的计算公式如下：

$$\text{作业i的周转时间}T_i = \text{作业在输入井的等待时间} + \text{作业的执行时间}$$

$$\text{作业的平均周转时间 } T = \sum_{i=1}^{n} T_i$$

作业的平均周转时间越短，系统的吞吐量越大。

常用的作业调度算法有以下几种。

1) 先来先服务算法(FCFS 算法)

这是一种实现起来最简单的算法，该算法按照作业进入后备队列的先后顺序，在资源能够满足作业需求的前提下，先进入的作业优先被选取。

我们通过一个例子来说明 FCFS 调度算法的性能。假设有五个作业 A、B、C、D、E，到达系统进入后备队列的时刻分别是 0、1、2、3、4，预计占用 CPU 的时间分别是 4、3、5、2、4，并且在作业 A 到达后备队列时 CPU 空闲，作业调度程序开始调度。计算各作业的开始执行时间、完成时间、周转时间以及平均周转时间。

作业名	到达时间	需占用 CPU 时间	开始执行时间	完成时间	周转时间
A	0	4	0	4	4
B	1	3	4	7	6
C	2	5	7	12	10
D	3	2	12	14	11
E	4	4	14	18	14

五个作业的平均周转时间为

$$T=\frac{4+6+10+1+14}{5}=9$$

先来先服务算法体现了公平性的原则，但是它对计算时间长的作业有利，而对计算时间短的作业不利，即计算时间短的作业处于长时间的等待状态，其周转时间不一定短，从而会加大作业的平均周转时间，不利于提高系统的吞吐量。

2) 计算时间短作业优先算法(SJF 算法)

该算法按照用户预先估计的作业执行时间，在能够满足作业的资源需求情况下，优先选取计算时间最短的作业执行。

采用 SJF 算法计算上面例子中五个作业的开始执行时间、完成时间、周转时间以及平均周转时间。

作业名	到达时间	需占用 CPU 时间	开始执行时间	完成时间	周转时间
A	0	4	0	4	4
B	1	3	6	9	8
C	2	5	13	18	16
D	3	2	4	6	3
E	4	4	9	13	9

平均周转时间为

$$T=\frac{4+8+16+3+9}{5}=8$$

该算法对计算时间短的作业有利，对计算时间长的作业不利，因为计算时间长的作业可能处于长时间的等待状态。计算时间短作业优先算法可以有效降低作业的平均周转时间，提高系统的吞吐量。

3) 最高响应比作业优先算法

先来先服务算法只考虑作业的等待时间，而计算时间短作业优先算法所考虑的是作业的计算时间。最高响应比作业优先算法无论在公平性方面，还是在系统吞吐量方面，都是上述两种算法的折衷，它综合考虑了作业的等待时间和计算时间。

采用最高响应比作业优先算法的系统，在每次作业调度时，首先要计算等待调度的各作业的响应比，作业的响应比 Rp 的计算公式如下：

$$\mathrm{Rp}=\frac{\text{作业的等待时间}}{\text{作业的计算时间}}$$

从计算公式可以看出，作业的等待时间越长，计算时间越短，则它的响应比就越高。

下面我们按照最高响应比作业优先算法给出上述五个作业的开始执行时间、完成时间、周转时间以及平均周转时间。

作业名	到达时间	需占用 CPU 时间	开始执行时间	完成时间	周转时间
A	0	4	0	4	4
B	1	3	4	7	6
C	2	5	9	14	12
D	3	2	7	9	6
E	4	4	14	18	14

平均周转时间为

$$T=\frac{4+6+10+6+14}{5}=8.4$$

在作业调度时，作业响应比的计算过程如下：

时刻0：只有作业A到达系统，A执行

时刻4：$\mathrm{Rp_B}=\frac{3}{3}=1, \mathrm{Rp_C}=\frac{2}{5}=0.4, \mathrm{Rp_D}=\frac{1}{2}=0.5, \mathrm{Rp_E}=0$，作业B执行

时刻7：$\mathrm{Rp_C}=\frac{5}{5}=1, \mathrm{Rp_D}=\frac{4}{2}=2, \mathrm{Rp_E}=\frac{3}{4}=0.75$，作业D执行

时刻9：$\mathrm{Rp_C}=\frac{7}{5}=1.4, \mathrm{Rp_E}=\frac{5}{4}=1.25$，作业C执行

时刻14：作业E执行

4) 优先级算法

在优先级算法中，系统为每一个作业确定了一个优先级，系统优先选择优先级最高的作业执行，当然也要考虑作业的资源需求是否能够得到满足。如果有若干个优先级相同的作业，则按照先来先服务的原则进行调度。

5) 均衡调度算法

在均衡调度算法中，系统根据作业对资源的需求情况进行分类，作业调度算法按照系统当前可分配的资源情况选取作业执行，尽可能让使用不同资源的作业同时执行，从而均衡地使用系统资源，提高了系统的处理能力。

不同的算法有不同的特点，在选择算法时还应当考虑用户的需求和系统资源的配置情

况，同时还要考虑算法的复杂程度，过于复杂的算法不易实现，会增加系统的开销，降低系统的效率。

2. 联机作业的管理及调度

联机作业的管理及调度较为简单，以分时系统为例，用户在终端上注册后，就建立了终端作业。用户通过终端以人机交互的方式控制作业的执行，每当用户输入一条命令后，系统立即解释执行，并将执行的结果显示输出。作业在执行过程中所出现的错误，用户可以及时进行修改。用户在终端上完成了计算任务而注销时，实质上就是撤销了终端作业。

10.7 典型操作系统的特点

10.7.1 Windows 操作系统

Windows 操作系统经历了从 16 位操作系统的 Windows 3.x，到 32 位操作系统的 Windows 9.x、Windows NT、Windows 2000、Windows XP，以及目前所出现的 Windows Vista 32/64 位操作系统的演变。从最初运行于单机、到支持多机和网络的操作系统，Windows 操作系统在功能和性能上都得到了大大的提高。它具有界面友好、功能完善、可靠性高、可扩充性强和兼容性好等特点，是使用最为广泛的操作系统。下面以 Windows 2000 为例介绍 Windows 操作系统的主要结构和功能。

1. Windows 2000 的体系结构

图 10.24 是 Windows2000 操作系统的体系结构。

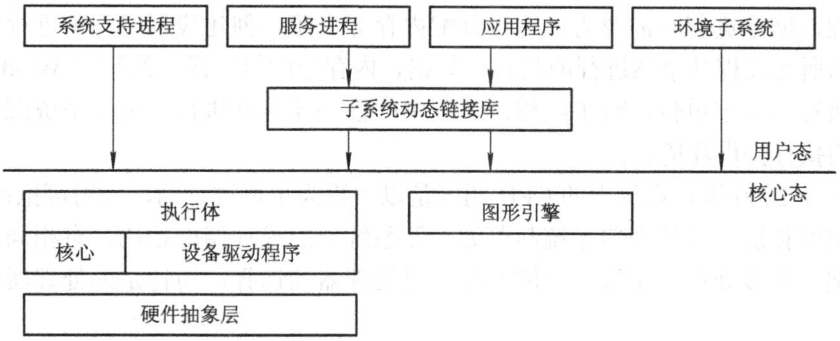

图 10.24　Windows 2000 体系结构

- 系统支持进程：如登录进程和会话管理器等。
- 服务进程：Windows2000 的服务，如事件日志服务。
- 应用程序：包括 MS-DOS、Windows3.x、OS/2 下的用户应用程序。

服务进程和应用程序通过子系统动态链接库与系统进行交互，但不能直接调用操作系统服务。

- 环境子系统：操作系统的功能调用接口，向应用程序提供运行环境，负责创建控制台窗口、创建与删除进程和线程等。
- 子系统动态链接库：用于子系统动态链接的系统支持库，包括作为 Windows 2000 执行体系统服务的接口提供给用户在调用时使用的函数，以及为子系统、子系统动态链接库及其他本机映像使用的内部支持函数。

● 核心：是 Windows 2000 的内核，它执行操作系统最基本的操作，包括线程安排和调度，陷阱处理和异常调度，中断处理和调度，多处理器同步，供执行体使用的基本内核对象。

● 执行体：内存管理、进程和线程管理、安全控制、I/O 以及进程之间的通信。

● 硬件抽象层：将内核、设备驱动程序以及执行体与硬件分隔开，使它们可以适应多种硬件平台。

● 设备驱动程序：包括文件系统和硬件设备驱动程序等。

● 图形引擎：包含实现 Windows 图形界面的基本函数。

2. Windows 2000 操作系统的功能特性

Windows 2000 操作系统在进程管理、存储管理、文件与设备管理、任务消息驱动和网络功能等方面具有以下特性。

1) 任务与进程调度

Windows 是一种单用户、多任务操作系统，多个应用程序可以同时执行，每个应用程序是一个任务。对于单 CPU 系统，同时执行的多个任务以时间片轮转的方式轮流占用 CPU。由于各任务的请求可以得到及时的响应，因此用户在浏览网页的同时，还可以流畅的播放音乐。

在 Windows 操作系统中采用了多进程和多线程技术。进程是一个执行的应用程序，其中包含了初始代码和数据，每个进程具有一个独立的地址空间。当执行一个应用程序时，系统将应用程序装入内存，并生成进程的数据结构，创建一个或多个线程。一个进程可以有多个线程，创建进程时需要为该进程分配内存等资源，创建线程时不再进行资源分配，一个进程的所有线程共享该进程的代码、数据、内存空间等资源。线程是 Windows 的内核进行调度执行的基本单位，有了线程，进程中的程序才能够执行。进程是资源的拥有者，它为线程的执行提供环境。

Windows 2000 操作系统中的 CPU 调度是以线程为单位进行的，采用可抢占 CPU 方式的优先级调度算法。多处理器系统与单处理器系统中的线程调度相比，有相同的地方，但也有所区别，在多处理器系统中会涉及线程对处理器的选择，为特定的处理器调度线程等问题。

在单处理器系统中线程调度的时机如下：

● 主动切换：线程因等待某个事件，如等待资源、等待信号量、I/O 操作、进程、线程、窗口消息等而进入等待状态，主动放弃 CPU，线程调度选择就绪队列的优先级最高的线程进入运行状态。

● 有优先级更高的线程处于就绪状态：如果有优先级更高的线程到来，则会剥夺当前占有 CPU 运行的线程，将 CPU 分配给优先级更高的线程。

● 时间配额用完：当前运行的线程时间片用完，让出处理器。

● 运行结束：当前占有处理器的线程运行结束。

为改善系统的性能，Windows 2000 操作系统在某些情况下会提升线程的优先级，如 I/O 操作完成、信号量或事件等待结束，由于窗口活动而唤醒图形用户接口线程，或者线程处于就绪状态超过一定的时间仍未进入运行状态等。

Windows 2000 操作系统的同步对象分为内核级同步对象和执行体级同步对象。内核级同步对象是利用自旋锁实现对象的同步，执行体级同步对象主要包括进程、线程、时间、信号量、文件等。实现进程和线程互斥和同步的机制的对象有事件对象、互斥量对象和信号量对象以及相应的系统服务。事件对象是同步对象中最简单的形式，其状态分为“有信号”和“无信号”两种，当状态为有信号时，通知线程所等待的消息已经到达。互斥量对象用于控制共享资源的互斥使用。信号量对象又称为资源信号量，其初值可在 0 到指定最大值之间设置，用于限制并发访问的线程数量。线程等待与这三种对象同步时，可以使用 WaitForSingleObject()和 WaitForMultipleObject()两个系统服务来实现。

2) 存储管理

Windows 2000 操作系统的存储管理提供存储管理所需要的系统服务，包括分配、释放和保护虚拟内存及物理内存，对内存的读写操作，获得虚拟页的信息，内存共享和文件映射等。Windows 2000 操作系统采用虚拟存储技术，它由系统中的 RAM 和硬盘的交换文件来实现。例如一个应用程序的某代码段或数据段将要使用时，将它装入 RAM，其余的代码和数据仍然存放在硬盘的交换文件中，对于 RAM 中暂时不访问的代码和数据也可以调出到硬盘的交换文件中，在需要时再调入到 RAM。这样可以将内存和硬盘联合起来使用，实现外存对内存的存储扩充。

Windows 2000 操作系统采用的是虚拟段页式存储管理。应用程序按逻辑关系分段，段内再按长度分页。只要将一个应用程序的部分段或段内的部分页面装入内存，就可以运行该应用程序，如果所访问的段、页已在内存，则直接访问；若不在内存中，则产生缺页中断，由操作系统调入所要访问的段、页，然后继续执行。如果在产生缺页中断时分配给应用程序的物理内存已满，则需进行页面置换。在多处理器系统中，采用的是局部先进先出的置换策略；而在单处理器系统中，按照 LRU 算法进行页面置换。

Windows 2000 操作系统的页表结构为二级页表，第一级是页目录表，第二级是页表。页目录表的每一项记录一个页表的地址，页表的每一项指示一页在内存中的存放地址。逻辑地址分为页目录索引、页表索引和页内地址三部分，结构如图 10.25 所示。

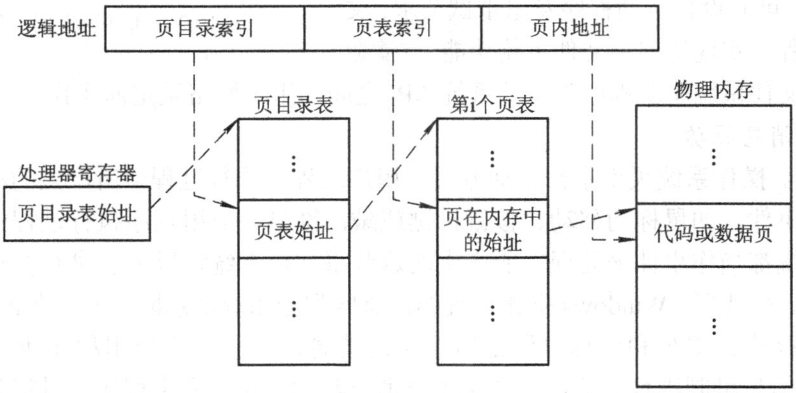

图 10.25　Windows 2000 操作系统的二级页表结构示意

3) 文件与设备管理

Windows 2000 支持 FAT(File Allocation Table)和 NTFS(New Technology File System)两种

类型的文件系统。

目前普遍使用的是 FAT32 和 NTFS，两者的区别如下：

Windows 2000 可以支持 FAT12、FAT16 和 FAT32 文件系统，这里的 12、16 和 32 分别是指磁盘块簇地址的位数。FAT32 采用 32 位的文件分配表，对磁盘的管理能力大大增强，突破了 FAT16 下每一个分区的容量只有 2 GB 的限制，可以扩大到 2 TB。由于现在的硬盘生产成本下降，其容量越来越大，运用 FAT32 的分区格式后，我们可以将一个大容量硬盘定义成一个分区而不必分为几个分区使用，大大方便了对磁盘的管理。由于 FAT32 使用的簇比 FAT16 小，因此可以极大地减少磁盘的浪费，提高磁盘利用率。但是，采用 FAT32 格式分区的磁盘后，由于文件分配表的扩大，因而运行速度比采用 FAT16 格式分区的磁盘要慢。

NTFS 在安全性和稳定性方面非常出色。NTFS 文件系统使用 64 位簇磁盘地址，同样也是以簇为单位管理磁盘空间。NTFS 与 FAT 相比更节约磁盘空间，在使用中不易产生文件碎片。能够对用户的操作进行记录，通过对用户权限进行非常严格的限制，使每个用户只能按照系统赋予的权限进行操作，充分保护了系统与数据的安全，NTFS 还具有文件加密的功能。但是，由于 DOS 不支持这种分区格式，因此采用这种分区格式后，将无法再使用 DOS 系统。

如图 10.26 所示，在 Windows 2000 中，所有文件和设备的 I/O 操作均由 I/O 管理器来完成。

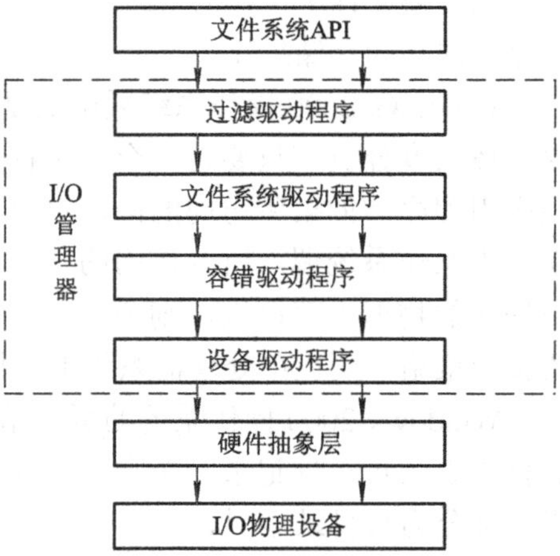

图 10.26　I/O 管理器的层次结构

I/O 操作由 I/O 管理器来完成。设备驱动程序位于 I/O 管理器的最底层，是 I/O 系统和硬件设备之间的接口，通过硬件抽象层实现对物理设备的操作。设备驱动程序包括总线驱动程序和功能驱动程序，总线驱动程序负责向即插即用管理器报告在总线上所连接的设备，功能驱动程序驱动物理设备或网络实现输入和输出。容错驱动程序与设备驱动程序一起提供强大的容错功能，容错驱动程序在收到出错信息后，可向设备驱动程序发出重试请求；文件系统驱动程序实现特定的文件系统功能。过滤驱动程序位于文件系统驱动程序与文件系统 API 之间，用于网络重定向操作。

4) 任务消息驱动

Windows 操作系统采用事件驱动方式，用户或程序执行过程中所产生的动作都被当作某个类型的事件。如鼠标的移动、按鼠标键或敲击键盘、应用程序执行过程中所触发事件等，操作系统都当作事件来处理。所产生的这些事件，系统均以消息进行标识，并进入到消息队列中等待处理。Windows 操作系统的消息队列分系统消息队列和任务消息队列两种。前者用来保存诸如键盘和鼠标等硬件所产生的消息，后者保存应用程序所产生的消息。Windows 以消息机制进行通信，整个系统以消息驱动工作，应用程序通过接收消息来获得消息，通过发送消息在应用程序或窗口之间通信。

5) 网络功能

Windows 2000 继承了上代产品 Windows NT4.0 的强大的网络功能，并增加了许多更新的网络技术。Windows 2000 支持 TCP/IP 和许多 TCP/IP 的附加功能，增强了与 UNIX 系统的互联能力；依靠 ISP(Internet 服务提供商)和其它 NSP(网络服务提供商)在公用网络中建立专用的数据通信网络的技术——VPN(虚拟专用网)技术，使企业可以在 Internet 上搭建自己的虚拟专用网；具有内置的路由功能，使 Windows 2000 Server 可以作为一个拥有图形界面的路由器；QoS(Quality of Service)能够提供一种网络安全机制，解决网络延迟和阻塞，保证网络的高效运行，为实时音频和视频等应用程序提供可靠的网络服务。

Windows 2000 既是为文件和应用程序服务的操作系统，更是一个强大、易管理和更安全的网络操作系统。

10.7.2 UNIX 操作系统

UNIX 系统是 AT&T 下属实验室的 K.Thompson 和 D.M.Ritchie 在 1969 年共同开发的操作系统，从诞生至今已有近 40 年的发展历史，其间出现多种版本。1983 年，AT&T 与其它微型计算机公司合作制定统一的标准，推出 UNIX SystemⅤ。UNIX 系统是一种多用户、多任务的分时操作系统。虽然目前 Windows 操作系统一统天下，但是，由于 UNIX 具有高性能、高可靠性和可扩充性好的特点，因此在高档工作站和服务器领域大多采用 UNIX 操作系统。

1. UNIX 系统的体系结构

从结构上看，UNIX 可以分为内核与外壳两大层次，如图 10.27 所示。

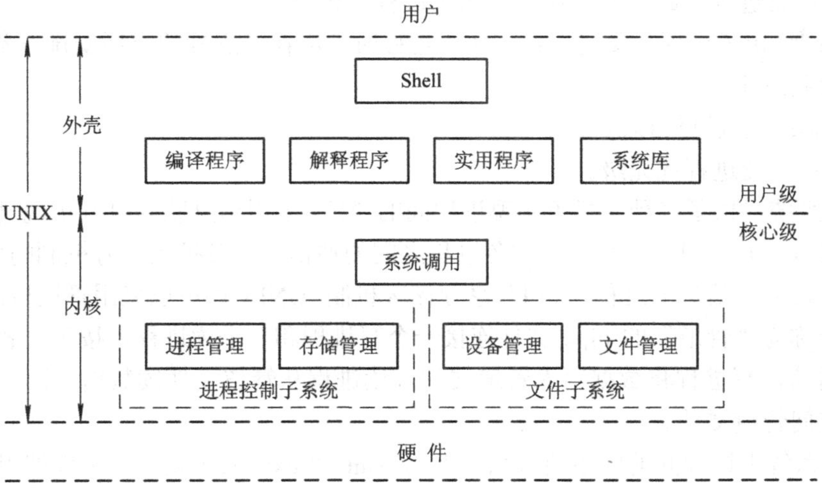

图 10.27 UNIX 系统体系结构

内核层是 UNIX 操作系统的核心，包括对进程、存储、设备、文件的管理功能，并为外壳层提供系统调用。内核只需占用很小的存储空间，并且常驻内存，以保证系统高效的工作。外壳层由包括编译程序、解释程序、系统库和实用程序在内的各种程序设计环境，以及操作系统与用户的接口 Shell 组成。UNIX 独具特色的 Shell 命令语言既是终端用户与 UNIX 系统进行会话的操作系统命令，又可以作为程序设计语言。Shell 程序便于用户自己扩充操作系统运行环境，为用户使用系统提供了极大的方便。

2. UNIX系统的进程和存储管理

UNIX 系统的进程控制子系统负责对进程和存储器的管理。

在 UNIX 系统中，任何一个进程在它的生命期内，其状态会不断发生变化。进程的状态有如下几种：

(1) 创建状态：这是创建一个进程的初始状态，随之变为就绪状态。

(2) 就绪状态：进程等待进程调度程序为其分配处理器，如果被调度到的进程在内存中，便可直接运行；如果调度到处于磁盘对换区中的进程，则必须先换入内存，再使其执行。

(3) 执行状态：当前占用处理器运行的进程处于执行状态，进程在用户态下执行用户程序，在系统态下执行系统程序。

(4) 睡眠状态：进程为了等待某事件的发生而让出处理器，这时它处于睡眠状态。睡眠状态的进程可以驻留在内存中，也可以换出到磁盘对换区中，为其他进程腾出内存空间。

(5) 僵死状态：这是进程撤销前的最后状态，它再也不会转换为其他状态。

UNIX 系统初始启动时为每个用户创建一个 Shell 进程，每个 Shell 进程等待用户输入命令。当 Shell 进程接收到用户命令后，再创建子进程去解释执行命令，子进程还可以根据需要再创建子进程。UNIX 系统中的进程构成了树形结构。

UNIX 系统提供了一系列用于进程控制的系统调用。

- fork：创建一个子进程。父、子进程之间可以并发执行、相互通信，子进程可以共享父进程的资源。
- exec：改变进程的原有程序代码。进程通过系统调用 exec 来执行一个新文件。
- wait：将进程挂起。等待该进程的子进程终止。
- exit：终止子进程。父进程在创建子进程时，应在子进程的末尾安排一条 exit，使子进程能够自我终止。
- getpid：获取进程标识符。
- nice：改变进程优先级。

UNIX 系统提供了多种方式来实现进程间的通信：采用消息队列机制实现进程之间的通信；采用信号机制实现同一个用户的各进程之间的通信，以及扩大信号机制的信号集机制；对于需要传送大量信息的进程，采用共享存储区机制。UNIX 还可以采用管道机制进行通信，即利用一个称为“管道”的 pipe 文件连接一个写进程和一个读进程，按生产者—消费者的方式进行通信，写进程将数据写入管道文件，读进程从管道文件读数据，读、写进程以同步的方式访问管道文件。

UNIX 系统中进程间的同步通过系统调用 wait 和 exit 来实现，父进程调用 wait，等待它的一个子进程终止；子进程调用 exit 终止自己，并唤醒父进程进行处理。

UNIX 系统进程调度采用多级时间片轮转调度的算法。系统中的就绪进程按优先级的不同形成多个就绪队列，进程调度程序总是从最高优先级队列的队首选取进程，进程运行完一个时间片，系统将它反馈进入到下一个优先级较低的就绪队列的队尾，即进程的优先级随着进程占用 CPU 时间的增加而降低。进程调度程序按优先级的高低进行调度，当最高优先级队列中没有进程时，再从次高优先级的队列中的队首选取进程。这样做，可以保证占用 CPU 时间较短的进程尽快运行结束，从而提高系统的处理能力。

UNIX System V 的存储管理采用段页式存储管理方式，将一个进程的正文程序区、数据区、栈区和共享存储区都作为段，段内又按页划分，以页面对换的方式实现虚拟存储器的功能。UNIX 采用的页面淘汰算法是近似 LRU 算法。

3. UNIX 系统的文件管理和设备管理

UNIX 文件子系统负责文件管理和设备管理。

UNIX 系统中的文件分为普通文件、目录文件、特殊文件和管道文件。所有文件都处理为无格式、无类型的流式文件。这种组织形式给用户提供统一的接口，减少了系统开销，同时又增加了文件使用的灵活性。在默认的情况下，对文件顺序存取，用户也可以通过修改文件的读/写指针对文件进行随机存取。

UNIX 文件系统的组织是树形目录结构。树的根是根目录，每个结点都是一个目录，目录中含有若干个目录项。所有的文件和外部设备都以文件的形式挂接在这个文件树上，这与以驱动器盘符为基础的 Windows 系统是大不相同的。系统将文件的目录项分为两部分，存放文件名的部分称为目录文件，存放文件说明的部分称为索引结点，简称 i 结点。由于文件的目录项中只有文件名和 i 结点号，这样可以加速对文件目录的检索，也便于文件管理控制信息的共享。文件系统的结构如图 10.28 所示。其中，根目录中的 bin 是二进制系统文件的目录，usr 是用户文件目录，dev 是设备特殊文件目录。由于 UNIX 是多用户操作系统，允许用户在 UNIX 文件系统上建立自己的文件系统，从而形成一个更大的树形目录结构。同样，也可以从 UNIX 文件系统中删除用户的文件系统。

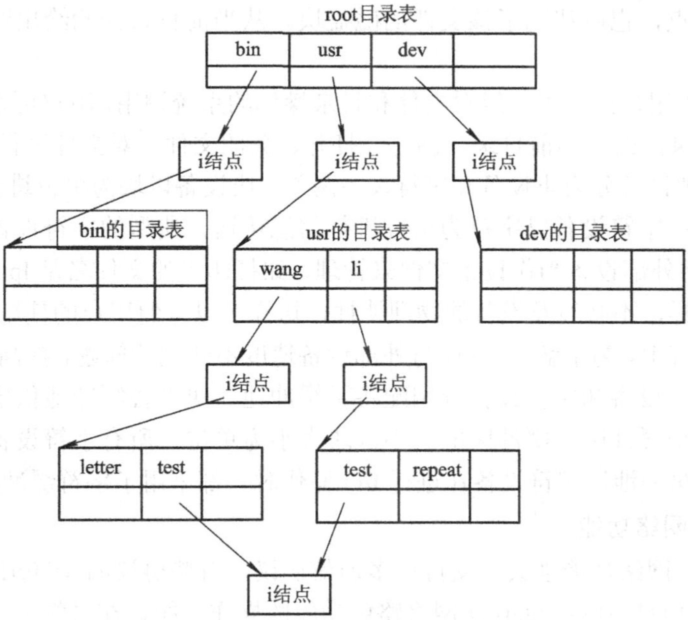

图 10.28　UNIX 文件系统结构

文件的物理结构采用的是一种混合索引结构，文件所占用的盘块的盘块号直接或间接地存放在文件索引结点的 13 个地址项中，通过索引结点可以直接或间接查找到文件的所有盘块。如图 10.29 所示，i 结点提供四级索引，根据文件的长度不同，可以是直接索引(10 个地址项)、一次间接索引、二次间接索引和三次间接索引。这种物理结构既可以提高对文件的查询速度，又能够节省存放文件地址所需要的空间。

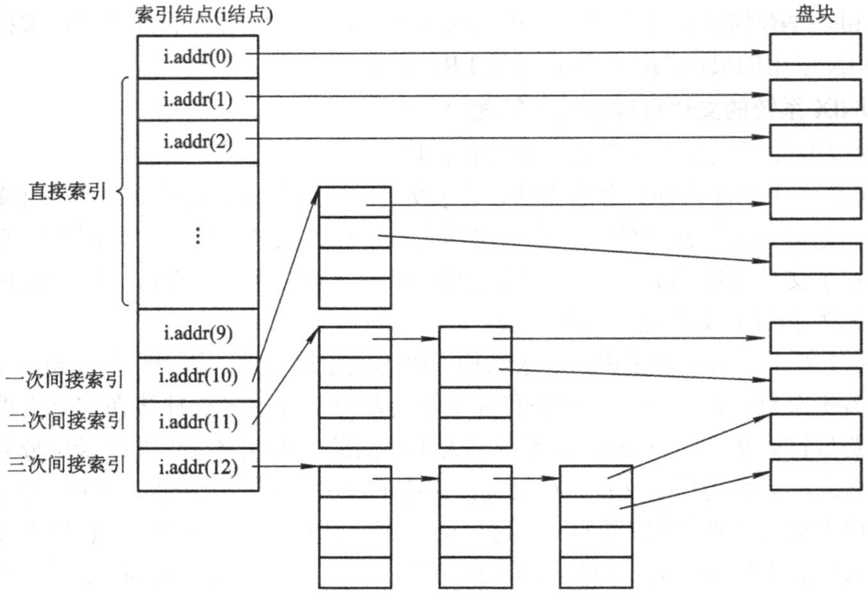

图 10.29　索引结点示意图

在 UNIX 系统中用户要访问一个文件时，必须给出文件的路径名。路径名可以从根目录开始，也可以从当前目录开始。系统按照文件的路径名检索到该文件目录项，从而找到该文件的索引结点，也就找到了该文件的磁盘块。从当前目录开始给出路径名，可以节省查找文件的时间。

UNIX 系统为用户提供了一组对文件和目录操作的系统调用，用户可以使用这些系统调用构造、删除目录，改变当前目录，创建、打开、关闭文件，对文件进行读写操作等。

UNIX 系统把设备分为块设备和字符设备两类。块设备以块为单位进行存取，磁盘、磁带都属于块设备；字符设备以字符为单位进行信息传送，典型的字符设备是终端和打印机等。UNIX 系统将外部设备当作设备文件来管理，如打印机的文件名是 lp。对所有设备的访问与普通文件一样，不必涉及设备的物理特性，这样可以方便用户的使用。

在 UNIX 系统中，为了解决 CPU 与外部设备速度不匹配的问题，提高 CPU 与设备并行工作的能力，为块设备和字符设备分别配备了缓冲池。块设备缓冲池供磁盘机和磁带机使用，缓冲池有多个缓冲区，缓冲区的大小以块大小为单位。所有字符设备共享一组字符缓冲池，构成字符缓冲池。字符设备在进行 I/O 操作时，都采用了字符缓冲区。

4．UNIX 的网络功能

UNIX 系统的网络功能强大，支持许多通信协议，有些协议如 TCP/IP 还放在内核，使 UNIX 成为一种具有内在的 Internet 网络路由功能的操作系统，在系统中还包含有网络文件系统(NFS)、客户机/服务器协议软件(Lan Manager Client/Server)、IPX/SPX 软件等，通过这些软件使 UNIX 系统可以与其他网络操作系统互联，实现相互通信和资源共享。

10.7.3　Linux 操作系统

Linux 是一种可免费使用的 UNIX 操作系统，运行于一般的 PC 机上。芬兰赫尔辛基大学学生 Linux 在 1991 年通过 Internet 公布 Linux 第一版 0.02 版，并将其放在互联网上的一个FTP服务器上，可供他人自由下载。由于具有UNIX的全部功能，而且源代码完全公开，所有Linux系统爱好者都可以在其系统上工作，如测试修改核心的错误，增加新的功能，编写硬件驱动程序等，为广大的计算机爱好者提供了学习、探索以及修改操作系统内核的机会，这直接导致了Linux的迅猛发展。各大软件公司纷纷开始推出Linux版本的商业软件，世界各大计算机公司如IBM、Oracle、Sybase等开发了支持Linux平台的软件产品。Linux正逐步进入商业应用时代。

Linux从UNIX那里继承了许多优点，同时它自身又具有一些独特的特点：

(1) 多用户。在这方面，Linux的实现要比UNIX更为方便，因为大部分UNIX都是商业性质的，所以都有最多人数的限制，而Linux就没有这个规定。

(2) 多任务。在一台计算机上可以同时运行多个应用程序，可最大限度地利用系统资源。

(3) 可移植性好。可以移植到多种硬件平台上运行，几乎支持目前流行的全部CPU。

(4) 内存保护。在Linux下，应用程序只能访问系统分配给它的内存区域，而不能访问其它内存区域。

(5) 虚拟内存分页技术。在系统运行时，以内存页面为单位在内存与硬盘之间进行交换，不仅可以使用整个硬盘分区来做虚拟内存，还可以使用单独的文件来做虚拟内存。而且，Linux可以在系统运行时动态地增加交换空间。

(6) 内存页面共享。在Linux中，多个应用程序可以共享同一块内存页面(每块4 KB)。只有当进程试图对共享内存块执行写操作时，系统才把它复制到内存的另一块区域。这样做不仅可以加快应用程序的执行速度，而且还节省了大量的物理内存。

(7) 具有优秀的磁盘缓冲功能。Linux的磁盘I/O操作与其它操作系统都有所不同，它把系统运行时没有用到的所有剩余物理内存都可以用来做磁盘缓冲，所以它的磁盘I/O操作速度要比其它操作系统快得多。当应用程序需要使用这部分物理内存时，Linux就会释放它，供应用程序使用。

(8) 动态链接共享库。使用动态链接共享库的目的是为了在程序设计时实现模块化，并有效地减小应用程序的大小。而且使用动态链接共享库，用户只需要对动态链接共享库进行升级，那些使用该动态链接共享库的应用程序都会随之升级。

(9) 支持伪终端设备。Linux允许同时有多个用户从网络登录到系统，每个登录进程使用一个单独的伪终端设备。Linux默认的伪终端设备的数目为64个，给系统打一个简单的补丁，就可以增加到256~1024个伪终端设备。Linux采用了动态收集的策略，可以自动回收已经废弃的终端，供其他用户使用。

(10) 支持多个虚拟控制台。用户可以在一个真正的控制台上登录多个虚拟控制台。

(11) 支持的硬件广泛。由于在世界各地都有爱好者在为Linux编写各种硬件产品的驱动程序，因此Linux下可用的硬件驱动程序比较多，几乎所有硬件产品的驱动程序都可以在Linux下找到。

(12) 强大的网络功能。支持多种网络协议，如TCP/IP、IPX、NETBEUI、IPv4、IPv6、X.25、Appletalk等。

(13) 支持数学协处理器387的软件模拟。由于Linux操作系统内核具有支持协处理器(FPU)的软件模拟，因此Linux可以在那些没有FPU的机器上运行。

(14) 支持多种文件系统。Linux自身使用的是ext2FS文件系统，这种文件系统支持的硬盘容量可以为 2 TB，文件名长度可以达到 256 个字符。同时，Linux 还支持其它多种文件系统。

Linux 由两部分组成。一部分是内核，主要包括 CPU 管理和内存管理等内容。另一部分是在内核之上运行的系统程序和应用程序。原则上，用户可以从网上或其他地方获取 Linux 内核，并且自己编译它。然后用户可以用同样的方式获取许多应用程序的代码，编译以后装入系统。对于复杂的程序，这样做不但费时，而且容易出错。为了避免这些问题的出现，用户通常选择从 Linux 的发行商那里获取操作系统和应用程序。Linux 各发行版本之间有一定的差别，主要体现在系统的软件、协议、封装、安装和用户系统中的跟踪应用软件包，以及安装和维护工具、文档和其它服务等。这些发行版由个人、松散组织的团队以及商业机构和志愿者组织编写。发行版为不同的目的而制作，包括对不同计算机结构的支持，对一个具体区域或语言的本地化，实时应用及嵌入式系统。基于成本低廉与可设定性高的特点，Linux 常常被应用于嵌入式系统，例如机顶盒、移动电话等。

Linux 以它的高效性和灵活性著称。它能够在 PC 机上实现全部的 UNIX 特性，具有多任务、多用户的能力。Linux 操作系统软件包不仅包括完整的 Linux 操作系统，而且还包括了文本编辑器、高级语言编译器等应用软件。它还包括带有多个窗口管理器的 X-Windows 图形用户界面，如同我们使用 Windows 一样，允许我们使用窗口、图标和菜单对系统进行操作。

Linux 之所以受到广大计算机爱好者的喜爱，主要原因有两个。一是它属于自由软件，用户不用支付任何费用就可以获得它和它的源代码，并且可以根据自己的需要对它进行必要的修改，无偿使用，无约束地继续传播。另一个原因是，它具有 UNIX 的全部功能，任何使用 UNIX 操作系统或想要学习 UNIX 操作系统的人都可以从 Linux 中获益。

习　题　10

● 操作系统概述

一、选择题

1. 操作系统是一种系统软件，它的职能是(　　)。

A. 只管理软件　　B. 只管理硬件

C. 既不管理硬件，也不管理软件　　D. 既管理硬件，也管理软件

2. 设计批处理操作系统时，首先应考虑的是(　　)。

A. 交互性和响应时间　　B. 吞吐量和周转时间

C. 灵活性和可适应性　　D. 可靠性和完整性

3. 设计分时操作系统的主要目标是(　　)。

A. 吞吐量和周转时间　　B. 交互性和响应时间

C. 灵活性和可适应性　　D. 可靠性和完整性

4. 对计算机系统起着控制和管理作用的是(　　)。

A. 硬件　　B. 操作系统　　C. 编译系统　　D. 应用程序

5．在(　　)操作系统的控制下，计算机能及时处理过程控制装置反馈的信息，并作出响应。

A．网络　　B．分时　　C．实时　　D．批处理

二、填空题

1．如果操作系统具有很强的交互性，可同时供多个用户使用，但时间响应不太及时，则属于________类型；如果操作系统可靠，时间响应及时但仅有简单的交互能力，则属于________类型；如果操作系统在用户提交作业后，不提供交互能力，它所追求的是计算机资源的高利用率，大吞吐量和作业流程的自动化，则属于________类型。

2．设计实时操作系统时，必须先考虑系统的实时性和_______，其次才考虑_______等。

3．某系统的设计目标追求系统的吞吐量和作业的平均周转时间，这样的系统属于________操作系统。

4．为减少处理器的空闲时间，提高它的利用率，可采用___________技术。

● 处理机管理

一、选择题

1. 当外围设备工作结束后，将使等待该外围设备传输信息的进程变为(　　)状态。

A. 等待　　B. 运行　　C. 就绪　　D. 完成

2. PV 操作是在信号量上的操作，当信号量的值为(　　)时，若有进程调用 P 操作，则该进程在调用 P 操作后必定可以继续执行。

A. =0　　B.≠0　　C. ＞0　　D. ＜0

3. 在多道程序设计系统中，为了保证临界资源互斥地使用，各并发进程应互斥进入临界区。所谓临界区是指(　　)。

A. 一个缓冲区　　B. 一段数据区

C. 同步机制　　D. 一段程序

4. 在操作系统中，信号量表示资源实体，是一个与队列有关的(　　)变量，其值仅能用 P、V 操作来改变。

A. 实体　　B. 整型　　C. 布尔型　　D. 记录型

5. 支持多道程序设计的操作系统在运行过程中，不断地选择新进程运行来实现 CPU 的共享，但其中(　　)不是引起操作系统选择新进程的直接原因。

A. 运行进程的时间片用完　　B. 运行进程出错

C. 运行进程要等待某一事件发生　　D. 有新进程进入就绪状态

6. 多道程序系统中，操作系统分配资源以(　　)为基本单位。

A. 程序　　B. 指令　　C. 进程　　D. 作业

7. 分配到必要的资源并获得处理机时的进程状态是(　　)。

A. 就绪状态　　B. 运行状态　　C. 等待状态　　D. 撤销状态

8. 产生死锁的原因(　　)有关。

A. 与多个进程竞争 CPU

B. 与多个进程释放资源

C. 仅与并发进程的执行速度不当

D. 除与资源分配策略不当外，也与并发进程执行速度不当

9. 系统运行银行家算法是为了(　　)。

A. 检测死锁　　B. 避免死锁　　C. 解除死锁　　D. 防止死锁

10. 有关死锁检测的提法错误的是(　　)。

A. 死锁检测用于对系统资源的分配不加限制的系统

B. 系统可定时运行死锁检测程序进行死锁的检测

C. 死锁检测的结果能知道系统是否能预防死锁

D. 死锁检测的结果能知道系统当前是否存在死锁

二、填空题

1. 通常使用的死锁预防策略有静态分配资源、__________和__________。

2. 如果要保证任何时刻都是最高优先级进程在处理器上运行，那么应该采用_______调度算法进行进程调度。

3. 有一资源可供 n 个进程共享，但限制各进程只能互斥使用它，如果采用 PV 操作来管理，则可能出现的信号量最大值为_______。

4. 采用_______算法分配资源能够使系统避免死锁。

5. 当若干进程需求资源的总数大于系统能提供的资源数时，进程间就会出现竞争资源的现象，如果对进程竞争的资源___________，就会引起死锁。

三、简答、综合题

1. 进程与程序有什么区别？为什么要引入进程？

2. 简述对相关临界区进行管理的要求。

3. 采用“时间片轮转”的进程调度算法时，时间片取值过大或过小对操作系统的影响是什么？

4. 假设有 32 个存储区域，其编号为 0，1，…，31，用一个 32 位的标志字，位号也是 0，1，…，31，分别描述 32 个存储区域使用状态：当某一位为 1 时，表示对应存储区域已分配；为 0 时，表示对应存储区域空闲。

get 进程负责存储区域分配，每次分配一个区域，在标志字中找出某个为 0 的位，将其置为 1。

put 进程负责存储区域回收，把回收存储区域标志字对应位清 0。

要求：

(1) 分析 get 进程与 put 进程的具体同步关系。

(2) 采用 PV 操作同步工具，写出 get 进程与 put 进程的同步算法(可用流程图描述，但信号量名称、作用、初值必须说明。)

5. 某数据采集系统由两个进程组成，进程 R 负责采集数据，并把采集到的一批数据存入缓冲器 B 中，进程 W 把缓冲器 B 中的数据取出后打印输出。假定每次采集的数据长度不变且缓冲器 B 正好可以容纳采集到的数据。现采用 PV 操作来协调进程 R、W 的并发执行，

请回答下列问题：

(1) 应定义的信号量及初值____________。

(2) 进程的程序如下，请在方框位置填上适当的 P、V 操作，使两进程能正确并发执行。

```
process R                          process W
  begin                              begin
    L1: 采集数据 D;                    L2: ③__________ ;
        ①__________ ;                      X:=B;
        B:=D;                              ④__________ ;
        ②__________ ;                      打印 X 中的数据;
        goto L1;                           goto L2;
  end;                               end;
```

● 存储管理

一、选择题

1. 页式存储管理中的页表由(　　)建立。

A. 用户　B. 编译程序　C. 操作系统　D. 编辑程序

2. 系统“抖动”现象的发生是由(　　)引起的。

A. 置换算法选择不当　B.交换的信息量过大

C. 内存容量不足　D.请求页式管理方案

3. 作业在执行中发生了缺页中断，经系统将该缺页调入内存后，应继续执行(　　)。

A. 被中断的前一条指令　B. 被中断的指令

C. 被中断的后一条指令　D. 程序的第一条指令

4. 在虚拟存储系统中，若进程在内存中占 3 块(开始时为空)，采用先进先出页面淘汰算法，当执行访问页号序列为 1、2、3、4、1、2、5、1、2、3、4、5、6 时，将产生(　　)次缺页中断。

A. 7　B. 8　C. 9　D. 10

5. 段页式存储管理中，访问快表(联想存储器)失败时，每访问一条指令或存取一个操作数都要(　　)次访问主存。

A. 1　B. 2　C. 3　D. 4

6. 页面调度算法中，总是淘汰被访问次数最少的页面的算法称为(　　)调度算法。

A. FIF0　B. FCFS　C. LRU　D. 随机

7. 单一连续分配的存储管理不适用于(　　)

A. 个人计算机　B. 专用计算机

C. 单道程序系统　D. 多道程序系统

二、填空题

1. 把__________地址转换为__________地址的工作称为地址映射。

2. 静态重定位在__________时进行。动态重定位在__________时进行。

3. 操作系统的存储管理部分所管理的存储器可以分成________和________两类。

4. 主存储器的存储单元是以_______为单位。

5. _______实际上是操作系统的一种存储管理方式，起到了扩充主存空间的作用。

三、简答、综合题

1. 简述操作系统存储管理的基本功能。

2. 某操作系统采用可变分区分配存储管理方法，用户区为 512 KB 且始值为 0，用空闲分区表管理空闲分区。若分配时采用分配空闲低地址部分的方案，其初始时用户区的 512 KB 空间空闲，对申请序列申请 300 KB，申请 100 KB，释放 300 KB，申请 150 KB，申请 30 KB，申请 40 KB，申请 60 KB，释放 30 KB，回答下列问题：

(1) 采用最先适应算法，空闲分区中有哪些空闲块(给出始址，大小)?

(2) 采用最佳适应算法，空闲分区中有哪些空闲块(给出始址，大小)?

3. 某系统采用页式存储管理，运行一个共有九页的作业，依次访问的页面的次序为 1、2、3、7、8、2、1、4、1、2、3、1、5、2、6、3、9、3、5、2、6，若前五页已装入主存且维持五个页在主存工作，试问：分别用 FIFO 和 LRU 调度算法时，完成该作业会产生的缺页中断次数和淘汰页面的次序？计算缺页中断率。

● 文件管理

一、选择题

1. 同一文件在不同存储介质上(　　)的存储结构。

A. 可采用用户指定　　B. 应该用相同

C. 必定采用不同　　D. 可以采用不同

2. 位示图可用于(　　)。

A. 文件目录的查找　　B. 磁盘空间的管理

C. 主存空间的共享　　D. 实现文件的保护和保密

3. 文件系统采用二级目录结构，这样可以(　　)。

A. 缩短检索文件的时间　　B. 实现不同用户对文件的共享

C. 解决不同用户之间的文件名冲突问题　　D. 以上选项都选

4. 文件系统是指(　　)。

A. 文件的集合

B. 文件的目录

C. 实现文件管理的一组软件

D. 文件、管理文件的软件及数据结构的总体

5. 用于管理学生成绩的逻辑文件的组织形式应该采用(　　)文件较合适。

A. 记录式　　B. 流式　　C. 连续　　D. 顺序

6. 把逻辑文件存放到存储介质上时，如果组织成(　　)文件，则逻辑记录可以按任意次序存放在不相邻的存储块中。

A. 流式　　B. 记录式　　C. 顺序　　D. 链接

二、填空题

1. 逻辑文件可以有两种形式：__________和__________。
2. 文件存储空间是以_______为单位进行分配的。
3. 当以单块链接的方式记录空闲块时，设每块的大小是512字节，记录一个盘块的置需要4个字节，当有255个空闲块时，需要_______个磁盘块来记录这些空闲块的位置。

三、简答、综合题

1. 在对文件进行存取操作时，为什么要进行逻辑文件和物理文件之间的相互转换？
2. 什么叫文件目录？文件目录中应包含哪些基本内容？

● 设备管理

一、选择题

1. 虚拟设备技术是指用(　　)的技术。
A. 共享设备代替独占设备　　B.独占设备代替共享设备
C. 共享设备模拟独占设备　　D.独占设备模拟共享设备
2. Spooling技术是一种实现虚拟(　　)的技术。
A. 处理器　　B. 设备　　C. 存储器　　D. 链路
3. 属于共享型设备的是(　　)
A. 打印机　　B. 磁带机　　C. 磁盘机　　D. 输入机

二、填空题

1. 通道程序是由__________组成的；启动通道工作前，必须把通道程序首地址存放到_________中。
2. 虚拟设备是通过__________技术把_________设备变成为若干用户________的设备。

三、简答、综合题

1. 操作系统设备管理包括哪些主要功能？
2. 计算机系统为用户提供“虚拟设备”有什么优点？

● 作业管理

一、选择题

1. 调度算法与作业的预计运行时间有关的算法是(　　)算法。
A. 先来先服务　　B. 均衡　　C. 短作业优先　　D. 时间片轮转
2. 作业调度程序从处于(　　)状态的队列中选取适当的作业投入运行。
A. 执行　　B. 提交　　C. 完成　　D. 后备
3. 作业由提交状态转变为后备状态，是由(　　)程序完成的。

A．作业调度　　B．设备调度　　C．预输入　　D．进程调度

二、填空题

1．在批处理系统中，当一个作业能够被作业调度程序选中时，从______状态变为________状态。

2．操作系统为用户提供了两种作业控制方式，它们是_______和_______方式。

3．作业调度是对处理机的_________管理。

4．在多道程序设计系统中，所谓多个作业同时运行，就是多个作业同时处于________状态。

三、简答、综合题

1．简述批处理操作系统的作业调度和作业调度选择作业的必要条件。

2．有5个批处理作业(A，B，C，D，E)，几乎同时到达一个计算中心，估计的运行时间分别为10，6，2，4，8分钟，它们的优先数分别为1，2，3，4，5(1为最低优先级)。对下面的各种调度算法，分别计算作业的平均周转时间：

(1) 最高优先级优先；

(2) 短作业优先。

3．在单道批处理系统中，有四个作业进入系统，进入时间及所需计算时间如下表所示。现忽略作业调度所花时间，当第一个作业进入系统后即可开始调度。

作业	进入时间	所需计算时间
1	8：00	2小时
2	8：30	30分钟
3	9：00	6分钟
4	9：30	12分钟

(1) 将分别采用短作业优先和响应比最高作业优先调度算法时各个作业的开始时间、完成时间、周转时间分别填入下面的表中。

	短作业优先			响应比最高作业优先		
作业	开始时间	完成时间	周转时间	开始时间	完成时间	周转时间
1						
2						
3						
4						

(2) 采用短作业优先调度算法时，平均周转时间为_______。采用响应比最高作业优先调度算法时，平均周转时间为_______。

第 11 章　数据库系统及其应用

11.1　数据库系统概述

11.1.1　信息、数据与数据处理

1．信息

基于计算机、通信和信息处理技术的信息技术近年来发展迅速，计算机互联网也进入千家万户，这一切都使得信息革命深入人心。世界范围的信息革命激发了人类历史上最活跃的生产力，人类在经历了农业社会、工业社会后，已步入信息化社会。信息化水平的高低已成为衡量一个国家、一个地区现代化水平和综合国力的重要标志。各种信息化系统已成为国家基础设施，它们支撑着电子政务、电子商务、电子金融、科学研究、网络教育、能源、通信、交通和社会保障等方方面面，信息成为人类社会必需的重要资源。

进入 20 世纪中期以后，随着信息科学技术的发展，人们开始探讨信息的准确含义。学术界公认的，即把信息作为一种理论来认识与描述的，当推信息论的奠基人香农(Shannon)于 1948 年在《通信的数学理论》中首次提出的经典定义——“信息是用来消除不确定性的东西”。显然，这是从通信的角度提出来的。

1988 年，我国信息论专家钟义信教授在《信息科学原理》一书中把信息定义为：“事物的运动状态和状态变化的方式”，并通过引入约束条件推导了信息的概念体系，对信息进行了完整和准确的描述。

2．数据

信息只有依附于一定的物质载体才能显现出来。载体本身也不是信息，人类认识主体时首先接触的是载体，然后才逐渐感知载体中所承载的信息内涵。根据载体本身的特征，我们可以把信息载体分为两大部分：一部分是由人类认识主体的感官表达的表意型载体，如语言、文字、符号、形体、表情等；另一部分是人的感官无法直接感知而存储于物质的物质载体，无形的如声波、电磁波、网络等，有形的如石头、丝绸、纸张、磁带、光盘等。

目前，信息已由最初的语言、文字等形态演变成数据、文本、声音、图像等复杂的形态。在这里，“数据”并非单纯指“数字”。从信息科学的角度来考察，数据是指电子计算机能够生成和处理的所有事件、数字、文字、符号等。当文本、声音、图像在计算机里被简化成“0”和“1”的原始单位时，它们便成了数据。人们储存在“数据库”里的信息，自然也不仅仅是一些“数字”。

需要指出的是，信息表现的形态不是一成不变的。也就是说，文本、数据、声音、图

像能够相互转化。如语言可以通过纸张记录下来，于是声音变成了文字，而文字可在扫描后输入计算机，最后经计算机被输出为图像。

3. 数据处理

信息与数据有着密切的联系：数据是记录客观事物的性质、形态、数量特征的抽象符号，而信息则是对数据加工的结果，使之成为反映事物客观规律的一组数据。可见，信息来源于数据，但又对数据给予解释，揭示了数据的内涵。信息作为数据的载体，可以采用不同的形式传播，但无论何种形式都不能改变其基本内容。

数据与信息两者在概念上不尽相同，但通常并不严格去区分它们。所以，数据处理也可称为信息处理。

数据处理是将数据转换成信息的过程，包括对数据的收集、存储、加工、检索、传输等一系列活动。其目的是从大量的原始数据中抽取和推导出有价值的信息，作为决策的依据。数据处理的基本环节是数据管理。

数据管理的功能为：

(1) 组织和保存数据功能，对收到的数据合理地分类组织，将其存储在物理载体上，使数据能够长期被保存；

(2) 数据维护功能，根据需要随时进行插入新数据、修改原数据和删除失效数据的操作；

(3) 数据查询和数据统计功能，能快速地得到需要的正确数据，满足各种使用要求；

(4) 数据的安全和完整性控制功能，使保证数据的安全性和完整性。

数据管理的目标是：收集完整的信息，将信息用数据表示，按数据结构合理科学地组织并保存数据；为各种使用快速地提供正确的数据，并保证数据的安全性和完整性。

11.1.2 数据管理技术的发展

数据管理技术的发展大体可以归为三个阶段：人工管理、文件系统和数据库管理系统。

1. 人工管理

20 世纪 50 年代中期以前为人工管理阶段，是计算机数据管理的初级阶段。这一阶段的计算机主要用于科学计算，硬件中的外存只有卡片、纸带、磁带，没有磁盘等直接存取设备；软件只有汇编语言，没有操作系统，更无统一的管理数据的软件；对数据的管理完全在程序中进行，数据处理的方式基本上是批处理。程序员编写应用程序时，要考虑具体的数据物理存储细节，即每个应用程序中都要包括数据的存储结构、存取方法、输入方式、地址分配等，如果数据的类型、格式或输入输出方式等逻辑结构或物理结构发生变化，则必须对应用程序做出相应的修改。另外，数据是面向程序的，一组数据只能对应一个程序，很难实现多个应用程序共享数据资源，因此程序之间有大量的冗余数据。

2. 文件系统

20 世纪 50 年代后期至 60 年代中期，随着计算机软硬件技术的发展，出现了文件系统，负责对数据进行管理。这一阶段，计算机已大量用于信息管理，硬件有了磁盘、磁鼓等直接存储设备；在软件方面，出现了高级语言和操作系统；操作系统中有了专门管理数据的软件，一般称为文件系统，用户可以把相关数据组织成一个文件存放在计算机中，由文件系统对数据的存取进行管理，处理方式有批处理，也有联机处理。

文件管理数据的特点是：

(1) 数据可以长期保存；

(2) 有专门的数据管理软件——文件系统；

(3) 程序与数据间有一定的独立性。

随着数据管理规模的扩大，数据量急剧增加，文件系统显露出如下一些缺陷：

(1) 数据冗余度大。数据冗余度指同一数据重复存储时的重复程度。文件系统阶段各数据文件之间没有有机的联系，一个文件基本上对应于一个应用程序，数据不能共享，因此数据冗余度大。

(2) 数据独立性不高。文件系统中的文件是为某一特定应用服务的，许多情况下不同的应用程序使用的数据和程序相互依赖，系统不易扩充。一旦改变数据的逻辑结构，就必须修改相应的应用程序，而应用程序发生变化，如改用另一种程序设计语言来编写程序时，也需修改数据结构。

(3) 数据一致性差。由于相同数据的重复存储、各自管理，在进行更新操作时，容易造成数据的不一致性。

3．数据库系统

20 世纪 60 年代后期，数据管理技术进入数据库系统阶段。数据库系统克服了文件系统的缺陷，提供了对数据更高级、更有效的管理。这个阶段的程序和数据的联系通过数据库管理系统(DBMS)来实现。

数据库系统阶段的数据管理具有以下特点：

(1) 采用数据模型表示复杂的数据结构。数据模型不仅描述数据本身的特征，还要描述数据之间的联系，这种联系通过存取路径实现。通过所有存取路径表示自然的数据联系是数据库与传统文件的根本区别。这样，数据不再面向特定的某个或多个应用，而是面向整个应用系统。数据冗余明显减少，实现了数据共享。

(2) 有较高的数据独立性。数据的逻辑结构与物理结构之间的差别可以很大。用户以简单的逻辑结构操作数据而无需考虑数据的物理结构。数据库的结构分成用户的局部逻辑结构、数据库的整体逻辑结构和物理结构三级。用户(应用程序或终端用户)的数据和外存中的数据之间转换由数据库管理系统实现。

(3) 数据库系统为用户提供了方便的用户接口。用户可以使用查询语言或终端命令操作数据库，也可以用 C++等程序方式操作数据库。

数据库系统提供了以下数据控制功能：

● 数据库的并发控制：对程序的并发操作加以控制，防止数据库被破坏，杜绝提供给用户不正确的数据；

● 数据库的恢复：在数据库被破坏或数据不可靠时，系统有能力把数据库恢复到最近某个正确状态；

● 数据完整性：保证数据库中的数据始终是正确的；

● 数据安全性：保证数据的安全，防止数据的丢失、破坏；增加了系统的灵活性；对数据的操作不一定以记录为单位，可以数据项为单位。

最后我们通过表 11.1 总结一下这三个阶段的特点。

表 11.1　数据管理三个阶段的特点比较

		人工管理	文件系统	数据库系统
特点	数据的管理者	人	文件系统	数据库管理系统
	数据面向的对象	某一应用程序	某一应用程序	整个问题域
	数据的共享程度	无共享，冗余度极大	共享性差，冗余度大	共享性高，冗余度小
	数据的独立性	不独立，完全依赖于程序	独立性差	具有高度的物理独立性和逻辑独立性
	数据的结构化	无结构	文件内部有结构，整体无结构	整体结构化，用数据模型描述
	数据控制能力	应用程序自己控制	应用程序自己控制	由数据库管理系统提供数据安全性、完整性、并发控制和恢复能力

11.1.3　数据库系统

数据库系统(DataBase System，DBS)通常是指带有数据库的计算机应用系统，因此，数据库系统不仅包括数据库本身，还包括相应的硬件、软件和各类人员。数据库系统是一个包括使用人员和维护人员、加工设备和数据资源的完整计算机应用系统。

如图 11.1 所示，数据库系统由硬件平台、软件平台、数据库和人员几部分组成。

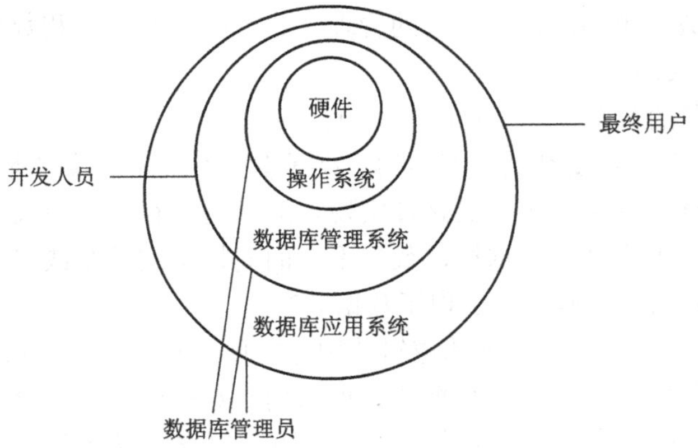

图 11.1　数据库系统的组成

1. 硬件平台

常见的数据库系统硬件平台分为服务器端和客户端两大部分。

数据库服务器是系统的关键组成部分，它作为硬件的核心承担了整个系统运行数据的建立、存储、查询、操作、备份以及整个后台应用程序的运行任务。数据库服务器的处理能力、存储能力、可靠性直接关系到整个系统的性能优劣。因此，对服务器端硬件资源提出了较高的要求，应选用高可靠性、高可用性、高性价比的服务器。

2. 软件平台

数据库系统软件平台主要包括以下软件：

1) 数据库管理系统(DBMS)

数据库管理系统是数据库系统的核心，它主要有如下几方面的功能：

(1) 数据库的定义功能。DBMS 提供数据定义语言 DDL(Data Definition Language)，定

义数据的模式、外模式和内模式三级模式结构，定义模式/内模式和外模式/模式二级映像，定义有关的约束条件。例如，为保证数据库安全而定义的用户口令和存取权限，为保证正确语义而定义的完整性规则。

(2) 数据库的操纵功能。DBMS 提供数据操纵语言 DML(Data Manipulation Language)实现对数据库的基本操作，包括查询、创建、插入、修改、删除等，SQL 语言就是 DML 的一种。

(3) 数据库的存储管理功能。存储管理器的主要作用是：检查用户访问数据是否合法；事务管理；把各种 DML 语句转换成 OS 的命令和参数，让 OS 执行相应的 I/O 操作；管理系统缓冲区。

(4) 数据库的保护功能。DBMS 对数据库的保护措施主要有以下几个方面：数据库的恢复，数据库的完整性控制，数据库的并发控制，数据的安全性控制。

(5) 数据库的维护功能。这一部分包括数据库的数据载入、转换、转储，数据库的改组以及性能监控等功能。

(6) 数据字典。数据库系统中存放三级结构定义的数据库称为数据字典(DD)。对数据库的操作都要通过 DD 才能实现。DD 中还存放数据库运行时的统计信息，例如记录个数、访问次数等。

为完成以上功能，数据库管理系统一般由两大部分组成：查询处理器和存储管理器。前者包括 DDL 编译器、DML 编译器、嵌入型 DML 预编译器、查询运行核心程序。后者包括授权和完整性管理器、事务管理器、文件管理器、缓冲区管理器。

2) 支持 DBMS 运行的操作系统

通常 DBMS 运行时都是基于某一种操作系统，并通过操作系统来实现对数据的存取，许多 DBMS 可支持多种操作系统平台，操作系统的选择应与 DBMS 配套。

3) 应用开发工具

应用开发工具是系统为应用开发人员及最终用户提供的高效率、多功能的应用生成器，为数据库系统的开发和应用提供了有力的支持。当前一些通用的开发工具已成为数据库软件的有机组成部分。常用的应用开发工具有 Delphi、PowerBuilder、Visual Basic、Developer 2000、Java 等。

4) 为特定应用开发的数据库应用软件

数据库管理系统为数据的定义、存储、查询和修改提供支持，而数据库应用软件是对数据库中的数据进行加工和处理的软件，面向特定应用。例如，基于数据库的各种管理软件、管理信息系统(MIS)、决策支持系统(DSS)、办公自动化系统、各级电子政务系统和各类电子商务系统等都属于数据库应用软件。

3. 数据库

数据库是数据的集合，它具有统一的结构形式并存放于统一的存储介质内，是多种应用数据的集成，并可被应用所共享。

数据库存放数据，数据按所提供的数据模式存放，它能构造复杂的数据结构以建立数据间内在联系与复杂关系，从而构成数据的全局结构模式。

数据库中的数据具有“集成”、“共享”之特点，亦即是数据库集中了各种应用的数据，进行统一的构造与存储，而它们可为不同的应用提供服务。

例如，教务处学籍管理数据库中有组织地存放了学生基本情况、课程情况、学生选课情况、开课情况、教师情况等内容，可供教务处、各系教学办、班主任、任课教师、学生等共同使用。

4. 人员

参与分析、设计、管理、维护和使用数据库中数据的人员都是数据库系统的组成部分，在数据库系统的开发、维护和应用中起着重要的作用。分析、设计、管理和使用数据库系统的人员主要是数据库管理员、系统分析员、应用程序员和最终用户。

1) 数据库管理员(DataBase Administrator，DBA)

数据库是整个企业或者组织的数据资源，因此企业或组织设立了专门的数据资源管理机构来管理数据库，数据库管理员则是这个机构的一组人员，从事数据库管理工作，负责数据库系统的管理、设计、维护和正常使用。其主要职责包括：参与数据库设计的全过程，决定数据库的结构和内容；定义数据的安全性和完整性，负责分配用户对数据库的使用权限和口令管理，帮助最终用户使用数据库系统；监督控制数据库的使用和运行，改进和重新构造数据库系统，优化数据库系统的性能；定期转储数据，当数据库受到破坏时，应负责恢复数据库，而当数据库的结构需要改变时，应完成对数据结构的修改。

2) 系统分析员和应用程序员(Application Programmer)

系统分析员负责整个数据库系统的规划及结构设计，负责应用系统的需求分析与规范说明，需要从总体上了解、设计整个系统。因此，系统分析员必须与用户及数据库管理员相结合，确定系统的软硬件配置并参与数据库各级模式的概要设计。

应用程序员负责为终端用户设计和编制数据库的应用程序，以便终端用户对数据库进行存取操作。

3) 终端用户(End User)

终端用户主要是使用数据库的各级管理人员、工程技术人员、科研人员，一般为非计算机专业人员。

11.1.4 数据库系统的结构

数据库系统的结构是数据库系统的一个总框架，可以从多种不同的角度考查数据库系统的结构。从数据库管理系统的角度看，数据库系统通常采用三级模式结构，这是数据库系统内部的体系结构，如图 11.2 所示。

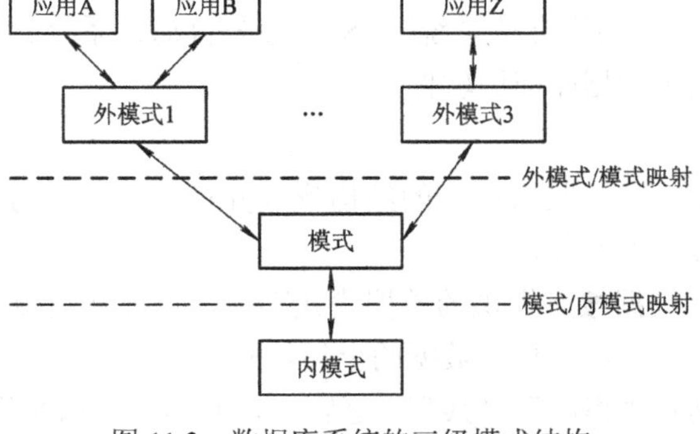

图 11.2　数据库系统的三级模式结构

1) 模式

模式也称逻辑模式，是数据库中全体数据的逻辑结构和特征的描述，是所有用户的公共数据视图。它不涉及数据的物理存储细节和硬件环境，与应用程序使用的开发工具及高级程序设计语言无关。一个数据库只有一个模式。数据库模式以某一种数据模型为基础，统一、综合地考虑了所有用户的需求，并将这些需求有机地结合成一个逻辑整体。模式是数据库中全部数据的一个逻辑表述，既要定义数据的名字、数据类型、大小，又要说明数据之间的关系及数据的安全性、完整性要求等。

2) 外模式

外模式也称子模式或用户模式，是数据库用户看见和使用的局部数据的逻辑结构和特征的描述，是数据库用户的数据视图，是与某一应用有关的数据的逻辑表示。外模式是保证数据库安全性的一个有力措施。每个用户只能看见和访问所对应的外模式中的数据，数据库中的其余数据对他们来说是不可见的。比如，学生成绩管理和学籍管理可以用不同的程序设计语言来建立，对同一个学生成绩数据，老师可以写，学生却只能读。因此，不同用户的外模式的描述是不同的。

3) 内模式

内模式也称存储模式，是数据物理结构和存储结构的描述，是数据在数据库内部的表示方式。例如，记录的存储方式是顺序存储、按照 B 树结构存储还是按 Hash 方法存储；索引按照什么方式组织；数据是否压缩存储，是否加密；数据的存储记录结构有何规定等。一个数据库只有一个内模式。

数据库系统的三级模式是对数据的三个抽象级别。它把数据的具体组织留给 DBMS 管理，使用户能逻辑地抽象地处理数据，而不必关心数据在计算机中的具体表示方式与存储方式。为了能够在内部实现这三个抽象层次的联系和转换，数据库系统在这三级模式之间提供了两层映射：外模式/模式映射和模式/内模式映射。正是这两层映射保证了数据库系统中的数据能够具有较高的逻辑独立性和物理独立性。

4) 外模式/模式映射

模式描述的是数据的全局逻辑结构，外模式描述的是数据的局部逻辑结构。对应于同一个模式可以有任意多个外模式。对于每一个外模式，数据库系统都有一个外模式/模式映射，它定义了该外模式与模式之间的对应关系。这些映射定义通常包含在各自外模式的描述中。当模式改变(例如，增加新的数据类型、新的数据项、新的关系等)时，由数据库管理员对各个外模式/模式的映射做出相应改变，可以使外模式保持不变，从而不必修改应用程序，保证了数据的逻辑独立性。

5) 外模式/模式映射

数据库中只有一个模式，也只有一个内模式，所以模式/内模式映射是唯一的，它定义了数据全局逻辑结构与存储结构之间的对应关系。例如，说明逻辑记录和字段在内部是如何表示的。该映射定义通常包含在模式描述中。当数据库的存储结构发生改变(例如，采用了更先进的存储结构)时，由数据库管理员对模式/内模式映射做相应改变，可以使模式保持不变，从而保证了数据的物理独立性。

在数据库的三级模式结构中，数据库模式即全局逻辑结构是数据库的中心与关键，它独立于数据库的其他层次。因此，设计数据库模式结构时应首先确定数据库的逻辑模式。

11.2　关系数据库基础理论

11.2.1　数据描述

现实世界是复杂的，要将复杂的现实世界以数据的形式存储在计算机中，需要一个抽象的过程。抽象的过程分为三个阶段，我们称为三个世界，即现实世界、信息世界和计算机世界。

(1) 现实世界：是独立于人们意识之外的客观世界，事物及其联系就处在这个世界中。现实世界里存在着万物，比如教师、学生、课程和学校等。事物之间存在着联系，而这些联系是由事物本身的性质所决定的。学生学习课程，教师教授课程……由此可以看出，这些人或事物之间存在着错综复杂的关系，要处理的对象越多，事物之间的联系就越复杂。如果把现实世界中的事物和事物之间的联系进行选择、命名、分类等抽象处理，就进入了信息世界。

(2) 信息世界：是指现实世界在人脑中形成的概念。它又称为概念世界，客观事物在信息世界中称为实体。将现实世界中的客观事物及其错综复杂的关系作分析，去粗取精，去伪存真，最后形成一些基本概念与基本关系，它们可以用所谓的信息模型来表示。在信息世界中所表示的模型都是较为抽象的，它们与具体数据库、具体计算机平台无关。

(3) 计算机世界：将信息世界中的信息模型转化为计算机物理结构上的描述，从而形成的物理模型叫计算机世界。现实世界的要求只有在计算机世界中才能得到真正的物理实现。

上面所述的三个世界中，现实世界是客观存在，而其他二个世界则是人们抽象得到的，这种加工转化的过程是一种逐步精化和提高的过程(如图 11.3 所示)，它符合人类认识客观事物的规律。表示这三个世界术语的对应关系如表 11.2 所示。

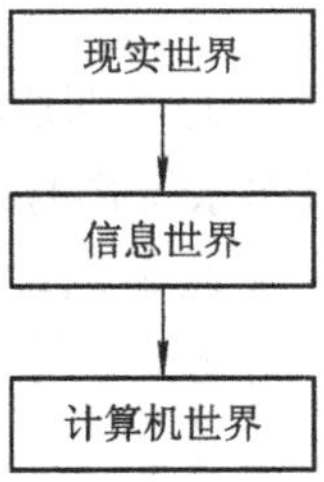

图 11.3　三个世界的转化示意图

表 11.2　三个世界的对应关系

现实世界	信息世界	计算机世界
事务类	实体集	文件
事务	实体	记录
内涵	属性	字段

11.2.2　数据模型

数据是现实世界的符号的抽象，而数据模型则是数据特征的抽象。在数据库系统中，数据模型是它的核心与基础。数据模型描述数据的结构，定义在其上的操作以及约束条件。它从抽象层次上描述了系统的静态特征、动态行为和约束条件，为数据库系统的信息表示与操作提供了一个抽象框架。

数据模型按不同的应用层次分成信息模型和结构数据模型两个层次。

信息模型也称概念模型，它是一种面向客观世界、面向用户的模型，它与具体的数据库管理系统无关，与具体的计算机平台无关。信息模型着重于对客观世界复杂事物的结构描述及它们间的内在联系的刻画，而与数据在计算机中的物理存储无关。目前，最常用的信息模型是实体-联系模式(E-R 模型)。

结构数据模型是一种面向数据库系统的模型，该模型着重于在数据库系统一级的实现。它是客观世界到计算机间的中介模型，具有承上启下的功能。信息模型只有在转换成数据模型后才能在数据库中得以表示。目前，数据模型很多，较为成熟并被人们所大量使用的有层次模型、网状模型、关系模型、面向对象模型等。

结构数据模型通常由数据结构、数据操作与数据约束三个部分组成。

(1) 数据结构：数据模型中的数据结构主要描述数据类型、内容、性质的有关情况以及描述数据间的联系的有关情况。数据结构是数据模型的基础，数据操作与约束均建立在数据结构上。不同的数据结构有着不同的操作与约束。因此，一般数据模型的分类均以数据结构的不同而分。

(2) 数据操作：是指对数据库中各种对象的实例允许执行的操作的集合，包括操作和有关操作的规则。例如插入、删除、修改、检索、更新等操作，数据模型要定义这些操作的确切含义、操作符号、操作规则以及实现操作的语言等。

(3) 数据约束：数据的约束条件是完整性规则的集合，用以限定符合数据模型的数据库状态以及状态的变化，以保证数据的正确、有效和相容。数据模型中的数据及其联系都要遵循完整性规则的制约。例如，数据库的主键不允许空值，人的年龄不能为负数等。

1．信息模型(实体-联系模型)

实体-联系模型(Entity-Relationship Model)又称 E-R 模型，它是 P.P.Chen 于 1976 年首先提出的，此后该模型不断扩展和完善，成为被广泛采用的信息模型设计方法。这个模型直接从现实世界中抽象出实体类型及实体间联系，然后用实体联系图(E-R 图)表示数据的抽象和数据的联系。由于 E-R 图简单直观，因此被广泛使用。

1) 概念

(1) 实体：客观存在的且又能相互区别的事物称为实体，如一个学生、一门课。实体也可以是抽象的事件，如一次试验。实体是信息世界中的基本单位。

(2) 实体集：具有相同特征的实体的集合称为实体集。如数学课、英语课是实体，而所有课程则组成一个实体集。

(3) 属性：是实体所具有的特征。一个实体由若干个属性描述，如学生的属性可以有学号、姓名、班级、宿舍等。属性可以有值，一个属性的取值范围称为该属性的域。实体有型与值之别，一个实体的所有属性构成了这个实体的型，如学生实体，它的型是学号、姓名、性别、年龄、班级、宿舍等，而实体中属性值的集合(即元组)则构成了这个实体的值。

(4) 联系：现实世界中事物间的关联称为联系。在信息世界中，联系反映了实体集间的一定关系，如学生与课程这两个实体集间的选修关系，辅导员与学生这两个实体集间的管理关系，教师与课程这两个实体集间的授课关系。

实体集间的联系有多种，就实体集的个数而言有：

① 两个实体集间的联系：两个实体集间的联系是一种最为常见的联系，联系概念中举的例子均属两个实体集间的联系。

② 多个实体集间的联系：这种联系包括三个实体集间的联系以及三个以上实体集间的联系。如教师、课程、学生这三个实体集间存在着教师提供课程供学生选修的联系。

③ 一个实体集内部的联系：一个实体集内有若干个实体，它们间的联系称为实体集内部的联系。如学校教师这个实体集内部可以有上下级联系，某个教师(如教研室主任)既是院长的下级，又是教研室里教师的上级。

实体集间联系的个数可以是单个，也可以是多个。如院长和教师之间既有上下级联系，也有同事间联系，还可以有项目组的联系等。

两个实体集间的联系实际上是实体集间的函数关系，这种函数关系可以有下面几种：

(a) 一对一联系：对于实体集 A 中的每一实体，实体集 B 中至多有一个实体与之联系，反之亦然。这种函数关系是常见的函数关系之一，它可以记为 1∶1。如学校与校长间的联系，一个学校与一个校长间相互一一对应。

(b) 一对多或多对一联系：对于实体集 A 中的每一实体，实体集 B 中有 n 个实体(n≥0)与之联系；反之，对于实体集 B 中每一实体，实体集 A 中至多只有一个实体与之联系，它们可以记为 1∶n 或 n∶1。如学生与其宿舍房间的联系是多一对应函数关系(反之，则为一多对应函数关系)，即多个学生对应一个房间。

(c) 多对多联系：对于实体集 A 中的每一实体，实体集 B 中有 n 个实体(n≥0)与之联系，对于实体集 B 中的每一实体，实体集 A 中有 m 个实体(m≥0)与之联系，可记为 m∶n。如教师与学生这两个实体集间的教与学的联系是多多对应函数关系，因为一个教师可以教授多个学生，而一个学生又可以受教于多个教师。

图 11.4 所示为实体之间的三种联系。

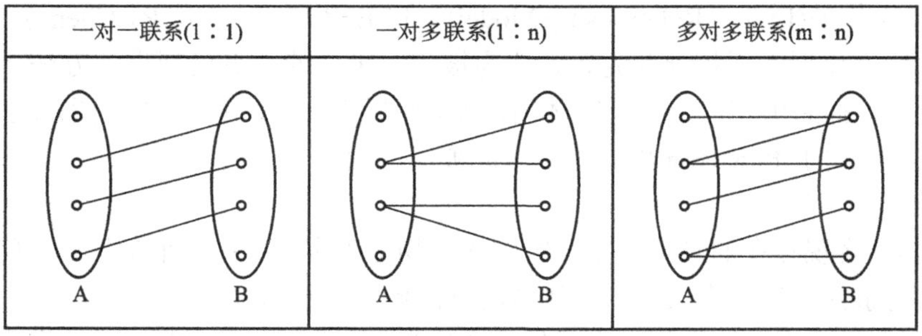

图 11.4　实体之间的三种联系

2) E-R 模型表示

E-R 模型一个很好的优点是它可以用一种非常直观的图来表示，这种图称为 E-R 图。在 E-R 图中，我们分别用下面的不同几何图形来表示 E-R 模型中的概念与联接关系，它们是：

(1) 实体：在 E-R 图中用矩形框表示实体，矩形框内注明实体名称，例如学生、课程都是实体。

(2) 属性：在 E-R 图中用椭圆框表示属性，在椭圆框内注明属性名，属性依附于实体。如学生 Student 实体有属性学号、姓名、出生日期、性别、班级和高考成绩等。

(3) 联系：在 E-R 图中用菱形框表示实体之间的联系，在菱形框内给出联系名称，还应当标出实体间的函数对应关系，如 1∶1，1∶n，n∶m 等。显然，学生与课程之间是多对多函数对应关系。如果实体间是多对多联系，那么联系也具有属性。

【例 11-1】 在学生选课系统中，有学生和课程实体，以及附属于它们的属性和实体之间的联系，该系统的 E-R 图可以用图 11.5 表示。

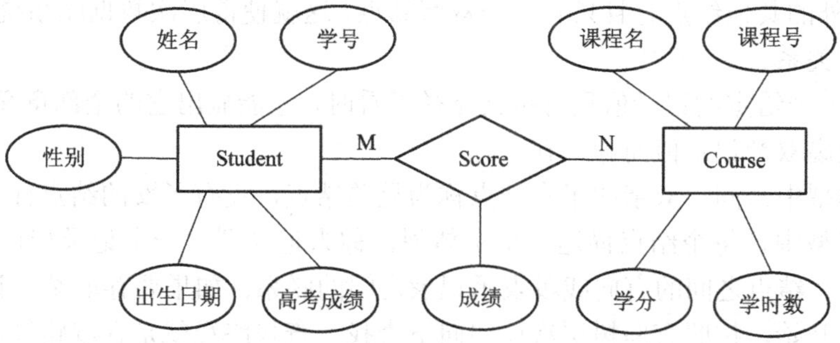

图 11.5 学生选课系统的 E-R 图

我们容易看出，E-R 模型有两个明显的优点：接近于人的思维，容易理解；与计算机无关，用户容易接受。但是 E-R 模型只能说明实体间语义的联系，还不能进一步说明详细的数据结构。在概念上，E-R 模型中的实体、属性与联系是三个有明显区别的不同概念，但是在分析客观世界的具体事物时，往往会产生混淆，以致区别不清。这是构造 E-R 模型最困难的一点。解决该困难主要靠经验与积累，当然也有一些规则可循，但关键是与应用背景以及设计人员的理解有关。

2. 结构数据模型

实体联系模型反映了实体之间的联系，是人们对现实世界客观事物之间联系的认识。而结构数据模型是实体联系模型的数据化，实体联系模型和结构数据模型是对现实世界中客观事物及其联系在信息世界和数据世界的两级抽象描述。在建立了实体联系模型之后，就可以着手建立数据模型。借助于数据模型，能够更彻底、更精确地表达客观事物的内在关系。

数据模型的种类很多，用于不同的使用范围。目前常用的数据模型有层次模型、网状模型和关系模型三种。

1) 层次模型

层次模型如图 11.6 所示，其基本结构是树形结构，这种结构方式在现实世界中很普遍，如家族结构、行政组织机构，它们自顶向下、层次分明。层次模型通常是用树形结构来表示各类实体及实体间的一对多联系(包括一对一联系)，每一个结点表示一个记录类型，结点间的连线表示记录类型间的联系。

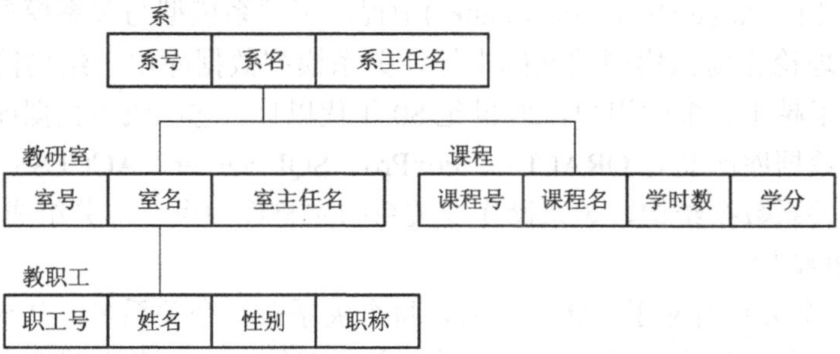

图 11.6 层次模型示意图

层次模型具有如下特征：

(1) 有且只有一个结点，无双亲结点，该结点称之为根结点。

(2) 根以外的其他结点有且只有一个双亲结点，这就使得层次数据库系统只能直接处理一对多的实体关系。

(3) 任何一个给定的记录值只有按其路径查看时，才能显出它的全部意义，没有一个子女记录能够脱离双亲记录值而独立存在。

在层次模型中，同一双亲的子女结点称为兄弟结点，没有子女的结点称为叶子结点。

在层次模型中，每个结点描述一个实体型，称为记录型。一个记录型可以有许多记录值，简称记录。结点之间的有向线段表示记录之间的联系。如果要存取某一记录型的记录，可以从根结点开始，按照有向树层次逐层向下查找，查找路径就是存取路径。

2) 网状模型

网状模型是一种较为通用的模型，从图论观点看，它是一个不加任何条件限制的无向图。在图论中，这种图称为网络，因此这种模型就称为网状模型。

网状数据模型是一种比层次模型更具普遍性的结构，它可以更直接地描述现实世界。从下面的特征不难看出，层次结构实际上是网状结构的一个特例。

网状数据模型的特征是：

(1) 允许多个结点无双亲结点。

(2) 允许结点有多个双亲结点。

(3) 允许两个结点之间有多种联系。

与层次模型一样，网状模型中也是每个结点表示一个记录类型，每个记录类型可以包含若干项，结点间的连线表示记录类型之间的父子关系，网状数据结构可以有很多种。

网状模型能够直接描述现实世界的多种复杂联系，具有良好的性能，存取效率高，能取代任何层次结构的系统，但其数据定义语言(DDL)复杂，数据独立性较差。

3) 关系模型

关系模型的数学理论基础是建立在集合代数上的，它是目前广为应用的一种重要的数据模型。关系型数据库的数据组织、管理与检索等都是基于数学理论的方法来处理数据库中的数据本身和数据之间的联系。

关系模型的基本数据结构是二维表，简称表。关系模型中的操作是建立在二维表上的操作，它包括对一张表及多张表间的查询，对一张表的删除、插入及修改操作。

IBM 公司的 E.F.Codd 于 1970 年 6 月在一篇论文《大型共享数据库的关系模型》(a relational model for large shared data banks)中提出了关系模型与关系模型数据库的概念与理论，并用数学理论作为该模型的基础支撑。关系模型数据库由于结构简单、使用方便、理论成熟而引来了越来越多的用户，20 世纪 80 年代以后，它已成为数据库系统中的主流模型。目前主要的数据库产品有 ORACLE、FoxPro、SQL Server、ACCESS 等。

关系模型由关系数据结构、关系操作及关系的完整性约束三部分组成。

(1) 关系数据结构。

① 关系。一个关系对应于一张二维表，每个关系有一个关系名。从纵向看，表中的一行称为一个元组，每行数据也称为一个记录；关系在每个横向上由若干个数据项组成，称为属性或字段。表 11.3 给出了一个学生(Student)二维表的例子。

表 11.3　二维表的一个实例

学号	姓名	出生日期	性别	班级	宿舍	高考成绩
0502001	张三	1986-1-1	男	电子 061	3#101	600
0502002	赵明	1987-5-26	男	电子 061	3#102	589
0502003	杨丽	1986-6-1	女	电子 062	3#102	621
0501001	李四	1986-1-21	男	信息 061	6#101	580
0501002	李红	1987-10-16	女	信息 061	6#101	611
0501003	王飞	1986-12-7	男	信息 061	6#102	598

二维表具有的性质有元组个数有限性、元组的唯一性、元组的次序无关性、属性名唯一性、属性的次序无关性。

② 码。码是关系模型中的一个重要概念，它具有标识元组、建立元组间联系等重要作用。

- 码：在二维表中凡能唯一最小标识元组的属性集称为该表的码或称关键字。
- 候选码：二维表中可能有若干个码，它们称为该表的候选码或称候选关键字。
- 主码：从二维表的所有候选码中选取一个作为用户使用的码称为主码(或称主关键字)，一般主码也简称码。
- 外码：若表 A 中的某属性集是某表 B 的码，则称该属性集为 A 的外码(或称外关键字)。

③ 关系模式。关系的描述称为关系模式，一个关系模式应当是一个五元组。关系模式可以形式化地表示为

R(U，D，DOM，F)

其中，R 为关系名，U 为组成该关系的属性名集合，D 为属性组 U 中属性所来自的域，DOM 为属性向域的映射集合，F 为属性间数据的依赖关系集合。

关系模式通常可以简记为

R(A1，A2，…，An)

其中，R 为关系名，A1，A2，…，An 为属性名。而域名及属性向域的映射常常直接说明为属性的类型、长度。

E-R 模型可用关系模式表示。如图 11.5 所示的 E-R 图可用下面的关系模式表示：

学生 Student(学号，姓名，出生日期，性别，班级，宿舍，高考成绩)

选课 Score(学号，课程号，成绩)

课程 Course(课程号，课程名，学分，教师)

表 11.4 给出了 E-R 模型与关系术语间的比较。

表 11.4　E-R 模型与关系术语间的比较

E-R 模型	关　系
实　体	元　组
属　性	属　性
实 体 集	关　系
联　系	关　系

④ 关系和关系模式的区别。关系实际上就是关系模式在某一时刻的状态或内容。也就是说，关系模式是型，关系是它的值。关系模式是静态的、稳定的，而关系是动态的、随时间不断变化的，因为关系操作在不断地更新着数据库中的数据。但在实际应用中，常把关系模式和关系统称为关系。

(2) 关系操作。

关系模型的数据操作即是建立在关系上的数据操作，一般有查询、增加、删除及修改四种操作。这四种操作的对象都是关系，而操作结果也是关系。这四种操作可以分解成六种基本操作：关系的属性指定、关系的元组选择、两个关系合并、一个或多个关系的查询、关系中元组的插入和关系中元组的删除。

① 关系的属性指定：指定一个关系内的某些属性，用它确定关系这个二维表中的列。

② 关系的元组选择：用一个逻辑表达式给出关系中所满足此表达式的元组，用它确定关系这个二维表的行。

利用前面两种操作可确定一张二维表内满足一定行、列要求的数据。

③ 两个关系合并：将两个关系合并成一个关系。用此操作可以不断合并，从而可以将若干个关系合并成一个关系，以建立多个关系间操作。

④ 关系的查询：在一个关系或多个关系间进行查询，查询的结果也为关系。

⑤ 关系中元组的插入：在关系中增添一些元组。

⑥ 关系中元组的删除：在关系中删除一些元组。

(3) 关系完整性约束。

关系模型的完整性规则是用来约束关系的，以保证数据库中数据的正确性和一致性。关系模型的完整性共有三类：实体完整性、参照完整性和用户定义的完整性。

- 实体完整性规则：要求表上的主关键字中属性值不能为空值，这是数据库完整性的最基本要求。因为主关键字是唯一决定元组的，如为空值，则其唯一性就成为不可能的了。

- 参照完整性规则：也是完整性中的基本规则，它要求不允许引用不存在的元组，亦即是说在表中的外关键字要么为空值，要么其关联表中必存在元组。如在表 Student(学号，姓名，出生日期，性别，班级，宿舍，高考成绩)与 Score(学号，课程编号，成绩)中，Score 中主关键字为(学号，课程编号)，而外关键字为学号，Score 与 Student 通过学号相关联，而参照完整性规则要求 Score 中的学号的值必在 Student 中有相应元组值，如有 Score(0502001，03003，60)则必在 Student 中存在 Student(0502001，…，…，…)。

参照完整性规则给出了表之间相关联的基本要求。

上述两种规则是关系数据库所必须遵守的规则，因此任何一个 RDBMS 必须由系统自动支持。

- 用户定义的完整性规则：是针对具体数据环境与应用环境由用户具体设置的规则，它反映了具体应用中数据的语义要求。

在实际系统中，完整性规则一般应在建立数据库中的表时进行定义，应用编程人员不需再做考虑。如果某些约束条件没有建立在表一级，则应用编程人员应在各模块的具体编程中通过程序进行检验和控制。

11.2.3　关系代数

关系数据库系统的特点之一是它建立在数学理论基础之上。目前，很多数学理论可以表示关系模型，其中最为著名的是关系代数与关系演算。关系代数是用代数的方法表示关系模型，而关系演算则是用逻辑方法表示关系模型，我们这里只介绍关系代数。

1. 关系的表示

关系是由若干个不同元组所组成的，因此关系可视为元组的集合。一个 n 元关系，它的元组可视为一个 n 元有序组，因此，我们说 n 元关系是一个(n 元)有序组的集合。

设有一 n 元关系 R，它有 n 个域，分别是 D1，D2，…，Dn，此时，它的笛卡尔乘积是

$$D1\times D2\times\cdots\times Dn$$

这个笛卡尔乘积给出了这样一个集合，它的每个元素都是具有如下形式的 n 元有序组：

$$(d1,\ d2,\ \cdots,\ dn)di\in Di\ (i=1, 2, \cdots, n)$$

它与 n 元关系 R 有如下联系：

$$R\subseteq D1\times D2\times\cdots\times Dn$$

因此我们说，n 元关系 R 是 n 元有序组的集合，是它的域的笛卡尔乘积子集。

【例 11-2】　表 11.3 所示的关系 Student 可用 6 个 7 元有序组所组成的集合表示。

Student＝{(0502001，张三，1986-1-1，男，电子 061，3#101，600)，(0502002，赵明，1987-5-26，男，电子 061，3#102，589)，(0502003，杨丽，1986-6-1，女，电子 062，3#102，621)，(0501001，李四，1986-1-21，男，信息 061，6#101，580)，(0501002，李红，1987-10-16，女，信息 061，6#101，611)，(0501003，王飞，1986-12-7，男，信息 061，6#102，598)}

2. 关系基本运算

1) 关系代数的运算符

- 集合运算符：∪(并)、−(差)、∩(交)、×(笛卡尔乘积)
- 专门的关系运算符：σ (选择)、Π(投影)、∞(连接)、÷(除)
- 比较运算符：θ={>，⩾，<，⩽，=，≠}
- 逻辑运算符：∧(逻辑“与”and)、∨(逻辑“或”or)和¬(n 逻辑“非”not)。

2) 传统的集合运算

传统的集合运算都是二元运算，所谓二元运算是指运算的对象为两个。传统的集合运算如图 11.7 所示。

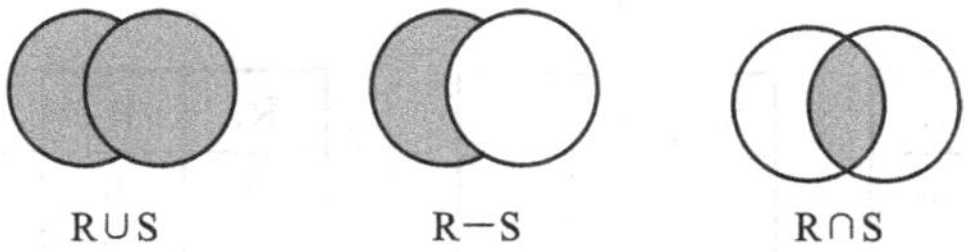

图 11.7　传统的集合运算

(1) 并(Union)运算：设关系 R 和关系 S 具有相同的目 n(即两个关系都有 n 个属性)，且相应的属性取自同一个域，则关系 R 与关系 S 的并由属于 R 或属于 S 的元组组成。其结果关系仍为 n 目关系，记做：

$$R\cup S=\{t|t\in R\vee t\in S\}$$

其中 t 代表元组。

【例 11-3】 利用表 11.5 和表 11.6 中所示的数据做并运算，得到的结果如表 11.7 所示。

表 11.5　关系 R

A	B	C
a b	g e	1 2

表 11.6　关系 S

A	B	C
a	d	1
b	e	2
c	f	3

表 11.7　R∪S

A	B	C
a	g	1
a	d	1
b	e	2
c	f	3

(2) 差(Difference)运算：设关系 R 和关系 S 具有相同的目 n，且相应的属性取自同一个域，则关系 R 与关系 S 的差由属于 R 而不属于 S 的所有元组组成。其结果关系仍为 n 目关系。记做：

$$R-S=\{t|t\in R\wedge t\in S\}$$

【例 11-4】 利用表 11.5 和表 11.6 中所示的数据做差运算，得到的结果如表 11.8 所示。

(3) 交(Intersection)运算：设关系 R 和关系 S 具有相同的目 n，且相应的属性取自同一个域，则关系 R 与关系 S 的交由既属于 R 又属于 S 的元组组成。其结果关系仍为 n 目关系。记做：

$$R\cap S=\{t|t\in R\wedge t\in S\}$$

【例 11-5】 利用表 11.5 和表 11.6 中所示的数据做交运算，得到的结果如表 11.9 所示。

表 11.8　R−S

A	B	C
a	g	1

表 11.9　R∩S

A	B	C
b	e	2

关系的交运算可以用差运算表示：

$$R\cap S=R-(R-S)$$

(4) 笛卡尔乘积(Cartesian Product)运算：对于两个关系的合并操作可以用笛卡尔乘积表示，设有关系 R，S，它们分别为 n、m 元关系，分别有 p、q 个元组，此时，关系 R 与 S 经笛卡尔乘积所得的关系 T 是一个 n+m 元关系，它的有序组个数是 p×q，T 的有序组是由 R 与 S 的有序组组合而成的。关系 R 与 S 的笛卡尔乘积可写为

$$R\times S$$

【例 11-6】 两个关系 R、S 及它们的笛卡尔乘积 T=R×S 如表 11.10 所示。

表 11.10　关系 R，S，T=R×S

R

R_1	R_2	R_3
A	B	C
D	E	F

S

S_1	S_2	S_3
G	H	I
J	K	L
M	N	O

T=R×S

R_1	R_2	R_3	S_1	S_2	S_3
A	B	C	G	H	I
A	B	C	J	K	L
A	B	C	M	N	O
D	E	F	G	H	I
D	E	F	J	K	L
D	E	F	M	N	O

3) 专门的关系运算

(1) 投影(Projection)运算：在关系内选取若干个属性的运算叫投影运算。投影运算是一个一元运算，一个关系通过投影运算(并由该运算给出所指定的属性)后仍为一个关系 R'。R'是这样一个关系，它是 R 中投影运算所指出的那些属性所组成的关系。设 R 有 n 个属性：

A1，A2, …, An, 则在 R 上对属性 Ai1，Ai2, …, Aim (Aij∈{A1，A2, …, An})的投影可表示成下面的一元运算：

$$\prod A_{i1}, A_{i2}, \cdots A_{im}(R)$$

【例 11-7】　对表 11.3 所示的关系 Student 在姓名和班级投影上可得到：

$\prod_{\text{姓名,班级}}$(Student)＝{(张三，电子 061)，(赵明，电子 061)，(杨丽，电子 061)，(李四，信息 061)，(李红，信息 061)，(王飞，信息 061)}

(2) 选择(selection)运算：选择运算是对关系内的元组进行选择。选择运算也是一个一元运算，关系 R 通过选择运算(并由该运算给出所选择的逻辑条件)后仍为一个关系，这个关系是由 R 中那些满足逻辑条件的有序组所组成的。设关系的逻辑条件为 F，则 R 满足 F 的选择运算可写为

$$\sigma_F(R)$$

逻辑条件 F 是一个逻辑表达式，它由下面的规则组成：

① 它可以具有α θ β的形式，其中α、β是域(变量)或常量，但α、β又不能同为常量，θ 是比较符，它可以是<、>、≤、≥、＝及≠。αθ β叫基本逻辑条件。

② 可由若干个基本逻辑条件经逻辑运算∧(与)、∨(或)构成，称为复合逻辑条件。

【例 11-8】　在表 11.3 所示的关系 Student 中找出高考成绩大于 610 分的所有元组：

$\sigma_{(\text{高考成绩}>610)}$(Student)={ (0502003，杨丽，1986-6-1，女，电子 062，3#102，621)，(0501002，李红，1987-10-16，女，信息 061，6#101，611)}

【例 11-9】　在关系 Student 中找出高考成绩大于 610 分且在信息 061 班学习的学生，可以写为

$\sigma_{(\text{高考成绩}>610)\wedge(\text{班级}=\text{'信息 061'})}$(Student)={(0501002，李红，1987-10-16，女，信息 061，6#101，611) }

【例 11-10】　在关系 Student 中查出所有高考成绩大于 610 分的学生学号，可以写为

$$\prod_{\text{学号}}\sigma_{\text{高考成绩}>610}(\text{Student})=\{(0502003),\ (0501002)\}$$

(3) 连接运算：是将两个关系连接起来，以满足查询任务的要求，连接运算是二元运算。实际上，我们前面所讲的关系笛卡尔积运算就是一种连接运算，是两个关系的最大连接。前面我们也提到笛卡尔积运算的结果，产生了很多没有实际意义的记录，而连接运算是将两个关系连接起来，获得与用户查询有关的新关系。关系的连接有两类：条件连接和自然连接。

① 条件连接。条件连接运算的运算符是“$\bowtie_F$”，是将两个关系有条件的连接起来。因此，连接运算在某种意义上说是一种复合运算，可以理解为先将两个关系进行笛卡尔积运算，再对连接结果做选择运算。连接运算记为

$$R\bowtie_F S=\{t|t=(t1,t2)\wedge t1\in R\wedge t2\in S\wedge F(t)\}$$

其中：F(t)=R(i)θS(j)。

上面对关系 R、S 的运算等价于：

$$R\bowtie_\theta S=\delta_{R(i)\theta S(j)}(R\times S)$$

即对关系 R 和关系 S 先进行笛卡尔积运算，然后对运算的结果进行选择运算，选择满足条件 R(i)θS(j)的记录。在条件 R(i)θS(j)中，“θ”是条件运算符，可以是≤、≥、<、=、>这几个条件运算符；R(i)表示关系 R 元组的第 i 个分量；S(j)表示关系 S 元组的第 j 个分量。

现在我们可以完整地说明条件连接运算的定义：连接运算是将两个关系进行笛卡尔积，再从笛卡尔积中选择满足一定条件记录的运算，选择的条件可以是两个关系的元组分量是否满足某种条件，这类条件称为“θ”条件，也可以是一个一般的条件，称为“F”条件。F为一个一般的条件表达式。

② 自然连接。自然连接的运算符是“⋈”，是一种特殊的条件连接，它要求进行连接的两个关系具有相同的属性组，连接的条件就是两个相同属性组的分量相等，并且在连接的结果中把重复的属性去掉。因此，自然连接可以理解为将两个有相同属性的关系按对应属性值相等的条件进行连接，再对连接的结果进行投影运算。自然连接运算记为

$$R \bowtie S=\prod_{m1, m2, \cdots, mn}(\sigma_{R.A1=S.A1 \wedge R.A2=S.A2 \wedge \cdots \wedge R.AK=S.AK}(R \times S))$$

其中σ选择的条件是关系R和关系S相同的属性对应相等。上式中，表示关系R和关系S有K个相同的属性，连接的条件是这K个属性对应相等；投影的属性m1，m2，…，mn是R的所有属性和S属性中除了S.A1，S.A2，…，S.AK之外的所有属性。

自然连接是一种常用的关系运算，当查询数据涉及两个关系时，通常需将两个关系进行自然连接。自然连接比关系的笛卡尔积、条件连接运算使用得多。

【例11-11】 两个关系R和S，R⋈S如表11.11所示。

表11.11　关系R、关系S、自然连接R⋈S

R

R_1	R_2	RS
1	2	3
4	5	6
7	8	9

S

RS	S_1	S_2
6	A	B
9	C	D
13	E	F

R⋈S

R_1	R_2	RS	S_1	S_2
4	5	6	A	B
7	8	9	C	D

11.3　关系数据库规范化理论

11.3.1　概述

规范化理论首先是由E.F.Codd于1971年提出的，目的是要设计“好的”关系数据库模式。规范化是在关系型数据库中减少数据冗余的过程。为讨论关系数据库规范化理论，我们先看一个例子。假设需设计一个教学管理数据库，它的属性有：学号，姓名，性别，班级，课程号，名称，学分，成绩，由此构造出如表11.12所示的关系。

表11.12　教学管理数据库

学号	姓名	性别	班级	课程号	名称	学分	成绩
0502001	张三	男	电子061	03003	计算机	4	60
0502001	张三	男	电子061	07001	数学	5	70
0501001	李四	男	信息061	03003	计算机	4	67
0501002	李红	女	信息061	07101	化学	2	88

我们很容易看出这个关系有如下缺点：

(1) 数据冗余。在这个关系中，一个学生如选修 n 门课，则这个学生的信息就要重复 n 遍。如张三这个学生修读八门课，在这个数据库中有关他的所有信息就要重复八次，这就造成了数据的冗余。

(2) 插入异常。在这个关系中，如果我们要插入一门将来要开设的课程的信息，但现在学生还没有选修，则无法将其存入这个数据库内，这种现象就叫插入异常。

(3) 删除异常。关系中的 0501002 的李红由于某种原因转学，因而有关她的信息在数据库中就要被删除，但在删除李红信息时，连课程 07101 化学的相关信息也同时被删除了(恰好在这个数据库中，只有在李红这个元组中记载有化学课程的有关信息)，这种现象就叫删除异常。

是什么原因引起数据冗余及插入、删除异常现象的出现呢？这是因为我们所要构造的数据库中的各属性间是相互关联的，它们之间互相依赖、互相制约，构成一个结构严密的整体。因此，在构造关系模式方案时，必须从语义上摸清这些关联，将互相依赖的属性构成单独的模式。每一个关系数据库中的每个关系模式的属性间一定要满足某种内在联系，而这种联系又可将对关系的不同要求分为若干个等级，这就叫做关系的规范化(normalization)。规范化可根据不同的要求而分成若干个级别。

11.3.2　规范化理论

关系数据库中关系规范化的问题在 1970 年 Codd 提出关系模型时就同时被提出来，关系规范化可按属性间不同的依赖程度分为第一范式、第二范式、第三范式、Boyce-Codd 范式以及第四范式。人们对规范化的认识是有一个过程的，在 1970 年就已发现属性间的函数依赖关系，从而定义了与函数依赖关系有关的第一、第二、第三及 Boyce-Codd 范式。在 1976～1978 年间，Fagin、Delobe 及 Zanjolo 发现了多值依赖关系，从而定义了与多值依赖有关的第四范式。

1．函数依赖

函数依赖是关系模式内属性间最常见的一种依赖关系。例如在关系模式 Student 中，学号与宿舍间有一种依赖关系，即学号的值一经确定后，宿舍的值也随之唯一地确定了，此时即称学号函数决定宿舍或称宿舍函数依赖于学号，它可用下面的符号表示：

学号 →宿舍

同样，我们还可以有：

学号 →班级

学号→高考成绩

关系模式成绩中的学号与成绩间则没有函数依赖关系，这是因为一个确定的学号可以允许有多个成绩(它们分别对应于不同的课程)，即成绩并不能唯一地确定，但是(学号，课程号)与成绩间则存在着函数依赖关系，即有：

(学号，课程号)→成绩

● 函数依赖：设有关系模式 $R(A_1, A_2, \cdots, A_n)$，简记为 R(U)，其中 $U=\{A_1, A_2, \cdots, A_n\}$。设 X、Y 是 U 的子集，r 是 R 的任一具体关系，r 的任意两条记录 t1、t2，若 t1[X]=t2[X]

(记录 t1、t2 在 X 上的属性值相等)，则 t1[Y]=t2[Y](记录 t1、t2 在 Y 上的属性值相等)，则称 X 函数决定 Y，或 Y 函数依赖于 X，记为 X→Y。

- 非平凡的函数依赖：一个函数依赖关系 X→Y 如满足 $Y \not\subset X$，则称此函数依赖是非平凡的函数依赖。
- 完全函数依赖：R(U)中如有 X、$Y \subseteq U$，满足 X→Y 且对任何 X 的真子集 X'，都有 X'→Y'，则称 Y 完全函数依赖于 X。
- 部分函数依赖：在关系模式 R(U)中，如果 X→Y，并且至少存在 X 的一个真子集 X1，使得 X1→Y 成立，则称 Y 部分依赖于 X。

举例：(学号，课程号)→姓名

- 传递函数依赖：在关系模式 R(U)中，如果 X→Y，Y→Z，且 $Y \not\subseteq X$，$Y \not\to X$，则称 Z 传递依赖于 X。

举例：学号→系地址(学号→系名称，系名称→系地址)

- 候选关键字：在关系模式 R(U)中，K 是 U 中的属性或属性组，如果 K 完全函数决定整个元组，则称 K 为关系 R(U)的一个候选关键字。如：学生关系中的(学号)，选课关系中的(学号，课程号)就是候选关键字。
- 关键字：也称主键，当候选键多于一个时，可以选中其中的一个作为关键字。
- 主属性和非主属性：包含在任意一个候选关键字中的属性称为主属性，不包含在任意一个候选关键字中的属性称为非主属性。如上例中的“学号”、“课程号”都为主属性，而“成绩”就是非主属性。
- 外关键字：外关键字的定义是，在关系模式 R(U)中，若属性或属性组 X 不是关系 R 的关键字，但 X 是其客观存在关系模式的关键字，则称 X 为关系 R(U)的外关键字。如选课关系中的“学号”不是该关系的关键字，但却是学生关系的关键字，所以“学号”是选课关系的外关键字。

2. 关系的范式

范式的定义与属性间的依赖关系有密切关系，这里我们只介绍常用的几个范式。一个较低范式的关系可以通过关系的无损分解转换为若干较高级的范式关系的集合，这一过程就称做关系规范化。

1) 第一范式(1NF)

1NF：如果关系 R 的所有属性都是不可再分的数据项，则称该关系属于第一范式。

1NF 存在许多问题，如数据冗余大、修改麻烦、插入异常、删除异常等。

1NF 是从关系的基本特征要求而来的，任何关系必须遵守。1NF 的实质就是消除表中有表，使表中的每一个元组分量都不可再分。

2) 第二范式(2NF)

若关系模式 R∈1NF，且每一个非主属性完全函数依赖于关系 R 的某个候选键，则关系 R 为第二范式，记为 R∈2NF。

2NF 就是不允许关系模式的非主属性与候选键之间的部分函数依赖，如关系模式 R(教师号，教师姓名，电话，课程号，课程名)的候选键是(教师号，课程号)，即：

$$(教师号，课程号)\to 课程名$$

但课程号是(教师号，课程号)的子集，实际上，

课程号→课程名

也就是说，在关系 R 中存在着非主属性对候选键的部分依赖，因此，关系 R 不是第二范式。可将关系 R 分解为

R1(教师号，教师姓名，联系地址)

R2(教师号，课程号，课程名)

3) 第三范式(3NF)

若关系模式 R∈2NF，且每一个非主属性都不传递依赖于某个候选键，则关系 R 属于第三范式，记为：R∈3NF。

【例 11-12】 我们来考察关系模式：S(S#，SNAME，AGE，DNO，DEAN)，其中：

S#：学号　SNAME：学生姓名

AGE：学生年龄　DNO：学生所在的系号

DEAN：学生所在系的系名

这个关系模式中存在的函数依赖集为

F={S#→NAME，s#→AGE，s#→DNO，DNO→DEAN}

在这个关系模式中，显然 S#→(S#，SNAME，AGE，DNO，DEAN)，即 S#是关系模式的候选键，且是唯一的候选键，并且，非主属性对候选键是完全函数依赖，不存在非主属性对候选键的部分函数依赖。因此，关系模式 S∈2NF，然而 S#→DEAN 是由 S#→DNO，DNO→DEAN 两个函数依赖推出的，我们称系名(DEAN)传递依赖于学号(S#)，因此 S 不属于第三范式。

我们考察关系模式 S 的关系实例，很容易发现这种关系中同样存在着前面提到的数据存储和数据操作的弊端。如果将上述关系分解成：

S1=(S#，SNAME，AGE，DNO)

S2=(DNO，DEAN)

则 S1∈3NF，S2∈3NF，它们各自的关系实例克服了存储上的数据冗余及操作上的更新异常、删除异常、插入异常等问题。

4) Boyce-Codd 范式(BCNF)

通常认为 BCNF 是修正的第三范式，比 3NF 又进一步，即如果关系 R∈3NF，且关系的每一个属性都不传递依赖于 R 的任何候选键，则该关系就属于 BCNF。

3. 总结

1) 关系规范化的本质

关系规范化的本质就是对一个关系进行一层一层的分解，逐步消除其中存在的部分依赖和传递依赖，达到较高的范式。

分解后的范式并不是越高越好，因为范式越高，关系所表达的信息内容越单纯，关系互相之间需要查询，这样运算速度就会降低。在实际应用中，我们着重于查询而很少用到插入、更新和删除等操作，所以一般也愿意采用较低的范式，因为这样可以提高系统的响应速度。

2) 分解关系的基本原则

关系规范化的过程实质就是对关系不断分解的过程，通过分解可以使关系逐步达到较高

一级的范式。分解的方法有很多，方法不同，其分解结果也不同，应根据原则选择最好的一种。

分解关系的基本原则如下：

(1) 分解必须是无损的(即分解后不应丢失信息)，也就是分解后的两个关系通过自然连接能够恢复原来的面貌。

(2) 分解后的关系要相互独立(避免对一个关系的修改涉及到另一个关系)。

(3) 合理选择规范化程度。考虑到存取效率，低级模式造成的冗余度很大，既浪费了存储空间，又影响了数据的一致性，因此采用高级范式；若考虑到查询效率，低级范式又比高级范式好，此时连接运算的代价较小。这是一对矛盾，应根据情况合理选择规范化程度。

(4) 正确性与可实现性原则。

关系规范化过程是对关系逐步分解的过程。每一次分解，都使关系从较低范式向高一级的范式变换，这种变换是根据函数依赖关系进行的。各级范式之间是一种全包含关系。

3) 关系规范化的过程

关系规范化的过程如图 11.8 所示。其中：A 指使每个属性都不可再分，B 指消除其中的部分依赖关系，C 指消除其中的传递依赖关系。

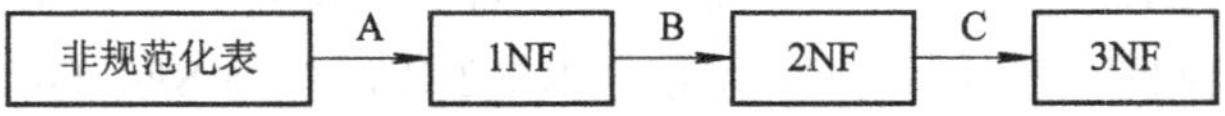

图 11.8　关系规范化的过程

11.4　关系数据库应用系统设计

数据库应用系统中的一个核心问题就是设计一个能满足用户要求、性能良好的数据库，这就是数据库设计(Database Design)。

数据库设计的基本任务是根据用户对象的信息需求、处理需求和数据库的支持环境(包括硬件、操作系统与 DBMS)设计出数据模式。所谓信息需求，主要是指用户对象的数据及其结构，它反映了数据库的静态要求；所谓处理需求，表示用户对象的数据及其结构，它反映了数据库的动态要求。以此两者为基础作设计，最终的结果产物是数据模式。数据库设计中有一定的制约条件，它们即为系统设计平台，包括系统软件、工具软件以及设备、网络等硬件。因此，数据库设计是指在一定平台制约下，根据信息需求与处理需求设计出性能良好的数据模式。

数据库设计目前一般采用生命周期法，它是将整个数据库应用系统的开发分解成目标独立的若干阶段。这些阶段分别是：

(1) 需求分析阶段；

(2) 概念结构设计阶段；

(3) 逻辑结构设计阶段；

(4) 物理结构设计阶段；

(5) 数据库实现阶段；

(6) 数据库运行和维护阶段。

下面详细介绍数据库的设计过程。

11.4.1　需求分析

需求分析阶段的工作是充分调查研究，了解用户需求；了解系统运行环境，制定将要设计的系统的功能；收集基础数据，包括输入、处理和输出数据。在这个过程中，要从系统的观点出发，既要调查数据，又要考虑数据处理，也就是数据库和应用系统应同时进行设计。需求分析是整个数据库设计过程中的第一步，也是最重要的一步。

(1) 收集资料。收集资料工作是由数据库设计人员和用户共同完成的任务。强调各级用户的参与是数据库应用系统设计的特点之一。

(2) 分析整理。分析的过程是对所收集到的数据进行抽象的过程。结构化分析方法(SA)是常用的分析用户需求的规范化的方法，表达用户需求的是数据字典和数据流图(DFD)。这些文档成为下个阶段的概念设计的基础，也是将来系统维护的基础。

(3) 数据流图。在系统分析中通常采用数据流图来描述系统的数据流向和对数据的处理功能。

数据流图是描述系统中数据传递过程的工具，它将数据独立抽象出来，通过图形方式描述数据的来龙去脉和实际流向。数据流图可以简单而清楚地展示管理系统的逻辑结构，即使不是专业的计算机技术人员也能非常容易理解，它是一种很好的系统功能构造的表示方法。

绘制数据流图时，应从已获得的手工处理流程中去掉物理因素，只保留数据、信息处理部分，采用“先主后次，逐步细化”的方法，即抓住关键数据和关键处理。

(4) 数据字典。除了一套 DFD 外，还要从原始的数据资料中分析整理出下述数据信息：数据元素的名称、同义词、性质、取值范围、提供者、使用者、控制权限、保密要求、使用频率、数据量、数据之间联系的语义说明、各个部门对数据的要求及数据处理要求。

需求分析阶段的成果要形成文档资料，至少包括以下两项：各项业务的数据流图 DFD 及有关说明；对各类数据描述的集合，即数据字典(Data Dictionary，DD)。

(5) 用户确认。DFD 图集和 DD 的内容必须返回给用户，并用非专业术语与用户交流。

11.4.2　概念结构设计

概念结构是整个系统的信息结构，是现实世界的真实反映，它包括实体与实体之间的关系。概念结构是独立于各种数据模型的，它是各种数据模型的基础，易于向关系、网状、层次模型转换。

描述概念结构的工具是 E-R 图。在概念结构设计过程中，使用 E-R 方法的基本步骤包括：设计局部 E-R 图；综合成初步 E-R 图；优化成基本 E-R 图。

1) 设计局部 E-R 图

设计局部 E-R 图的任务是根据需求分析阶段产生的各个部门的数据流图和数据字典中的相关数据，设计出各项应用的局部 E-R 图。具体要做以下几件事情：

- 确定实体和属性。

● 确定联系类型。依据需求分析结果，考查任意两个实体类型之间是否存在联系，若有联系，要进一步确定联系的类型(1∶1，1∶m, n∶m)。在确定联系时应特别注意两点：一是不要丢掉联系的属性；二是尽量取消冗余的联系，即取消可以从其它联系导出的联系。

● 画出局部 E-R 图。

2) 综合成初步 E-R 图

● 局部 E-R 图的合并。为了减小合并工作的复杂性，先两两合并。合并从公共实体类型开始，最后再加入独立的局部结构。

● 消除冲突。一般有三种类型的冲突：属性冲突、命名冲突、结构冲突。具体调整手段可以考虑以下几种：① 对同一个实体的属性取各个分 E-R 图相同实体属性的并集；② 根据综合应用的需要，把属性转变为实体，或者把实体变为属性；③ 实体联系要根据应用语义进行综合调整。

3) 优化成基本 E-R 图

● 消除冗余属性。

● 消除冗余联系。

概念结构设计经过了局部视图设计和视图集成两个步骤之后，其成果应形成文档资料，主要包括：整个组织的综合 E-R 图及有关说明；经过修订、充实的数据字典。

11.4.3 逻辑结构设计

这个阶段的任务是将概念结构转换成与选用的 DBMS 所支持的数据模型相符合的过程。一般情况下，应该是向适合概念模型的数据模型转换，然后再挑选合适的软件 DBMS 和机器。但实际情况往往不是这样的，当概念模型向数据模型转换时，一个实体型转换为一个关系模式，而是实体的属性就是关系的属性，联系转换为一个关系模式。

E-R 模型向关系模型的转换：

E-R 模型中的主要成分是实体类型和联系类型。对实体类型，将每个实体类型转换成一个关系模式，实体的属性即为关系模式的属性，实体标识符即为关系模式的键。对联系类型，视 1∶1、1∶n、m∶n 三种不同的情况做不同处理。① 对 1∶1，可在两个实体类型转换成的两个关系模式中任意一个关系模式的属性中加入另一个关系模式的键和联系类型的属性。② 对 1∶n，则在 n 端实体类型转换成的关系模式中加入 1 端实体类型转换成的关系模式的键和联系类型的属性。③ 对 m∶n，则将联系类型也转换成关系模式，其属性为两端实体类型的键加上联系类型的属性，而键为两端实体键的组合。

数据库逻辑设计的结果不是唯一的，还要对数据模型进行优化。优化是指适当地修改、调整数模型的结构，提高数据库应用系统的性能。优化的主要措施有记录的垂直分隔、水平分隔及适当增加冗余(提高速度等)。

规范化理论用于优化数据库的逻辑设计。在数据库逻辑设计阶段，用模式分解的概念和算法指导设计，用规范化理论分析关系模式的合理程度。

11.4.4 数据库物理设计

这个阶段的任务是为一个给定的逻辑数据模型选取一个合适的物理结构，并对物理结构进行评价。评估的内容包括存储空间、响应时间等，如符合要求，则转向物理实施；如不符合要求，则还要从前面的某一阶段开始再次重复上述过程，修改数据模型、重新设计、修改物理结构等。

在进行物理设计时，必须了解 DBMS 的功能，了解应用环境，理解设备的特性，扬长避短。物理设计的主要内容有数据库的存放策略、数据库结构等。在设计完成后，还要进行性能评估和预测。物理设计过程需要对时间、空间效率、维护代价和各种用户要求进行权衡，对多种方案进行比较和细致的评价，最终选择一个较好的方案。

11.4.5　数据库实现

进入数据库实现阶段后，就要按照逻辑设计和物理设计的结果利用 DBMS 的数据定义语言把数据库描述出来，采用某种设计语言设计应用程序，经过反复调试，生成目标模式，然后组织数据入库并试运行。

数据库实现阶段的主要工作是：

(1) 建立实际数据库结构。

(2) 试运行。

(3) 装入数据。

11.4.6　运行维护阶段

软件维护是软件生命周期中持续时间最长的阶段。这个阶段的工作包括：

(1) 维护数据库的安全性和完整性控制及系统的转储和恢复。

(2) 性能的监督、分析与改进。

(3) 增加新功能。

(4) 发现错误，修改错误。

只要数据库系统在运行，就需要不断地进行修改、调整和维护。一旦应用变化太大，则即使重新组织数据库也无济于事，这就表明数据库应用系统的生命周期结束，应该建立新系统，重新设计数据库。从头开始数据库设计工作，标志着一个新的数据库应用系统生命周期的开始。

11.5　创建数据库

Access 2003 是微软公司办公自动化套装软件 Office 2003 中的一个关系数据库管理系统软件，它界面友好、功能全面且操作简单。与其他数据库管理系统相比，Access 特别适合小型数据库应用系统开发。

本章我们通过建立一个简单的教学管理数据库(mis)来学习 Access。

11.5.1　创建数据库

第一步：启动 Access 2003，单击菜单命令“文件”→“新建”(或单击工具栏上第一个

“新建”按钮)，在右侧的“新建文件”窗格中单击“空数据库”项(见图 11.9)。

第二步：在打开的“文件新建数据库”对话框中设置好文件名及保存路径，本例命名为“mis”，接着单击“创建”按钮(见图 11.10)，一个新的数据库就创建好了。

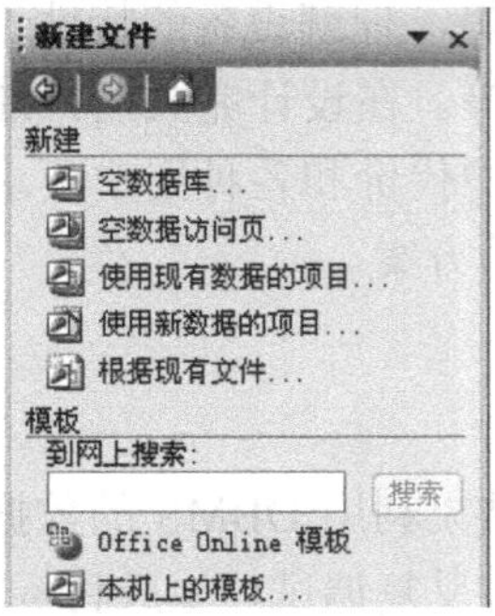

图 11.9　新建文件

图 11.10　保存数据库

创建好数据库之后的系统界面如图 11.11 所示。

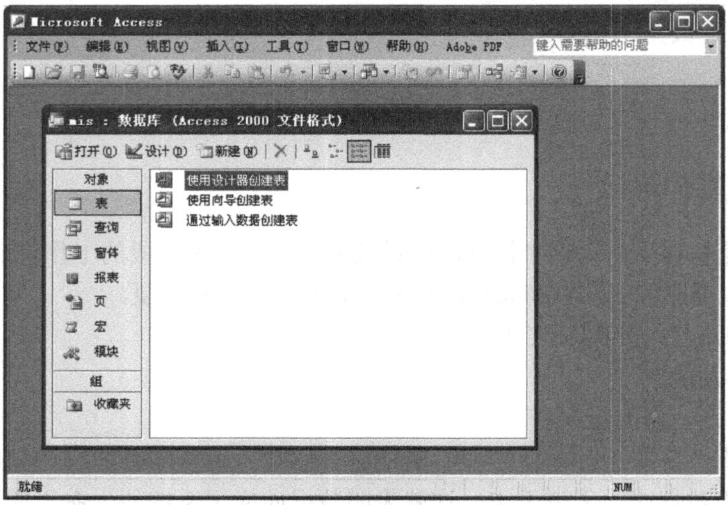

图 11.11　数据库主界面

11.5.2　在 Access 中创建与编辑表

建立数据库之后，下一步就要创建数据表。我们要建立的教学管理信息系统包括三个表：student(学生表)、course(课程表)、score(成绩表)，分别如表 11.13～11.15 所示。

表 11.13　student 表

学号	姓名	出生日期	性别	班级	宿舍	高考成绩
0502001	张三	1986-1-1	男	电子 061	3#101	600
0502002	赵明	1987-5-26	男	电子 061	3#102	589
0502003	杨丽	1986-6-1	女	电子 062	3#102	621
0501001	李四	1986-1-21	男	信息 061	6#101	580
0501002	李红	1987-10-16	女	信息 061	6#101	611
0501003	王飞	1986-12-7	男	信息 061	6#102	598

表 11.14　score 表

学号	课程号	成绩
0502001	03003	60
0502001	07001	70
0501001	03003	67
0501001	07001	55
0501003	03003	89
0501002	08001	78

表 11.15　course 表

课程号	名称	学分	教师
07001	数学	5	王伟
08001	英语	3	赵丽
07101	化学	2	孙强
03003	计算机	4	张平

在创建表之前，我们需要了解一下 Access 用以描述表中包含数据项的字段和表本身结构的一些术语和约定。

- 类型属性

文本类型：数字和字符组合的数值，不能对文本型字段进行计算。

备注类型：长文本或与数字组合的数据，不能对备注型字段进行计算。

数字类型：能够进行计算的数字数据。

货币类型：存储货币值，货币类型也可以进行计算。

自动编号类型：选择此类型时，Access 保证所有记录中该字段的值的唯一性。

日期/时间类型：可按照日期或时间进行计算。

“是/否”类型：True 或 False，对于值只有两种可能性的字段最为适用。

OLE 对象类型：将其他来源对象嵌入和链接到数据表中。

超链接类型：将字段跳转到其他位置和链接到互联网上。

查阅向导类型：创建一个限制在有效值列表中的字段。

- 常规属性

字段大小：对于文本字段，这是设定字段的所接受的最大的字符个数，最大不得超过 255 个字符，其中一个汉字等于两个字符。对数字类型的字段，这是设定该字段可以使用的数据类型，默认选择为“长整型”。

格式：为数据类型设置相应的“格式”属性，使 Access 以合适的格式显示数据。它只用来指定数据的显示格式，并不影响数据的存储方式。

输入掩码：设置按照正确的格式输入数据。“输入掩码”可以控制输入到字段中的值，比如输入值的哪几位才能输入数字，什么地方必须输入大写字母等。如果要把某个字段输入的值作为密码，不让别的人看到时，就要在输入时将数据的每个字符显示成“*”。这些都需要由设置字段的“输入掩码”属性来实现。设置字段的输入掩码时，只要单击“输入掩码”文本框右边的“生成”按钮，就会出现“输入掩码向导”对话框，对话框上有一个列表框，比如要让这个文本字段的输入值以密码的方式输入，则单击列表框中的“密码”选项，然后单击“完成”按钮即可。

有效性规则：可以指定一个检查数据有效性的表达式，用于当用户离开字段时，检查输入字段的值是否符合要求。“有效性规则”是为了检查字段中的值是否有效，可以在该字段的“有效性规则”框中输入一个表达式，Access 会判断输入的值是否满足这个表达式，如果满足才能输入。当输入违反该规则的字段值时，就无法将值输入到表中，并会提示不能输入与有效性规则相悖的数值。当然，我们也可以单击这个属性输入文本框右边的“生成”按钮，激活“表达式生成器”来生成这些表达式。而“有效性文本”这个属性中所填写的文字则是用来当用户输入错误的值时给用户的提示信息。

有效性文本：配合有效性规则使用，如果输入的数据不符合有效性规则，则屏幕显示用户自定义的有效性文本的内容。

必填字段：设置“必填字段”为“是”时，该字段不能为空。

默认值：设置的默认值将自动输入到新记录的值中。用户可以输入具体的字符，也可以输入一个表达式，比如输入“Date()”，则默认值是当前日期。

索引：在一个比较小的数据库中，检索数据是比较快捷的。但是当数据库表中的数据越来越多后，直接搜索数据的工作将变得非常繁重，速度也就变得非常慢，这个时候就需要建立索引来帮助 Access 更快速地搜索数据。通过分析发现，当我们要在一个表中查询“学号”字段内的某个值时，会从整个表的开头一直查到末尾，如果能将表中学号的值进行排序，然后利用一些特殊查找算法如“二分搜索”对排序后的字段进行检索，速度就会变得很快。所以，很多表都需要建立索引，而“索引”字段就是为了定义是否将这个字段定义为表中的索引字段。“无”是不把这个字段作为索引，“有(有重复)”允许在表的这个字段中存在同样的值，“有(无重复)”字段则表示在这个字段中绝对禁止相同的值。

输入法模式：属性是个选择性的属性，它共有三个选项：“随意”、“输入法开启”、“输入法关闭”。选中“输入法开启”项时，当光标移动到这个字段内的时候，屏幕上就会自动弹出首选的中文输入法，而选择“输入法关闭”时，则只能在这个字段内输入英文和数字。不同的字段采用不同的“输入法模式”，这样可以减少启动或关闭中文输入法的次数。而选择“随意”时，就可以启动和关闭中文输入法。

Unicode(Universal Multiple-Octet Coded Character Set)是一种字符编码方法，它是由国际组织设计的，可以容纳全世界所有语言文字的编码方案。使用这种 16 位代码时，只需要一个 Unicode 就可以存储一个中文文字或英文字符。这样虽然很方便，但实际上在计算机中本来只要 8 位就可以存储一个英文字符，所以使用这种“Unicode”方式实际上是比较浪费空间的。为了解决这个问题，微软又想出了一个方法，就是对数字或英文字符进行“Unicode 压缩”。所以，对字段的这个属性我们一般都选择“有”，这样可以节省很多空间。字段属性栏右面的提示文字可以随时提供一些帮助。

● 查阅属性

设置相应字段的可选项。选中“查阅”选项卡，显示控件选择“列表框”，在行来源中输入您需要的可选项，各值之间用半角的分号“;”隔开，这样回到数据表视窗时在相应字段就会出现下拉框供选择。

1. 用表设计器建立表

1) 建立表结构

表设计器是 Access 中用来设计表的工具，在表设计器中，可以自行设计各种各样的表，并能对表中任何字段的属性进行设置。

我们前面所设计的表结构如表 11.16、表 11.17、表 11.18 所示。

表 11.16 student 表结构

字段名	类型	大小
学号	文本	10
姓名	文本	20
出生日期	日期	50
性别	文本	2
班级	文本	20
宿舍	文本	20
高考成绩	数字	整型

表 11.17 course 表结构

字段名	类型	大小
课程号	文本	10
名称	文本	50
学分	数字	整型
教师	文本	20

表 11.18 student 表结构

字段名	类型	大小
学号	文本	10
课程号	文本	10
成绩	数字	整型

在使用表设计器创建一个表时，首先要打开表设计器，在数据库窗口(图 11.11)双击“使用设计器创建表”选项，打开表窗口，如图 11.12 所示。

窗口分为两部分，上半部分是表设计器，下半部分用来定义表中字段的属性。在建立一个表的时候，只要在设计器“字段名称”列中输入表中需要字段的名称，并在“数据类型”列中定义那些字段的数据类型就可以了。设计器中的“说明”列中可以让表的制作人对某些字段进行说明，以便以后修改表时能够知道当时为什么设计这些字段。

最后建立如图 11.12 所示的 student 表结构。

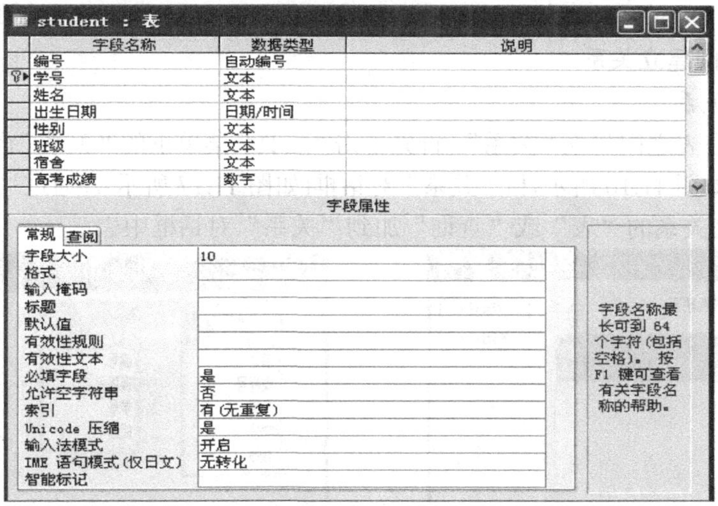

图 11.12 student 表结构

2) 定义主键

在关系数据库中，就必须保证数据表中的每条记录都是唯一的。所有值都唯一的字段和字段组合就是主键。主键中既不允许存在重复值，也不允许存在“空”值，每个主键字段和字段组合都必须有唯一的有效值。

设置主键时，既可以点击工具栏上的“主键”按钮，也可以右击选中的字段，在弹出的快捷菜单中选择“主键”命令。也可组合两个或多个字段作为主键，用户只需在选中需要的字段后点击“主键”按钮即可。设为主键的字段，在其左侧会出现一个钥匙的标志，如图 11.13 所示。最后关闭表设计器，并将表保存为 student。

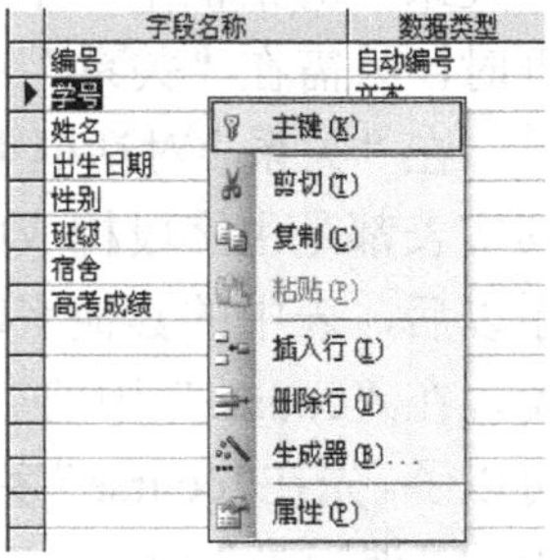

图 11.13 设置主键

3) *在表中输入数据*

前面建好的表只是一个空白的表，现在我们在建好的表中输入数据。

第一步：启动 Access，选择“打开已有文件”，双击“mis”，打开所选文件。在数据库窗口中单击“表”选项，可以看到在数据库右边的列表框中，除了三种创建表的方法之外，还有一个“student”选项(图 11.14)。

第二步：用鼠标双击表名，或者先单击这个选项选中它，然后单击数据库窗口上的“打开”按钮。打开这个表之后，即可向表中输入数据。最后建立的表如图 11.15 所示。

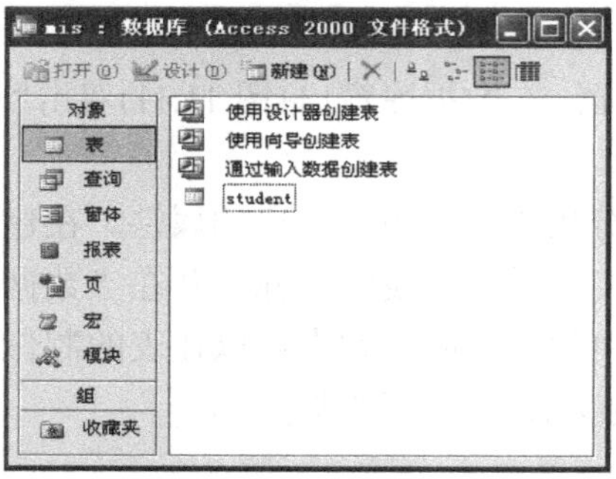

图 11.14 建好的 student 表

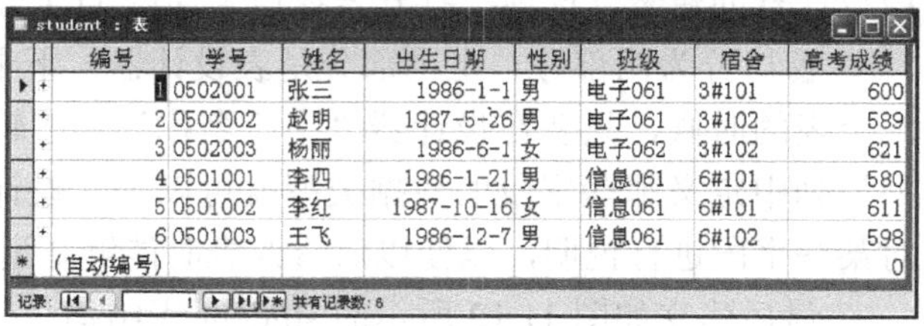

student : 表

编号	学号	姓名	出生日期	性别	班级	宿舍	高考成绩
1	0502001	张三	1986-1-1	男	电子061	3#101	600
2	0502002	赵明	1987-5-26	男	电子061	3#102	589
3	0502003	杨丽	1986-6-1	女	电子062	3#102	621
4	0501001	李四	1986-1-21	男	信息061	6#101	580
5	0501002	李红	1987-10-16	女	信息061	6#101	611
6	0501003	王飞	1986-12-7	男	信息061	6#102	598
(自动编号)							0

记录： 1 共有记录数：6

图 11.15 student 表中的数据

2. 在表之间建立关系

1) *建立表关系*

现在我们在表之间建立“关系”。首先单击“工具”菜单下的“关系”命令，将弹出“显示表”对话框(如图 11.16 所示)和“关系”对话框(如图 11.17 所示)，通过“显示表”对话框可以把需要建立关系的“表”或“查询”加到“关系”对话框中去。

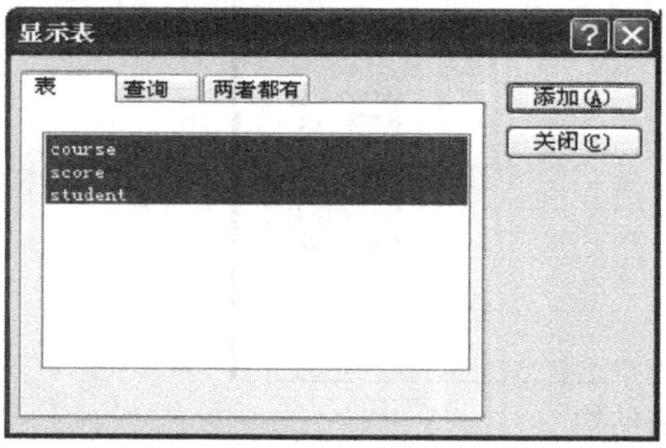

图 11.16 “显示表”对话框

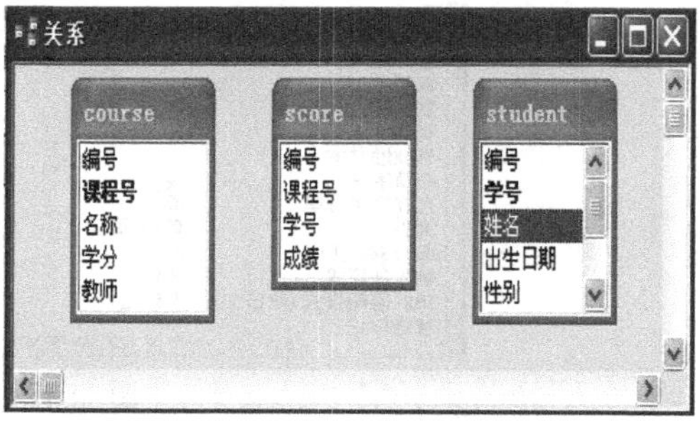

图 11.17 “关系”对话框

将三个表“course”、“score”和“student”都选中，单击“添加”按钮，把它们添加到“关系”对话框中，单击“关闭”按钮，关闭“显示表”对话框。以后再需要打开该对话框时，只需在“关系”对话框上单击鼠标右键，选择“显示表”命令就可以了。

在“关系”对话框中有“course”、“score” 和“student”字段列表。怎么建立关系呢？其实表都是由字段构成的，表之间的关系也由字段来联系。让不同表中的两个字段建立联系以后，表中的其他字段自然也就可以通过这两个字段之间的关系联系在一起了。也就是说，在“course”中的“课程号”和“score 表”中的“课程号”两个字段之间建立关系就可以了。先在“course”字段列表中选中“课程号”项，然后按住鼠标左键并拖动鼠标到“score”中的“课程号”项上，松开鼠标左键，这时在屏幕上会出现“编辑关系”对话框，如图 11.18 所示。

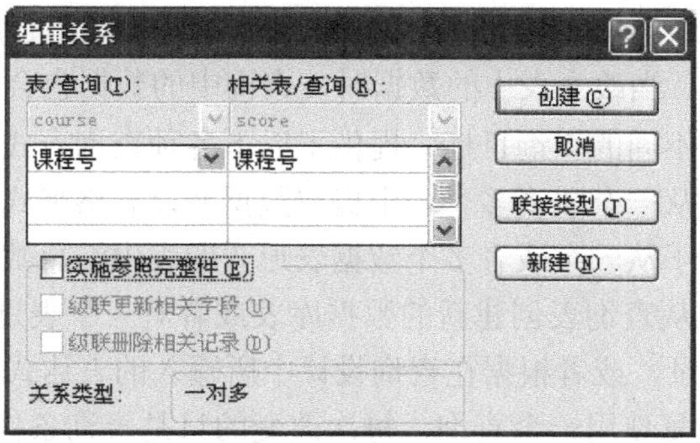

图 11.18　“编辑关系”对话框

这个对话框可以帮助我们建立表间的关系。通过左边的列表框可以选择建立关系的两个字段，然后单击“创建”按钮创建表间的关系。例如选择“score”表中的“学号”和“student”表中的“学号”，建立“score”表与“student”表之间的 n∶1 的关系。图 11.19 是“score”与“course”、“student”三个表间的关系。最后关闭“关系”对话框，并保存对“关系”布局的修改。

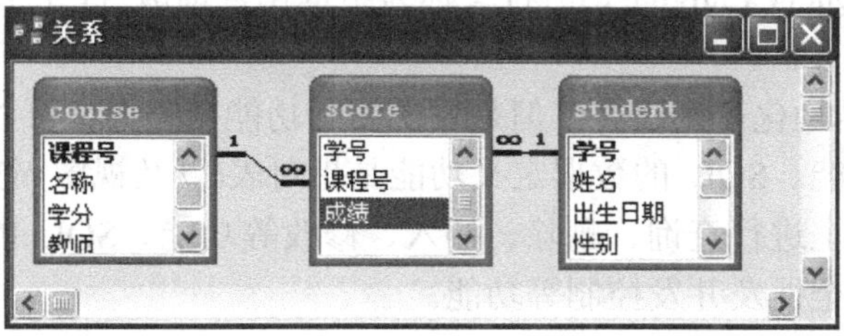

图 11.19　建立关系

2) 实施参照完整性

在建立表之间的关系时，窗口上有一个复选框“实施参照完整性”，单击它之后，“级联更新相关字段”和“级联删除相关字段”两个复选框就可以用了(图 11.18)。

如果选定“级联更新相关字段”复选框，则当更新父行(一对一、一对多关系中“左”表中的相关行)时，Access 就会自动更新子行(一对一、一对多关系中的“右”表中的相关行)；选定“级联删除相关字段”后，当删除父行时，子行也会跟着被删除。另外，在选择“实施参照完整性”后，在原来折线的两端会出现“1”或“∞”符号，在一对一关系中“1”符号在折线靠近两个表端都会出现，而在一对多关系时“∞”符号会出现在关系中的右表对应折线的一端上(图 11.19)。

11.6　查询与 SQL

11.6.1　查询概述

查询是数据库管理系统中一项最基本的功能，使用查询可以选择记录、更新表和向表中添加新记录。我们最常用的是使用查询来选择一组满足指定条件的记录。查询可以将不同表中的信息结合起来，提供一个相关数据项的统一视图，还可以通过查询进行统计和计算。

查询的字段可以来自各个互相之间有关系的表，这些字段组合成一个新的数据表视图，但它并不存储任何数据。当改变表中的数据时，查询中的数据也会发生改变。

Access 为实现用户不同的查询目标，提供了以下各种查询方式：

- 选择查询：用于从一个或者多个表中提取数据并以表格形式显示这些数据。
- 交叉表查询：用于从一个或者多个数据表形式的表中汇总数据。
- 操作查询：用于从查询表创建新的数据库表或者对一个表进行改变。这种查询允许在表中添加或者删除记录，或者根据在查询设计中所输入的表达式对数据进行改变。
- 参数查询：指重复使用一个查询，每次改变的只是查询条件。当运行一个参数查询时，Access 将显示一个对话框，提示用户输入新的条件。参数查询可以在运行查询的过程中根据参数的值自动地设定查询规则，所以在执行查询之前，系统会要求输入参数的值。例如，在执行成绩查询时，要求先输入学生的姓名，才能显示相应的数据。

11.6.2 SQL

SQL(Structured Query Language)语言又称为结构化查询语言，它已成为关系数据库系统所使用的唯一数据语言。

SQL 虽然称为结构化查询语言，但是它的实际功能很强大，可以实现数据定义、数据操纵和数据控制等功能。SQL 的数据定义功能是指对表(以及视图)定义的功能。SQL 的数据操纵功能是指在表上进行查询、删除、插入、修改等功能。SQL 的数据控制功能是指基于表上的完整性、安全性及并发控制等功能。

SQL 语言有两种使用方式：一种是联机交互使用方式，在此种方式下，SQL 可以独立使用；另一种是嵌入式使用方式，在此种方式下，可以某些高级程序设计语言(如 Java，C++等)为主语言，SQL 则被嵌入其中而依附于主语言。

1. 查询功能

SQL 查询是用户利用 SQL 语句直接创建的一种查询。实际上，Access 所有的查询都可以认为是一个 SQL 查询，因为 Access 查询就是以 SQL 语句为基础来实现查询功能的。

创建 SQL 查询的步骤如下：

(1) 在 Access 中打开“mis 数据库”，然后单击“对象”列表中的“查询”项，并在创建方法列表中单击“在设计视图中创建查询”项，如图 11.20 所示。

(2) 执行【视图】→【SQL 视图】命令。

(3) 在弹出的【查询 1：选择查询】编辑框中输入 SQL 语句(图 11.21)。

(4) 单击“工具”菜单上的“执行”按钮“!”。

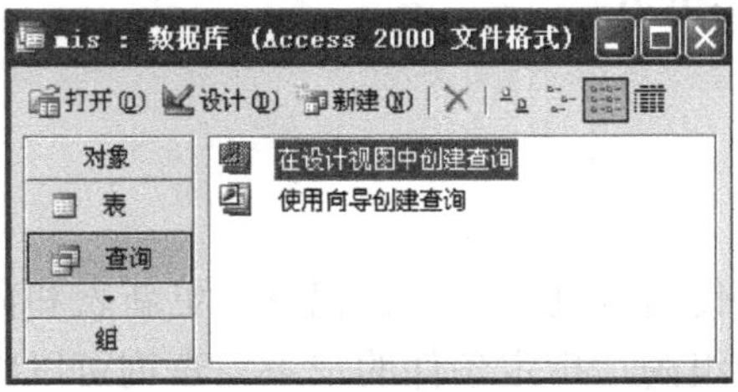

图 11.20　创建查询

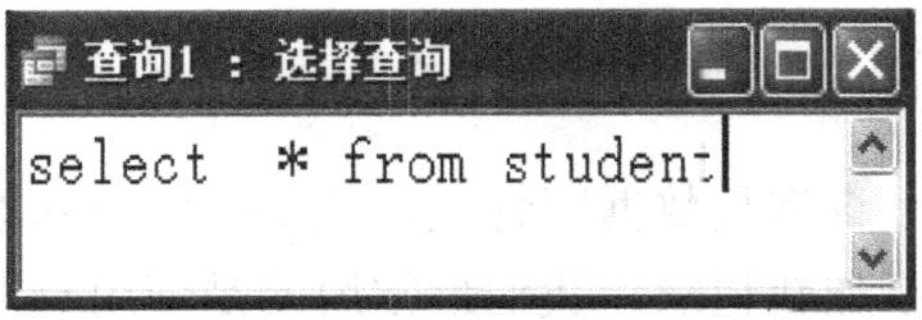

图 11.21　输入 SQL 语句

在 SQL 语言中用得最多的就是 SELECT 语句了，SELECT 语句主要用于完成查询功能。SELECT 语句构成了 SQL 数据库语言的核心，它的语法包括 5 个主要子句，分别是 FROM、WHERE、GROUP BY、HAVING、ORDER BY 子句。

SELECT 语句的结构：

SELECT〈字段列表〉FROM〈表列表〉[WHERE〈行选择说明〉] [GROUP BY〈分组说明〉] [HAVING〈组选择说明〉] [ORDER BY 〈排序说明〉];

下面我们通过一些例子来说明它们的功能。

1) 单表查询

【例 11-13】　不带条件的简单查询：查询全体学生的所有信息(图 11.22)。

SELECT　* from student

查询1 ：选择查询

编号	学号	姓名	出生日期	性别	班级	宿舍	高考成绩
1	0502001	张三	1986-1-1	男	电子061	3#101	600
2	0502002	赵明	1987-5-26	男	电子061	3#102	589
3	0502003	杨丽	1986-6-1	女	电子062	3#102	621
4	0501001	李四	1986-1-21	男	信息061	6#101	580
5	0501002	李红	1987-10-16	女	信息061	6#101	611
6	0501003	王飞	1986-12-7	男	信息061	6#102	598
自动编号)							0

记录: 1 共有记录数: 6

图 11.22　查询全体学生的所有信息

SELECT 子句中可以用“*”代表选取表中的所有列，如果只想查看表中的某些字段，则只需在 SELECT 后面列出字段的名称，并用逗号隔开，如：

SELECT　学号，姓名，班级　from student

【例 11-14】　字符匹配：查询班级是“信息 061”的学生信息(图 11.23)。

SELECT　* from student where　班级='信息 061'

查询1 ：选择查询

编号	学号	姓名	出生日期	性别	班级	宿舍	高考成绩
4	0501001	李四	1986-1-21	男	信息061	6#101	580
5	0501002	李红	1987-10-16	女	信息061	6#101	611
6	0501003	王飞	1986-12-7	男	信息061	6#102	598
自动编号)							0

记录: 1 共有记录数: 3

图 11.23　查询班级是“信息 061”的学生信息

【例 11-15】　查询高考成绩在 589～600 的学生信息(图 11.24)。

SELECT　* from student where　高考成绩　between 589 and 600

查询1 ：选择查询

编号	学号	姓名	出生日期	性别	班级	宿舍	高考成绩
1	0502001	张三	1986-1-1	男	电子061	3#101	600
2	0502002	赵明	1987-5-26	男	电子061	3#102	589
6	0501003	王飞	1986-12-7	男	信息061	6#102	598
自动编号)							0

记录: 1 共有记录数: 3

图 11.24　查询高考成绩在 589 到 600 的学生信息

【例 11-16】　查询宿舍是 6#101 和 3#102 的学生信息(图 11.25)。

SELECT　* from student where　宿舍　in('6#101', '3#102')

查询1 : 选择查询

	编号	学号	姓名	出生日期	性别	班级	宿舍	高考成绩
▸	2	0502002	赵明	1987-5-26	男	电子061	3#102	589
	3	0502003	杨丽	1986-6-1	女	电子062	3#102	621
	4	0501001	李四	1986-1-21	男	信息061	6#101	580
	5	0501002	李红	1987-10-16	女	信息061	6#101	611
*	自动编号)							0

记录: 1 共有记录数: 4

图 11.25　查询宿舍是 6#101 和 3#102 的学生信息

【例 11-17】　对查询结果排序：查询高考成绩大于 590 而且按出生日期降序排列的学生信息(图 11.26)。

SELECT　* from student where 高考成绩>590 order by 出生日期 desc

查询1 : 选择查询

	编号	学号	姓名	出生日期	性别	班级	宿舍	高考成绩
▸	5	0501002	李红	1987-10-16	女	信息061	6#101	611
	6	0501003	王飞	1986-12-7	男	信息061	6#102	598
	3	0502003	杨丽	1986-6-1	女	电子062	3#102	621
	1	0502001	张三	1986-1-1	男	电子061	3#101	600
*	自动编号)							0

记录: 1 共有记录数: 4

图 11.26　例 11-17 查询结果

2) 连接查询

只要两个表的公共字段有匹配值，就可以将这两个表中的记录组合起来。

连接查询的语法：

FROM table1 INNER JOIN table2 ON table1 . field1 compopr table2 . field2

INNER JOIN 操作包含以下部分：

table1，table2：要组合其中记录表的名称。

field1，field2：要连接的字段的名称。如果它们不是数字，则这些字段的数据类型必须相同，并且包含同类数据，但是，它们不必具有相同的名称。

Compopr：任何关系比较运算符，如：“=”、“<”、“>”、“<=”、“>=”或者“<>”。

【例 11-18】　显示“信息 061”班的学生成绩信息(图 11.27)。

SELECT student.学号,student.姓名, student.班级,score.课程号,score.成绩 from student inner join score on student.学号=score.学号 where student.班级='信息 061'

查询1 : 选择查询

	学号	姓名	班级	课程号	成绩
▸	0501001	李四	信息061	03003	67
	0501001	李四	信息061	07001	55
	0501002	李红	信息061	08001	78
	0501003	王飞	信息061	03003	89
*					

记录: 1 共有记录数: 4

图 11.27　例 11-18 查询结果

【例 11-19】　显示“信息 061”班的课程号是“03003”的成绩信息(图 11.28)。

```
SELECT student.学号,student.姓名,score.课程号 score.成绩
    from (score inner join student on score.学号=student.学号)
                        inner join course on score.课程号=course.课程号
            where student.班级='信息 061' and score.课程号='03003'
```

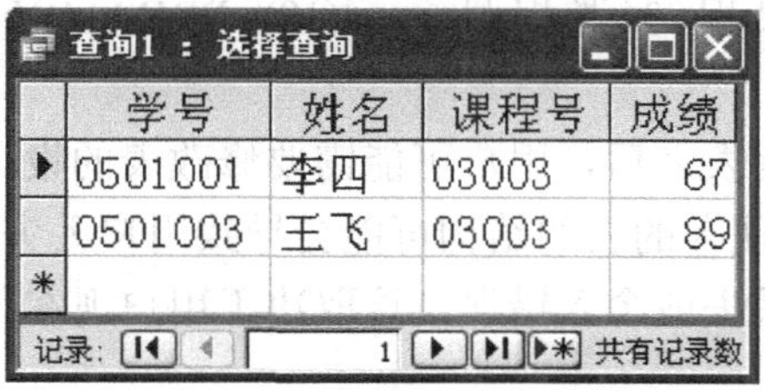

学号	姓名	课程号	成绩
0501001	李四	03003	67
0501003	王飞	03003	89

图 11.28　例 11-19 查询结果

2．聚合函数

通过 SQL聚合函数，可以确定数值集合的各种统计值。

(1) COUNT：集合元素个数统计。

(2) SUM：集合元素的和(仅当元素为数字)；

(3) AVG：集合元素的平均值(仅当元素为数字)；

(4) MAX：集合中最大元素(仅当元素为数字)；

(5) MIN：集合中最小元素(仅当元素为数字)。

【例 11-20】　给出查询学生人数(图 11.29)。

```
SELECT Count(*) AS 总人数 FROM  student
```

【例 11-21】 求学号“0501001”的学生所有课程的平均成绩(图 11.30)。

```
SELECT Count(*) AS 课程数,AVG(成绩) as 平均成绩 FROM  score WHERE  学号
='0501001'
```

总人数
7

图 11.29　例 11-20 查询结果

课程数	平均成绩
2	61

图 11.30　例 11-21 查询结果

3．数据定义

除了可以使用表设计窗口创建表外，也可以使用 SQL 语法中的 CREATE TABLE 语句定义一个新表及其字段和字段约束。完整的 CREATE TABLE 语法相当复杂，在这里不详细描述它的细节，只针对常用的简单表设计进行说明，让读者对这个语句有初步的认识。

常用的 CREATE TABLE 语法如下：

```
CREATE TABLE 表名
(
   字段名 数据类型(长度)  [其他字段属性],
 …
)
```

在 CREATE TABLE 后面是接着要创建的表名，然后在小括号内依序定义每一个列的名称、数据类型、长度等字段属性，而在不同的字段定义中使用逗号隔开。

【例 11-22】 我们要在目前的数据库中创建一个名称为“课程”的表，表的结构如表 11.14 所示，且以课程号列作为其主键。

CREATE TABLE 课程 3(课程号 text(10) PRIMARY KEY, 名称 text(10),学分 SMALLINT,教师 text(20))

在建立或导入一个数据表之后，用户可能需要修改表的设计，这时就可以使用 ALTER TABLE 语句。注意，改变现存的表的结构可能会导致用户丢失一些数据。比如，改变一个域的数据类型将导致数据丢失或舍入错误，这取决于用户现在使用的数据类型。

4. 更新功能

SQL 的更新功能包括插入、修改及删除等三个内容。

1) SQL 的插入功能

SQL 插入语句的一般形式为

```
INSERT
INTO        <基表名[(列名[, 列名]...)]>
VALUES      <(常量[, 常量]...)>| <子查询>
```

该语句的含义是：执行一个插入操作，将“VALUES”所给出的值插入 INTO 所指定的表中。

【例 11-23】 插入一条记录(图 11.31)。

INSERT INTO student VALUES(7,'0503001','李强','1988-3-16','男','自控 063','7#102',623)

	+	5	0501002	李红	1987-10-16	女	信息061	6#101	611
	+	6	0501003	王飞	1986-12-7	男	信息061	6#102	598
▶	+	7	0503001	李强	1988-3-16	男	自控063	7#102	623

图 11.31　例 11-23 结果

2) SQL 的修改功能

SQL 修改语句的一般形式为

```
UPDATE   <基表名>
SET      <列名＝表达式[, 列名＝表达式]…>
WHERE    <逻辑条件>
```

该语句的含义是：修改(UPDATE)指定基表中满足(WHERE)逻辑条件的元组，并把这些元组按 SET 子句中的表达式修改为相应列上的值。

【例 11-24】 修改学号字段为 0503001 的记录中宿舍字段的内容(图 11.32)。

UPDATE student set 宿舍='8#306' where 学号='0503001'

	+	5	0501002	李红	1987-10-16	女	信息061	6#101	611
	+	6	0501003	王飞	1986-12-7	男	信息061	6#102	598
▶	+	7	0503001	李强	1988-3-16	男	自控063	8#306	623

图 11.32　例 11-24 结果

【例 11-25】 我们前面曾讲到实施参照完整性，如果选定了“级联更新相关字段”复选框，则执行下面的语句之后，score 表中的课程号 08002 也会改为 08102。

VPDATE　course set　课程号='08102'　WHERE　课程号='08002'

3) SQL 的删除功能

SQL 删除语句的一般形式为

DELETE FROM (基表名) WHERE (逻辑条件)

其中，“DELETE”指明该语句为删除语句，“FROM”与“WHERE”的含义与映像语句中的相同。

【例 11-26】　删除学号为 0503002 的学生信息。

DELETE　FROM　student　WHERE　学号='0503002'

5．SQL 的特点

通过前面的学习，我们可以总结出 SQL 的特点：

(1) SQL 是一种基于关系代数的数据语言，理论基础坚实。

(2) SQL 是一种非过程化程度很高的语言，用户只要指出“做什么”而无需指出“怎么做”。

(3) SQL 语言功能强，它不但能表示关系代数的所有功能，而且具有统计、计算、视图等其他功能。

(4) SQL 的数据独立性强，所涉及的物理概念少。

(5) SQL 语言简洁、易学易用。

11.7　网络管理信息系统——基于 ASP 技术的网络教学管理信息系统

11.7.1　基础知识

数据库应用已遍及生活中的各个角落，例如，学校的教学管理系统、图书馆的图书借阅系统、车站及航空公司的售票系统、电信局的计费系统、超市售货系统、银行的业务系统、工厂管理信息系统等，在互联网上，使用搜索引擎、在线购物和网络游戏也都与数据库有关。数据库技术已经成为先进信息技术的重要组成部分，是现代计算机信息系统和计算机应用系统的基础和核心。因此，掌握数据库技术是全面认识计算机系统的重要环节，也是适应信息化时代的重要基础。

Internet 也就是大家常说的“因特网”，它是世界上最大的计算机互联网。Internet 上开发了许多应用系统， 供网上的用户使用，用户可以方便地交换信息，共享资源。本节我们首先来认识几个因特网的基本名词和概念。

1．万维网

WWW 是 World Wide Web 的缩写，也可以简称为 Web，中文名字为“万维网”。用户在使用浏览器访问 Web 的过程中，无需关心一些技术性的细节即可得到丰富的信息资料。WWW 是 Internet 发展最快和目前使用最广泛的一种服务。简单地说，WWW 是漫游 Internet

网的工具，它把 Internet 上不同地点的相关信息聚集起来，通过 WWW 浏览器(比如 IE)检索它们，无论用户所需的信息在什么地方，只要浏览器为用户检索到之后，就可以将这些信息(文字、图片、动画、声音等)显示在用户的计算机屏幕上。

2．超文本传输协议

HTTP(Hyper Text Transfer Protocol)即超文本传输协议，它是一个用于在客户端和服务器间请求和应答的协议，是 WWW 服务器使用的最主要的协议。该协议经常用来在网络上传送 Web 页。当用户以“http://”开始一个链接的名字时，就是告诉浏览器使用 HTTP 去访问 Web 页。

3．统一资源定位器

URL(Uniform Resource Locator)即统一资源定位器，它使用数字和字母构成了 Internet 文件在网上的地址。URL 好比 Internet 的门牌号码，可以帮助用户在 Internet 的信息海洋中定位到所需要的资料。

Web 上所能访问的资源都有一个唯一的 URL。URL 包括所用的传输协议、服务器名称、文件的完整路径。例如：在浏览器 URL 处键入 http://www.xidian.edu.cn/index.html，就可以访问西安电子科技大学网站的主页。

URL 的第一部分“http://”表示要去访问的资源类型，如“ftp://”表示 FTP 服务器。第二部分 www.xidian.edu.cn 是主机名，它说明了要访问服务器的 Internet 名称。其中，www 表示要访问的文件存放在名为 www 的服务器里；xidian 表示该网站的名称；.edu 指出该网站是教育网；.cn 表示网站在中国。第三部分“/index.html”表示要访问主机的哪一个页面文件，可以把它理解为该文件存放在服务器上的具体路径。

4．超文本标记语言

HTML(Hyper Text Mark-up Language)即超文本标记语言，是 WWW 的描述语言。HTML 语言主要是为了达到这样一种效果：把存放在一台电脑中的文本或图形与另一台电脑中的文本或图形方便地联系在一起，形成有机的整体。

HTML 文件是一个包含标记的文本文件。一个 HTML 文件中包含了所有将显示在网页上的文字信息。其中也包括对浏览器的一些指示，如哪些文字应放置在何处，显示模式是什么样的等。如果还有一些图片、动画、声音或是任何其它形式的资源，HTML 文件也会告诉浏览器到哪里去查找这些资源，以及这些资源将放置在网页的什么位置。HTML 文件通过标记符(tag)来实现这一功能。

5．WWW 工作原理

从图 11.33 中我们可以明白 WWW 的工作原理。

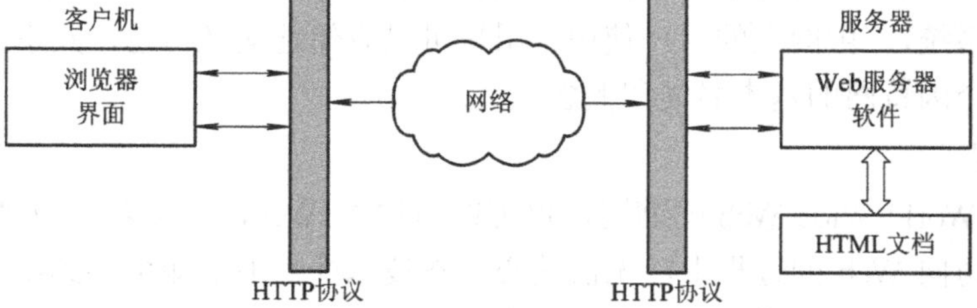

图 11.33　WWW 的工作原理

(1) 当浏览器从一个网站接收到 HTML 文件时，就会使用超文本传输协议(HTTP)，协议限定了哪些信息可以在网络之间传送。通常，这种协议限定了浏览器和网站之间交互的方式。

(2) 从一个网站上接收到主页后，浏览器就建立了一个到网站的连接并发出一个请求，网站接收请求后发出一个响应。因此，HTTP 协议也叫做请求响应协议。

(3) 所有从浏览器到网站间的通信都是分开的请求和响应，浏览器总是通过发送请求初始化这种通信过程，因此，网站十分被动地由这些请求触发来做出响应。

11.7.2 HTML

1. HTML 的文本标记

HTML 的标记符号是 HTML 标记的核心与基础，用于修饰、设置 HTML 文件的内容及格式。用户只需输入文件内容，并插入必要的标记符号，文件内容在浏览器窗口内就会按照标记符号定义的格式显示出来。一般情况下，HTML 标记符号使用下列格式：

<标记符号>文件内容</标记符号>

标记符号需要填写在一对尖括号“< >”内，它是由英文字母组成的，往往是英文单词的首字母或缩写。一般地，标记符号是成对出现的。结束标记时，在起始标记的前面添加斜框“/”。

在书写标记符号时，英文字母的大、小写或混合使用大小写都是允许的，如 HTML、html 和 Html 的作用效果是一样的。

标记内可以包含一些属性，标记属性可由用户设置，否则将采用默认的设置值。属性名称出现在标记符号的后面，并且以空格进行分隔，如果标记具有多个标记属性，那么不同的属性名称之间将以逗号隔开。其语法是：

< 标签名字 属性 1 属性 2 属性 3 … >

HTML 对属性名称的排列顺序没有特别的要求，用户可根据个人的爱好，在标记符号之后排列所需的属性名称。另外，标记符号的属性值需要使用双引号或单引号括起来。

HTML 文件可以使用一个简单的文本编辑器创建，例如 Windows 自带的记事本程序。需要注意的是，编辑完成进行保存时，HTML 文件必须以 htm 或者 html 为扩展名。以后就可以使用浏览器来直接打开 HTML 文件进行浏览和查看了，例如 Windows 自带的 IE 浏览器。

2. HTML 文档的基本结构

HTML 文件通常由 3 部分组成：起始标记、网页标题和文件主体。其中文件主体是 HTML 文件的主要部分与核心内容，它包括文件所有的实际内容与绝大多数的标记符号。

在 HTML 文本中，有一些固定的标记要放在每一个 HTML 文件里。本节将对它们进行简略的介绍。下面就是 HTML 文件的总体结构：

<Html>
<Head>
网页的标题及属性
</Head>
<Body>
文件主体

</Body>

</Html>

1) 添加起始标记

<Html>标记用于 HTML 文档的最前边，用来标识 HTML 文档的开始。而</Html>标记恰恰相反，它放在 HTML 文档的最后边，用来标识 HTML 文档的结束，两个标记必须一块使用。通过对这一对特殊标记符号的读取，浏览器才可以判断目前正在打开的是网页文件，而不是其他类型的文件。

HTML 标记的起始和结束标记符号都是可选的，但用户应该养成在文件中使用 Html 标记的习惯，每次编写 HTML 文件之前，都应该首先在网页内添加<Html>…</Html>，然后在标记符号对之间加入网页的内容。

2) 设置文件头

<Head>和</Head>构成 HTML 文档的开头部分，在此标记对之间可以使用<Title></Title>、<Script></Script>等标记对。这些标记对都是描述 HTML 文档相关信息的标记对，<Head></Head>标记对之间的内容是不会在浏览器的框内显示出来的。两个标记必须一块使用。

<Title></Title>标记标明该 HTML 文件的题目，是对文件内容的概括。一个好的题目应能使读者从中判断出该文件的大概内容。文件的题目一般不会显示在文本窗口中，而以窗口的名称显示在标题栏中。<Title></Title>标记对只能放在<Head></Head>标记对之间。例如：

<Title>我的网页</Title>

3) 表格

一个表格由<Table>开始，</Table>结束，表的内容由<Tr>和<Td>定义。<Tr>说明表的一个行，表有多少行就有多少个<Tr>；<Td>用于设定一个单元格来填充表格。当然，表格还有很多属性，如表格的整体属性、表格的行属性和单元格的属性。

4) 网页的主体格式

<Body></Body>是 HTML 文档的主体部分，在此标记对之间可包含众多的标记和信息，它们所定义的文本、图像等将会在浏览器的框内显示出来。两个标记必须一块使用。<Body>标记中还可以设置一些属性，如设置背景颜色、设置链接颜色、设置已使用的链接的颜色和设置正在被击中的链接的颜色等。如<Body Text="Blue">表示<Body></Body>标记对中的文本使用蓝色显示在浏览器的框内。

3. 表单

表单在 Web 网页中用来供访问者填写信息，由此可获得用户信息，使网页具有交互的功能。一般是将表单设计在一个 HTML 文档中，当用户填写完信息后做提交(submit)操作时，表单的内容就从客户端的浏览器传送到服务器上，经过服务器上的 ASP 或 PHP 等处理程序处理后，再将用户所需信息传送回客户端的浏览器上，这样网页就具有了交互性。

1) 表单的基本结构

网页内的表单由表单标记符号 Form 定义，使用<Form>标记符号意味着表单的开始，而</Form>标记符号则意味着表单的结束。由于表单经常用于收集站点访问者的信息，因此在表单的内部必须出现输入标记 Input。Input 可以用于收集表单数据，还可将表单数据发送给站点管理员，或者在清除表单的内容后重新输入。表单标记的基本结构如下所示：

```
<Form Action=URL Method=get|post>
…
<Input Type=Submit>
<Input Type=reset>
</Form>
```

表单标记 Form 最重要的属性就是 Action 和 Method。

Action 属性用于指定表单处理程序的 URL。例如：<form action="login.asp">，当用户提交表单时，服务器将执行该 HTML 文件所在文件夹中名为 login.asp 的 ASP 程序。

Method 属性用于定义处理站点访问者提供数据的方法，可取值为 Get 与 Post 的其中一个。Get 方式是处理程序从当前 HTML 文档中获取数据，然而这种方式传送的数据量是有所限制的，一般限制在 1 KB 以下。Post 方式与 Get 方式相反，它是从当前 HTML 文档把数据传送给处理程序，传送的数据量要比使用 Get 方式的大得多。

2) 表单的用户输入区域

表单是一个能够包含多种不同表单元素的区域。表单元素是能够让用户在表单中输入信息，它包括文本框、密码框、下拉菜单、单选框、复选框等。最常用的表单标签是<Input>标签，它可用来定义一个用户输入区，用户可在其中输入信息。<Input Type="">标记共提供了八种类型的输入区域，具体是哪一种类型，则由 Type 属性来决定，如表 11.19 所示。

表 11.19　表单的各项组成元素

Type 属性取值	输入区域类型	输入区域示例
<Input Type="Text" Size="" Maxlength="">	单行的文本输入区域。Size 与 Maxlength 属性用来定义显示的尺寸大小与输入的最大字符数	宿舍是
<input type="submit" value="提交">	将表单内容提交给服务器的按钮	提交
<Input Type="Reset">	将表单内容全部清除，重新填写的按钮	重置
<Input Type="Checkbox" Checked>	一个复选框，Checked 属性用来设置该复选框在缺省时是否被选中	你的特长是：☑ 体育 ☑ 唱歌 ☐ 画画
<Input Type="Hidden">	隐藏区域，用户不能在其中输入信息，它常用来预设某些要传送的信息	
<Input Type="Password">	输入密码的区域，当用户输入密码时，区域内将会显示“*”号	密码：
<Input Type="Radio">	单选按钮类型，checked 属性用来设置该单选框缺省时是否被选中	请选择：⊙ 是 ○ 不是

上面的输入区域类型有一个公共的属性 name，此属性给每一个输入区域一个名字。这个名字与输入区域是一一对应的，即一个输入区域对应一个名字。服务器就是通过调用某一输入区域的名字的 value 属性来获得该区域的数据的。而 value 属性是另一个公共属性，它可用来指定输入区域的缺省值。

3) 表单的列表框

列表框是用于确定选项内容的另一种方式，它包括下拉式列表框与滚动式列表框两种形式。在下拉式列表框内，只能选择其中的一个选项；在滚动式列表框内，却可以选择其中的多项内容。表单的列表框是由 Select 和 Option 两个标记来定义的，它的应用格式如下所示：

```
<Select Name= "name">
<Option>
</Select>
```

Select 具有 Multiple、Name 和 Size 等属性。Multiple 属性不需赋值，直接加入标记中即可使用，加入此属性后，列表框就成了可多选的了；Name 属性用于确定 Select 标记的名称；Size 属性用来设置列表的高度，缺省时值为 1。若没有设置(加入)Multiple 属性，显示的将是一个弹出式的列表框。

此外，Option 标记用来指定列表框中的一个选项，它放在<Select></Select>标记对之间。此标记具有 Selected 和 Value 属性，Selected 用来指定默认的选项，Value 属性用来给 Option 指定的那一个选项赋值。这个值是要传送到服务器上的，服务器正是通过调用<Select>区域的名字的 Value 属性来获得该区域选中的数据项的。

11.7.3 IIS

Microsoft IIS 是允许在公共 Intranet 或 Internet 上发布信息的 Web 服务器。Internet Information Server 通过使用超文本传输协议(HTTP)传输信息，还可配置 Internet Information Server 以提供文件传输协议(FTP)、SMTP 等，同时它本身也拥有 Active Server Pages、Transaction Server、Index Server 等功能强大的服务器端软件。

1．安装 IIS

若操作系统中还未安装 IIS 服务器，可打开“控制面板”，单击启动“添加/删除程序”，在弹出的对话框中选择“添加/删除 Windows 组件”，在 Windows 组件向导对话框中选中“Internet 信息服务(IIS)”，然后单击“下一步”，按向导指示，完成对 IIS 的安装。

2．启动 Internet 信息服务(IIS)

依次打开控制面板→“性能和选项”→“Internet 信息服务(IIS)管理器”，即可启动“Internet 信息服务”管理工具，如图 11.34 所示。

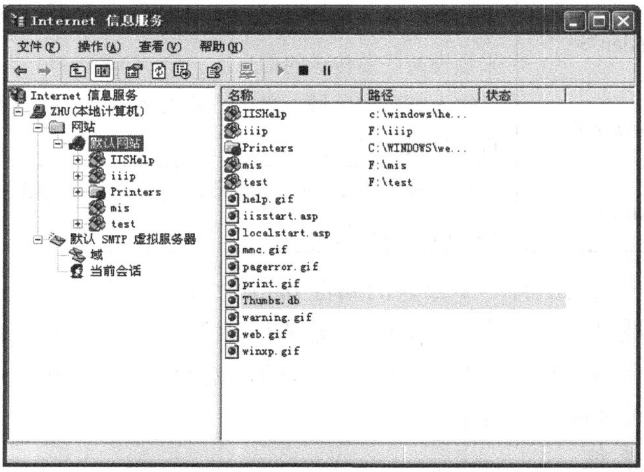

图 11.34　“Internet 信息服务”管理器

3. 测试安装的 IIS

最简单的测试方式就是直接使用浏览器，输入：

Http://IIS 计算机的 IP 地址或是 Http://Localhost

按下 Enter 键之后，会出现如图 11.35 所示的画面，则代表 IIS 运作正常；若没出现该画面，则检查一下你的 IIS 是否设置正确。

图 11.35　IIS 测试

4. 配置 IIS

如果需要发布自己的网站，则可这样配置 IIS：

用鼠标右键单击“默认站点”，在弹出的快捷菜单中选择“新建”→“虚拟目录”，输入你想要的虚拟目录的名字，这里我们输入的是“mis”，接着选择“网站内容目录”，用“浏览”选中你所希望保存网站的位置。再下一步是设置访问权限，如果你没有特别需要，可保留系统默认值，进入下一步，最后点“完成”。至此，虚拟目录就设置完成了。

在 IE 浏览器地址栏内输入“http://localhost/mis/index.htm”，如果正常的话，你的主页就将显示出来了。

注意：“web”是建立“虚拟目录”时建立的“别名”；index.htm 是你的 HTML 文件，当然，也可以用其它文件(如 index.asp)来代替 index.htm 文件。

11.7.4　VBScript

VBScript 是一种与 VB 类似的程序设计语言，将其用于 HTML 中，可实现与 ActiveX 控件的交互，使程序员能设计出生动活泼、交互式的 Web 主页和基于 Web 的应用程序。

我们简单了解一下 VBScript 语言的使用。

在 VBScrip 中只有一种数据类型，称为 Variant 变量类型。Variant 可以包含数字或字符串信息。Variant 包含的数值信息类型称为子类型，如表 11.20 所示，可以使用转换函数实现数据子类型间的相互转换。

表 11.20　Variant 包含的数据子类型

子类型	描　　述
Empty	未初始化的值，其值为数字 0 或空字符串
Null	无值类型，不包含任何有效资料
Boolean	布尔型，其值为 True 或 False
Byte	字节型，含有 0～255 之间的整数，没有符号、没有正负
Integer	整型，含有 -32768～32767 之间的整数
Currency	货币型，其值为 -922337203685477.5808～92233720385477.5807
Long	长整型，含有 -2147483648～214783647 之间的整数
Single	单精度浮点数，负数范围：-3.402823E38～ -1.401298E-45, 正数范围：1.401298E-45～3.402823E38
Double	双精度浮点数， 负数范围：-1.79769313486232E308～-4.940656841247E-324 正数范围：4.940656841247E-324～1.79769313486232E308
Date(Time)	日期型，范围：公元 100 年 1 月 1 日～公元 9999 年 12 月 31 日
String	变长字符串，最大长度可为 20 亿个字符
Object	对象，包括出错对象、字典对象、文件系统对象以及文本串对象
Error	含有错误号

1．变量和常量

1) 变量名称

变量命名规则：由字母、数字和下划线组成，且第一个字符必须是字母；变量名的长度不能超过 255 个字符；变量名在被声明的作用域内必须是唯一的。

2) 变量定义

定义变量时应使用关键词 Dim，在同一条 Dim 语句中可以声明多个变量。也可以通过隐式声明方式声明变量，可通过语句 Option Explicit(此语句位于<script>标签块内的第一行)强制显式声明所有变量。

3) 变量的作用域和生命周期

变量的作用域由声明它的位置所决定。在过程中声明的变量具有局部作用域，称为过程级变量或局部变量；在过程之外声明的变量具有全局作用域，称为脚本级变量或全局变量。变量存在的时间称为生命周期。

4) 常量

常量是具有一定含义的名称，可用于代替数字或字符串，其值保持不变。VBScript 已定义了许多固有常量。可以使用 Const 语句在 VBScript 中创建新的常量。

例：Const sel="学号"

2．操作符和表达式

VBScript 的运算符有算术运算符(^、-、*、/、\、Mod、+、-)、连接运算符(&)、比较运算符(=、<>、<、>、<=、>=、Is)和逻辑运算符(Not、And、Or、Xor、Eqv、Imp)。

运算符的优先级关系为：算术运算符、连接运算符、比较运算符和逻辑运算符。所有比较运算符的优先级相同。可使用括号改变这种优先级顺序。

3. 控制结构

VBScript 提供了多种控制结构，用于控制程序或脚本的运行流程。程序的主要控制结构可分为判定结构(也称分支判断结构)和循环结构两种。

1) If 语句

VBScript 中的 if 语句有三种形式：

```
① if 条件表达式 then
        语句或者语句组
   end if
② if 条件表达式 then
        语句1或者语句组1
   else
        语句2或者语句组2
   end if
③ if 条件表达式 1 then
        语句 1 或者语句组 1
   Elseif 条件表达式 2 then
        语句 2 或者语句组 2
   else
        语句 n 或者语句组 n"
   end if
```

2) While…Wend 循环

```
语法：while 条件表达式
            语句或者语句组
      Wend
```

11.7.5 ASP

1. 概述

Active Server Pages(动态服务器主页，简称 ASP)含于 Internet Information Server(IIS)当中，它提供一个服务器端(server-side)的 scripting 环境，是一个能够产生和执行动态、交互式、高效率的站点服务器的应用程序。

1) ASP 的特点

(1) 集成于 HTML 中，容易生成，使用常规文本编辑器，如 Windows 的记事本，即可设计，无须编译或链接即可执行。

(2) 与浏览器无关(Browser Independence)。用户端只要使用常规的可执行 HTML 码的浏览器，即可浏览 Active Server Pages 所设计的主页内容。Script 语言(Vbscript，Jscript)是在站点服务器端执行，用户不需要执行这些 Script 语言。

(3) 面向对象(Object_Orient)。

(4) 可通过 ActiveX Server components(ActiveX 服务器组件)来扩充功能。

ActiveX Server components 可使用 Visual Basic、Java、Visual C++、COBOL 等语言来实现。

2) ASP 的工作原理

ASP 的工作原理如图 11.36 所示。

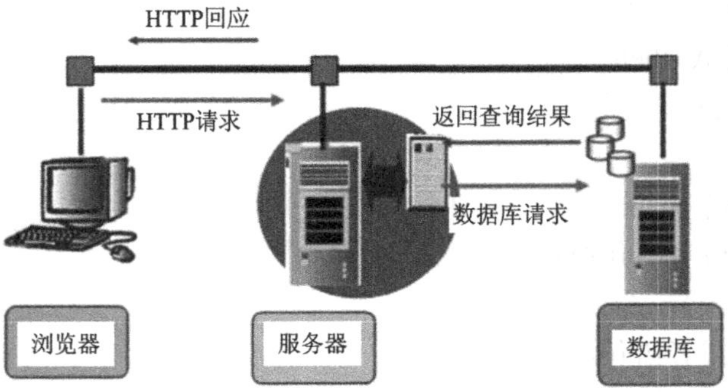

图 11.36　ASP 的工作原理

(1) 用户在客户机浏览器上输入 URL 地址，服务器接受请求并调出相应的页面，送给客户机的浏览器。

(2) 用户填好窗体并提交 HTTP 请求，把资料传递给服务器，服务器根据窗体的设定调用相应的 ASP 文件(其扩展名为.ASP)。

(3) 在服务器端运行 ASP 文件，分析处理窗体的输入资料。

(4) 如果需要从数据库中得到信息，ASP 通过 Active X 组件 ADO(ActiveX Data Object)和 ODBC 接口与数据库交互。

(5) 使用查询语言(SQL)从数据库中取出信息，并根据执行结果动态生成 HTML 页面返回给客户机的浏览器端。

3) ASP 的语法

(1) ASP 文件的组成。ASP 文件是一种文本文件，它是在 HTML 文件中嵌入 ASP 脚本而形成的，所以，一般在 ASP 文件中包括文本、HTML 标签和 ASP 脚本命令。其中 ASP 脚本命令使用的是 VBScript 或 Jscript，通常还会使用 ASP 内置对象和调用服务器端 ActiveX 组件。

(2) ASP 脚本的嵌入。为了将 ASP 脚本命令嵌入 HTML 文件，可采用如下两种方式：

- 使用“<%”和“%>”界定符；
- 使用<SCRIPT>标签。

这两种方式的区别是：

(1) 执行时间不同。前者按照 ASP 文本的顺序进行解释执行，后者视使用的语言而定(VBScript：嵌套在其中的脚本最后执行；Jscript：嵌套在其中的脚本最先执行)

(2) 后者可以在同一 ASP 文件中将多种语言混合起来使用。

(3) ASP 指令的使用。在 ASP 中除了脚本命令之外，还提供了一些可供用户使用的指令。这些指令主要有：

- 输出指令：该指令等同于 Response.Write，作用是输出显示表达式的值。

格式：<%=expression%>

● @指令：为 ASP 处理 ASP 文件提供所需要的信息。该指令必须处于 ASP 文件的第一行。

格式：<@%keyword%>

ASP 共提供了五条@指令：

① @Language：指定在 ASP 文件中所使用的脚本语言；

② @CodePage：指定在 ASP 文件中所使用的编码页；

③ @LCID：指定在 ASP 文件中所使用的局部标志符(包括日期、时间和货币格式)；

④ @Transaction：指定在 ASP 文件中是否支持事务处理；

⑤ @EnableSessionState：指定在 ASP 文件中是否允许进行会话跟踪。

其中使用最多的是第①条，在缺省情况下，ASP 默认的脚本语言是 VBScript。

● # 指令：通过#指令可将文件内容以及有关文件的信息包含到 HTML 页面中。

ASP 共提供了六条#指令：

① #config：指定返回给浏览器的错误信息、日期和文件大小的格式；

② #echo：在页面中插入环境变量的值；

③ #exec：执行一个程序或者 Shell 命令，并将输出插入到页面中；

④ #flastmod：将文件修改日期插入到页面中；

⑤ #fsize：将文件大小插入到页面中；

⑥ #include：在 ASP 页面中包含一个文件的内容。

其中最常用的指令是最后一条，通过使用该指令，可在一个 ASP 文件中包含另一个文件的内容，被包含的文件可以是 HTML 文件，也可以是 ASP 文件或.inc 文件。

使用包含文件可以将一些常用的函数和过程放在一个文件中，需要时使用该指令予以包含，从而可以大大减少编程工作量，提高代码的利用性；可以将页面的页眉和页脚统一放在一个文件中，通过该指令包含到页面中，这样很容易实现页面风格的统一。

2. ASP 的内建对象

Active Server Page 属于面向对象程序语言(Object Oriented Language)的一种，它提供了很多内建对象，供程序设计人员使用。当程序设计人员在使用对象时，无需了解各对象内部复杂的传递及运算过程，这也是面向对象程序设计的好处之一。我们这里主要学习 Response 和 Request 对象。

ASP 对象的名称与简述如表 11.21 所示。

表 11.21 ASP 对象的名称与功能简述

对 象 名 称	功 能 简 述
Response	用来传输信息到客户端浏览器
Request	可用来读取客户端浏览器的信息
Server	提供一些 Web Server 端的相关信息
Session	用来存储不同用户的信息
Application	用来存储所有用户共享的信息

1) Response 对象

ASP 程序中的 Response 对象的主要功能是将 ASP 程序执行的结果输出到浏览器。对于 Response 对象而言，主要使用 Write、End 和 Redirect 这三种方法。以下是 Response 对象的语法以及“集合”、“属性”、“方法”的详细说明。

Response 对象的语法：

Response.collection|property|method

● 集合

Response 对象只有一个集合 Cookies，使用该集合可在客户端的浏览器的文本文件中存储和读取一个或多个变量。Response 对象使用 Cookies 集合的目的是将变量的值写入到 Cookies 文件中。

● 属性

在 Response 对象中共有四个属性，如表 11.22 所示。

表 11.22　Response 对象的属性说明

属　性	说　明
Buffer	当 Buffer 被设置为 true 时(通常是在.ASP 文件的最前面完成的)，整个网页会在结果送回客户端之前处理完毕。换句话说，所有在网页里面的脚本在处理完毕之后，才会将结果送回客户端浏览器上显示。当设为 false 时，则编译即发送
ContentType	指定即将开始被送至客户端浏览器的信息种类，默认值是 text/HTML。举例来说，如果它被设为 text/gif，那么送出去的文件数据将会被解释成 gif 格式的图形文件
Expires	用来决定暂存在客户端的网页其时间的长短，并且 Expires 变量将会检查它是否已经被更新过，Expires 数字以秒为单位。“0”表示该网页被设置为不会暂存在客户端浏览器中。另一种替代方法是使用 ExpiresAbsolute 属性来指定该网页精确的到期日以及时间
Status	一个用来显示状态的三位数字。这些状态码都已经被定义在 HTTP 规格之中

● 方法

在 Response 对象中共有八种方法，如表 11.23 所示，使用它们可以为用户提供更便于创建网页的方法。

表 11.23　Response 对象的方法说明

方　法	说　明
AddHeader	该方法会在网页中加入 HTML 的标头以及一个数值，必须在任何网页标记被送出之前使用 AddHEader
AppendToLog	在一次请求中，对主机端的记录文件附加一段最多 80 个字符的字符串至记录文件中，在这项变量中，不能在字符串中使用逗号
BinaryWrite	将信息以二进制的形式送到 HTTP 输出通道。如果用户有一个自行开发的应用程序必须在客户端执行，并且该程序是利用 HTTP 通道与服务器作通信用，则使用这个方法相当有用
Clear	使用这个方法会将当前在 HTML 缓冲区里的 Response 的信息内容全部清除，但是它不会清除 HTML 的标头部分，通常是在错误状态下使用这个方法
End	立即停止当前正在处理的.ASP 文件，并且返回当前缓冲区里的所有信息，如果用户不想返回任何信息，请先使用 Clear，再使用 End 这个方法
Flush	立即将当前缓冲区里所有的信息送至客户端
Redirect	将客户端浏览器的网页立即引至新的网页/程序上
Write	以 HTML 的形式将信息写入到当前网页，一般来说，用户能够将 HTML 写在<%及%>符号之外，或是使用<% =变量%>来做同样的事情，不过该方法特别适用于子程序或函数的内部

【例 11-27】　Response.Write 方法的使用。

Response.Write 方法可以在 ASP 程序的执行过程中，将任何数据类型输出到浏览器上显示。换句话说，输出的内容可以是字符串、HTML 标记或变量，而且无论变量的内容是什么，都是以字符串的形式输出到浏览器上，如下所示：

```
' 输出变量的内容
Strings = "Active Server Pages"
Response.Write(Strings & "<br>")
' 直接输出字符串
Response.Write("Active Server Pages <br>")
```

上述程序以变量或是字符串的方式将结果输出到浏览器上，其输出的字符串内含 HTML 标记。此外，Response.Write 方法还有另外一种方法：

```
<%=Strings%>
```

上述“<%=”、“%>”符号间就是输出 Strings 变量的内容。

2) Request 对象

ASP 程序中的 Request 对象可以获取浏览器上相关信息。可以使用 Request 对象访问任何基于 HTTP 请求传递的所有信息，包括从 HTML 表格用 POST 方法或 GET 方法传递的参数、cookie 和用户认证。Request 对象使您能够访问客户端发送给服务器的二进制数据。Request 对象的语法如下：

Request[.*collection\property\method*](variable)

Request 对象集合的相关变量如表 11.24 所示。

表 11.24　Request 对象集合的相关变量

变　量	说　明
ClientCertificate	这些值存放在客户端浏览器的验证里，它可以激活并且识别存取该网页的授权以及评核工作
Cookies	取得存放在客户端中 Cookies 的内容
Form	存取用户在窗体中输入的相关字段的值
QueryString	作为数据库查询用的变量值，这个信息通常跟随在 URL 的“?”符号之后，一般使用在页面的参数传递中
ServerVariables	关于主机端的相关环境变量

● ClientCertificates 集合

ClientCertificates 变量可以取得客户端浏览器的身份确认信息。

● Cookies 集合

Cookie 文件是在客户端保存的一个文本文件，该文件用来存储来自网站的数据。当使用 Response 对象将信息写入 Cookie 文件后，可通过 Request 对象的 Cookies 集合将其取出，这是实现多个页面间共享信息的一种有效方法。

● Form 集合

通常我们使用 Form 变量的目的是用来取回客户在窗体中填写的相关信息。但是在使用 Request.Form 对象时，HTML 标记中的<FORM>必须将方法(Method)指定为“POST”，否则将无法取得窗体中的字段信息。

- QueryString 集合

QueryString 变量一般应用于网页间参数的传递。简单地说，URL 参数和窗体的 Get 方法都使用 QueryString 数据集合，如果窗体采用 Post 方法，就是使用 Form 数据集合。通常在地址栏直接传送数据都是以 QueryString 变量的方法传送变量名及数值，且变量的名称与变量的内容必须接在“?”符号之后。例如：

http://localhost/EX1.asp?name=access

- ServerVariables 集合

当浏览器向服务器提交请求信息时，不但含有环境信息，而且含有 HTTP 头信息，通过 ServerVariables 集合可获取这些信息，以便定制反馈给浏览器的信息。

【例 11-28】 使用 Form 集合取回客户在窗体中填写的相关信息。

用户在下面的 login.html 页面(如图 11.28 所示)中输入姓名和年龄，并将表单数据提交给 verify.asp 后，verify.asp 就使用 Form 集合将所提交的数据提取出来，显示给用户。

下面是 login.html 的代码，浏览器中显示如图 11.37 所示。

```
<html><head><title>登录</title></head><body>
<form method="POST" action="verify.asp">
姓名：<input type="text" name="name1" size="10"><br>
年龄：<input type="text" name="age" size="10"><br>
<input type="submit" value="提交" name="B1">
<input type="reset" value="重置" name="B2">
</form></body></html>
```

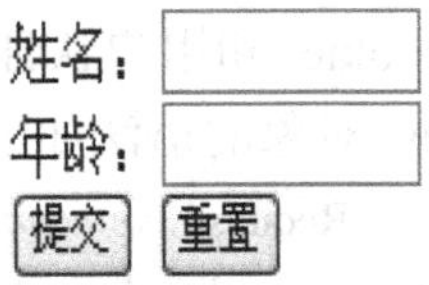

图 11.37　login.html

verify.asp 代码

```
<html><head><title>您好！</title></head><body>
<%=request.form("name1")%>，欢迎您！<br>
</body></html>
```

3. 利用 ADO 访问数据库

ADO(ActiveX Data Objects)是一个用于存取数据源的COM组件。它提供了编程语言和统一数据访问方式OLE DB的一个中间层，允许开发人员编写访问数据的代码而不用关心数据库是如何实现的，只需关心到数据库的连接。

ADO 组件提供了 Connection、Recordset、Command、Field、Parameter、Error 和 Property 七个对象以及 Fields、Parameters、Errors 和 Properties 四个集合。在 ADO 组件中，Connection、Command 和 Recordset 是三个最主要的对象，通过这三个对象以及它们的子对象可以方便地实现与数据源的连接，执行 SQL 查询以及查询结果的处理。

1) Connection 对象

Connection 对象是使用 ADO 组件访问数据资源的基础，只有在使用 Connection 对象创建并打开与数据源的连接后，才能使用其它对象访问和操作数据资源。而在使用 Connection 对象之前，首先必须创建其实例。通常使用 Server 对象的 CreateObject 方法创建 Connection 对象。

格式：<%Set Conn=Server.CreateObject("ADODB.Connection")%>

● Connection 对象的方法

(1) Open 方法和 Close 方法。

使用 Open 方法可打开与数据资源的连接。格式：

Connection.Open ConnectionString,UserID,Password,Options

其中 ConnectionString 是打开与数据资源连接的连接字符串，在该字符串中含有连接数据资源所需要的信息，对其也可使用 Connection 对象的 ConnectionString 属性进行定义；UserID 和 Password 分别是打开数据资源时所使用的用户名和密码，它们既可作为单独参数在 Open 方法中使用，也可放置在 ConnectionString 中分别使用 UID 和 PWD 定义；Options 用于决定是同步打开连接(adConnectUnspecified)还是异步打开连接(adAsyncConnect)，其默认值是前者。

当使用完一个连接后，应及时利用 Close 方法将其关闭，以免继续消耗系统资源。

注意：使用 Close 方法只是关闭了与数据资源的连接，并释放了该连接所占用的数据资源，但 Connection 对象本身并没有从内存中删除。所以一般使用如下的方法来关闭与数据资源的连接，以完全释放该连接所占用的全部资源：

```
<%Conn.Close
Set Conn=nothing%>
```

(2) Execute 方法。

当使用 Open 方法打开与数据库的连接后，可直接使用 Execute 方法执行 SQL 语句，以实现对数据库的操作。

● Connection 对象的属性

COMMANDTIMEOUT：定义了允许对数据源的操作终止并产生一个错误的等待时间。

CONNECTIONTIMEOUT：定义了在连接数据源时最大的等待时间。

DEFAULTDATABASE：定义了 CONNECTION 对象连接时的缺省数据库。

MODE：表示连接的写权限。

PROVIDER：设置连接的数据提供者的名字，缺省值是 ODBC 数据提供者。

VERSION：用来查询 ADO 的版本号。

STATE：描述对象的状态是打开或关闭，只读。

● Connection 对象的集合

Connection 对象含有 Errors 和 Properties 两个集合。其中 Errors 集合中包括了数据连接中的错误信息，Properties 集合中包括了 Connection 对象的属性信息。

2) RecordSet 对象

RecordSet 代表从表中取出的完整的记录集合，或者是某个执行命令(如 SELECT 语句)的结果；任意时刻，RecordSet 对象只会指到这组记录集合的唯一一条记录。所有的 RecordSet 对象都是由行与列组成的对象。在使用 Recordset 对象之前，首先必须创建该对象。其方法有如下两种：

(1) 显式创建。

方法：Set Rs=Server.CreateObject("ADODB.Recordset")

显式创建的 Recordset 对象需使用 Open 方法打开后，方可进行操作。

(2) 隐式创建。

使用 Connection 对象和 Command 对象的 Execute 方法，可以隐式创建 Recordset 对象，而且创建后可直接使用。

● Recordset 对象的方法

(1) Open 和 Close 方法。

使用 CreateObject 方法创建的 Recordset 对象，需要使用 Open 方法予以打开。Open 方法的语法如下：

recordset.Open [Source,][ActiveConnection,][CursorType,][LockType,]Options

其中：recordset 为 Recordset 对象变量；Source 参数确定了数据的来源，它可以是 Command 命令、SQL 语句、表名或存储过程；ActiveConnection 参数指定了所使用的有效 Connection 对象；CursorType 参数指定了游标类型；LockType 参数指定了锁定类型；Options 参数可用于优化 Recordset 对象，类似于 Connection 对象的 Open 方法中的 Options 参数。

(2) 移动游标的方法。

Move 方法：移动指针到 RecordSet 中的某一条记录。

(3) 更新数据的方法。

AddNew 方法：向数据库中添加一条新记录。

Delete 方法：删除 Recordset 中的当前记录。

Update 方法：将 Recordset 中对当前记录所做的任何修改保存到数据库中。

CancelUpdate 方法：放弃对当前记录所做的修改。

● Recordset 对象的属性

BOF 属性：判断现有记录是否位于 RecordSet 的第一条记录之前。

EOF 属性：判断现有记录是否位于 RecordSet 的最后一条记录之后。

RecordCount 属性：显示 Recordset 对象记录的总数。

● Recordset 对象的集合

Properties 集合：包含了 Recordset 对象的属性信息。

Fields 集合：Recordset 对象含有由 Field 对象所组成的 Fields 集合，其中每个 Field 对象对应于 Recordset 中的一个字段或列。在 Fields 集合中，最常用的是 Count 属性和 Item 方法。

例如，若 rst 为结果集合，则在 ASP 文件中，一般使用如下的语句访问 Fields 集合的对象：

rst.Fields.Count：字段个数

rst(i).Name：取出 Fields 集合第 i 个字段的名称，其中 i 的取值为 0 到 rst.Fields.Count-1

rst.Fields.Item("字段名称")或 rst.Fields.Item(i)或 rst.Fields(i)或 rst(i)等：读取当前记录第 i 个字段的数据

3) Command 对象

Command 对象代表了可被数据源处理的命令，它提供了一种简单处理查询或存储过程的方法。

创建 Command 对象的方法为：

Set Cmd=Server.CreateObject("ADODB.Command")

创建了 Command 对象后，就可以使用该对象的 Execute 方法执行 SQL 语句和存储过程。

11.7.6　教学管理信息系统实现

1. 系统概述

管理信息系统是进行信息的采集、存储、加工、维护和使用的系统，它是随着管理科学和技术科学的发展而形成的。教学管理信息系统是一个教育单位不可缺少的部分，它的内容对于学校的决策者和管理者来说都是至关重要的。所以，教学管理信息系统应该能够为用户提供充足的信息和快捷的查询手段，对学生来说可以轻松查阅自己在校的成绩及其它信息。但是一直以来人们都是靠传统人工的方式管理学校教学信息，这种管理方式存在着许多缺点，如效率低、保密性差，另外时间一长将产生大量的文件和数据，这给查找、更新和维护带来了不少的困难。

下面我们叙述到的教学管理信息系统是用 IIS+ASP 网页编程+ACCESS 数据库+SQL 查询语言实现的。我们通过前面的学习知道，数据库应用系统的实现过程包括需求分析、概念结构设计、逻辑结构设计、功能设计、系统实现、系统测试和调试等。由于我们这里要开发的系统比较简单，而且前面已经对相关的知识进行了系统的学习，因而这里只是做简单的介绍。

教学管理信息系统的主要功能有教师管理、学生管理、班级管理、学生信息管理、成绩管理、留言管理。我们这里主要讲述学生信息查询和成绩查询，数据库采用我们前面学习过的 mis 数据库。

2. 系统代码与界面

本系统包括四个页面：student.html、student.asp、score.html 和 score.asp。学生在 student.html 页面选择查询条件和查询内容，提交查询后，由 student.asp 根据输入条件和内容在 mis 数据库中进行检索并返回所要查询学生的信息。学生在 score.html 页面选择查询成绩的条件和查询内容，提交查询后，由 score.asp 根据输入条件和内容在 mis 数据库中进行检索并返回查询的成绩信息。

1) 学生信息查询代码

- student.html

```
<HTML>
<HEAD>   <title>教学管理信息系统—学生信息查询</title     </HEAD>
<BODY>
<form name="form1" method="post" action="student.asp">
  搜索：  <select name="select">
                                    <option    value="xm"   selected>姓名</option>
                                    <option value="xh" >学号</option>
                                    <option value="ss">宿舍</option>
  </select>
是<input type="text" name="name">
  <input type="submit" name="Submit" value="提交">
</form>     </BODY>        </HTML>
```

学生信息查询界面如图 11.38 所示。

图 11.38　学生信息查询界面 student.html

● student.asp 代码

```
<%@LANGUAGE="VBSCRIPT" %>
<%
name=request.form("name")
sel=request.form("select")
Dim cx
if sel="xm" then
        cx="姓名"
   elseif sel="xh" then
        cx="学号"
   else     cx="宿舍"
end if

Dim rsgy
set conn=server.createobject("ADODB.connection")
connStr = "DBQ=" + server.mappath("mymis.mdb") + ";DRIVER={Microsoft Access Driver
(*.mdb)};"
Set rsgy = Server.CreateObject("ADODB.Recordset")
sql="select * from student where "+cx+"=' " +name+" ' "
rsgy.Open sql,connStr
%>
<html>
<head>
<title>学生信息查询</title>
</head>
<br>
检索<%=cx%>是<%=name%>的结果
<table   border="1" cellspacing="1" >
   <tr>
    <th>学号</th> <th>姓名</th> <th>班级</th> <th>宿舍</th> <th>出生日期</th>
   </tr>
```

```
    <%    while not rsgy.eof%>
    <tr>
      <td><%=(rsgy.Fields.Item("学号").Value)%></td>
      <td><%=(rsgy.Fields.Item("姓名").Value)%></td>
      <td><%=(rsgy.Fields.Item("班级").Value)%></td>
      <td><%=(rsgy.Fields.Item("宿舍").Value)%></td>
      <td><%=(rsgy.Fields.Item("出生日期").Value)%></td>
    </tr>
  <% rsgy.movenext
  wend
  %>
  </table>
  </body>
  </html>
  <%rsgy.Close( )%>
```

学生信息查询结果界面如图11.39所示。

图 11.39　学生信息查询结果界面

2) 学生成绩查询代码

学生成绩查询界面如图 11.40 所示，代码略，类似于 score.html。

图 11.40　学生成绩查询界面 score.html

- 学生成绩查询结果 Score.asp 代码

```
  <%@LANGUAGE="VBSCRIPT" %>
  <%
  name=request.form("name")
  sel=request.form("select")

  Dim cx
  if sel="xm" then
        cx="姓名"
    elseif sel="xh" then
         cx="学号"
    else    cx="班级"
```

```
end if

Dim rsgy
set conn=server.createobject("ADODB.connection")
connStr = "DBQ=" + server.mappath("mymis.mdb") + ";DRIVER={Microsoft Access Driver (*.mdb)};"
Set rsgy = Server.CreateObject("ADODB.Recordset")
sql="SELECT student.学号,student.姓名,student.班级,score.课程号,score.成绩  from student inner
join score   on student.学号=score.学号   where student."+cx+"=' "+name+" ' "
rsgy.Open sql,connStr
%>
<html>
<head>
<title>学生成绩查询</title>
</head>
<body>
检索<%=cx%>是<%=name%>的成绩
<table   border="1" cellspacing="1" >
  <tr>   <th>学号</th> <th>姓名</th>    <th>课程号</th> <th>成绩</th>     </tr>
  <%   while not rsgy.eof %>
  <tr>
    <td><%=(rsgy.Fields.Item("学号").Value)%></td>
    <td><%=(rsgy.Fields.Item("姓名").Value)%></td>
    <td><%=(rsgy.Fields.Item("课程号").Value)%></td>
    <td><%=(rsgy.Fields.Item("成绩").Value)%></td>
  </tr>
<%
rsgy.movenext
wend
%>
</table>
</body>
</html>
<%   rsgy.Close( ) %>
```

图 11.41　学生成绩查询结果界面

学生成绩查询结果界面如图 11.41 所示。

我们在这里只实现了教学管理信息系统中很少的一部分简单功能，其实，一个完整的教学管理信息系统应该包括以下功能：教师信息管理、班级信息管理、学生信息管理、课程信息管理、学生选课管理和成绩管理等。教学管理信息系统的用户分为超级用户和普通用户两类。超级用户负责系统维护，包括对班级信息、学生个人信息、课程信息的录入、修改、查询、删除等。普通用户有两类：学生具有为自己选课的权限，教师则可以登录成绩并管理个人信息。

习　题　11

● 数据库系统概述

一、选择题

1. 数据库 DB、数据库系统 DBS、数据库管理系统 DBMS 三者之间的关系是(　　)。

A. DBS 包括 DB 和 DBMS　　B. DBMS 包括 DB 和 DBS

C. DB 包括 DBS 和 DBMS　　D. DBS 就是 DB，也就是 DBMS

2. (　　)是位于用户与操作系统之间的一层数据管理软件。

A. 数据库系统　　B. 数据库管理系统

C. 数据库　　D. 数据库应用系统

3. 在人工管理阶段，数据是(　　)。

A. 有结构的　　B. 无结构的

C. 整体无结构，记录内有结构　　D. 整体结构化的

二、填空题

1. DBS 是指________。

2. 数据管理技术经历了人工管理、________和________。

3. 数据库语言包括________和________两大部分，前者负责描述和定义数据库的各种特性，后者用于说明对数据进行的各种操作。

三、问答题

1. 什么是信息和数据？二者有什么关系？

2. 简述数据库、数据库管理系统和数据库系统三个概念的含义和联系。

3. 数据库系统包括哪几个主要组成部分？各部分的功能是什么？画出整个数据库系统的层次结构图。

● 关系数据库基础理论

一、选择题

1. 关系数据库系统能够实现的三种基本关系运算是(　　)。

A. 索引、排序、查询　　B. 建库、输入、输出

C. 选择、投影、连接　　D. 显示、统计、复制

2. 在关系运算中，投影运算的含义是(　　)。

A. 在基本表中选择满足条件的记录组成一个新的关系

B. 在基本表中选择需要的字段(属性)组成一个新的关系

C. 在基本表中选择满足条件的记录和属性组成一个新的关系

D. 上述说法均是正确的

3. 一个关系数据库的表中有多条记录，记录之间的相互关系是(　)。

A. 前后顺序不能任意颠倒，一定要按照输入的顺序排列

B. 前后顺序可以任意颠倒，不影响库中的数据关系

C. 前后顺序可以任意颠倒，但排列顺序不同，统计处理结果可能不同

D. 前后顺序不能任意颠倒，一定要按照关键字段值的顺序排列

4. 下列实体的联系中，属于多对多联系的是(　)。

A. 学生与课程　　B. 学校与校长

C. 住院的病人与病床　　D. 职工与工资

5. 五种基本关系代数运算是(　)

A. ∪，－，×，π和σ　　B. ∪，－，∞，π和σ

C. ∪，n，x，π和σ　　D. ∪，n，∞，π和σ

6. 在数据库设计中，将E-R图转换成关系数据模型的过程属于(　)。

A. 需求分析阶段　　B. 概念设计阶段

C. 逻辑设计阶段　　D. 物理设计阶段

7. 在关系数据库设计中，设计关系模式是(　)的任务。

A. 需求分析阶段　　B. 概念设计阶段

C. 逻辑设计阶段　　D. 物理设计阶段

8. 数据库概念设计的E-R方法中，用属性描述实体的特征，属性在E-R图中用(　)表示。

A. 矩形　　B. 四边形　　C. 菱形　　D. 椭圆形

9. 在数据库的概念设计中，最常用的数据模型是(　)。

A. 形象模型　　B. 物理模型　　C. 逻辑模型　　D. 实体联系模型

10. E-R图中的主要元素是实体型、(　)和属性。

A. 记录型　　B. 结点　　C. 实体型　　D. 联系

11. 数据流程图(DFD)是用于描述结构化方法中(　)阶段的工具。

A. 可行性分析　　B. 详细设计　　C. 需求分析　　D. 程序编码

二、填空题

1. 在关系数据库中，唯一标识一条记录的一个或多个字段称为________。

2. 在关系数据库模型中，二维表的列称为属性，二维表的行称为________。

3. “为哪些表，在哪些字段上，建立什么样的索引”这一设计内容应该属于数据库设计中的____设计阶段。

4. 在数据库设计中，把数据需求写成文档，它是各类数据描述的集合，包括数据项、数据结构、数据流、数据存储和数据加工过程等的描述，通常称为_______。

5. 数据库应用系统的设计应该具有对数据进行收集、存储、加工、抽取和传播等功能，即包括数据设计和处理设计，而____是系统设计的基础和核心。

6. 在设计分E-R图时，由于各个子系统分别有不同的应用，而且往往是由不同的设计人员设计的，因此各个分 E-R 图之间难免有不一致的地方，这些冲突主要有________、

________和________三类。

7. E-R 图向关系模型转换要解决的问题是：如何将实体和实体之间的联系转换成关系模式，如何确定这些关系模式的_______。

三、问答题

已知关系 R 和关系 S 如下所示，计算 R∪S、R−S、R∩S 和笛卡尔乘积 T。

关系 R

A	B	C
a	c	2
b	1	d

关系 S

A	B	C
a	c	2
e	5	1
f	6	3

● 创建数据库

一、选择题

1. Access 数据库的类型是(　　)。

A. 层次数据库　　B. 网状数据库

C. 关系数据库　　D. 面向对象数据库

2. Access 是(　　)办公套件中的一个重要组成部分。

A. Office　　B. Word　　C. WPS　　D. Lotus

3. 有关字段属性，以下叙述错误的是(　　)。

A. 字段大小可用于设置文本、数字或自动编号等类型字段的最大容量

B. 可对任意类型的字段设置默认值属性

C. 有效性规则属性是用于限制此字段输入值的表达式

D. 不同的字段类型，其字段属性有所不同

4. 以下关于 Access 表的叙述中，正确的是(　　)。

A. 表一般包含一到两个主题的信息

B. 表的数据表视图只用于显示数据

C. 表设计视图的主要工作是设计表的结构

D. 在表的数据表视图中，不能修改字段名称

5. 下面有关表的叙述中错误的是(　　)。

A. 表是 Access 数据库中的要素之一

B. 表设计的主要工作是设计表的结构

C. Access 数据库的各表之间相互独立

D. 可以将其他数据库的表导入到当前数据库中

6. Access 数据库中的“一对多”指的是(　　)。

A. 一个字段可以有许多输入项

B. 一条记录可以与不同表中的多条记录相关

C. 一个表可以有多个记录

D. 一个数据库可以有多个表

7. 在 Access 数据库系统中，不能建立索引的数据类型是(　　)。

A. 文本型　　B. 备注型　　C. 数值型　　D. 日期/时间型

8. 如果某一字段数据型为文本型，字段大小为 8，则该字段中最多可输入(　　)个汉字。

A. 8　　B. 4　　C. 16　　D. 32

9. 下列(　　)不是设置表间“关系”时的选项。

A. 实施参照完整性　　B. 级联追加相关记录

C. 级联更新相关字段　　D. 级联删除相关记录

10. 如果字段内容为声音文件，可将此字段定义为(　　)类型。

A. 文本　　B. 查询向导　　C. OLE 对象　　D. 备注

11. 在表设计视图中，如果要限定数据的输入格式，应修改字段的(　　)属性。

A. 格式　　B. 有效性规则　　C. 输入格式　　D. 字段大小

12. 一般情况下，以下(　　)字段可以作为主关键字。

A. 基本工资　　B. 职称　　C. 姓名　　D. 身份证号码

13. 文本型字段最多可以存放(　　)个字符。

A. 250　　B. 252　　C. 254　　D. 255

14. 下面有关主键的叙述正确的是(　　)。

A. 不同的记录可以具有重复的主键值或空值

B. 一个表中的主键可以是一个或多个字段

C. 在一个表中的主键只可以是一个字段

D. 表中的主键的数据类型必须定义为自动编号或文本

二、填空题

1. 要在 Access 数据表中保存货币值，最好使用________型字段。

2. 打开 Access 数据库时，应打开扩展名为________的文件。

3. Access 在同一时间可打开________个数据库。

4. 文本型字段最多可以存放________个字符。

● 查询与 SQL

一、选择题

1. Access 支持的查询类型有(　　)。

A. 选择查询、交叉表查询、参数查询、SQL 查询和操作查询

B. 基本查询、选择查询、参数查询、SQL 查询和操作查询

C. 多表查询、单表查询、交叉表查询、参数查询和操作查询

D. 选择查询、统计查询、参数查询、SQL 查询和操作查询

2. 关系型数据库系统使用的标准语言是(　)。

A. SQL　　B. VFP　　C. FORTRAN　　D. C

3. SQL 语言具有两种使用方式，分别称为交互式 SQL 和(　　)。

A. 提示式 SQL　　B. 多用户 SQL

C. 嵌入式 SQL　　D. 解释式 SQL

4. SQL 语言中，实现数据检索的语句是(　　)。

A. INSERT　　B. SELECT　　C. UPDATE　　D. DELETE

5. 下列 SQL 语句中，修改表结构的是(　　)。

A. CREATE　　B. ALTER　　C. UPDATE　　D. INSERT

6. SQL 语言是(　　)语言。

A. 层次数据库　　B. 网络数据库　　C. 关系数据库　　D. 非数据库

7. SQL 语言具有(　　)的功能。

A. 关系规范化、数据操纵、数据控制

B. 数据定义、数据操纵、数据控制

C. 数据定义、关系规范化、数据控制

D. 数据定义、关系规范化、数据操纵

二、填空题

设有关系表 R：R(NO，NAME，SEX，AGE，CLASS)，主码是 NO，其中 NO 为学号，NAME 为姓名，SEX 为性别，AGE 为年龄，CLASS 为班号。写出实现下列功能的 SQL 语句：

① 插入一个记录(0603001，'王明'，'男'21，'06031')：_______

② 插入 '07031' 班学号为 20、姓名为 '李达' 的学生记录：_______

③ 将学号为 0 的学生姓名改为 '王华'：_______

④ 将所有 '95101' 班号改为'95091'：_______

⑤ 删除学号为 '95101'的学生记录：_______

⑥ 删除姓 '张' 的学生记录：_______

● 网络管理信息系统

一、选择题

1. 以下标记符中，没有对应的结束标记的是(　　)。

A. <body>　　B.
　　C. <html>　　D. <title>

2. 以下对 VBScript 的描述，不正确的是(　　)。

A. 是基于对象的脚本语言　　B. 是 VB 的子集

C. IE 浏览器不支持 VBScript　　D. 通常用于 ASP 服务器端编程

3. 用于从客户端获取信息的 ASP 内置对象是(　　)。

A. Response　　B. Request　　C. Session　　D. Application

4. 下列不属于 Response 对象的方法的是(　　)。

A. Write　　B. End　　C. Form　　D. Redirect

5. 下列 Response 对象的用法错误的是(　　)。

A. <% Response.Write 输出到浏览器信息 %>

B. <% = "输出到浏览器信息" %>

C. <% Response.End %>

D. 以上全都正确

6. ASP 网页是在(　　)执行的。

A. 客户端浏览器　　B. 服务器端

C. 没有定论　　D. 第一次在服务器端，以后在客户端

7. 若表单提交的数据中包含着图形或大量的文本，此时表单的提交方法应该采用(　　)。

A. Get　　B. Submit　　C. Post　　D. Resct

8. 以下对 ASP 的描述，正确的是(　　)。

A. ASP 是一种 WEB 编程语言

B. ASP 默认的编程脚本是 VBScript，但也可使用任何服务器支持的脚本语言

C. ASP 页面运行于服务器端

D. ASP 除了可使用内建的对象外，也可根据需要创建其它对象，但所创建的对象必须在服务器上注册

9. 以下连接对象的创建方法，正确的是(　　)。

A. conn=CreateObject("ADODB.Connection")

B. conn=Server.CreateObject("ADODB.Connection")

C. Set conn=Server.CreateObject(ADODB.Connectio)

D. Set conn=Server.CreateObject("ADODB.Connection")

10. 在连接对象中，用于执行 SQL 语句的方法是(　　)。

A. Run　　B. Connection　　C. Open　　D. Execute

二、填空题

1. 表格的标签是________，单元格的标签是________。

2. VBScript 的运算符包括________、________、逻辑和比较 4 种运算符。

3. 在 VBScript 中，定义常量使用________语句。

4. 在 HTML 网页中使用 VBScript，其脚本代码必须放入________标记中。

5. VBScript 中只有一种数据类型，称为________。

6. 在 VBScript 中声明变量要用到________。

7. ADO 的三个核心对象是________、________ 和 ________。

8. 在 ASP 页面中，可用________语句调入其它 ASP 代码，增加编程的灵活性。

9. 要从主目录以外的其他目录中进行发布，就必须创建________。

10. ASP 文件可分为两部分：一部分是不需要服务器编译，直接传送到客户端的；另一部分是需要先通过________编译成标准 HTML 内容后再传送到客户端的。

11. FORM 集合存储以________方法传送到 HTTP 请求中的表单元素的值。

12. 由于 Response.Write 方法的使用频率非常高，为了方便书写程序，也可以用________的省略形式来代替 Response.Write 方法。

参 考 文 献

[1] 邓良松, 刘海岩, 陆丽娜. 软件工程. 2 版. 西安: 西安电子科技大学出版社, 2000.

[2] 张敬, 宋广军, 赵硕. 软件工程教程. 北京: 北京航空航天大学出版社, 2003.

[3] 严蔚敏, 吴伟民. 数据结构(C 语言版). 北京: 清华大学出版社，1997.

[4] 刘彦明, 荣政. 计算机软件技术基础——高级程序设计. 北京: 人民邮电出版社, 2005.

[5] 黄刘生, 唐策善. 数据结构. 2 版. 合肥: 中国科学技术大学出版社, 2000.

[6] 汤子瀛, 哲凤屏, 汤小丹. 计算机操作系统. 修订版. 西安: 西安电子科技大学出版社, 2001.

[7] 阮家栋, 施美雅. Web 数据库技术. 北京: 科学出版社, 2002.

[8] 萨师煊, 王珊. 数据库系统概论. 北京: 高等教育出版社, 2000.

[9] 袁玫, 林志英, 刘劲松. 网络数据库应用教程. 北京: 人民邮电出版社, 2004.